计算机视觉**40**例

从入门到深度学习
（OpenCV-Python）

李立宗 著

U0259300

电子工业出版社·
Publishing House of Electronics Industry
北京·BEIJING

内 容 简 介

本书以 OpenCV-Python（the Python API for OpenCV）为工具，以案例为载体，系统介绍了计算机视觉从入门到深度学习的相关知识点。

本书从基础知识、基础案例、机器学习、深度学习和人脸识别 5 个方面对计算机视觉的相关知识点进行了全面、系统、深入的介绍。书中共介绍了 40 余个经典的计算机视觉案例，其中既有图像加密、指纹识别、车牌识别、缺陷检测等基于传统技术的计算机视觉经典案例，也有图像分类、目标检测、语义分割、实例分割、风格迁移、姿势识别等基于深度学习的计算机视觉案例，还有表情识别、驾驶员疲劳检测、易容术、性别和年龄识别等基于人脸识别的计算机视觉案例。

在介绍具体的算法原理时，本书尽量使用通俗易懂的语言和贴近生活的示例来说明问题，避免使用复杂抽象的公式来介绍。

本书适合计算机视觉领域的初学者阅读，也适合学生、教师、专业技术人员、图像处理爱好者阅读。

图书在版编目（CIP）数据

计算机视觉 40 例从入门到深度学习：OpenCV-Python / 李立宗著. —北京：电子工业出版社，2022.7

ISBN 978-7-121-43685-7

Ⅰ . ①计… Ⅱ . ①李… Ⅲ . ①计算机视觉 Ⅳ.①TP302.7

中国版本图书馆 CIP 数据核字（2022）第 095460 号

责任编辑：宋亚东　　　　　特约编辑：田学清
印　　刷：涿州市般润文化传播有限公司
装　　订：涿州市般润文化传播有限公司
出版发行：电子工业出版社
　　　　　北京市海淀区万寿路 173 信箱　　　　　邮编：100036
开　　本：787×1092　　1/16　　印张：33.75　　字数：930 千字
版　　次：2022 年 7 月第 1 版
印　　次：2024 年 9 月第 8 次印刷
定　　价：129.00 元

凡所购买电子工业出版社图书有缺损问题，请向购买书店调换。若书店售缺，请与本社发行部联系，联系及邮购电话：（010）88254888，88258888。

质量投诉请发邮件至 zlts@phei.com.cn，盗版侵权举报请发邮件至 dbqq@phei.com.cn。

本书咨询联系方式：010-51260888-819，faq@phei.com.cn。

前言

计算机视觉是目前最热门的研究领域之一，OpenCV-Python 集成了 OpenCV C++ API 和 Python 的最佳特性，成为计算机视觉领域内极具影响力和实用性的工具。

近年来，我深耕计算机视觉领域，从事课程研发工作，在该领域，尤其是 OpenCV-Python 方面积累了一些经验，因此经常会收到与该领域相关的咨询，内容涵盖图像处理的基础知识、OpenCV 工具的使用、深度学习的具体应用等多个方面。为了更好地把积累的知识以图文的形式分享给大家，我对该领域的知识点进行了系统的整理，编写了本书。希望本书的内容能够为大家在计算机视觉方面的学习提供帮助。

本书的主要内容

本书对计算机视觉涉及的知识点进行了全面、系统、深入的梳理，旨在帮助读者快速掌握该领域的核心知识点。全书包含 5 个部分，40 余个计算机视觉经典案例，主要内容如下。

第 1 部分　基础知识导读篇

本部分对计算机视觉领域的基础内容进行了系统的梳理，以帮助初学者快速入门。本部分主要包含以下三方面内容：

- 数字图像基础（第 1 章）
- Python 基础（第 2 章）
- OpenCV 基础（第 3 章）

第 2 部分　基础案例篇

本部分主要为使用 OpenCV-Python 实现图像处理的经典案例，主要包含：

- 图像加密与解密（第 4 章）
- 数字水印（第 5 章）
- 物体计数（第 6 章）
- 缺陷检测（第 7 章）
- 手势识别（第 8 章）
- 答题卡识别（第 9 章）
- 隐身术（第 10 章）
- 以图搜图（第 11 章）
- 手写数字识别（第 12 章）

- 车牌识别（第 13 章）
- 指纹识别（第 14 章）

上述案例采用传统的图像处理方法解决问题，以帮助读者理解如下知识点：

- 图像预处理方法（阈值处理、形态学操作、图像边缘检测、滤波处理）
- 色彩空间处理
- 逻辑运算（按位与、按位异或）
- ROI（感兴趣区域）
- 计算图像轮廓
- 特征值提取、比对
- 距离计算

第 3 部分 机器学习篇

本部分主要对机器学习基础知识及 K 近邻模块、SVM 算法、K 均值聚类模块进行了具体介绍。在上述基础上，使用 OpenCV 机器学习模块实现了下述案例：

- KNN 实现字符（手写数字、英文字母）识别（第 16 章）
- 求解数独图像（第 17 章)
- SVM 数字识别（第 18 章）
- 行人检测（第 19 章）
- K 均值聚类实现艺术画（第 20 章）

第 4 部分 深度学习篇

本部分介绍了深度学习基础知识、卷积神经网络基础知识、深度学习案例。在第 24 章介绍了使用 DNN 模块实现计算机视觉的经典案例，主要有：

- 图像分类
- 目标检测（YOLO 算法、SSD 算法）
- 语义分割
- 实例分割
- 风格迁移
- 姿势识别

第 5 部分 人脸识别篇

本部分对人脸识别的相关基础、dlib 库、人脸识别的典型应用进行了深入介绍。主要案例如下：

- 人脸检测（第 25 章）
- 人脸识别（第 26 章）
- 勾勒五官轮廓（第 27 章）

- 人脸对齐（第 27 章）
- 表情识别（第 28 章）
- 驾驶员疲劳检测（第 28 章）
- 易容术（第 28 章）
- 年龄和性别识别（第 28 章）

本书的主要特点

本书在内容的安排、组织、设计上遵循了如下思路。

1. 适合入门

第 1 部分对计算机视觉的基础知识进行了全面的梳理，主要包括数字图像基础、Python 基础、OpenCV 基础。重点对计算机视觉中用到的基础理论、算法、图像处理，Python 程序设计基础语法，OpenCV 核心函数进行了介绍。该部分内容能够帮助没有计算机视觉基础的读者快速入门，也能够帮助有一定计算机视觉基础的读者对核心知识点进行快速梳理。

2. 以案例为载体

按照知识点安排的教材的特点在于"相互独立，完全穷尽"（Mutually Exclusive Collectively Exhaustive，MECE），能够保证介绍的知识点"不重叠，不遗漏"。但是，跟着教材学习可能会存在如下问题："了解了每一个知识点，但在遇到问题时感觉无从下手，不知道该运用哪些知识点来解决当前问题。"

知识点是一个个小石子，解决问题的思路是能够把许多石子串起来的绳子。绳子可以赋予石子更大的意义和价值，解决问题能够让知识点得以运用。

本书通过案例来介绍相关知识点，尽量避免将案例作为一个孤立的问题来看待，而是更多地考虑知识点之间的衔接、组合、应用场景等。例如，本书采用了多种不同的方式来实现手写数字识别，以帮助大家更好地从不同角度理解和分析问题。本书从案例实战的角度展开，将案例作为一根线，把所有知识点串起来，以帮助读者理解知识点间的关系并将它们组合运用，提高读者对知识点的理解和运用能力。

3. 轻量级实现

尽量以简单明了的方式实现一个问题，以更好地帮读者搞清问题的核心和算法。用最简化的方式实现最小可用系统（Minimum Viable Product，MVP），用最低的成本和代价快速验证和迭代一个算法，这样更有利于理解问题、解决问题。在成本最低的前提下，利用现有的资源，以最快的速度行动起来才是最关键的。所以，本书尽可能简化每一个案例，尽量将代码控制在 100 行左右。希望通过这样的设计，让读者更好地关注算法核心。

4. 专注算法

抽象可以帮助读者屏蔽无关细节，让读者能够专注于工具的使用，极大地提高工作效率。

OpenCV 及很多其他库提供的函数都是封装好的，只需要直接把输入传递给函数，函数就能够返回需要的结果。因此，本书没有对函数做过多介绍，而是将重点放在了实现案例所使用的核心算法上。

5. 图解

一图胜千言。在描述关系、流程等一些相对比较复杂的知识点时，单纯使用语言描述，读者一时可能会难以理解。在面对复杂的知识点时，有经验的学习者会根据已有知识点绘制一幅与该知识点有关的图，从而进一步理解该知识点。因为图像能够更加清晰、直观、细致地将知识点的全局、结构、关系、流程、脉络等信息体现出来。本书配有大量精心制作的图表，希望能够更好地帮助读者理解相关知识点。

6. 案例全面

本书涉及的 40 余个案例都是相关领域中比较典型的，涵盖了计算机视觉领域的核心应用和关键知识点。案例主要包括四个方面。

- **基础部分**：图像安全（图像加密、图像关键部位打码、隐身术）、图像识别（答题卡识别、手势识别、车牌识别、指纹识别、手写数字识别）、物体计数、图像检索、缺陷检测等。
- **机器学习**：KNN 实现字符（手写数字、英文字母）识别、数独图像求解（KNN）、SVM 手写数字识别、行人检测、艺术画（K 均值聚类）等。
- **深度学习**：图像分类、目标检测（YOLO 算法、SSD 算法）、语义分割、实例分割、风格迁移、姿势识别等。
- **人脸识别相关**：人脸检测、人脸识别、勾勒五官轮廓、人脸对齐、表情识别、驾驶员疲劳检测、易容术、性别和年龄识别等。

感谢

首先，感谢我的导师高铁杠教授，感谢高教授带我走进了计算机视觉这一领域，以及一直以来给我的帮助。

感谢 OpenCV 开源库的所有贡献者让 OpenCV 变得更好，让计算机视觉领域更加精彩。

感谢本书的责任编辑符隆美老师，她积极促成本书的出版，修正了书中的技术性错误，并对本书内容进行了润色。感谢本书的封面设计老师为本书设计了精美的封面。感谢为本书出版而付出辛苦工作的每一位老师。

感谢合作单位天津拨云咨询服务有限公司为本书提供资源支持。

本书出版受天津职业技术师范大学教材支持项目（项目编号：XJJW1970）支持。

感谢家人的爱，我爱你们。

互动方式

限于本人水平，书中存在很多不足之处，欢迎大家提出宝贵的意见和建议，也非常欢迎大家跟我交流关于 OpenCV 的各种问题，我的邮箱是 lilizong@gmail.com。

另外，大家也可以关注我的微信公众号"计算机视觉之光"（微信号 cvlight）获取关于本书的配套资源。

李立宗

2022 年 5 月 27 日于天津

目录

第 2 部分　基础案例篇

第 3 部分 机器学习篇

第 5 部分 人脸识别篇

第 1 部分

基础知识导读篇

本部分对计算机视觉的基础知识点进行介绍，主要包含数字图像基础、Python 基础、OpenCV 基础三方面内容。

第 1 章

数字图像基础

本章将介绍图像处理过程中的一些基本概念和方法。希望通过学习本章内容，读者能够对图像处理有一个基本认识，为后续学习打下基础。

相比于直观的数据处理，图像处理更抽象和复杂。因为在处理数据时，我们和计算机处理的是同一个对象——"数据"。与处理数据相比，处理图像的情况稍显复杂。我们擅长理解图像，而计算机擅长理解数值。在处理图像时，我们要把图像转换为数值，再交给计算机来处理。这意味着，我们要从自身擅长的领域，转战到我们不太擅长的领域。我们要把自己擅长理解的图像，转换为枯燥无味的数值，然后让计算机处理这些数值，最后让计算机把处理好的数值转换为图像交给我们。该过程是图像处理的核心内容。

这个过程中的核心问题是如何处理图像对应的数据。在解决这个问题之前，要解决的另一个核心问题是怎样把图像转换为数值（提取特征）。

1.1 图像表示基础

本节将介绍图像的表示方式。很多算法的思想都来源于生活实践，图像处理算法及表示也是如此。从现实生活的角度去理解算法，能够帮助我们快速地理解算法的含义及实现思路。对于很多非常抽象的算法、概念，如果只去理解其本身，那么可能百思而不得其解。但是，如果从思想来源入手，找到其在生活中对应的实例，那么将能快速理解其内涵并对其进行应用。

1.1.1 艺术与生活

小时候，我经常用瓜子摆一个小动物或者几个简单的字。在生活中，也可以看到类似的作品。例如，很多人会在家里绣制十字绣。我堂姐曾绣制了一幅百寿图，该绣品由一百个不同字体的"寿"字组成，饱含着她对父母健康长寿的期望。有些大学生在军训或者毕业时，通过站成不同的队列，来组成表达他们感情的文字，在经过组织后还可以实现不同文字内容的切换，从而实现动画效果。如今，越来越多的艺术家专注于像素艺术画的创造，他们用各种素材（如键盘的键帽等）拼凑出具有较好艺术价值的人像，如让许多人在广场上排列出玛丽莲·梦露的肖像。

上述图像都是由一个个不同颜色的对象构成的。

数字图像的存储、显示与十字绣等作品的制作具有异曲同工之妙，数字图像是由一个又一个的点构成的，这些点被称为像素。

1.1.2　数字图像

计算机使用不同的数值来表示不同的颜色。例如，图 1-1 左侧是一幅二值图像，该图像是由 64 个像素点构成的，这些像素点分为两种颜色，即黑色和白色。该图像在被存储到计算机中时，白色的像素点被存储为"1"，黑色的像素点被存储为"0"，如图 1-1 右侧图所示。在将右侧数据从计算机内读取出来显示时，数值"0"被显示为黑色像素点，数值"1"被显示为白色像素点，如图 1-1 左侧图像所示。

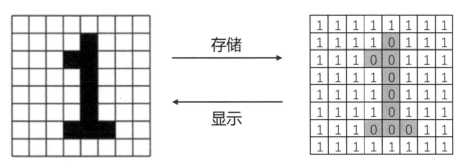

图 1-1　二值图像示例

在图 1-1 中，仅仅有 8×8 个像素点，比较简单，通常用来表示数字、字母等简单信息，被广泛应用在仪表盘等场景下。如果图像包含更多像素点，那么图像将能够呈现更细微的变化与差别。例如，图 1-2 的左侧图像，在计算机中可以存储为如图 1-2 右侧图像所示的形式。图 1-2 左侧图像包含 512×512 个像素点，用由 512×512 个 0 和 1 构成的一个矩阵来表示。由于 512×512 个 0 和 1 无法直接在书中体现，因此选取图 1-2 左侧图像的部分区域进行说明。从图 1-2 左侧图像中，选取一个 9 像素×9 像素大小的区域，其在计算机内的存储形式如图 1-2 右侧图像所示；在需要显示时，可以从计算机中读取图 1-2 右侧图像所示数据，其将显示为图 1-2 左侧图像形式。

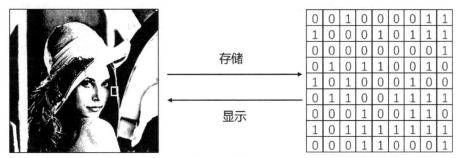

图 1-2　图像显示

通过观察可以发现，表示一幅图像的像素点越多，图像呈现的细节信息越丰富，图像越逼真。这个衡量图像清晰度的重要标准被称为分辨率。通常情况下，图像的分辨率越高，单位面积内所包含的像素点越多，图像越清晰。

二值图像仅仅能够表示黑白两种颜色，色彩比较单一，因此呈现的信息不够丰富。如果使用更多的颜色来呈现图像，就可以让图像具有更丰富的层次。例如，图 1-3 左侧图像不再仅有黑白两种颜色，而是具有更多的灰度级。图 1-3 左侧图像的色彩如图 1-3 右侧图像所示，除了纯黑、纯白还包含非常多不同程度的灰色。

 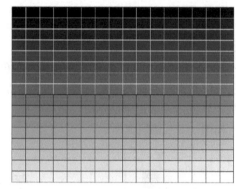

图 1-3　图像色彩范围

通常情况下，使用一个字节，即 8 个二进制位，来表示一个像素点。一个 8 位的二进制数能够表示的数据范围是 0000 0000～1111 1111，即 0～2^8，也就是[0,255]。因此使用 8 位二进制数能够表示 256 种不同的颜色，这里的颜色为黑、白、灰三种。

二值图像指仅具有黑色、白色两种不同颜色的图像。上述具有更多灰度级的图像被称为灰度图像。

一般情况下，使用灰度级来表示色彩的范围，使用 8 位二进制数表示的灰度图像具有 256 个灰度级。

通常所说的灰度图像，是指上述具有 256 个灰度级的图像。一般用 8 位二进制数表示的灰度图像，被称为 8 位位图。

在灰度图像中，使用数值"0"表示纯黑色，使用数值"255"表示纯白色，使用其他值分别表示不同程度的灰色。数值越小，灰度越深；数值越大，灰度越浅。灰度值与色彩示意图如图 1-4 所示。

0	1	2	3	4	5	6	7	8	9	10	11	12	13	14	15
16	17	18	19	20	21	22	23	24	25	26	27	28	29	30	31
32	33	34	35	36	37	38	39	40	41	42	43	44	45	46	47
48	49	50	51	52	53	54	55	56	57	58	59	60	61	62	63
64	65	66	67	68	69	70	71	72	73	74	75	76	77	78	79
80	81	82	83	84	85	86	87	88	89	90	91	92	93	94	95
96	97	98	99	100	101	102	103	104	105	106	107	108	109	110	111
112	113	114	115	116	117	118	119	120	121	122	123	124	125	126	127
128	129	130	131	132	133	134	135	136	137	138	139	140	141	142	143
144	145	146	147	148	149	150	151	152	153	154	155	156	157	158	159
160	161	162	163	164	165	166	167	168	169	170	171	172	173	174	175
176	177	178	179	180	181	182	183	184	185	186	187	188	189	190	191
192	193	194	195	196	197	198	199	200	201	202	203	204	205	206	207
208	209	210	211	212	213	214	215	216	217	218	219	220	221	222	223
224	225	226	227	228	229	230	231	232	233	234	235	236	237	238	239
240	241	242	243	244	245	246	247	248	249	250	251	252	253	254	255

图 1-4　灰度值与色彩示意图

例如，在图 1-5 中，左侧图像是由 512×512 个像素点组成的图像。选取其中大小为 9 像素×9 像素的区域，其内部的像素值如图 1-5 右侧图像所示。在存储图像时，将类似于图 1-5 中右侧图像中的数值保存在计算机内；在显示图像时，从计算机中读取类似于图 1-5 右侧图像的数值，并将不同的数值按照图 1-4 处理为不同的颜色，最终显示为图 1-5 左侧图像。

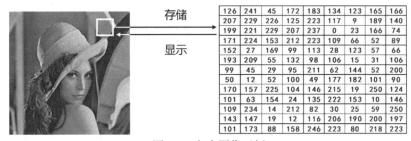

图 1-5　灰度图像示例

1.1.3　二值图像的处理

二值图像仅有黑色和白色，因此可以仅使用一个比特位来表示一个像素点，用数值"1"表示白色，用数值"0"表示黑色。

在计算机中，字节是存储的基本单位。与此相对应，8 位位图是一种应用最广泛的图像。因此，在实践中，为了处理上的方便及一致性，通常用 8 位位图来表示二值图像。

在 8 位位图构成的灰度图像中，用数值"255"表示白色，用数值"0"表示黑色，其他数值分别表示深浅不同的灰色。

在使用包含 256 个灰度级的 8 位位图来表示仅包含黑色和白色的二值图像时，用数值"255"表示白色，用数值"0"表示黑色。在使用包含 256 个灰度级的 8 位位图来表示的二值图像中，除了数值"0"和数值"255"，不存在其他值。因此图 1-6 左侧图像的表示形式不再使用图 1-6 中间图像所示的形式，而是使用图 1-6 右侧图像所示的"0"和"255"的形式。

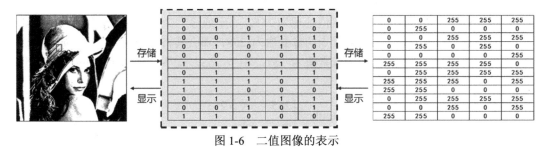

图 1-6　二值图像的表示

在实践中，通常会将其他形式的图像（如灰度图像）处理为二值图像再进行运算。一方面是由于二值图像运算更简单方便，另一方面是由于二值图像能够保留原始图像（如灰度图像）中的重要特征信息。因此，二值图像是图像处理过程中的关键图像，在实践中发挥着非常重要的作用。

1.1.4　像素值的范围

通常情况下，采用一个字节来描述灰度图像中一个像素点的像素值。一个字节表示的范围是[0,255]。在处理图像的过程中，像素点的像素值的处理结果可能会超过 255，此时应该如何处理该值呢？

先来看看现实生活中的情况。实际上，在显示数据时，存在如下两种不同的处理方式。

- 取模处理：也可以称为"循环取余"。现实生活中的电表、水表、机械手表等显示数据使用的都是取模处理方式。这些表的终点和起点是重叠的，到达终点后，就是一个新的起点。例如，墙上的挂钟仅仅能够显示 1～12 点，当 13 点时，实际显示的是 1 点，而不是 13 点。电表、水表等以机械方式进行计数的表与此类似，在显示了"9999"后，继续从"0000"开始计数。
- 饱和处理：把越界的数值处理为最大值，也被称为"截断处理"。汽车仪表盘等场景使用的是饱和处理方式。当汽车速度超过仪表盘能显示的最大值时，仪表盘显示的就是最大值，不会从 0 开始重新计数。如果汽车仪表盘能显示的最高值是 200km/h，那么车速在达到 300km/h 时，汽车仪表盘也只能显示 200km/h。

实践中，上述两种方式都有广泛应用。在图像处理过程中，也常采用上述两种方式对图像的运算结果进行处理。下面以 8 位位图为例来进行说明。

- 取模处理：如果像素点的像素值超过 255，则将处理结果对 255 取模，并将得到的值作为运算结果。当然，在不超过 255 时，取模与否结果都是自身。如果在进行取模处理前，某个像素点的像素值为 258，那么其对 255 取模得到的结果为 258%255=3，即该像素点的最终像素值为 3。其中，符号"%"表示取模运算。如果在进行取模处理前，某个像素点的像素值为 251，那么其对 255 取模得到的结果为 251%255=251，即得到的结果仍是 251。综上所述，在取模处理时，如果某像素点的像素值是 N，那么其结果为 $N\%255$。具体可以表示为

$$result = \mod(ov, 255)$$

其中，ov 为原始值，$\mod(a,b)$ 表示将 a 对 b 取模。

- 饱和处理：将超过 255 的像素值处理为 255，小于或等于 255 的像素值保持不变。如果在进行饱和处理前，某个像素点的像素值为 258，那么其将被处理为 255。如果在进行饱和处理前，某个像素点的像素值为 251，小于 255，就不需要进行额外处理，得到的结果仍旧是 251，具体可以表示为

$$result = \begin{cases} 255 & ov > 255 \\ ov & else \end{cases}$$

其中，ov 表示在进行饱和处理前经过计算得到的需要进行饱和处理的值。

在某些情况下，希望体现像素值更加细腻的差异，不再满足于仅使用 256 个灰度级来表示颜色。这时，就需要使用更多的二进制位来表示像素点的像素值。例如，采用 16 个二进制位来表示一个像素点。此时，图像具有 2^{16}（65536）个灰度级，每一个像素点的像素值范围是 $[0, 2^{16}-1]$，共有 2^{16} 种可能值。

在 8 位位图的灰度图像中，数值"0"表示纯黑色，数值"255"表示纯白色；而数值 [1,127] 表示颜色较深的灰色，数值 [128,254] 表示颜色较浅的灰色。同样，在 16 位位图中，数值"0"表示纯黑色，数值"$2^{16}-1$"表示纯白色；而数值 $\left[1, \dfrac{2^{16}}{2}-1\right]$ 表示颜色较深的灰色、数值 $\left[\dfrac{2^{16}}{2}, 2^{16}-1\right]$ 表示颜色较浅的灰色。8 位位图和 16 位位图的颜色示意图如图 1-7 所示。

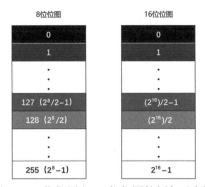

图 1-7　8 位位图和 16 位位图的颜色示意图

有时需要将针对 8 位位图进行计算得到的处理结果图像 R 转换为 16 位位图。如果在将图像 R 转换为 16 位位图后，得到的新的像素值正好均匀分布在 16 位位图的范围[0,2^16-1]内，就不需要做任何额外处理了。

但是，在实践中往往会出现需要进行额外处理的情况。例如，在对一个 8 位位图进行某种运算处理后得到新的图像 R，图像 R 的像素值在[0,1000]内。此时，如果想保留图像 R 内像素值之间的差异，就不能再使用 8 位位图了。因为 8 位位图仅能够表示 256 个灰度级，不能够完全体现出当前分布在[0,1000]内的像素值的差异情况。要体现出处理结果中[0,1000]内像素值的差异情况，只能选用 16 位位图。

需要注意的是，在转换了数值的表示范围后，要对数值进行合适的处理才能让图像正常显示。例如，上述处理结果图像 R 的像素值分布在[0,1000]范围内，由于这些像素值都分布在 16 位位图的像素[0,2^16-1]范围中值较小的范围内，因此对应的是黑色或颜色较深的灰色。此时，需要采用某种方式将上述分布在[0,1000]内的值调整（映射）到[0,2^16-1]范围内，以让图像正常显示，保证后续的处理。像素值的调整方式有直方图均衡化、归一化等。

【注意】数据范围不同导致的图像不能正常显示，或者不能得到正确处理是一种比较常见的错误。

1.1.5　图像索引

简单来理解，数字图像在计算机中是存储在一个矩阵（数组）内的。矩阵中的每个元素都有一个位置值，该位置值用来表示元素所在位置的行号和列号。这个位置通常被称为索引。例如，在图 1-8 中，左上角的像素点的索引为(0,0)，索引中第 1 个数值 "0" 表示该像素点在第 0 行，第 2 个数值 "0" 表示该像素点在第 "0" 列。

1	1	1	1	1	1	1	1
1	1	1	1	0	1	1	1
1	1	1	0	0	1	1	1
1	1	1	0	0	1	1	1
1	1	1	1	0	1	1	1
1	1	1	1	0	1	1	1
1	1	1	0	0	0	1	1
1	1	1	1	1	1	1	1

(0,0)	(0,1)	(0,2)	(0,3)	(0,4)	(0,5)	(0,6)	(0,7)
(1,0)	(1,1)	(1,2)	(1,3)	(1,4)	(1,5)	(1,6)	(1,7)
(2,0)	(2,1)	(2,2)	(2,3)	(2,4)	(2,5)	(2,6)	(2,7)
(3,0)	(3,1)	(3,2)	(3,3)	(3,4)	(3,5)	(3,6)	(3,7)
(4,0)	(4,1)	(4,2)	(4,3)	(4,4)	(4,5)	(4,6)	(4,7)
(5,0)	(5,1)	(5,2)	(5,3)	(5,4)	(5,5)	(5,6)	(5,7)
(6,0)	(6,1)	(6,2)	(6,3)	(6,4)	(6,5)	(6,6)	(6,7)
(7,0)	(7,1)	(7,2)	(7,3)	(7,4)	(7,5)	(7,6)	(7,7)

图 1-8　像素点的索引表示方式

有时还需要使用坐标系表示 OpenCV 内的图像的位置。需要注意的是，OpenCV 中图像坐标原点在其左上角，该点坐标值为(0,0)。自原点向右，*x* 值不断增加；自原点向下，*y* 值不断增加。OpenCV 中的图像坐标如图 1-9 所示。

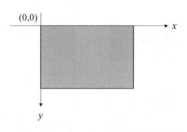

图 1-9　OpenCV 中的图像坐标

坐标和矩阵的应用场景不同。在运算中，需要额外注意坐标和矩阵之间的关系。在图像处理中经常用到图像的行（row）、列（column）、宽度（width）、高度（height）信息。图像尺度参数示意图如图 1-10 所示，由此图可知这些信息和我们日常理解的含义没有差异。

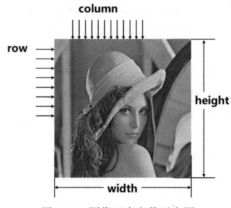

图 1-10　图像尺度参数示意图

1.2　彩色图像的表示

神经生理学实验发现，视网膜上存的颜色感受器能够感受三种不同的颜色，即红色、绿色和蓝色，这就是三基色。自然界中常见的各种色光都可以通过将三基色按照一定比例混合得到。从光学角度出发，可以将颜色解析为主波长、纯度、明度等；从心理学和视觉角度出发，可以将颜色解析为色调、饱和度、亮度等。通常将上述采用不同方式表述颜色的模式称为色彩空间（又称颜色空间、颜色模式等）。

虽然不同的色彩空间具有不同的表示方式，但是各种色彩空间之间可以根据需要按公式进行转换。

在计算机中，RGB 模式是一种被广泛采用的模式，该模式采用 R（Red，红色）、G（Green，绿色）、B（Blue，蓝色）三个分量来表示不同颜色。R、G、B 分别对应三种颜色分量的大小，每个分量值的范围都为[0, 255]。

假设有三个油漆桶，里面分别放着红色、绿色、蓝色三种不同颜色的油漆。从每个油漆桶中取容量为 0~255 个单位的不等量的油漆，将三种油漆混合就可以调配出一种新的颜色。三种油漆经过不同的组合，共可以调配出 256×256×256=16777216 种颜色。

表 1-1 所示为 RGB 值对应的颜色示例。

表 1-1　RGB 值对应的颜色示例

R 值	G 值	B 值	RGB 值	颜色
0	0	0	(0,0,0)	纯黑色
255	255	255	(255,255,255)	纯白色
255	0	0	(255,0,0)	红色
0	255	0	(0,255,0)	绿色
0	0	255	(0,0,255)	蓝色
114	141	216	(114,141,216)	天蓝色
139	69	19	(139,69,19)	棕色

综上所述，可以用一个三维数组来表示一幅 RGB 色彩空间的彩色图像。

通常情况下，在计算机中存储 RGB 模式的像素点时，不是把三个色彩分量的值保存在一起，而是单独存放每个色彩分量的值。RGB 色彩空间中存在 R 通道、G 通道和 B 通道三个通道。每个色彩通道值的范围都为[0, 255]，我们用这三个色彩通道的组合表示颜色。

例如，可以认为图 1-11 左侧图像是由图 1-11 中间图像及图 1-11 右侧图像的 R 通道、G 通道、B 通道三个通道构成的。其中，每一个通道都可以理解为一个独立的灰度图像。图 1-11 左侧图像中的白色方块内的区域分别对应图 1-11 中间图像所示的三个通道及图 1-11 右侧图像所示的三个通道。图 1-11 中的白色方块中，左上方位置的某个像素点的 RGB 值为(67,3,81)，需要注意的是，表示该像素点的三个像素值并没有存放在一起，而是分别存储在 R 通道、G 通道、B 通道内的。

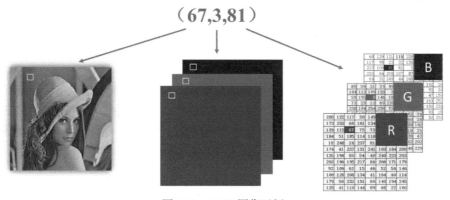

图 1-11　RGB 图像示例

1.3　应用基础

费曼学习法强调，说明问题时要不断地简化它，一直将其简化到小朋友能够理解为止。本节我们朝着这个目标努力，尽量将数字图像处理过程中的一些问题简化，以帮助大家快速理解数字图像处理中解决问题的一些基本思路和方法。

1.3.1 量化

图像处理的一个关键问题是将其量化。计算机不能直接理解图像，只有将图像处理为数值，计算机才能通过数值理解图像。如果计算机想找出图 1-12（a）和图 1-12（b）的差别，必须使用某种方式将图 1-12（a）和图 1-12（b）处理为数值。将图 1-12（a）和图 1-12（b）处理为如图 1-12（c）和图 1-12（d）所示的数值形式，即可直观地观察到二者的不同：在图 1-12（c）和图 1-12（d）这两幅图中，第 1 行第 3 列上的数值不一样。

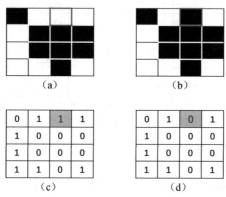

图 1-12　找不同

最简单的量化就是直接获取图像各像素点的像素值。但是，实践中面对的往往是比较复杂的图像，如果直接对图像内所有像素点进行运算，那么运算量是非常庞大的，有时难以实现实时效果。例如，在视频监控场景中，可以通过对比一个摄像头先后拍摄的两幅相片是否一致，来判断是否有人闯入。此时，简单地对每一个像素点的像素值进行对比，难以获得很好的效果。这一方面是因为像素点过多，运算量过大；另一方面是因为树叶晃动等微小的变化也会对运算结果造成影响。基于此，通常要把最能代表图像的本质特征提取出来（量化），以便进行后续操作。

1.3.2 特征

在一定程度上，特征是指图像核心、本质的特点。只有从图像中提取出其特征，才能更高效地处理图像。图像的特征可能是非常直观的、可视化的，也可能是不易观察的、隐藏的。在提取图像特征时，需要细心观察，特征既要体现本图像的特点，还要体现其与其他图像的差别。

图像特征示意图如图 1-13 所示。采用三种不同的特征描述图 1-13（a）与图 1-13（b）所示的图像，具体如下。

- 特征 A：将黑色方块的数量作为图像特征，则图 1-13（a）的特征值为 11，图 1-13（b）的特征值为 7。这个特征值能够区分出图 1-13（a）与图 1-13（b），且实现起来比较容易。
- 特征 B：将左侧是白色方块、右侧是黑色方块的数量作为图像特征，则图 1-13（a）的特征值是 5；图 1-13（b）的特征值为 5。这个特征值不能区分图 1-13（a）与图 1-13（b），且实现起来比较复杂。

- 特征 C：将上方是黑色方块下方是白色方块作为图像特征，则图 1-13（a）的特征值是 7；图 1-13（b）的特征值为 3。这个特征值能够区分出图 1-13（a）与图 1-13（b），但实现起来比较复杂。

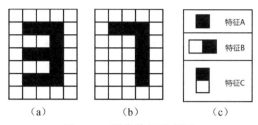

图 1-13　图像特征示意图

通过以上比较可知，本例中使用特征 A 来刻画图 1-13（a）与图 1-13（b）是比较合理的。该特征一方面计算简单、方便；另一方面能够有效地区分两幅图像。

1.3.3　距离

为了更好地对图像进行区分、识别，通常使用距离来衡量图像之间的差异。例如，在图 1-14 中：

- 图 1-14（a）中的黑色方块的数量为 6。
- 图 1-14（b）中的黑色方块的数量为 11。
- 图 1-14（c）中的黑色方块的数量为 7。

图 1-14（a）与图 1-14（b）和图 1-14（c）间的距离可以使用彼此之间黑色块的差值来表示：

- 图 1-14（a）与图 1-14（b）的距离为 11-6=5。
- 图 1-14（a）与图 1-14（c）的距离为 7-6=1。

从上述差值可以看出，图 1-14（a）与图 1-14（c）的距离更近，说明这两幅图像更相似。

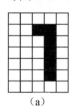

（a）

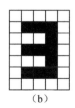

（b）

（c）

图 1-14　图像距离示意图

有时直接使用减法计算距离会得到错误的结果。例如，在图 1-15 中，取每幅图中左右两个黑色方块数量作为特征值，则各个图像的特征值如下：

- 图 1-15（a）的特征值为（6,12）。
- 图 1-15（b）的特征值为（7,11）。

- 图 1-15（c）的特征值为（11,7）。

若使用减法计算距离，则距离可以表示为

- 图 1-15（a）与图 1-15（b）的距离为（6-7）+（12-11）= -1 + 1 = 0。
- 图 1-15（a）与图 1-15（c）的距离为（6-11）+（12-7）= -5 + 5 = 0。

从上述差值可以看到，图 1-15（a）与图 1-15（b）的距离、图 1-15（a）与图 1-15（c）的距离都是 0。距离 0 表明二者完全一致，但显然图 1-15（a）与图 1-15（b）、图 1-15（a）与图 1-15（c）并不完全一致。发生误判是因为上述计算过程中存在"负负得正"现象。

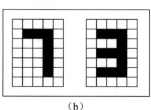

（b）

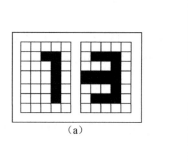

（a）

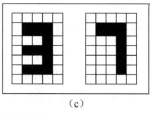

（c）

图 1-15　距离计算示例

为了更好地表示距离，避免"负负得正"导致的错误，通常将对应特征的差值求平方后再开根号得到的结果作为两个对象间的距离，具体为

- 图 1-15（a）与图 1-15（b）的距离为 $\sqrt{(6-7)^2 + (12-11)^2} = \sqrt{2}$。
- 图 1-15（a）与图 1-15（c）的距离为 $\sqrt{(6-11)^2 + (12-7)^2} = \sqrt{50}$。

上述距离计算方式，就是实践中最常用的欧氏距离（Euclidean Distance），对应的公式为

$$L_2(A,B) = \left[\sum_{i=1}^{n} |a_i - b_i|^2 \right]^{\frac{1}{2}}$$

当然，也可以直接计算对应特征差值的绝对值，具体为

- 图 1-15（a）与图 1-15（b）的距离为 $|6-7| + |12-11| = 2$。
- 图 1-15（a）与图 1-15（c）的距离为 $|6-11| + |12-7| = 10$。

上述距离计算方式称为城区（City-Block）距离，又称曼哈顿距离，对应的公式为

$$L_1(A,B) = \sum_{i=1}^{n} |a_i - b_i|$$

欧氏距离是应用比较广泛的一种距离计算方式。不同的距离计算方式从不同的维度描述了

距离，代表的含义不同。例如，在图 1-16 中，点 *A* 和点 *B* 之间的距离可以有两种计算方式：

- 曼哈顿距离：$|x2-x1|+|y2-y1|=$ 线 $X+$ 线 Y。

- 欧氏距离：$\sqrt{(x2-x1)^2+(y2-y1)^2}=$ 线 Z。

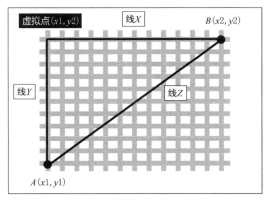

图 1-16　不同距离计算方式的意义

也有学者认为，因为前计算机时代算力不足，计算绝对值不如计算平方根方便，所以欧氏距离比曼哈顿距离有更普遍的应用。在实践中，有非常多的距离计算方式，可以根据实际需要选用合适的距离算法。

1.3.4　图像识别

先看一个人脸识别的例子。要进行人脸识别，首先需找到一个可以用简洁且具有差异性的方式准确反映人脸特征的模型；然后采用该模型提取已知人脸特征，得到特征集合 *T*；再采用该模型提取待识别人脸的特征，得到特征值 *X*；将待识别人脸的特征值 *X* 与特征集合 *T* 中的人脸特征一一对比，计算距离，并将其识别为距离最近的人脸。

人脸识别过程示意图如图 1-17 所示，其中：

- 图 1-17（a）是待识别人脸。
- 图 1-17（b）是已知人脸集合。
- 图 1-17（c）是图 1-17（a）的特征值 *X*。
- 图 1-17（d）是图 1-17（b）中各个人脸对应的特征值（特征集 *T*）。经过对比可知，图 1-17（a）中待识别人脸的特征值 88 与图 1-17（d）中的特征值 90 最为接近。据此，可以将待识别人脸图 1-17（a）识别为特征值 90 对应的人脸"己"。
- 图 1-17（e）是返回值，即图 1-17（a）识别的结果是人脸"己"。

为了方便理解，可以想象在对比时有一个反向映射过程。例如：

- 图 1-17（f）是待识别人脸，由数值 88 反向映射得到。
- 图 1-17（g）是人脸集合，由图 1-17（d）中的特征值反向映射得到。

通过观察图 1-17（f）和图 1-17（g），可以更直观地得出，图 1-17（g）中第 2 行第 2 列是识别的对应结果。该识别结果是根据图 1-17（c）和图 1-17（d）之间的值的对应关系确立的。

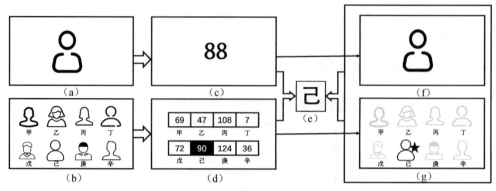

图 1-17　人脸识别示意图

为了方便说明和理解，上述案例假设人脸的特征值只有一个值。在实践中，会根据实际情况，选取更具代表性的、更复杂的、更多的特征值作为比较判断的依据。人脸识别原理示意图如图 1-18 所示，其选用四个值作为人脸特征值进行比较，进而获取识别结果。图 1-18（e）表示将图像 A 对应的人脸识别为图 1-18（b）中甲对应的人。

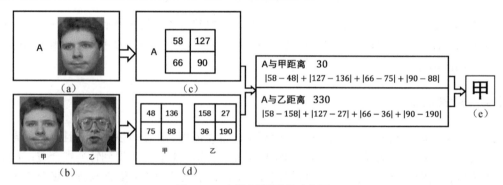

图 1-18　人脸识别原理示意图

很多搜索引擎提供以图搜图功能，利用该功能能够找到与当前图片相似的图片。很多购物网站也提供这样的功能，当看到某个物品也想买一个时，可以直接给这个物品拍一张照片，购物网站会通过该照片找到相应物品的销售链接。以图搜图功能原理示意图如图 1-19 所示。由图 1-19 可知，以图搜图功能的原理与人脸识别的原理是一致的。

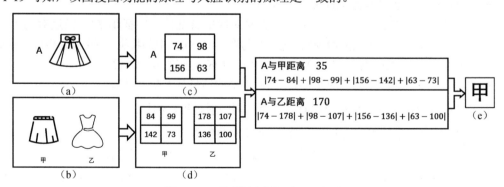

图 1-19　以图搜图功能原理示意图

数字识别有着非常广泛的现实意义，也是图像识别教学中使用的非常经典的案例，其原理示意图如图 1-20 所示。由图 1-20 可以看出，数字识别原理与人脸识别和以图搜图的原理是一致的。

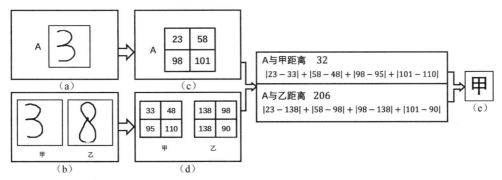

图 1-20　数字识别原理示意图

由图 1-18～图 1-20 可知图像识别的原理是基本一致的。将图像识别流程一般化，其示意图如图 1-21 所示，具体表述如下。

- 通过特征提取模块分别完成待识别图像和已知图像的特征提取。
- 分别计算待识别图像与各个已知图像之间的距离值。
- 将最小距离值对应的已知图像作为识别的结果。

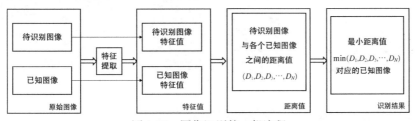

图 1-21　图像识别的一般流程

通过以上分析可知，在图像处理过程中特征提取是非常关键的步骤。如果能提取合适的特征，就能有效地理解图像并对图像进行处理。

1.3.5　信息隐藏

由 1.3.4 节可知，图像特征是图像处理非常关键的步骤，通常会根据图像特征来完成图像处理。本节将通过图像像素值的奇偶性来实现图像信息隐藏。

信息隐藏示例如图 1-22 所示。该示例是将数字 1 图像隐藏到如图 1-22（a）所示的图像中。

- 图 1-22（a）是载体图像。
- 图 1-22（b）是从图 1-22（a）中选取的一小块区域，希望在该区域内嵌入数字 1 图像。
- 图 1-22（c）是在图 1-22（b）中嵌入了数字 1 图像的结果。
- 图 1-22（d）是嵌入了数字 1 图像后的载体图像。
- 图 1-22（e）从图 1-22（d）中提取的一小块区域，该区域嵌入了数字 1 图像。
- 图 1-22（f）是从图 1-22（e）中提取的数字 1 图像。

嵌入信息过程的具体步骤如下。

第一步：从图 1-22（a）中选择一块区域如图 1-22（b）所示。

第二步：在图 1-22（b）中选取一块区域作为数字 1 图像的前景，如图 1-22（b）中白色区域所示。

第三步：将图 1-22（b）中的数字 1 图像前景中的所有的像素值调整为等于自身值或比自身值大 1 的奇数；将数字 1 图像的背景［图 1-22（b）中的阴影部分］的所有像素值调整为等于自身或比自身值小 1 的偶数，得到如图 1-22（c）所示结果。

第四步：用处理后的图 1-22（c）替换图 1-22（a）内该部分原有像素值，完成数字 1 图像的嵌入，得到图 1-22（d）。

提取嵌入信息的具体步骤如下。

第一步：从图 1-22（d）中选择包含数字 1 图像的区域，得到该区域的像素值，如图 1-22（e）所示。

第二步：从图 1-22（e）中提取信息，如果图 1-22（e）中的像素值是偶数，则提取为"0"；如果图 1-22（e）中的像素值是奇数，则提取为"1"；提取结果如图 1-22（f）所示，从图中可以看出，数字 1 图像被准确地提取出来了。

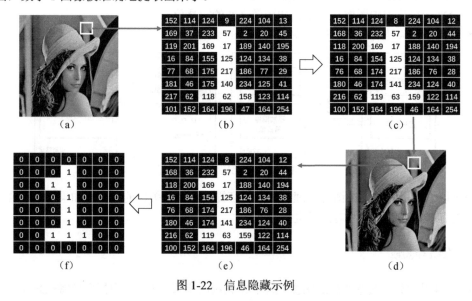

图 1-22 信息隐藏示例

上述信息隐藏示例还涉及一个原理：灰度图像具有 256 个灰度级，其像素值的范围是 [0,255]。当像素值发生一个单位的变化时（变为最邻近的奇数或偶数），相当于变化了 1/256，人眼观察不到这个范围的变化，因此嵌入的信息具有较好的隐蔽性。例如，图 1-22（b）中右上角的像素值 13 变成图 1-22（c）中的像素值 12，人眼观察到的像素值 12 和像素值 13 在外观上是一致的，没有区别。

1.4 智能图像处理基础

上文介绍的应用都是使用传统方法来实现图像处理的。传统方法涉及的核心问题有

- 选取合适的特征：要高度概括图像特点，体现不同图像间的差异。

- 合适的量化方式：将特征量化为合理的数值。
- 距离计算：选用合适的距离计算方式计算距离。

传统方法的特点是，需要提取图像的特征，并手动对特征进行分析、处理。在对特征进行分析、处理的过程中，距离的计算是非常关键的。为实现图像的分类、识别等，人们提出了很多距离计算方式。

在图像处理早期阶段，传统处理方式解决了非常多的问题。为了更高效地处理图像，人们引入了机器学习。机器学习方法的首要工作仍是进行特征的提取和量化，但机器学习提供了更多对特征值进行处理的方式，让我们能够根据需要对特征进行不同维度的分析、处理，从而得到对图像的分析处理结果。

简单来说，在传统方法中，我们常使用特征的距离来实现对图像的分析处理（如图像识别等）。在使用机器学习处理图像时，机器学习提供了更多关于如何使用特征来完成图像处理工作的成熟方案。我们可以直接采用已知的具体成熟方案来完成对特征的分析、处理工作，从而实现对图像的识别、分类等。

也就是说，在传统方式中，我们需要自己提取特征，然后选取一种有效的特征处理方式，如通过计算距离并对比结果等完成对特征的处理工作。而在机器学习中，我们要做的工作只是提取特征，在提取完特征后，直接把特征交给机器学习算法来处理即可。

机器学习提供了强大且多样的特征处理方案。本书将介绍使用 OpenCV 通过 K 近邻算法、支持向量机、K 均值聚类等方式实现手写数字识别等工作。

机器学习让我们只需关注特征提取，无须关注如何处理特征，与传统图像处理方式相比，工作量减少了一半。但是，特征提取其实是一件非常困难的事，主要体现在如下两方面。

1. 如何选取特征

图像的特征有很多，多到我们无法想象。因为从根本上讲，任何像素之间的排列组合都能作为特征。那么哪些特征有用，哪些特征没用呢？

有些特征是能够一眼捕捉的，在这种情况下直接拿来用就好了。但是，有些特征可能并不直观，属于图像隐含的高层次特征，无法直接被观察到，在这种情况下就无法直接提取出这些特征。

因此选取有效的特征一直是图像处理过程中面临的一个非常复杂的问题。即使在机器学习阶段，特征的选取仍是一个重要的研究方向。人们在这方面取得了很多突破，并提出了非常多的有效特征提取方式，如 SIFT、HOG、SURF 等。但是，通过这些方式提取的特征具有很强的针对性，在不同的场景下，如何选取有效特征成为一个难题。

2. 如何处理特征

在找到合适的特征后，如何处理特征是一个非常棘手的问题。即使使用机器学习也面临从众多算法中选择合适的算法来处理特征的问题。即使获取了有效特征、选用了合适的算法，特征值的计算量也是巨大的。因此，即使机器学习能够自动处理特征，同样需要对特征进行有效的预处理，以减少计算量。这有点复杂，针对特征值的预处理，好像又让我们回到了传统图像处理方式上，仍需要对特征进行复杂的处理工作。

这两个问题一直困扰着图像处理工作者，他们不断寻找突破点，在这种情况下，他们提出使用深度学习来处理图像。

在深度学习中，不需要直接提取特征，而是通过卷积操作等提取图像的高层次特征，这些特征往往能够更清晰地表述图像的高层语义，甚至有可能包含我们不能直接理解或观察到的特征。在深度学习中，我们重点关注卷积操作，通过变换卷积操作提取不同特征。通过卷积操作，可以提取到图像的高层次特征，利用这些特征可以更好地进行图像分析与处理。例如，识别图像内的猫时，直接提取特征提取的可能是线条、边角等基础特征。而在深度学习中，通过卷积可以提取猫所特有的形态、外观、姿势等高层次特征，甚至可能包含不能被观察到的、尚未被掌握的，甚至不能理解的更高层次、更抽象的特征。

卷积运算在深度学习中发挥着非常关键的作用，下文将专门对卷积神经网络的基本方法和逻辑进行介绍。

不同图像处理方式的比较如表 1-2 所示。

表 1-2　不同图像处理方式的比较

方　　式	思　　路
传统方式	自己提取特征，自己对特征进行处理
机器学习方式	自己提取特征，自动对特征进行处理
深度学习方式	自动提取高层次特征，自动对特征进行处理

如果把不需要手动设计的部分表示为"黑盒"，那么可以使用图 1-23 来表示各个阶段。

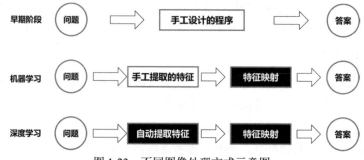

图 1-23　不同图像处理方式示意图

当然，上文简化了图像处理的发展历程，重点说明了传统方式、机器学习方式、深度学习方式的区别。实际发展过程是一个不断试错的过程，是曲折的、反复的。

1.5　抽象

在生活中，抽象工具是广泛存在的。例如，键盘就是一个抽象工具，它封装了所有功能，帮我们屏蔽了所有无关细节。在使用键盘时，我们无须关注键盘的内部结构，也无须关注其内部涉及的物理、电路等相关知识，更无须关注其使用的相关算法原理。我们只需要知道按下一个键，显示器上就会输出该操作的执行结果。这样的设计，让我们在打字时，能够专注于将键盘作为输入工具使用，极大地提高了工作效率。在使用键盘时，我们的核心诉求是打字，需要做的就是不断地练习指法，从而达到"运指如飞"的目的，并不需要掌握键盘内的电路是如何传递信号的。我们对其机械原理、电路原理了解的深入与否，并不会影响我们打字的速度。

键盘的抽象层次结构如图 1-24 所示。实际上，生活中的很多工具都有类似的结构。通常情况下，每一层的用户只需要关心本层的知识，无须过度关注其下一层知识。

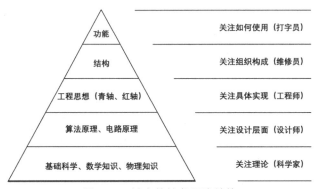

图 1-24　键盘的抽象层次结构

计算机中也存在大量抽象工具。例如，图像处理工具 Photoshop 就是一个抽象工具，它把功能抽象为一个又一个按钮或菜单。需要实现某个特定功能时，只需单击特定的按钮或菜单即可。在使用 Photoshop 时，我们的诉求是更好、更快地使用该工具完成图像处理，并不需要了解每个按钮对应的功能到底是如何实现的。

现代编程的核心是"抽象"，类似于键盘、Photoshop 的设计，会把要实现的某些非常复杂的功能封装起来，构成函数。在实现相应功能时，只需要调用函数就可以了，不需要再把程序从头到尾写一遍。

预先写好的函数集合叫作"库"（模块、包）。开发者开发了各种各样的库，并提供给我们免费使用，这大幅提高了我们的工作效率。库中的函数，为处理图像提供了方便。使用函数几乎和使用 Photoshop 处理图像一样简单方便。通常情况下，只需要把要处理的图像传递给库函数，它就能把处理结果返回给我们。

图像处理领域有非常多的高质量库。其中，OpenCV 的影响力最大、应用最广。OpenCV 提供了机器学习模块用以实现机器学习功能，提供了 DNN（Deep Neural Networks，深度神经网络）模块用以实现深度学习功能。

在人脸识别领域中，可以借助 dlib 库中关于人脸识别的部分实现易容术、驾驶员疲劳检测、面部表情识别、性别和年龄识别等。

库函数屏蔽了许多细节，我们无须关注实现的具体过程。在使用库函数完成图像处理任务时，只需把符合要求的输入作为参数传递给库函数即可得到想要的处理结果。库函数工作示意图如图 1-25 所示。

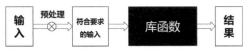

图 1-25　库函数工作示意图

抽象后的键盘让我们无须关注任何相关技术知识，只需关注打字就好。但是，需要注意的是，抽象后的层次并不都像键盘的顶层抽象一样无须关注实现原理。在图像处理中，对下层抽象的了解有助于在本层更好地开展工作。

简单来说，图像处理领域有各种各样的抽象好的函数，这些函数能帮助我们完成特定的功能。我们可以将这些函数称为"黑盒"，无须关注其内部的构造也能够正常使用它。但为了更好地使用函数，我们有必要了解该函数是如何设计构造的。当我们打开函数，理解函数的具体实现时，函数对于我们来说就是个"白盒"。

将函数作为"黑盒"使用，我们无法深入了解函数所使用的算法原理，很难将函数的功能发挥好。但是，将函数作为"白盒"认真研究，相当于从头造轮子，会浪费大量的精力。

实践中，我们要控制好"白盒"和"黑盒"的平衡。既要掌握库函数的使用方法，也要掌握一定的函数实现涉及的算法原理。我们既要善于使用库来完成工作，也要对实现这些库的原理有所了解。了解原理能够帮助我们更好地使用库、配置库函数的参数；了解算法的原理，能够帮助我们在实践中进行更有针对性的开发。

第 2 章
Python 基础

Python 的功能非常强大，知识点也非常多。针对个人来讲，如果想弄清楚每一个知识点几乎是不可能完成的任务。

与其他科目一样，入门 Python 的好方法是先提纲挈领地把握主要知识点，掌握整体的知识脉络，然后在不断实践中逐渐掌握更多细节，最后针对某个具体领域展开深入具体的研究和应用。

在学习过程中一定要避免只研究局部细节，忽略整体，最终陷入"只见树木，不见森林"的局面。

本章将介绍 Python 的关键知识点，只要掌握了这些知识点，就可以应对开发过程中的大多数问题，这些知识点也是我们深入使用 Python 的必备基础。

大家如果有兴趣可以参考《爱上 Python——一日精通 Python 编程》一书，该书只有 80 页，能够帮助大家快速入门 Python。

2.1　如何开始

本书使用的是 Python 3。由于 Python 2 和 Python 3 有很多相同之处，因此 Python 2 的读者也可以使用本书，但还是要说明一下，本书直接面向的版本是 Python 3。

Python 的开发环境有很多种，在实际开发时可以根据需要选择。本书选择使用 Anaconda 作为开发环境。

Anaconda 简单易用，对于初学者非常友好，包括 Python 和很多常见的软件库，在编程时不需要安装额外配置，安装完成后，可以直接用来完成 Python 编程。

可以在 Anaconda 的官网上下载 Anaconda。下载页顶部指出了当前的最新版本。

如果想安装其他版本，可以在下载页内根据实际情况选择。具体选择哪种安装包依赖于如下三个因素：

- Python 的版本，如 Python 2.7 或 Python 3.8 等。需要额外注意，Anaconda 不一定支持最新的 Python 版本，当然，它很快就会支持。
- 操作系统，如 Windows、macOS、Linux 等。
- 处理器位数，如 32 位、64 位。

根据自己的环境配置，在下载页中下载对应的安装包。

下载完成后，按照提示步骤完成安装即可。通常情况下，只需要依次单击"下一步"按钮即可完成安装。

安装完成后，可以直接打开"Spyder"窗口进行 Python 编程，如图 2-1 所示。在图 2-1 左侧编辑器的第 8 行输入"print(2+3)"（前 7 行是程序自带的注释说明与留白），按下"F5"键运行当前程序，图 2-1 右侧"Python 控制台"窗格即可显示计算结果"5"。

图 2-1　"Spyder"窗口

2.2　基础语法

变量是程序设计基础，本节将分别从变量的概念、定义、运算、输出等角度展开介绍。

2.2.1　变量的概念

可以从如下三个角度来理解变量：

- 容器角度：可以将变量理解为一个盒子，数据存储在变量中。
- 内存角度：变量是内存中的某段空间，是内存中的某个位置。
- 识别角度：变量是"ID""名字""标签"等，用于与其他值进行区分。

2.2.2　变量的使用

变量的使用主要涉及：定义（赋值）、运算、输出三方面。

1. 定义

一般通过赋值的方式来定义一个变量，其形式为

```
变量名 = 值
```

需要注意的是，上述表达式中的"="含义与数学中的"="含义是不一样的。这里的"="表示赋值，它是一个赋值符号，表示将右侧的值赋给左侧的变量。

例如，程序中需要使用一本书的价格，则可以使用如下语句来定义变量 price：

```
price = 365
```

上述语句定义了一个变量 price，并将值 365 赋给了变量 price。

定义变量 price 后，计算机内存中就会分配出一段空间给 price。通过引用名称 price，可以访问这个变量，获取该变量的值 365；也可以通过访问该变量，修改该变量的值，如：

```
price=98
```

上述语句使 price 的值变为 98。

变量的名称被称为"变量名"，变量名的命名原则是"合法、简单易懂、易于理解"。通常情况下，会根据需要为变量起一个好记、好理解的名字。

- "合法"是指变量的命名必须满足一定条件。

从构成上看，变量名只能由字母、数字、下画线构成，不能包含其他字符。

在使用上，变量名不能使用 Python 中的关键字。关键字是指已经被使用的一些特殊标记。例如，print 表示打印，就不能再定义一个变量名为"print"了。这和中国传统文化中的"避尊者讳，避长者讳，避逝者讳"是一致的。在唐朝，给儿子起名为"李世民"是不可以的；《红楼梦》一书中，林黛玉的母亲叫"贾敏"，林黛玉每次写到"敏"字都要故意少写一笔。

- "简单易懂、易于理解"是指变量名不要有歧义，要直观，一眼能看出来其意义。

例如，给家里的黑猫命名为"小白"没有问题，但是如果这样定义变量名，就容易引起歧义。当变量名由多个单词构成时，可以采用驼峰式命名规则或者使用下画线区分的命名规则。

> 驼峰式命名是指将后续出现的单词首字母以大写形式表示，如"liLiZong"。
> 下画线区分的命名规则是在不同的单词间使用下画线，如"li_li_zong"。

【注意】在 Python 中，变量名是大小敏感的。也就是说，"zhangsan"和"zhangSan"是两个不同的变量。

---

2. 运算

Python 中支持非常多的运算形式，基本的运算有加法"+"、减法"-"、乘法"*"、除法"/"、整除"//"、取余数"%"、指数"**"等。

表达式：

```
a=5
b=a**3
```

含义为变量 b 被赋值为变量 a 的 3 次方，其值为"125"。

3. 输出

在 Python 中，print()函数用于输出信息。它可以接受 0 个或多个数据作为参数，参数间用逗号分隔。

【例 2.1】变量使用展示。

```
a=5
b=a**3
print(a,b)
```

运行上述程序，输出结果为

```
5 125
```

2.3　数据类型

Python 提供了多种不同的数据类型来处理数据。之所以提供不同的数据类型，是基于如下两方面的考虑。

1.　存储空间的角度

例如，在图 2-2 中，如果将空间统一划分为如图 2-2（a）所示的较小单位，虽然能够存储更多数据，但是较小的空间不能存储较大的数据。如果将所有空间都划分为如图 2-2（b）所示的较大单位，虽然能够存储较大的数据，但存储的数据量会变得很少。如果将空间划分为如图 2-2（c）所示的大小不一的单位，那么既能够存储大小不等的数据，又有足够多的空间单元来存储数据。

这和我们在生活中使用大小不一的盒子来存储物品的道理是一样的。

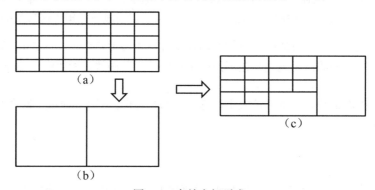

图 2-2　存储空间需求

2.　不同运算的需求

在数据处理过程中，针对不同数据类型会有不同的需求。例如，图 2-3 中的两个数字"5"和"3"：

- 当它们是字符时，我们希望将它们连接起来，得到"53"。
- 当它们是数值时，我们希望计算它们的和，得到"8"。

图 2-3　运算示例

不同的数据类型，决定了我们想要得到的结果。这和我们在生活中使用不同的厨具来处理不同食材的道理是一样的。

2.3.1　基础类型

本节将介绍整型、浮点型、布尔型、字符串这几种数据类型。

1. 整型

整型就是数学中的整数，如 9、666、−3 等。直接使用：

```
变量名 = 数值
```

完成定义即可。例如：

```
price = 108
```

上述程序定义了一个整型变量 price，其值为 108。

2. 浮点型

浮点型就是小数，即带有小数点的数字，如 3.14、2.718281828459、0.618 等。例如：

```
price=99.99
```

上述程序定义了一个浮点数 price，其值为 99.99。

3. 布尔型

由于布尔（George Boole，1815—1864）在逻辑运算领域做出了特殊贡献，因此常将逻辑运算（Logical Operators）称为布尔运算，将其结果称为布尔值。逻辑运算通常用来测试真假值，其结果要么是"真"，要么是"假"。也就是说，布尔型的数据仅包含"True"和"False"两个数据。

例如，逻辑表达式：

```
5 > 3
```

的结果为"True"。

逻辑表达式：

```
5 < 3
```

的结果为"False"。

4. 字符串

字符串表示一串文本内容，在定义时通常使用"双引号"或"单引号"来完成。例如：

```
a = "李立宗"
b = "Python 课程"
c = a + b
print(c)
```

上述程序中，分别定义了字符串 a 和字符串 b，字符串 c 是将字符串 a 和字符串 b 连接的结果，得到的是"李立宗 Python 课程"。最后将 c 输出，输出的是字符串 c 的内容。

2.3.2　列表

列表（List）是数据的集合，可以将用到的一组数据集中存储在一个列表中。例如，需要存储 100 个成绩数据时，不需要单独定义 100 个整型变量，而是定义一个列表，将所有成绩都存放在这个列表中即可。

1. 定义

在定义列表时，使用中括号将所有值括起来，并将不同的值使用逗号分隔开。

【例 2.2】列表的定义及输出。

```
a = [3,4,5,6,7,8,9,666,99,0]
b = []
print(a)
print(b)
```

本例定义了两个列表，分别是列表 a 和列表 b，并将它们输出。

上述程序输出结果为

```
[3, 4, 5, 6, 7, 8, 9, 666, 99, 0]
[]
```

2. 访问

可以使用索引来访问列表内的元素，索引表示的是位置信息。可以使用正索引和负索引两种不同形式来访问列表内的元素。索引信息示意图如图 2-4 所示。

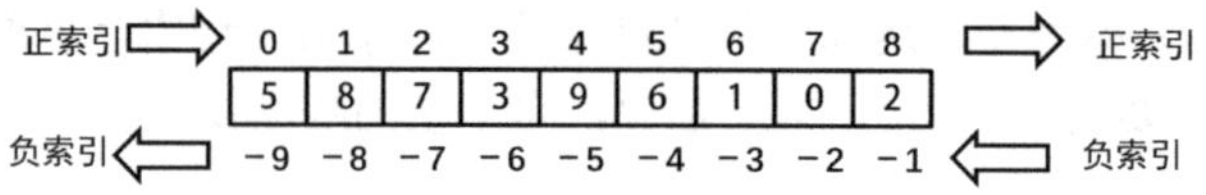

图 2-4　索引信息示意图

【例 2.3】使用索引访问列表元素。

```
a = [5,8,7,3,9,6,1,0,2]
print(a[2])
print(a[-2])
a[2]=666
print(a)
```

上述程序输出结果为

```
7
0
[5, 8, 666, 3, 9, 6, 1, 0, 2]
```

Python 提供了使用冒号"`:`"实现切片功能，其一般语法格式为

列表名 [开始:结束]

需要注意的是，上述形式表示的区间是左闭右开的。也就是说，冒号指定的切片区间包含起始索引对应的元素，不包含终止索引对应的元素。例如，有列表"a = [5,8,7,3,9,6,1,0,2]"，则"a[2:6]"表示的是 a[2]、a[3]、a[4]、a[5]四个元素，分别是列表 a 中的 7、3、9、6，不包含"a[6]"对应的元素"1"。

在必要时，可以使用"步长"来表示在索引元素时使用的步长，其语法格式为

a[开始:结束:步长]

例如，"a[2:9:2]"表示步长为 2，表示的值为 a[2]、a[4]、a[6]、a[8]四个元素。

除此之外，起始索引、终止索引都可以根据需要省略。

- 如果想从第 0 个元素开始索引，那么可以将起始索引省略，仅仅用一个终止索引，如"a[:6]"与"a[0:6]"是一致的。此时，相当于省略了开始索引 0。
- 如果想索引到最后一个元素，那么可以将终止索引省略，仅仅用一个起始索引，如"a[6:]"表示的是从第 7 个元素开始索引直到最后一个元素。此时，相当于省略了终止索引位置上的列表长度值（结束位置索引加 1 的结果）。

【例 2.4】使用切片访问列表元素。

```
a = [5,8,7,3,9,6,1,0,2]
print(a[2:6])
print(a[2:9:2])
print(a[:6])
print(a[6:])
print(a[6:-1])
```

上述程序输出结果为

```
[7, 3, 9, 6]
[7, 9, 1, 2]
[5, 8, 7, 3, 9, 6]
[1, 0, 2]
[1, 0]
```

【注意】在 Python 中，正索引的起始索引从 0 开始，负索引的起始索引从-1 开始。另外，索引中的"[开始,结束]"是"左闭右开"的形式，终止索引对应的元素并不包含在索引结果中。

3. 添加

可以使用函数 append 向列表的末尾添加元素。例如，使用"a.append(666)"可将数值 666 添加到列表 a 的末尾。

【例 2.5】使用函数 append 向列表内添加元素。

```
a = [5,8,7,3]
print("添加前 a=",a)
a.append(666)
print("添加后 a=",a)
```

上述程序输出结果为

```
添加前 a= [5, 8, 7, 3]
添加后 a= [5, 8, 7, 3, 666]
```

4. 删除

使用 del 可以删除列表内指定索引对应的元素。例如，使用"del a[2]"会将列表 a 内索引 2 对应的元素删除。

【例 2.6】 使用 del 删除列表元素。

```
a = [5,8,6,2]
print("删除前 a=",a)
del a[2]
print("删除后 a=",a)
```

上述程序输出结果为

```
删除前 a= [5, 8, 6, 2]
删除后 a= [5, 8, 2]
```

2.3.3 元组

元组（Tuple）在使用上与列表类似，使用圆括号将其中的元素括起来，各元素间使用逗号分隔。需要特别注意的是，元组元素是不能改变的。

【例 2.7】 使用切片访问元组元素。

```
a = (5,8,7,3,9,6,1,0,2)
print(a[2])
print(a[-2])
# a[2]=666    元组的值不允许更，运行此语句会报错
print(a[2:6])
print(a[2:6:2])
print(a[:6])
print(a[6:])
print(a[6:-1])
```

上述程序中的"#"是注释标记，该标记后面的内容是注释内容，不会被 Python 执行。如果去掉注释，尝试执行"a[2]=666"，那么程序会报错。上述程输出结果为

```
7
0
(7, 3, 9, 6)
(7, 9)
(5, 8, 7, 3, 9, 6)
(1, 0, 2)
(1, 0)
```

Python 提供了很多处理列表、元组的方法，下面通过【例 2.8】来进行简单说明。

【例 2.8】 数据处理。

```
a = (1,2,3)
b = (4,5,6)
print("a=",a)
print("b=",b)
c = a + b
print("c=",c)
l = len(c)
print("len(c)=",l)
```

```
d = a * 3
print("a*3=",d)
```

上述程序输出结果为

```
a= (1, 2, 3)
b= (4, 5, 6)
c= (1, 2, 3, 4, 5, 6)
len(c)= 6
a*3= (1, 2, 3, 1, 2, 3, 1, 2, 3)
```

上述程序中，各个语句含义如下。

- c=a+b：表示将元组 a 和元组 b 连接到一起，并赋值给 c。
- l＝len(c)：函数 len 用来计算参数 c 的长度。
- d＝a * 3：元组的乘号"*"运算，表示将元组迭代指定的次数，该语句表示将元组 a 迭代 3 次。

上述运算，同样适用于列表。

【注意】在 Python 中：

- 定义列表时使用的是方括号；定义元组时使用的是圆括号。
- 列表的大小是可变的（可以删除、添加元素）、元素值是可修改的；元组的大小、元素值都是固定的，是不能修改的。

2.3.4　字典

列表只能存储单一的信息。例如，在存储一组成绩时，列表只能存储成绩，不能同时存储成绩及对应人名。要想使用列表同时存储人名、成绩，必须构建两个列表，并确定两个列表间的对应关系。很显然这样做的效率不高，而且容易出错。

字典（Dict）是相关数据对的一个集合，这个数据对通常被称为键值对。它和日常生活中使用的字典类似，能够轻松地通过字（键，key），找到对应的解释说明（值，value）。它能够同时存储成绩及对应的人名，并能够通过人名（键）查找到对应的成绩（值）。字典示例如表 2-1 所示。

表 2-1　字典示例

键	值
孙悟空	66
哪吒	88
猪八戒	77
红孩儿	99

1. 使用基础

在创建字典时，键和值之间使用冒号分隔，相邻的两个键值对之间使用逗号分隔，所有元素放在"{}"中。例如，"a = {"李立宗": 66,"刘能": 88,"赵四": 99}"语句创建了一个字典 a。

与列表、元组等不同的是，在引用时字典中的元素时不再使用索引，而是使用键。例如，通过 "a["李立宗"]" 可以获取字典 a 中的键李立宗对应的值 66。

【例 2.9】 字典使用基础。

```
a = {
    "李立宗" : 66,
    "刘能": 88,
    "赵四": 99
    }
print(a)
print(a["李立宗"])
```

上述程序输出结果为

```
{'李立宗': 66, '刘能': 88, '赵四': 99}
66
```

2. 改增删

改增删（修改、增加、删除）是在数据处理中最常用的操作，在字典中执行上述操作的方式如下：

- 修改：针对已经存在的键，使用"字典名[键]=新值"的语法形式完成键值对的删除。例如，"a["李立宗"]=90"语句会将字典中键李立宗对应的值修改为 90。
- 增加：使用"字典名[键]=值"的语法形式完成。例如，执行"a['小明']=100"语句可向字典 a 中新增一个键值对"小明：100"。
- 删除：使用"del 字典名[键]"语法形式完成键值对的删除。例如，执行"del a['李立宗']"语句将会删除字典 a 中键李立宗对应的键值对。

【例 2.10】 字典的数据处理。

```
a = {
    "李立宗": 66,
    "刘能": 88,
    "赵四": 99
    }
print(a)
# 修改李立宗的成绩
a["李立宗"]=90
print(a)
# 增加小明及其成绩
a['小明']=100
print(a)
# 删除李立宗的名字及其成绩
del a['李立宗']
print(a)
```

上述程序输出结果为

```
{'李立宗': 66, '刘能': 88, '赵四': 99}
{'李立宗': 90, '刘能': 88, '赵四': 99}
```

{'李立宗': 90, '刘能': 88, '赵四': 99, '小明': 100}

{'刘能': 88, '赵四': 99, '小明': 100}

2.4　选择结构

对症下药，意思是医生针对患者病症用药，指要针对事物存在的问题采取有效的措施。选择结构就是针对不同的条件做出不同的选择，从而执行不同的任务。

某游戏厅有一个投篮游戏，该游戏的成绩显示在一块屏幕上。屏幕显示处理方式如图 2-5 所示，具体如下：

- 图 2-5（a）属于单分支结构。在单分支结构中，当条件成立时，去做某件事情；当条件不成立时，什么都不做。对于本例为，若投篮成绩大于 90 分，则在屏幕上显示"A 级"；否则，什么都不显示。
- 图 2-5（b）属于双分支结构。在双分支中结构，当条件成立时，去做某件事情；当条件不成立时，去做另外一件事情。对于本例为，若投篮成绩大于 90 分，则在屏幕上显示"A 级"；否则，在屏幕上显示"加油"。
- 图 2-5（c）属于多分支结构。在多分支结构中，逐个判断是否满足某个条件，并根据判断结果执行对应的语句。对于本例为
  - ➢ 先判断投篮成绩是否大于 90 分，若大于 90 分，则在屏幕上显示"A 级"；否则，继续后续判断。
  - ➢ 然后判断投篮成绩是否大于 80 分，若大于 80 分，则在屏幕上显示"B 级"；否则，继续后续判断。
  - ➢ 然后判断投篮成绩是否大于 70 分，若大于 70 分，则在屏幕上显示"C 级"；否则，继续后续判断。
  - ➢ 然后判断投篮成绩是否大于 60 分，若大于 60 分，则在屏幕上显示"D 级"；否则，在屏幕上显示"加油"。

在多分支结构中，可以一直不断地缩小判断范围进行后续判断。

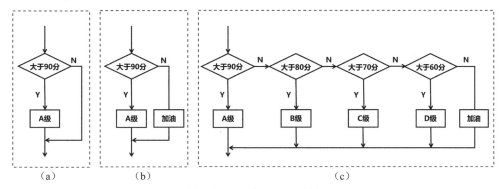

图 2-5　屏幕显示处理方式

1. 单分支

单分支结构仅在条件成立时执行操作，当条件不成立时什么都不做，其结构为

```
if 条件表达式:
    语句段
```

【例 2.11】 单分支结构实现投篮成绩判断。

```
s=input("请输入成绩: ")
s=int(s)
if s>90:
    print("A级")
```

运行上述程序，会提示输入成绩，当输入的数值大于 90 时，输出结果为

A 级

如果输入的数值小于或等于 90，那么程序没有任何输出。

这里涉及如下两个新的知识点：

- 函数 input()：用来接收用户的输入。
- 函数 int()：用来完成类型的转换。从函数 input()读取的数据是字符串，不能直接与数值比较大小，要使用函数 int()将其转换为整型。

【注意】 在 Python 中，不使用大括号来表示语句段的开始和结束，而使用缩进来表示语句的开始和结束。例如，当条件成立时，若要执行的语句有很多行，则直接将这些语句进行相同的缩进。

这样的方式很方便，但是需要额外关注代码的缩进。初学者在使用 Python 时，经常会因为缩进使用不当而出错，务必恰当地使用缩进。

---

2. 双分支

在双分支结构中，当条件成立时，去做某件事情；当条件不成立时，去做另外一件事情，其结构为

```
if 条件表达式:
    语句段 1
else:
    语句段 2
```

【例 2.12】 双分支结构实现投篮成绩判断。

```
s=input("请输入成绩: ")
s=int(s)
if s>90:
    print("A级")
else:
    print("加油! ")
```

运行上述程序，会提示输入成绩，若输入的数值大于 90，则输出 "A 级"；若输入的数值小于或等于 90，则输出 "加油!"。

3. 多分支

多分支结构针对多个条件进行判断，根据判断结果执行对应操作。针对投篮游戏的坐标示

意图如图 2-6 所示。

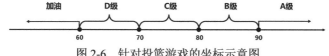

图 2-6　针对投篮游戏的坐标示意图

这里需要注意的是，第二个判断条件"大于 80 分"，是在第一个判断条件"大于 90 分"不成立的情况下的条件，其范围是（80,90]。其他条件类似，都是上一次判断条件不成立情况下的判断条件。

多分支结构中使用"if...elif...else"结构，可以包含多个"elif"，其结构为

```
if 条件表达式 1：
       语句段 1
elif 条件表达式 2：
       语句段 2
elif 条件表达式 3：
       语句段 3
elif 条件表达式 4：
       语句段 4
else：
       语句段 5
```

【例 2.13】 多分支结构实现投篮成绩判断。

```
s=input("请输入成绩：")
s=int(s)
if s>90:
    print("A 级")
elif s>80:
    print("B 级")
elif s>70:
    print("C 级")
elif s>=60:
    print("D 级")
else:
    print("加油")
```

运行上述程序，根据输入不同，结果如下：

- 若输入的数值大于 90，则输出"A 级"。
- 若输入的数值为(80,90]，则输出"B 级"。
- 若输入的数值为(70,80]，则输出"C 级"。
- 若输入的数值为[60,70]，则输出"D 级"。
- 若输入的数值小于 60，则输出"加油"。

4．内联 if

可以将 if 语句简单地写在一行内。此时的语法格式为

```
语句 A if 条件 else 语句 B
```

上述语句的规则是

- 当条件成立时，将语句 A 作为返回值。
- 当条件不成立时，将该语句 B 作为返回值。

内联 if 语句结构如图 2-7 所示。

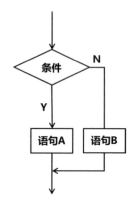

图 2-7　内联 if 语句结构

【例 2.14】使用内联 if 语句计算两个数值的最大值。

```
a=input("请输入 a:")
b=input("请输入 b:")
a=int(a)
b=int(b)
big=(a if a>b else b)
print("大数是:",big)
```

运行上述程序，根据不同输入，会出现不同结果：

- 当输入的值满足 a>b 时，big=a。例如，输入 a=6、b=3，则 big=a，输出为"大数是：6"。
- 当输入的值不满足 a>b 时，big=b。例如，输入 a=6、b=9，则 big=b，输出为"大数是：9"。

5. 条件语句

条件语句通常是由比较语句构成的，返回一个逻辑值（True 或 False）。使用比较符号可以构成比较语句，常用的比较符号如表 2-2 所示。

表 2-2　常用的比较符号

符 号	示 例	示 例 值
等于（==）	5==3	False
不等于（!=）	5!=3	True
大于（>）	5>3	True
大于或等于（>=）	5>=3	True
小于（<）	5<3	False
小于或等于（<=）	5<=3	False

在需要对多个条件进行组合时，可以使用逻辑符号。常用的逻辑符号如表 2-3 所示。

表 2-3　常用的逻辑符号

符　　号	含　　义	示　　例	示　例　值
与（and）	若所有条件都满足，则返回 True；否则，返回 False	(8>3) and (9>6)	True
或（or）	只要有一个条件满足，就返回 True；否则，返回 False	(8>16) or (9>6)	True
非（not）	取相反值	not(3>6)	True

2.5　循环结构

简单来说，循环就是重复做某件事情。循环结构通过控制循环条件来实现某一段程序的重复执行和适时结束，如图 2-8 所示。

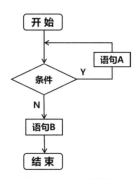

图 2-8　循环结构

1. for...in 循环

使用 for...in 语句能够遍历一个集合。其语法格式为

```
for 变量 in 集合：
    具体操作
```

上述语法针对可迭代对象（集合）展开遍历，其循环次数取决于迭代集合大小。集合可以是列表、元组、字符串等。

【例 2.15】使用 for...in 循环分别遍历列表、元组、字符串。

```
print("遍历列表示例：")
a = [7,9,8]
for x in a:
    print(x)
print("遍历元组示例：")
b=(1,7,1)
for x in b:
    print(x)
print("遍历字符串示例：")
s="PYTHON"
for x in s:
    print(x)
```

运行上述程序，输出结果如下：

遍历列表示例：

```
7
9
8
```

遍历元组示例：

```
1
7
1
```

遍历字符串示例：

```
P
Y
T
H
O
N
```

若希望输出索引，则可以使用关键字 enumerate 实现。

【例 2.16】 使用 for...in 循环输出索引及对应元素值。

```
print("打印索引及值：")
b = ["Python","人工智能","大数据"]
for index,name in enumerate(b):
    print(index,name)
```

运行上述程序，输出结果如下：

```
打印索引及值：
0 Python
1 人工智能
2 大数据
```

2. for...in 次数循环

使用 for...in 语句能够实现指定次数的循环，此时，通常借助函数 range 控制循环次数。range 的语法格式为

```
range(初始值,终止值,步长)
```

其中，各个参数含义如下：

- 初始值：计数的开始值，可以省略，省略该值时其默认值是 0，表示从 0 开始，如 range(5) 等价于 range(0,5)。
- 终止值：计数到终止值结束，但不包括终止值，如 range(1,5)对应[1,2,3,4]，不包含 5。
- 步长：可以省略，省略该值时，默认为 1，如 range(1,5)等价于 range(1,5,1)。

需要注意的是，range 函数返回的是一个可迭代对象，如果想将其转换为列表，那么可以使用 list 函数实现。例如，通过 list(range(1,5))函数可得到一个列表。

【例 2.17】 使用 range 函数获取对象及列表。

```
# 使用三个参数
a = range(1,10,3)
print(a)
b=list(a)
print(b)
# 默认步长
c = range(1,5)
print(list(c))
# 默认初始值为 0
d = range(5)
print(list(d))
```

运行上述程序，输出结果如下：

```
range(1, 10, 3)
[1, 4, 7]
[1, 2, 3, 4]
[0, 1, 2, 3, 4]
```

【例 2.18】通过 range 函数控制 for...in 循环执行。

```
for x in range(1,5):
    print(x,"循环")
```

运行上述程序，输出结果如下：

```
1 循环
2 循环
3 循环
4 循环
```

3. while 循环

使用 while 语句可以实现在某个条件成立的情况下，重复执行循环内的语句，其语法格式为

```
while 条件表达式:
    循环体
```

在 while 循环中当条件为真时，运行循环体。因此，若让循环体不再运行，需保证条件表达式在一定条件下不成立。如果条件表达式一直成立，那么该循环就是一个死循环。死循环通常只用于一些特殊情况，或者微型传感器等永不停歇工作直至报废的装置上。

在 while 循环中，通常使用一个变量作为循环计数器。通过控制该循环计数器的值，来控制循环执行的次数。

【例 2.19】使用 while 循环实现 5 次循环。

```
i = 0
while i < 5:
    print(i)
    i += 1
```

运行上述程序，输出结果如下：

```
0
1
2
3
4
```

本例使用变量 i 作为循环计数器。设置其初始值为 0，当其值小于 5 时，条件表达式成立，循环得以执行；循环体内，不断地改变 i 的值，让其增大，使其朝着使循环条件"i<5"不成立的方向发展。最终在 i=5 时，循环条件不再成立，循环终止。

【例 2.20】使用 while 循环遍历一个列表。

```
a = [7,9,8,666]
i = 0
while i < len(a):
    print(a[i])
    i += 1
```

运行上述程序，输出结果如下：

```
7
9
8
666
```

4. 跳出循环 break

有时我们希望在满足某个特定的条件时，终止循环的运行，关键字 break 可以帮助我们达到这个目的，其使用形式一般为

```
循环（while 或 for...in）
    if 条件表达式
        break
```

上述结构当条件表达式成立时，跳出循环体。

【例 2.21】break 使用示例。输出列表的值，一旦遇到数值 666，就终止后续所有输出。

```
a = [7,9,8,666,999,973,985,211]
for x in a:
    if x==666:
        break
    print(x)
```

运行上述程序，输出结果如下：

```
7
9
8
```

【例 2.21】尝试使用 for...in 循环遍历列表 a 中的所有元素。但是，当条件判断语句"if x==666:"成立时，执行"break"语句。这意味着，一旦遇到数值"666"，就要退出循环，终止继续遍历列表 a 内其余元素。所以，程序在遍历到数值 666 后，循环终止运行，数值 666 及后续所有值都没有被输出。

5. 跳出循环 continue

有时我们希望在满足某个特定的条件时，终止本次循环，继续运行下一次循环。关键字 continue 可以帮助我们达到这个目的，其使用形式一般为

```
循环（while 或 for...in）
    if 条件表达式
        continue
```

对于上述结构，当条件表达式成立时，忽略当次循环中剩下的语句，继续执行下一次循环。

【例 2.22】continue 使用示例。输出列表的值，在遇到数值 666 时，不输出该值。

```
a = [7,9,8,666,999,973,985,211]
for x in a:
    if x==666:
        continue
    print(x)
```

运行程序，输出结果如下：

```
7
9
8
999
973
985
211
```

【例 2.22】尝试使用 for...in 循环遍历列表 a 中的所有元素。但是，当条件判断语句"if x==666:"成立时，执行"continue"语句。这意味着，一旦遇到数值"666"，就要退出本次循环，放弃本次循环中后续语句，继续执行下一次循环。所以，在遇到数值 666 后，终止本次循环后续语句（print 语句）的运行，继续执行下一次循环。在下一次循环中，遇到数值"999"，if 语句不成立，执行 print 语句将数值"999"输出。之后继续执行下一次循环，直至循环结束。

2.6　函数

本节内容分为三部分：2.6.1 节将从词义、作用、构成等角度介绍什么是函数；2.6.2 节将介绍内置函数的基本使用方法；2.6.3 节将简单介绍自定义函数。

2.6.1　什么是函数

函数是一个处理器，是一个将"输入"处理为"输出"的工具。在使用榨汁机将水果变为果汁的场景中，榨汁机就是一个函数。图 2-9 所示为函数和榨汁机的对比示意图。

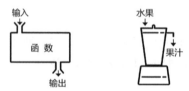

图 2-9　函数和榨汁机的对比示意图

在数学或者计算机中，我们尝试构造不同的函数来解决不同的问题。这里的函数本质上是指，通过对输入进行有效处理，得到输出结果。我们可以利用函数解决各种各样的问题，这些问题可以是计算绝对值、计算最大值等相对简单的数学问题，也可以是复杂的现实问题。例如，利用 canny 函数可以得到原始图像（图 2-10 左侧图像）对应的 canny 边缘（图 2-10 右侧图像）。

图 2-10　canny 函数处理示例

无论在生活中还是在数学或者计算机中，函数的输入和输出都存在较强的相关性。也就是说，通过一定的变换，能够将输入变为输出，这种变换必须是科学的。例如，我们可以构造一个实现输入水输出水蒸气，甚至氧气的函数，但是不可以构造一个输入水输出油的函数。

清代的数学家李善兰与英国传教士伟烈亚力（Alexander Wylie）合译《代数学》时，将函数解释为"凡此变量中函（包含）彼变量者，则此为彼之函数"。

"函"作为动词使用是"包含、容纳"的意思。我们在 2.2.1 节中介绍了"变量"的概念。一般来说，我们把输入称为自变量，输出称为因变量。因此，可以将上述翻译理解为"函数作为一种变量（因变量），包含着另外一个变量（自变量）"。

"函"作为名词使用是"匣、盒"的意思，从这个角度讲，函数是一个盒子。进一步讲，这个盒子可能是个"黑盒"，也可能是个"白盒"。函数示意图如图 2-11 所示。

- 黑盒角度：作为使用函数的用户，不需要关心函数内部的构造。Python 提供了非常多函数，直接使用这些函数就能够完成非常复杂的工作。类似于，使用榨汁机，不用关心它是怎么工作的，把水果放进去后，只需按下开关就能得到果汁。第三方模块提供了大量实用函数，本书主要使用 OpenCV 模块，该模块包含大量用于图像处理的实用函数。直接把输入交给相应的函数，即可得到返回结果。不同的函数对应不同的功能，我们需要做的是找到能解决问题的特定函数，无须关心它内部是如何工作的。
- 白盒角度：作为开发函数的程序员，需要编写程序，从而完成将输入转换为输出的工作。这类似于，开发榨汁机的工程师需要关注实现的每一个技术细节。

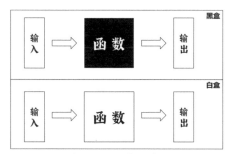

图 2-11　函数示意图

横看成岭侧成峰，远近高低各不同。针对同一个对象，当我们从不同角度去解析时，更能避免陷入盲人摸象的境地。从实践的角度，一般把函数划分为如下三类：

- 内置函数：Python 自带的，实践中使用非常频繁的函数。
- 自定义函数：通常指程序员自己定义的函数。
- 模块：把一些函数单独地放在称为模块的文件中，这些函数就被称为模块。这些函数可能是 Python 自带的，也可能是由第三方开发的。

2.6.2　内置函数

内置函数，是指 Python 系统内自带的函数。常用语言包含了大量的被频繁使用的内置函数，如数学计算函数等。Python 包含了 abs、pow、sorted、max、min、sum 等函数。下面以一个示例来说明其具体用法。

【例 2.23】常用函数使用示例。

```
# abs 绝对值
x = -45
print(abs(x))
# pow 指数计算 b^e/2^3=8
b = 2
e = 3
r = pow(b,e)
print(r)
# sorted 排序
a = [1,2,3,0,5]
b = sorted(a)
print(b)
# max 最大值、min 最小值、sum 求和
print(max(a))
print(min(a))
print(sum(a))
```

运行上述程序，输出结果如下：

```
45
8
```

```
[0, 1, 2, 3, 5]
5
0
11
```

2.6.3 自定义函数

可以根据自己的需要自定义一个函数。自定义函数的调用方法与内置函数一致。

在自定义函数时,使用 def 来定义函数,使用 return 来返回函数的返回值。自定义函数的语法结构如下:

```
def 函数名(参数):
        函数体
        return   返回值
```

上述语法结构中:

- def 表示定义一个函数。关键字 def 表示从下一行开始的缩进代码都是函数的构成部分。
- 函数名,是指函数的名称。函数名和变量名的定义是一样的,可以根据需要起一个通俗易懂、好记的名字。
- 参数,是指函数的输入,是要处理的对象。例如,在计算一个圆的面积时,输入就是该圆的半径。简单来说,参数是交给函数的数据或指令。通常情况下,函数据此与用户进行交互,针对特定的输入进行处理。
- 关键字 return 后面是函数要返回的处理结果。返回值是函数和用户交互的一种方式,函数通过返回值将处理结果报告给用户。

函数就是“机器人”,用来完成特定的任务。函数对应的参数和返回值的情况如下。

- 参数:一般情况下,只有向机器人发出指令,机器人才会去执行对应的操作。但是,有时并不需要发出指令,机器人就能把事情处理好。例如,某简单的扫地机器人只有开关,打开开关它就开始工作了。这相当于函数没有参数,固定执行某个特定的功能。如果某个函数的功能是计算正方形面积,那么就需要通过参数接收边长值。如果函数只需要计算边长为 3 的正文形的正方形的面积,那么就不需要输入任何参数,直接在函数内计算边长为 3 的正方形的面积就可以了。
- 返回值:一般情况下,需要机器人返回处理结果。但是,有时只需要机器人把事情做好就可以了,不需要汇报结果。例如,某个机器人帮助某部门在早晨 6 点检查数据汇总结果。在检查无误时,并不需要机器人大喊一声:“没有问题啦!”。机器人不汇报处理结果,相当于函数没有返回值,只需默默执行某个特定的功能就好了。如果需要用正方形面积进行后续计算,那么就需要计算正方形面积的函数将面积值返回,以便后续对该面积值进行操作处理。如果只需要将面积值输出,那么就不需要让函数返回任何值,直接在函数内部完成打印即可。

【例 2.24】定义具有不同形式的参数、返回值的函数,用于计算边长为 3 的正方形面积。

表 2-4 对函数的参数、返回值的示例进行了简要说明。

表 2-4　函数的参数与返回值

诉　　求	参　数	返 回 值	说　　明	函 数 名
打印边长为 3 的正方形面积	无	无	在函数内打印面积值 9	area1
获得边长为 3 的正方形面积	无	有	函数返回面积值 9	area2
根据边长打印正方形面积	有	无	根据参数 3 在函数内打印面积值 9	area3
根据边长获得正方形面积	有	有	函数根据参数 3 返回面积值 9	area4

根据上述说明，编写程序如下：

```python
# 构造函数 area1，无参数，无返回值
def area1():
    print("1:无参数，无返回值：")
    print("边长为 3 的正方形面积：",3*3)
# 构造函数 area2，无参数，有返回值
def area2():
    print("2:无参数，有返回值：")
    return 3*3    # 返回值
# 构造函数 area3，有参数，无返回值
def area3(r):
    print("3:有参数，无返回值：")
    print("边长为",r,"的正方形面积为:",r*r)
# 构造函数 area4，有参数，有返回值
def area4(r):
    print("4:有参数，有返回值：")
    return  r*r
# 调用函数
area1()
print("边长为 3 的正方形面积为：",area2())
area3(3)
print("边长为 3 的正方形面积为:",area4(3))
# 不用函数直接计算
area=3*3
print("5:直接计算边长为 3 的正方形面积：",area)
```

运行上述程序，输出结果如下：

```
1:无参数，无返回值：
边长为 3 的正方形面积： 9
2:无参数，有返回值：
边长为 3 的正方形面积为： 9
3:有参数，无返回值：
边长为 3 的正方形面积为： 9
4:有参数，有返回值：
边长为 3 的正方形面积为： 9
5:直接计算边长为 3 的正方形面积： 9
```

从上述程序可以看出：

- 在函数没有返回值时，通常直接调用该函数，让其内部语句得以运行，通过内部语句展示某种形式的运算结果或过程。例如，函数 area1、函数 area3 都没有返回值，使用时直接调用即可。
- 在函数有返回值时，函数表示的就是函数的返回值。此时，可以将函数看作一个普通的变量，它的使用方式与普通变量是一致的，可以作为其他函数的参数。例如，函数 area2、函数 area4 都有返回值，表示的都是各自对应的返回值。因此，这两个函数都可以作为 print 函数的参数。

2.7 模块

为了方便处理和使用，通常将常用的一些函数组织在一起，保存在一个扩展名为 ".py" 的文件内，这个文件就是一个模块。因此，模块是函数的集合。

模块对应的英文是 "modules"。如果函数是榨汁机，那么模块就是一套厨具组合，这套厨具包含榨汁机、绞肉机、电饭锅等。

通常情况下，可以从以下几个方面来理解模块：

- 来源：可能是系统自带的，也可能是由程序员自发开发并共享的可以被大家任意调用的；还可能是自己定义供自己使用的。
- 作用：可满足特定的需求和目的，如方便网络访问、方便加密处理、方便数学计算、方便数据处理、方便图像处理等。
- 构造：无论是自带模块（标准模块），还是第三方模块，都已经被构造好了，可以直接调用。对于自定义模块，只需把自定义函数放在扩展名为 ".py" 的文件内，就可完成模块的构造。
- 使用：通常使用 "import 模块名" 语句将模块导入程序。

2.7.1 标准模块

标准模块是非常实用的，Python 提供了 200 多个内置的标准模块。

例如，random 模块可以用来处理随机数。该模块提供了众多与随机数处理相关的函数。例如，函数 randint(初值,终值)可生成一个介于[初值,终值]的随机整数。

要想使用模块内的函数就要先将模块导入程序，其格式为 "import 模块名"。例如，使用 random 模块内的函数，需要先将该模块导入，具体为

```
import random
```

使用关键字 "import" 导入标准模块后，可以通过模块名调用其提供的函数，形式为 "模块名.函数名"。例如，在导入 random 模块后，如果要使用其中的函数 randint()来生成一个介于[0,9]的随机数，其使用方式是 "random.randint(0,9)"。

【例 2.25】使用 random 模块内的 randint 函数，生成一组介于 0～9 的随机数。

```
import random
x=[]
```

```
for i in range(7):
    r=random.randint(0,9)
    x.append(r)
print(x)
```

运行上述程序，输出结果如下：

```
[3, 5, 3, 8, 5, 8, 1]
```

若感觉每次调用 randint 函数都写 random.randint 比较麻烦，则可以使用"import random as r"语句将 r 指定为 random 的缩写形式。指定上述缩写后，每次使用 "r.randint()" 即可调用 randint 函数。缩写名称是任意指定的，如 random 的缩写不一定必须是"r"。

Python 中常用的标准模块如下：

- random 模块：提供可进行随机选择的函数。
- os 模块：提供与操作系统交互的函数。
- sys 模块：提供与系统相关的参数和函数。
- time 模块：提供与时间相关的函数。
- math 模块：提供对浮点数学的底层 C 库函数的访问。
- re 模块：为高级字符串处理提供正则表达式的工具。

2.7.2　第三方模块

在使用第三方模块前，需要先对其进行下载和安装，然后就可以像使用标准模块一样导入并使用了。下载和安装第三方模块可以使用 Python 提供的 pip 命令，语法结构为

```
pip install 第三方模块名称
```

例如，安装用于科学计算的 NumPy 模块，可以使用的语句为

```
pip install numpy
```

当然，在面临网络不好等情况时，可以直接从 PyPI 的官网（参考网址 1[①]）通过 "pip install 本地路径"语句将要使用的第三方模块安装到本地。

本书主要使用的第三方模块如下：

- NumPy：该模块用于实现科学计算，其提供的数组功能可以非常方便地处理图像。
- OpenCV：高效的图像处理模块，是本书的重点。
- dlib：包含很多机器学习算法，使用起来简单方便。
- matplotlib.pyplot：该模块提供了类似于 MATLAB 的界面，使用简单的程序即可实现高效的绘图功能。

第三方模块的使用方式与标准模块是一致的，都是先使用关键字 import 导入，然后通过"模块名.函数名()"的方式调用。

---

① 所有参考网址可通过扫描本书封底二维码后输入书号获取。

2.7.3 自定义模块

自定义模块是指将一些可能重复使用的函数单独放在一个扩展名为的 ".py" 文件中。自定义模块的使用方式与标准模块相同。

【例 2.26】自定义一个模块，并使用该模块内的函数。

分析：本例题包含两个程序，一个是模块程序（myModules.py），另一个是用来调用模块内函数的程序（例 2.26.py）。

模块程序（myModules.py）提供了二次方计算（函数 x2）、10 倍计算（函数 x10）两个不同的函数。

主程序（例 2.26.py）分别对模块程序内的函数进行了调用。

myModules.py 程序如下：

```
# 两个功能：二次方、10 倍计算
# 计算一个数的二次方
def x2(a):
    return a*a
# 计算一个数的 10 倍
def x10(a):
return 10*a
```

例 2.26.py 程序如下：

```
import myModules as m
a=9
b=m.x2(a)
c=m.x10(a)
print("a=",a)
print("a 的二次方:",b)
print("a 的 10 倍:",c)
```

运行程序例 2.25.py，输出结果如下：

```
a= 9
a 的二次方: 81
a 的 10 倍: 90
```

第 3 章
OpenCV 基础

OpenCV 是一个开源的计算机视觉库，包含 500 多个函数，能够帮助开发人员快速构建视觉应用。本章将介绍 OpenCV 中的一些比较典型的函数及应用。为了节省篇幅，本章内容相对较少，关于 OpenCV 的更多内容可以参考笔者的《OpenCV 轻松入门——面向 Python》一书。

3.1　基础

在图像处理过程中，读取图像、显示图像、保存图像是最基本的操作。本节将简单介绍这几项基本操作。

3.1.1　安装 OpenCV

通常情况下，在 Anaconda Prompt 内使用如下语句安装 OpenCV-Python 即可：

```
pip install opencv-python
```

运行上述语句后，OpenCV-Python 将自动完成安装。

包列表如图 3-1 所示。

图 3-1　包列表

安装完成后，会显示安装成功语句"Successfully installed opencv-python-版本号"，如图 3-2 所示。

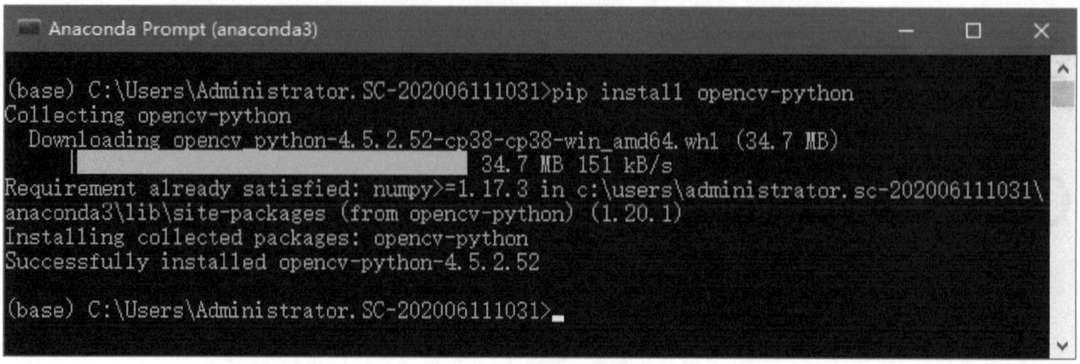

图 3-2　安装成功提示

可以在 Anaconda Prompt 内使用"conda list"语句查看安装是否成功。如果安装成功，那么将会显示安装成功的 OpenCV 库及对应的版本等信息。需要注意，不同安装包的名称及版本号可能略有差异。图 3-3 所示包列表显示了系统内配置 OpenCV 的情况，该图说明在当前系统内配置的是 OpenCV 为 4.5 版本。

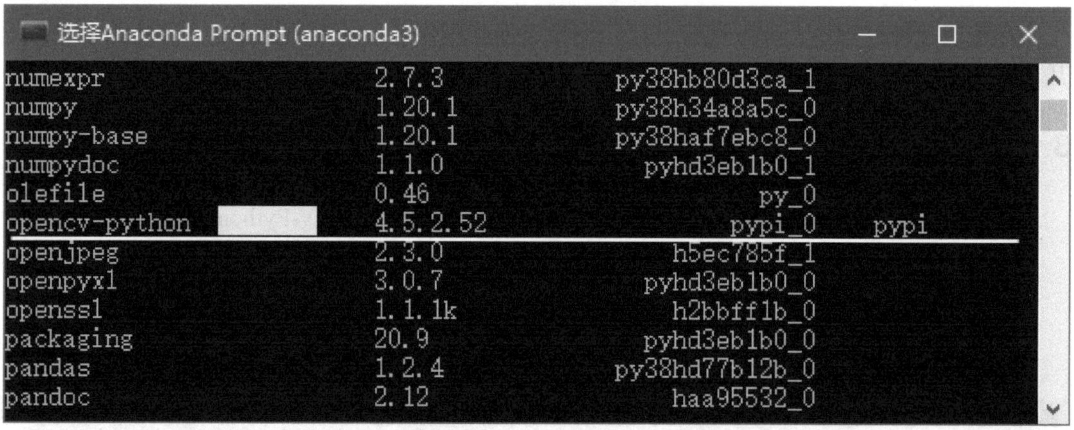

图 3-3　包列表

如果因为网络等问题，无法完成安装，可以先下载安装包，再完成安装。例如，可以选择由 PyPI 提供的 OpenCV 安装包，通过 PyPI 官网(参考网址 2)下载最新的面向 Python 的 OpenCV 库，该下载页顶部指出了当前的最新版本。

如果想安装其他版本，可以在 PyPI 官网"Download files"栏内根据实际情况来选择。具体选择哪种安装包取决于如下三个因素：

- Python 的版本，如 Python 2.7 或者 Python 3.8 等。
- 操作系统，如 Windows、macOS、Linux 等。
- 处理器位数，如 32 位或者 64 位。

完成下载后，在 Anaconda Prompt 内使用"pip install 完整路径文件名"格式的语句完成安装。例如，使安装文件"opencv_python-3.4.3.18-cp37-cp37m-win_amd64.whl"存储在 D:\anaconda\Lib 目录下面，使用的语句为

```
>>pip install D:\anaconda\Lib\opencv_python-3.4.3.18-cp37-cp37m-
win_amd64.whl
```

本节将主要介绍如何在 Windows 系统下对环境进行配置，如果需要配置其他操作系统下的环境，请参考 OpenCV 官网的具体介绍。

需要注意的是，OpenCV 的很多新功能被放在贡献包内，因此在安装好 OpenCV 的同时要安装好贡献包。可以使用 pip 语句完成贡献包的安装，具体如下：

```
pip install opencv-contrib-python
```

3.1.2　读取图像

OpenCV 提供了函数 cv2.imread() 来读取图像，它支持各种静态图像格式，其语法格式为

```
retval = cv2.imread( filename[, flags] )
```

其中：

- retval 是返回值，其值是读取到的图像。若未读取到图像，则返回 "None"。
- filename 表示要读取的图像的完整文件名。
- flags 是读取标记。该标记用来控制读取文件的类型，其主要值如表 3-1 所示。表 3-1 中的第 1 列值与第 3 列数值是等价的，在设置参数时，既可以使用第 1 列的值，也可以使用第 3 列的数值。

表 3-1　flags 标记值

值	含　义	数　值
cv2.IMREAD_UNCHANGED	保持原格式不变	−1
cv2.IMREAD_GRAYSCALE	将图像调整为单通道的灰度图像	0
cv2.IMREAD_COLOR	将图像调整为三通道的 BGR 图像，该值是默认值	1

例如，若想读取当前目录下文件名为 lena.bmp 的图像，并保持原有格式读入，则可以使用的语句为

```
lena=cv2.imread("lena.bmp",-1)
```

需要注意的是，上述程序要想正确运行，需要先导入 cv2 模块，大多数常用的 OpenCV 函数都在 cv2 模块内。与 cv2 模块对应的 cv 模块代表传统版本的模块。cv2 模块并不表示该模块是专门针对 OpenCV 2 版本的，而是指该模块引入了一个改善的 API 接口。cv2 模块内采用的是面向对象的编程方式，而 cv 模块内更多采用的是面向过程的编程方式。本书使用的模块都是 cv2 模块。

【例 3.1】使用 cv2.imread() 函数读取一幅图像。

根据题目要求，编写程序如下：

```
import cv2
lena=cv2.imread("lena.bmp")
print(lena)
```

上述程序首先会读取当前目录下的图像 lena.bmp，然后使用 print 语句打印读取的图像数据。运行上述程序后输出的图像部分像素值如图 3-4 所示。

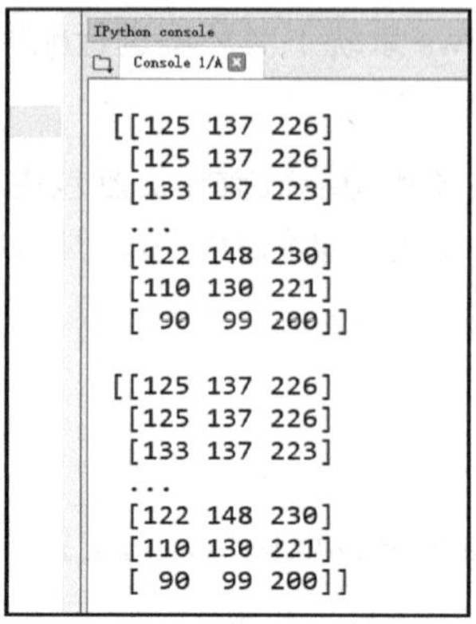

图 3-4　图像部分像素值

3.1.3　显示图像

OpenCV 提供了多个与显示有关的函数，下面对几个常用的函数进行简单介绍。

1. cv2.imshow()函数

函数 cv2.imshow()用来显示图像，其语法格式为

```
cv2.imshow( winname, mat )
```

其中：

- winname 是窗口名称。
- mat 是要显示的图像。

在显示图像时，初学者经常遇到的一个错误是"error:(-215:Assertion failed) size.width>0 && size.height>0 in function 'cv::imshow'"。该错误是指当前要显示的图像是空的（None）。这个错误通常是由于在读取文件时没有找到图像文件造成的。一般来说，如果文件确实存在，那么这个问题出现的原因可能是文件名（或路径）错误。

要解决这个问题，首先要了解访问文件的方式：

- 绝对路径：使用完整的路径名访问文件，如"e:\lesson\lena.bmp"。
- 相对路径：从当前路径开始的路径。假如当前路径为 e:\lesson，使用"lena=cv2.imread("lena.bmp")"语句读取文件 lena.bmp 时，实际上读取的是"e:\lesson\lena.bmp"。

在使用绝对路径时通常不会出错，一般情况下出现上述错误使用的是相对路径，此时只有确保要访问的图像文件在当前工作路径下，图像文件才能被访问到。例如，使用"lena=cv2.imread("lena.bmp")"读取文件 lena.bmp 时，必须确保文件 lena.bmp 在当前工作路径下。

2. cv2.waitKey()函数

函数 cv2.waitKey()用来等待按键，当用户按下按键后，该语句会被执行，并获取返回值，其语法格式为

```
retval = cv2.waitKey( [delay] )
```

其中：

- retval 表示返回值。若在等待时间（由参数 delay 指定）内，有按键被按下，则返回该按键的 ASCII 码；若在等待时间（由参数 delay 指定）内，没有按键被按下，则返回-1。
- delay 表示等待键盘触发的时间，单位是 ms。当该值是负数或 0 时，表示无限等待。该值默认为 0。

在实践中，通常使用函数 cv2.waitKey()实现暂停功能。当程序运行到该语句时，会按照参数 delay 指定的值等待特定时长。根据参数 delay 的值，可能有不同的情况：

- 若参数 delay 的值为空（表示使用默认值 0）、0、负数这三种情况之一，则程序会一直等待直到有按键被按下。在按下按键事件发生时，会返回该按键的 ASCII 码，继续执行后续程序。
- 若参数 delay 的值为正数，则在这段时间内，程序等待按键被按下。在按下键盘按键事件发生时，返回该按键的 ASCII 码，继续执行后续程序语句。若在 delay 参数所指定的时间内一直没有键盘被按下，则在超过等待时间后返回-1，继续执行后续程序。

3. destroyAllWindows 函数

函数 cv2.destroyAllWindows()用来释放（销毁）所有窗口，其语法格式为

```
None = cv2.destroyAllWindows( )
```

【例 3.2】编写一个程序，演示图像的读取、显示、释放。

根据题目要求，编写程序如下：

```
import cv2
lena=cv2.imread("lena.bmp")
cv2.imshow("demo1", lena )
cv2.imshow("demo2", lena )
cv2.waitKey()
cv2.destroyAllWindows()
```

上述程序通过语句"cv2.waitKey()"暂停运行，当用户按下任意按键后，执行语句"cv2.destroyAllWindows()"释放所有窗口。

运行上述程序，会分别出现名称为 demo1 和 demo2 的两个窗口，这两个窗口中显示的都是 lena.bmp 图像。当未按下按键时，没有新的状态出现；当按下任意一个按键后，两个窗口都会被释放（关闭）。

3.1.4 保存图像

OpenCV 提供了函数 cv2.imwrite()来保存图像，该函数的语法格式为

```
retval = cv2.imwrite( filename, img[, params] )
```

其中：

- retval 是返回值。若保存成功，则返回逻辑值真（True）；否则，返回逻辑值假（False）。
- filename 是要保存的目标文件的完整路径名，包含文件扩展名。
- img 是被保存图像的名称。

- params 是保存类型参数，是可选参数。

【例 3.3】编写一个程序，将读取的图像保存到当前目录下。

根据题目要求，编写程序如下：

```
import cv2
lena=cv2.imread("lena.bmp")
r=cv2.imwrite("result.bmp",lena)
```

上述程序会先读取当前目录下的图像 lena.bmp，然后将该图像以名称 result.bmp 存储到当前目录下。

3.2 图像处理

本节将主要介绍图像的像素处理、通道处理及调整大小等知识点。需要说明的是，使用面向 Python 的 OpenCV（OpenCV-Python），需要借助 NumPy 库，尤其是 np.array 库。np.array 库是 Python 处理图像的基础。

3.2.1 像素处理

像素是图像构成的基本单位，像素处理是图像处理的基本操作，可以通过索引对图像内的元素进行访问和处理。

1. 二值图像及灰度图像

需要说明的是，OpenCV 中的最小的数据类型是无符号的 8 位二进制数，其最小值是 0，最大值是 255。因此，OpenCV 中没有仅用一位二进制数表示二值图像的一个像素值（0 或 1）的数据类型，其使用 8 位二进制数的最小值 0 表示二值图像中的黑色，使用 8 位二进制数的最大值 255 表示二值图像中的白色。

因此，可以将二值图像理解为特殊的灰度图像，其像素值仅有最大值 255 和最小值 0。因此，下文仅考虑灰度图像的读取和修改等，不再单独对二值图像进行讨论。

可以将图像理解为一个矩阵，在面向 Python 的 OpenCV 中，图像就是 NumPy 库中的数组（numpy.ndarray），一个灰度图像是一个二维数组，可以通过索引访问其中的像素值。例如，可以使用 image[0,0]访问图像 image 第 0 行第 0 列位置上的像素点，第 0 行第 0 列位于图像的左上角，其中第 1 个索引"0"表示第 0 行，第 2 个索引"0"表示第 0 列，如图 3-5 所示。

(0,0)	(0,1)	(0,2)	(0,3)	(0,4)	(0,5)
(1,0)	(1,1)	(1,2)	(1,3)	(1,4)	(1,5)
(2,0)	(2,1)	(2,2)	(2,3)	(2,4)	(2,5)
(3,0)	(3,1)	(3,2)	(3,3)	(3,4)	(3,5)
(4,0)	(4,1)	(4,2)	(4,3)	(4,4)	(4,5)
(5,0)	(5,1)	(5,2)	(5,3)	(5,4)	(5,5)
(6,0)	(6,1)	(6,2)	(6,3)	(6,4)	(6,5)

图 3-5　OpenCV 图像索引示意图

为了方便理解，首先使用 NumPy 库来生成一个 8×8 大小的数组，用来模拟一个黑色图像，并对其进行简单处理。

【例 3.4】使用 NumPy 库生成一个元素值都是 0 的二维数组，用来模拟一幅黑色图像，并对其进行访问和修改。

分析：使用 NumPy 库中的函数 zeros()可以生成一个元素值都是 0 的数组，并可以直接使用数组的索引对其进行访问和修改。

根据题目要求及分析，编写程序如下：

```
import cv2
import numpy as np
img=np.zeros((8,8),dtype=np.uint8)
print("img=\n",img)
cv2.imshow("one",img)
print("读取像素点 img[0,3]=",img[0,3])
img[0,3]=255
print("修改后 img=\n",img)
print("读取修改后像素点 img[0,3]=",img[0,3])
cv2.imshow("two",img)
cv2.waitKey()
cv2.destroyAllWindows()
```

程序分析如下：

- 使用函数 zeros()生成一个 8×8 大小的二维数组，该数组中所有元素的值都是 0，数值类型是 np.uint8。根据该数组的值及属性可以将其看作一幅黑色图像。
- img[0,3]访问的是图像 img 第 0 行第 3 列的像素点。需要注意的是，行序号、列序号都是从 0 开始的。
- 语句 img[0,3]=255 将 img 中第 0 行第 3 列的像素点的像素值设置为“255”。

运行上述程序，会出现名为 one 和 two 的两个非常小的图像窗口。其中，名为 one 的窗口是纯黑色的；名为 two 的窗口在顶部靠近中间位置有一个白点（对应修改后的像素值 255），其他地方都是纯黑色。

同时，在“Python 控制台”窗格会输出如下内容：

```
img=
 [[0 0 0 0 0 0 0 0]
 [0 0 0 0 0 0 0 0]
 [0 0 0 0 0 0 0 0]
 [0 0 0 0 0 0 0 0]
 [0 0 0 0 0 0 0 0]
 [0 0 0 0 0 0 0 0]
 [0 0 0 0 0 0 0 0]
 [0 0 0 0 0 0 0 0]]
读取像素点 img[0,3]= 0
修改后 img=
 [[  0   0   0 255   0   0   0   0]
 [  0   0   0   0   0   0   0   0]
 [  0   0   0   0   0   0   0   0]
 [  0   0   0   0   0   0   0   0]
```

```
[ 0  0  0  0  0  0  0  0]
[ 0  0  0  0  0  0  0  0]
[ 0  0  0  0  0  0  0  0]
[ 0  0  0  0  0  0  0  0]]
```

读取修改后像素点 img[0,3]= 255

图 3-6 所示为【例 3.4】程序运行结果的图像放大 10 倍的效果图。通过【例 3.4】中的两个窗口显示的图像可知，二维数组与图像之间存在对应关系。

图 3-6 　【例 3.4】程序运行结果放大 10 倍的效果图

【例 3.5】 读取一个灰度图像，并对其像素进行访问、修改。

根据题目要求，编写程序如下：

```python
import cv2
img=cv2.imread("lena.bmp",0)
cv2.imshow("before",img)
print("img[50,90]原始值:",img[50,90])
img[10:100,80:100]=255
print("img[50,90]修改值:",img[50,90])
cv2.imshow("after",img)
cv2.waitKey()
cv2.destroyAllWindows()
```

【例 3.5】中的程序使用切片方式将图像 img 中第 10 行到第 99 行与第 80 列到第 99 列交叉区域内的像素值设置为 255。从图像 img 来看，该交叉区域被设置为白色。

运行上述程序，输出结果如图 3-7 所示，其中，左图是读取的原始图像；右图是经过修改后的图像。

图 3-7 　【例 3.5】程序运行结果

同时，程序输出结果如下：

```
img[50,90]原始值：131
img[50,90]修改值：255
```

2. 彩色图像

OpenCV 在处理 RGB 模式的彩色图像时，会按照行方向依次分别读取该 RGB 图像像素点的 B 通道、G 通道、R 通道的像素值，并将像素值以行为单位存储在 ndarray 的列中。例如，有一幅大小为 R 行×C 列的原始 RGB 图像，其在 OpenCV 内以 BGR 模式的三维数组形式存储，可以使用表达式访问数组内的值。例如，可以使用 image[0,0,0]访问 image 图像 B 通道内第 0 行第 0 列上的像素点，其中：

- 第 1 个索引表示第 0 行。
- 第 2 个索引表示第 0 列。
- 第 3 个索引表示第 0 个颜色通道。

根据上述分析可知，假设有一幅红色图像（其 B 通道内所有像素点的像素值均为 0，G 通道内所有像素点的像素值均为 0，R 通道内所有像素点的像素值均为 255），不同的访问方式对应的情况如下。

- img[0,0]：访问 img 图像第 0 行第 0 列像素点的 B 通道像素值、G 通道像素值、R 通道像素值。注意顺序，BGR 图像的通道顺序是 B、G、R，因此得到的数值为[0,0,255]。
- img[0,0,0]：访问 img 图像第 0 行第 0 列第 0 个通道的像素值，由于图像是 BGR 格式的，所以第 0 个通道是 B 通道，会得到 B 通道内第 0 行第 0 列的位置对应的像素值 0。
- img[0,0,1]：访问 img 图像第 0 行第 0 列第 1 个通道的像素值，由于图像是 BGR 格式的，所以第 1 个通道是 G 通道，会得到 G 通道内第 0 行第 0 列的位置对应的像素值 0。
- img[0,0,2]：访问 img 图像第 0 行第 0 列第 2 个通道的像素值，由于图像是 BGR 格式的，所以第 2 个通道是 R 通道，会得到 R 通道内第 0 行第 0 列的位置对应的像素值 255。

【例 3.6】读取一幅彩色图像，并对其像素进行访问、修改。

根据题目要求，编写程序如下：

```
1.  import cv2
2.  img=cv2.imread("lenacolor.png")
3.  cv2.imshow("before",img)
4.  print("访问 img[0,0]=",img[0,0])
5.  print("访问 img[0,0,0]=",img[0,0,0])
6.  print("访问 img[0,0,1]=",img[0,0,1])
7.  print("访问 img[0,0,2]=",img[0,0,2])
8.  print("访问 img[50,0]=",img[50,0])
9.  print("访问 img[100,0]=",img[100,0])
10. # 区域 1：白色
11. img[0:50,0:100,0:3]=255
12. # 区域 2：灰色
13. img[50:100,0:100,0:3]=128
14. # 区域 3：黑色
15. img[100:150,0:100,0:3]=0
```

```
16.  # 区域4：红色
17.  img[150:200,0:100]=(0,0,255)
18.  # 显示
19.  cv2.imshow("after",img)
20.  print("修改后 img[0,0]=",img[0,0])
21.  print("修改后 img[0,0,0]=",img[0,0,0])
22.  print("修改后 img[0,0,1]=",img[0,0,1])
23.  print("修改后 img[0,0,2]=",img[0,0,2])
24.  print("修改后 img[50,0]=",img[50,0])
25.  print("修改后 img[100,0]=",img[100,0])
26.  cv2.waitKey()
27.  cv2.destroyAllWindows()
```

上述程序进行了如下操作。

- 第 2 行使用 imread()函数读取当前目录下的一幅彩色 RGB 图像。
- 第 4 行的 img[0,0]语句会访问图像 img 中的第 0 行第 0 列位置上的 B 通道、G 通道、R 通道三个像素值。
- 第 5~7 行分别会访问图像 img 中第 0 行第 0 列位置上的 B 通道、G 通道、R 通道三个像素值。
- 第 8 行的 img[50,0]语句会访问第 50 行第 0 列位置上的 B 通道、G 通道、R 通道三个像素值。
- 第 9 行的 img[100,0]语句会访问第 100 行第 0 列位置上的 B 通道、G 通道、R 通道三个像素点。
- 第 11 行使用切片方式将图像左上角区域（第 0 行到第 49 行与第 0 列到第 99 列的行列交叉区域，称为区域 1）内三个通道的像素值都设置为 255，该区域变为白色。
- 第 13 行使用切片方式将图像左上角位于区域 1 正下方的区域（第 50 行到第 99 行与第 0 列到第 99 列的行列交叉区域，称为区域 2）内三个通道的像素值都设置为 128，该区域变为灰色。
- 第 15 行使用切片方式将图像左上角位于区域 2 正下方的区域（第 100 行到第 149 行与第 0 列到第 99 列的行列交叉区域，称为区域 3）内三个通道的像素值都设置为 0，该区域变为黑色。
- 第 17 行使用切片方式将图像左上角位于区域 3 正下方的区域（第 150 行到第 199 行与第 0 列到第 99 列的行列交叉区域，称为区域 4）内三个通道的像素值分别设置为 0、0、255，即将该区域内 B 通道的像素值设置为 0，G 通道的像素值设置为 0，R 通道的像素值设置为 255，该区域变为红色。

运行上述程序，输出结果如图 3-8 所示，其中左图是读取的原始图像，右图是经过修改的图像。由于本书为黑白印刷，所以为了更好地观察运行效果，请大家亲自上机验证程序。

同时，在"Python 控制台"窗格会输出如下内容：

```
访问 img[0,0]= [125 137 226]
访问 img[0,0,0]= 125
访问 img[0,0,1]= 137
访问 img[0,0,2]= 226
```

```
访问 img[50,0]= [114 136 230]
访问 img[100,0]= [ 75  55 155]
修改后 img[0,0]= [255 255 255]
修改后 img[0,0,0]= 255
修改后 img[0,0,1]= 255
修改后 img[0,0,2]= 255
修改后 img[50,0]= [128 128 128]
修改后 img[100,0]= [0 0 0]
```

图 3-8　【例 3.6】程序运行结果

3.2.2　通道处理

RGB 图像是由 R 通道、G 通道、B 通道三个通道构成的。需要注意的是，OpenCV 中的通道是按照 B 通道→G 通道→R 通道的顺序存储的。在图像处理过程中，可以根据需要对通道进行拆分和合并。

1.　通道拆分

针对 RGB 图像，可以分别拆分出其 R 通道、G 通道、B 通道。在 OpenCV 中，通过索引可以直接将各个通道从图像内提取出来。例如，针对 OpenCV 内的 BGR 图像 img，可用如下语句分别从中提取 B 通道、G 通道、R 通道：

```
b = img[ : , : , 0 ]
g = img[ : , : , 1 ]
r = img[ : , : , 2 ]
```

【例 3.7】编写程序，演示图像通道拆分及通道值改变对彩色图像的影响。

根据题目要求，编写程序如下：

```
import cv2
lena=cv2.imread("lenacolor.png")
cv2.imshow("lena",lena)
b=lena[:,:,0]
g=lena[:,:,1]
r=lena[:,:,2]
cv2.imshow("b",b)
cv2.imshow("g",g)
```

```
cv2.imshow("r",r)
lena[:,:,0]=0
cv2.imshow("lenab0",lena)
lena[:,:,1]=0
cv2.imshow("lenab0g0",lena)
cv2.waitKey()
cv2.destroyAllWindows()
```

本例实现了通道拆分和通道值改变：

- 语句 b=lena[:,:,0]获取了图像 img 的 B 通道。
- 语句 g=lena[:,:,1]获取了图像 img 的 G 通道。
- 语句 r=lena[:,:,2]获取了图像 img 的 R 通道。
- 语句 lena[:,:,0]=0 将图像 img 的 B 通道值设置为 0。
- 语句 lena[:,:,1]=0 将图像 img 的 G 通道值设置为 0。

运行上述程序，输出结果如图 3-9 所示，其中：

- 图 3-9（a）是原始图像 lena。
- 图 3-9（b）是原始图像 lena 的 B 通道图像 b。
- 图 3-9（c）是原始图像 lena 的 G 通道图像 g。
- 图 3-9（d）是原始图像 lena 的 R 通道图像 r。
- 图 3-9（e）是将图像 lena 中 B 通道值置为 0 后得到的图像。
- 图 3-9（f）是将图像 lena 中 B 通道值、G 通道值均置为 0 后得到的图像。

由于本书为黑白印刷，所以为了更好地观察运行效果，请大家亲自上机验证程序。

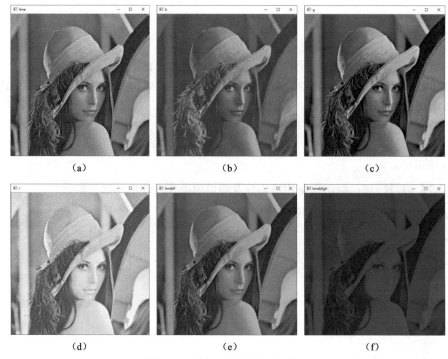

图 3-9　【例 3.7】程序运行结果

除了使用索引，还可以使用函数 cv2.split()来拆分图像的通道。例如，可以使用如下语句拆分彩色 BGR 图像 img，得到 B 通道图像 b、G 通道图像 g 和 R 通道图像 r：

```
b,g,r=cv2.split(img)
```

上述语句与如下语句是等价的：

```
b=cv2.split(img)[0]
g=cv2.split(img)[1]
r=cv2.split(img)[2]
```

2. 通道合并

通道合并是通道拆分的逆过程，通过合并通道可以将三个通道的灰度图像合并成一幅彩色图像。函数 cv2.merge()可以实现通道合并。例如，使用函数 cv2.merge()将 B 通道图像 b、G 通道图像 g 和 R 通道图像 r 这三幅通道图像合并为一幅 BGR 的三通道彩色图像，实现的语句为

```
bgr=cv2.merge([b,g,r])
```

【例 3.8】编写程序，演示使用函数 cv2.merge()合并通道。

根据题目要求，编写程序如下：

```
import cv2
lena=cv2.imread("lenacolor.png")
b,g,r=cv2.split(lena)
bgr=cv2.merge([b,g,r])
rgb=cv2.merge([r,g,b])
cv2.imshow("lena",lena)
cv2.imshow("bgr",bgr)
cv2.imshow("rgb",rgb)
cv2.waitKey()
cv2.destroyAllWindows()
```

本例程序先对 BGR 图像进行了拆分，接着又对其进行了两种不同形式的合并。

- 语句 b,g,r=cv2.split(lena)对图像 lena 进行拆分，得到 b、g、r 三幅通道图像。
- 语句 bgr=cv2.merge([b,g,r])对通道 b、g、r 三幅通道图像进行合并，合并顺序为 B 通道→G 通道→R 通道，得到图像 bgr。此时，得到的图像的通道顺序与 OpenCV 的默认通道顺序是一致的。
- 语句 rgb=cv2.merge([r,g,b])对通道 r、g、b 三幅通道图像进行合并，合并顺序为 R 通道→G 通道→B 通道，得到图像 rgb。此时，得到的图像的通道顺序与 OpenCV 的默认通道顺序不一致。

运行上述程序，得到如图 3-10 所示的图像，其中：

- 左图是原始图像 lena。
- 中间的图是 lena 图像经过通道拆分、合并后得到的 BGR 通道顺序的彩色图像 bgr，在 OpenCV 中正常显示。
- 右图是 lena 图像经过通道拆分、合并后得到的 RGB 通道顺序的彩色图像 rgb，在 OpenCV 中色彩显示不自然。

由于本书为黑白印刷，所以为了更好地观察运行效果，请大家亲自上机验证程序。

图 3-10　【例 3.8】程序运行结果

通过本例可以看出，改变通道顺序后，图像显示效果会发生变化。

3.2.3　调整图像大小

OpenCV 使用函数 cv2.resize()实现对图像的缩放，该函数的具体形式为

```
dst = cv2.resize( src, dsize[, fx[, fy[, interpolation]]] )
```

其中：

- dst 代表输出的目标图像。
- src 代表需要缩放的原始图像。
- dsize 代表输出图像大小。
- fx 代表水平方向的缩放比例。
- fy 代表垂直方向的缩放比例。
- interpolation 代表插值方式，具体如表 3-2 所示。

表 3-2　插值方式

类　　型	说　　明
cv2.INTER_NEAREST	最近邻插值
cv2.INTER_LINEAR	双线性插值（默认方式）
cv2.INTER_CUBIC	三次样条插值，先对原始图像中对应像素点附近的 4×4 近邻区域进行三次样条拟合，然后将目标像素对应的三次样条值作为目标图像对应像素点的像素值
cv2.INTER_AREA	区域插值，根据当前像素点周边区域的像素实现当前像素点的采样。该方式类似于最近邻插值方式
cv2.INTER_LANCZOS4	一种使用 8×8 近邻的 Lanczos 插值方式
cv2.INTER_LINEAR_EXACT	位精确双线性插值
cv2.INTER_MAX	差值编码掩模
cv2.WARP_FILL_OUTLIERS	标志，填补目标图像中的所有像素值。若其中一些对应原始图像中的奇异点（离群值），则将它们设置为 0
cv2.WARP_INVERSE_MAP	标志，逆变换。 例如，极坐标变换： • 如果未设置 flag，则进行转换 $dst(\phi,\rho)=src(x,y)$ • 如果已设置 flag，则进行转换 $dst(x,y)=src(\phi,\rho)$

在 cv2.resize() 函数中，目标图像的大小可以通过参数 dsize 或者参数 fx 和 fy 来指定，具体如下。

- 情况 1：通过参数 dsize 指定。

在指定参数 dsize 的值后，参数 fx 和 fy 的值将不会起作用，目标图像直接由参数 dsize 决定大小。

需要注意的是，dsize 内第 1 个参数对应缩放后图像的宽度（width，即列数 cols，与参数 fx 类似），第 2 个参数对应缩放后图像的高度（height，即行数 rows，与参数 fy 类似）。

- 情况 2：通过参数 fx 和 fy 指定。

如果参数 dsize 的值是 None，那么目标图像的大小将由参数 fx 和 fy 决定。此时，目标图像的大小为

```
dsize=Size(round(fx*src.cols),round(fy*src.rows))
```

插值是指在对图像进行几何处理时，为无法直接通过映射得到像素值的像素点赋值。例如，将图像放大为原来的 2 倍，必然会多出一些无法被直接映射的像素点，对于这些新的像素点，插值方式决定了如何确定它们的值。除此以外，还存在一些非整数的映射值，如反向映射可能会把目标图像中的像素点位置值映射到原始图像中的非整数值对应的位置上。由于原始图像内是不可能存在非整数位置值的，因此目标图像上的这些像素点不能对应到原始图像中某个具体的位置上。在这种情况下，就需要采用不同的插值方式来完成映射。简单理解就是把不存在的点用其可能的邻近像素点的加权均值来替换。

例如，在图 3-11 中，通过计算后，右侧目标图像内某个像素点的像素值来源于原始图像内坐标为(1.8,1.7)的像素点的像素值。由于原始图像内不存在坐标为非整数的像素点，因此取原始图像内与像素点(1.8,1.7)邻近的四个像素点像素值的加权均值作为坐标为(1.8,1.7)的像素点的像素值，并把该值返回到目标图像对应的像素点上。

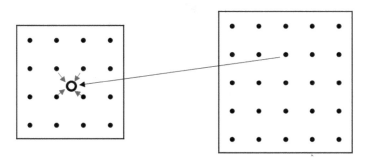

图 3-11　插值演示

在缩小图像时，使用区域插值（cv2.INTER_AREA）方式能够得到最好的效果；在放大图像时，使用三次样条插值（cv2.INTER_CUBIC）方式和双线性插值（cv2.INTER_LINEAR）方式都能够取得较好的效果。三次样条插值方式速度较慢，双线性插值方式速度相对较快且效果并不逊色于三次样条插值方式。

【例 3.9】设计程序，使用函数 cv2.resize() 完成一个简单的图像缩放。

根据题目要求，设计程序如下：

```
import cv2
img=cv2.imread("test.bmp")
rows,cols=img.shape[:2]
size=(int(cols*0.9),int(rows*0.5))
rst=cv2.resize(img,size)
print("img.shape=",img.shape)
print("rst.shape=",rst.shape)
```

运行上述程序，输出结果如下：

```
img.shape= (512, 51, 3)
rst.shape= (256, 45, 3)
```

从上述程序可以看出：

- 列数变为原来的 90%，计算得到 $51 \times 0.9 = 45.9$，取整得到 45。

- 行数变为原来的 50%，计算得到 $512 \times 0.5 = 256$。

3.3 感兴趣区域

在图像处理过程中，我们可能会对图像的某一个特定区域感兴趣，该区域被称为感兴趣区域（Region of Interest，ROI）。在设定 ROI 后，可以对该区域进行整体操作。

ROI 示意图如图 3-12 所示，假设当前图像的名称为 img，图中的数字分别表示行号和列号，则图 3-12 中的 ROI（黑色区域）可以表示为 img[200:400, 200:400]。

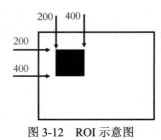

图 3-12　ROI 示意图

通过以下语句能够将图 3-12 中的 ROI 复制到该区域右侧：

```
a=img[200:400,200:400]
img[200:400,600:800]=a
```

上述程序处理结果如图 3-13 所示。

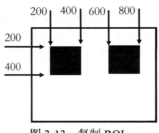

图 3-13　复制 ROI

【例 3.10】 获取图像 lena 的脸部信息，并将其显示出来。

根据题目要求，编写程序如下：

```
import cv2
a=cv2.imread("lenacolor.png",cv2.IMREAD_UNCHANGED)
face=a[220:400,250:350]
cv2.imshow("original",a)
cv2.imshow("face",face)
cv2.waitKey()
cv2.destroyAllWindows()
```

本例通过 face=a[220:400,250:350]语句获取了一个 ROI，并使用函数 cv2.imshow()将其显示了出来。

运行上述程序，输出结果如图 3-14 所示，其中左图是 lena 的原始图像，右图是从 lena 图像中获取的脸部信息。

图 3-14　【例 3.10】程序运行结果

【注意】 表达式"a=img[200:400,200:400]"既可以表述为第 200 行到第 400 行，与第 200 列到第 400 列的交叉区域，又可以表述为第 200 行到第 399 行与第 200 列到第 399 列的交叉区域。这是因为在 Python 中，上述表达式包含的实际范围是第 200 行（包含）到第 400 行（不包含）与第 200 列（包含）到第 400 列（不包含）的交叉区域。也就是说，上述表达式是包含起始值，不包含终止值的情况。

不同的文献资料，在表述上可能存在差异，但上述两种表述方式都是可以的。

3.4　掩模

掩模（又称掩膜、掩码、模板等）来源于"mask"。在半导体制造中，用一个不透明的图形模板遮盖硅片表面选定的区域，后续仅对选定区域外的区域进行腐蚀等操作，这个模板，被称为掩模。图像掩模是指，用选定的图像、图形或物体遮挡待处理的图像（全部或局部），从而控制图像处理的区域。

在传统的光学图像处理中，掩模可能是胶片、滤光片等实物。在数字图像处理中，掩模为一个指定的数组。

3.4.1 掩模基础及构造

下面介绍掩模处理的基本形式。掩模处理示意图如图 3-15 所示，左图是原始图像 O，中间图是掩模图像 M，右图是使用掩模图像 M 对原始图像 O 进行掩模运算的结果图像 R。

图 3-15　掩模处理示意图

为了方便理解，可以将掩模图像看作一块玻璃板，玻璃板上的白色区域是透明的，黑色区域是不透明的。掩模运算就是将该玻璃板覆盖在原始图像上，透过玻璃板显示出来的部分就是掩模运算的结果图像。在运算中，只有被掩模指定的部分参与运算，其余部分不参与运算。

掩模在图像处理实践中被广泛应用。例如，可以完成以下功能：

- ROI 的提取：使用掩模与原始图像进行计算，可以提取掩模指定的特定区域，将其余区域置为白色（数值 0）或者黑色（数值 255）。
- 屏蔽作用：仅让掩模指定的区域参与运算。
- 结构特征提取：用图像匹配方法检测和提取图像中与掩模相似的结构特征。

在构造掩模图像时，通常先构造一个像素值都是 0 的数组，再将数组中指定区域的像素值设定为 255（或 1 或其他非 0 值）。下面通过一个例子来说明如何构造掩模图像。

【例 3.11】构造一个中心是白色区域的掩模图像。

根据题目要求，先使用函数 np.zeros() 构造一个数值都是 0 的二维数组，然后将其中间部分的数值设置为 255，程序如下：

```
import cv2
import numpy as np
m1=np.zeros([600,600],np.uint8)
m1[200:400,200:400]=255
m2=np.zeros([600,600],np.uint8)
m2[200:400,200:400]=1
cv2.imshow('m1',m1)
cv2.imshow('m2',m2)
cv2.imshow('m2*255',m2*255)
cv2.waitKey()
cv2.destroyAllWindows()
```

运行上述程序，输出结果如图 3-16 所示。其中：

- 图 3-16 左侧图像 m1 的中间部分是白色，对应像素值为 255，周围的黑色对应像素值为 0。

- 图 3-16 中间图像 m2 是由像素值 0 和像素值 1 构成的。在显示时，像素值 1 与 8 位位图的 256 个灰度级相比是接近于纯黑色的深灰色。一般情况下，我们肉眼观察不到像素值为 1 的深灰色与像素值为 0 的纯黑色之间的差异。所以，虽然图像内中间部分是接近于黑色的灰色，但整幅图像看起来都是黑色的。
- 图 3-16 右侧图像 m2*255 是由像素值 0 和像素值 255 构成的，其中间部分是白色，对应像素值为 255，周围是黑色的，对应像素值为 0。

图 3-16　【例 3.11】程序运行结果

3.4.2　乘法运算

乘法运算遵循如下规则：

- 任意数字 N 与 1 相乘，结果是数字 N 自身。
- 任意数字 N 与 0 相乘，结果为 0。

将掩模图像与原始图像相乘，可以得到掩模图像指定的图像区域。例如，乘法运算"mask*原始图像"使得原始图像中与 mask 中像素值 0（背景）对应位置上的像素值被处理为 0（背景）；与 mask 中像素值 1（前景）对应位置上的像素值保持不变（前景）。乘法运算"mask*原始图像"的示意图如图 3-17 所示。

0	0	0	0	0	0	0
0	0	0	0	0	0	0
0	0	1	1	1	0	0
0	0	1	1	1	0	0
0	0	1	1	1	0	0
0	0	0	0	0	0	0
0	0	0	0	0	0	0

mask

*

93	212	93	115	19	74	121
52	58	77	41	20	168	211
236	194	151	75	249	74	231
208	198	213	201	212	121	153
47	85	239	237	244	194	29
149	104	93	72	29	15	137
35	165	253	158	183	186	244

原始图像

=

0	0	0	0	0	0	0
0	0	0	0	0	0	0
0	0	151	75	249	0	0
0	0	213	201	212	0	0
0	0	239	237	244	0	0
0	0	0	0	0	0	0
0	0	0	0	0	0	0

运算结果

图 3-17　乘法运算"mask*原始图像"的示意图

【例 3.12】演示原始图像与掩模图像的乘法运算。

根据题目要求，编写程序如下：

```
import cv2
import numpy  as np
o=cv2.imread("lenacolor.png",1)
h,w,c=o.shape
m=np.zeros((h,w,c),dtype=np.uint8)
m[100:400,200:400]=1
m[100:500,100:200]=1
```

```
result=m*o
cv2.imshow("o",o)
cv2.imshow("mask",m*255)    # m*255，确保能显示
cv2.imshow("result",result)
cv2.waitKey()
cv2.destroyAllWindows()
```

运行上述程序，输出结果如图 3-18 所示。

图 3-18　【例 3.12】程序运行结果

3.4.3　逻辑运算

根据按位与运算的规则，任意数值与数值 1 进行与运算，结果都等于其自身的值。因此，任意一个 8 位像素值与二进制数 1111 1111 进行按位与运算，得到的都是像素值自身。二进制数 1111 1111 对应的十进制数是 255，所以任意一个 8 位像素值与 255 进行按位与运算得到的都是原来的像素值。例如，像素点 X 的像素值为 58，像素点 Y 的像素值为 135，将这两个像素值与 255 进行按位与运算后，得到的是它们自身的值，如表 3-3 所示。

表 3-3　按位与运算示例（一）

说　　明	像素点 X（58）	像素点 Y（135）
像素值对应的二进制数	0011 1010	1000 0111
255 的二进制形式	1111 1111	1111 1111
按位与运算的结果	0011 1010	1000 0111
十进制数	58	135
是否与原值相等	相等	相等

当然，任意数值与数值 0 进行按位与运算的结果都是 0，如表 3-4 所示。

表 3-4　按位与运算示例（二）

说　　明	像素点 X（58）	像素点 Y（135）
像素值对应的二进制数	0011 1010	1000 0111
0 的二进制数形式	0000 0000	0000 0000
按位与运算的结果	0000 0000	0000 0000
十进制数	0	0

根据上述分析，可以将掩模图像的白色背景部分的像素值设置为 255，黑色背景部分的像素值设置为 0，如图 3-19 所示。

0	0	0	0	0	0	0
0	0	0	0	0	0	0
0	0	0	0	0	0	0
0	0	255	255	255	0	0
0	0	255	255	255	0	0
0	0	255	255	255	0	0
0	0	0	0	0	0	0
0	0	0	0	0	0	0
0	0	0	0	0	0	0

图 3-19　掩模图像的构成

如图 3-20 所示，将左侧掩模图像与中间的原始图像进行按位与运算后，得到右侧结果图像。结果图像包含以下两部分：

- 与掩模图像中白色背景（像素值为 255）对应的部分，该部分的像素保留原有值。
- 与掩模图像中黑色背景（像素值为 0）对应的部分，该部分的像素值都被置为 0。

0	0	0	0	0	0	0
0	0	0	0	0	0	0
0	0	255	255	255	0	0
0	0	255	255	255	0	0
0	0	255	255	255	0	0
0	0	0	0	0	0	0
0	0	0	0	0	0	0

按位与

194	210	11	216	252	34	119
182	237	217	35	207	64	240
105	138	43	166	108	245	127
137	249	220	104	171	251	194
66	71	5	234	83	9	147
217	5	5	203	145	243	217
221	117	145	248	250	73	142

=

0	0	0	0	0	0	0
0	0	0	0	0	0	0
0	0	43	166	108	0	0
0	0	220	104	171	0	0
0	0	5	234	83	0	0
0	0	0	0	0	0	0
0	0	0	0	0	0	0

图 3-20　掩模图像与原始图像进行按位与运算的结果

【例 3.13】演示按位与运算实现掩模效果。

根据题目要求，编写程序如下：

```
import cv2
import numpy  as np
o=cv2.imread("lenacolor.png",1)
h,w,c=o.shape
m=np.zeros((h,w,c),dtype=np.uint8)
m[100:400,200:400]=255
m[100:500,100:200]=255
result=cv2.bitwise_and(o,m)
cv2.imshow("original",o)
cv2.imshow("mask",m)
cv2.imshow("result",result)
cv2.waitKey()
cv2.destroyAllWindows()
```

运行上述程序，得到如图 3-21 所示结果。

图 3-21 　【例 3.13】程序运行结果

3.4.4 掩模作为函数参数

OpenCV 中的很多函数都会指定一个掩模，例如：

　　计算结果=cv2.add(参数 1,参数 2,掩模)

当使用掩模参数时，操作只会在掩模值为非空的像素点上执行，并将其他像素点的像素值置为 0。

需要注意的是，掩模值为非空（不是 0），即可实现掩模效果。也就是说，这个非空值可以是任意符合要求的非 0 值。

【例 3.14】构造一个掩模图像，将该掩模图像作为加法函数的掩模参数，实现指定部分的加法运算。

```
import cv2
import numpy  as np
o=cv2.imread("lenacolor.png",1)
t=cv2.imread("text.png",1)
h,w,c=o.shape
m=np.zeros((h,w),dtype=np.uint8)
m[100:400,200:400]=255
m[100:500,100:200]=255
r=cv2.add(o,t,mask=m)
cv2.imshow("orignal",o)
cv2.imshow("text",t)
cv2.imshow("mask",m)
cv2.imshow("result",r)
cv2.waitKey()
cv2.destroyAllWindows()
```

运行上述程序，输出结果如图 3-22 所示，其中：

- 图 3-22（a）为原始图像 o。
- 图 3-22（b）为文本图像 t。
- 图 3-22（c）为掩模图像。
- 图 3-22（d）为原始图像与文本图像，在掩模图像的控制下，实现的加法效果。

（a）　　　　　　　（b）　　　　　　　（c）　　　　　　　（d）

图 3-22　【例 3.14】程序运行结果

3.5　色彩处理

RGB 色彩空间是一种比较常见的色彩空间，除此之外比较常见的色彩空间还包括 GRAY 色彩空间（灰度图像）、YCrCb 色彩空间、HSV 色彩空间、HLS 色彩空间、CIEL*a*b*色彩空间、CIEL*u*v*色彩空间、Bayer 色彩空间等。

不同的色彩空间从不同的角度理解颜色，表示颜色。简单来说就是，不同的色彩空间是图像的不同表示形式。每个色彩空间都有自己擅长处理的问题，要针对处理的问题，选用不同的色彩空间。

实践中，为了更方便地处理某个具体问题，经常要用到色彩空间类型转换。色彩空间类型转换是指，将图像从一个色彩空间转换到另外一个色彩空间。例如，使用 HSV 色彩空间能够更方便地找到图像中的皮肤，因此在处理皮肤时可以将图像从其他空间转换到 HSV 色彩空间，再进行处理。又如，灰度空间与色彩空间相比，在进行图像的特征提取、距离计算时更简单、方便，因此在进行上述处理时，可以先将图像从其他色彩空间转换到灰度色彩空间。再如，在一些仅需要考虑形状特征的情况下，可以将色彩空间的图像转换为二值图像。

3.5.1　色彩空间基础

本节将主要介绍 GRAY 色彩空间和 HSV 色彩空间。

1．GRAY 色彩空间

当图像由 RGB 色彩空间转换至 GRAY 色彩空间时，其处理方式如下：

$$GRAY = 0.299 \cdot R + 0.587 \cdot G + 0.114 \cdot B$$

上述是标准转换方式，也是 OpenCV 中使用的转换方式。有时，也可以采用简化形式完成转换：

$$GRAY = \frac{R + G + B}{3}$$

当图像由 GRAY 色彩空间转换至 RGB 色彩空间（或 BGR 色彩空间）时，最终所有通道的值都将是相同的，其处理方式如下：

$$R = GRAY$$

$$G = GRAY$$

$$B = GRAY$$

2. HSV 色彩空间

RGB 是从硬件角度提出的色彩空间，是一种被广泛接受的色彩空间。但是，该色彩空间过于抽象，在与人眼匹配的过程中可能存在一定差异，这使人们不能直接通过其值感知具体的色彩。例如，现实中不可能用每种颜料的百分比（RGB 色彩空间）来形容一件衣服的颜色，而是更习惯使用直观的方式来感知颜色，HSV 色彩空间提供了这样的方式。通过 HSV 色彩空间，能够更加方便地通过色调、饱和度和明度来感知颜色。其实，除了 HSV 色彩空间，其他大多数色彩空间都不方便人们直接理解和解释颜色。

HSV 色彩空间是面向视觉感知的，它从心理学和视觉的角度指出了人眼的色彩知觉，主要包含色调、饱和度、明度三要素。

1）色调 H

色调指光的颜色。色调与混合光谱中的主要光波长相关，如赤、橙、黄、绿、青、蓝、紫分别表示不同的色调。从波长的角度考虑，不同波长的光表现为不同的颜色，这实际上体现的是色调的差异。在 HSV 色彩空间中，色调 H 的取值范围是[0,360]，色调值为 0 表示红色，色调值为 300 表示品红色。8 位位图内每个像素点能表示的值有 2^8=256 个，所以在 8 位位图内表示 HSV 图像时要把色调在[0,360]范围内的值映射到[0,255]范围内。OpenCV 直接把色调的值除以 2，得到介于[0,180]的值，以适应 8 位二进制数（256 个灰度级）的存储和表示范围。部分典型颜色对应的值如表 3-5 所示。

表 3-5　部分典型颜色对应的值

颜　　色	色　　调	OpenCV 内的值
红色	0	0
黄色	60	30
绿色	120	60
青色	180	90
蓝色	240	120
品红色	300	150

确定取值范围后，就可以直接在图像的 H 通道内查找对应的值，从而找到特定的颜色。例如，在 HSV 图像中，H 通道内的值为 120 的像素点对应蓝色，查找 H 通道内的值为 120 的像素点，找到的就是蓝色像素点。

2）饱和度 S

饱和度指色彩的鲜艳程度，表示色彩的相对纯净度。饱和度取决于色彩中灰色的占比，灰色占比越小，饱和度越高；灰色占比越大，饱和度越低。饱和度最高的色彩就是没有混合任何灰色（包括白色和黑色）的色彩，也就是纯色。灰色是一种极不饱和的颜色，它的饱和度值是 0。如果颜色的饱和度很低，那么它计算所得色调就不可靠，因为此时已经没有彩色信息仅剩灰色了。

饱和度等于所选颜色的纯度值和该颜色最大纯度值之间的比值，取值范围为[0,1]。当饱和度的值为 0 时，只有灰度。进行色彩空间转换后，为了适应 8 位位图的 256 个灰度级，需要将新色彩空间内的数值映射至[0,255]范围内。也就是说，要将饱和度的值从[0,1]映射到[0,255]。

3）明度 V

明度指人眼感受到的色彩的明亮程度，反映的是人眼感受到的光的明暗程度。该指标与物体的反射度有关，同一个色调会有不同的明度差。对于无彩色（黑、白、灰），白色的明度最高，黑色的明度最低，在黑色与白色之间存在着不同明度的灰色。对于彩色图像来讲，明度值越高，图像越明亮；明度值越低，图像越暗淡。

明度是视觉感知中的关键因素，它不依赖于其他性质而独立存在。当彩色图像的明度值低于一定程度时，呈现的是黑白相片效果。

明度的范围与饱和度的范围一致，都是[0,1]。同样，明度值在 OpenCV 内也被映射到[0,255]。

HSV 色彩空间使得取色更加直观。例如，在取值"色调=0，饱和度=1，明度=1"时，色彩为深红色，而且颜色较亮；当取值"色调=120，饱和度=0.3，明度=0.4"时，色彩为浅绿色，而且颜色较暗。

在上述基础上，通过分析不同对象对应的 HSV 值可查找不同的对象。例如，通过分析得到肤色的 HSV 值，就可以直接在图像内根据肤色的 HSV 值来查找人脸（等皮肤）区域。

3.5.2　色彩空间转换

OpenCV 使用 cv2.cvtColor()函数实现色彩空间的转换。该函数能够实现多个色彩空间之间的转换，语法格式为

```
dst = cv2.cvtColor( src, code [, dstCn] )
```

其中：

- dst 表示输出图像，与原始输入图像具有相同的数据类型和深度。
- src 表示原始输入图像。可以是 8 位无符号图像、16 位无符号图像，或者单精度浮点数图像等。
- code 是色彩空间转换码，表 3-6 展示了部分常见的 code 值。
- dstCn 是目标图像的通道数。如果参数为默认值 0，那么通道数自动通过原始输入图像和code 得到。

表 3-6　部分常见的 code 值

值	说　　明
cv2.COLOR_BGR2RGB	将图像从 BGR 模式转换为 RGB 模式
cv2.COLOR_RGB2BGR	将图像从 RGB 模式转换为 BGR 模式
cv2.COLOR_BGR2GRAY	将图像从 BGR 色彩空间转换到 GRAY 色彩空间
cv2.COLOR_RGB2GRAY	将图像从 RGB 色彩空间转换到 GRAY 色彩空间
cv2.COLOR_GRAY2BGR	将图像从 GRAY 色彩空间转换到 BGR 色彩空间
cv2.COLOR_GRAY2RGB	将图像从 GRAY 色彩空间转换到 RGB 色彩空间
cv2.COLOR_BGR2HSV	将图像从 BGR 色彩空间转换到 HSV 色彩空间
cv2.COLOR_RGB2HSV	将图像从 RGB 色彩空间转换到 HSV 色彩空间

OpenCV 提供了几百种不同的参数来实现众多色彩空间之间的转换，更多转换参数可以参考官网列表。

这里需要注意，BGR 色彩空间与传统的 RGB 色彩空间不同。对于一个标准的 24 位位图，BGR 色彩空间中第 1 个 8 位（第 1 个字节）存储的是蓝色组成信息（Blue Component），第 2 个 8 位（第 2 个字节）存储的是绿色组成信息（Green Component），第 3 个 8 位（第 3 个字节）存储的是红色组成信息（Red Component），第 4 个、第 5 个、第 6 个字节分别存储的是蓝色组成信息、绿色组成信息、红色组成信息，以此类推。简单来说，BGR 色彩空间三个通道的顺序是 B 通道、G 通道、R 通道，与 RGB 色彩空间的 R 通道、G 通道、B 通道的顺序不一致。

色彩空间的转换用到的约定如下：

- 8 位位图的像素值的范围是[0,255]。
- 16 位位图的像素值的范围是[0,65535]。
- 浮点数图像的像素值的范围是[0.0,1.0]。

8 位位图能够表示的灰度级有 $2^8=256$ 个，也就是说，8 位位图最多能表示 256 个状态，通常是[0,255]之间的值。但是，在很多色彩空间中，值的范围并不恰好在[0,255]范围内，这时就需要将该值映射到[0,255]。

例如，在 HSV 色彩空间中，色调值通常为[0,360)，在 8 位位图中转换到上述色彩空间后，色调值要除以 2，其范围变为[0,180)，以满足存储范围，即让像素值的分布位于 8 位位图能够表示的[0,255]范围内。又如，在 CIEL*a*b*色彩空间中，a 通道和 b 通道的像素值范围是[−127,127]，为了使其适应范围[0,255]，每个值都要加上 127。需要注意的是，由于计算过程中存在四舍五入的情况，所以转换过程并不是精准可逆的。

3.5.3 获取皮肤范围

在 HSV 色彩空间中，H 通道（色相 Hue 通道）对应不同的颜色。换个角度理解，颜色的差异主要取决于 H 通道值。所以，通过筛选 H 通道值，能够筛选出特定的颜色。例如，在一幅 HSV 图像中，如果通过控制仅将 H 通道内的值为 240（在 OpenCV 内被调整为 120）的像素点显示出来，那么就会只显示蓝色部分图像。

本节将通过具体例题展示如何将图像内的特定颜色标记出来，即将一幅图像内的其他颜色屏蔽，仅将特定颜色显示出来。

OpenCV 通过函数 cv2.inRange()来判断图像内像素点的像素值是否在指定的范围内，其语法格式为

```
dst = cv2.inRange( src, lowerb, upperb )
```

其中：

- dst 表示输出结果，大小和 src 一致。
- src 表示要检查的数组或图像。
- lowerb 表示范围下界。
- upperb 表示范围上界。

返回值 dst 与 src 大小一致，其值取决于 src 中对应位置上的值是否处于[lowerb,upperb]区间内：

- 若 src 值处于该指定区间内，则 dst 中对应位置上的值为 255。
- 若 src 值不处于该指定区间内，则 dst 中对应位置上的值为 0。

标记特定颜色,即可标注该颜色对应的特定对象,如通过分析可以估算出肤色在 HSV 色彩空间内的范围值。在 HSV 色彩空间内筛选出肤色范围内的值,即可将图像内包含肤色的部分提取出来。

这里将肤色范围划定为

- 色调值为[0,33]。
- 饱和度值为[10, 255]。
- 明度值为[80,255]。

【例 3.15】提取一幅图像内的肤色部分。

根据题目要求,设计程序如下:

```
import cv2
import numpy as np
img=cv2.imread("x.jpg")
hsv = cv2.cvtColor(img, cv2.COLOR_BGR2HSV)
min_HSV = np.array([0 ,10,80], dtype = "uint8")
max_HSV = np.array([33, 255, 255], dtype = "uint8")
mask = cv2.inRange(hsv, min_HSV, max_HSV)
reusult = cv2.bitwise_and(img,img, mask= mask)
cv2.imshow("img",img)
cv2.imshow("reusult",reusult)
cv2.waitKey()
cv2.destroyAllWindows()
```

上述程序实现了将人的图像从背景内分离出来。运行上述程序,输出如图 3-23 所示结果,其中:

- 左侧是原始图像,图像背景为白色。
- 右侧是提取结果,提取后的图像仅保留了人像肤色部分,背景为黑色。

由于本书是黑白印刷,所以为了更好地观察运行效果,请大家亲自上机运行程序。

图 3-23　【例 3.15】程序运行结果

3.6　滤波处理

在尽量保留图像原有信息的情况下,过滤掉图像内部的噪声的过程称为对图像的平滑处理(又称滤波处理),所得图像称为平滑图像。图 3-24 左侧图像为含有噪声的图像,该图像内存在噪声信息,通常会通过图像平滑处理等方式去除这些噪声信息。图 3-24 右侧图像是对图 3-24

左侧图像进行平滑处理得到的结果，可以看到原有图像内含有的噪声信息被有效过滤掉了。

图 3-24　滤波示例

一般来说，图像平滑处理是指在一幅图像中若一个像素点与周围像素点的像素值差异较大，则将其值调整为周围邻近像素点像素值的近似值（如均值等）。例如，在图 3-25 中：

- 图 3-25（a）是一幅图像的像素值。其中，大部分像素值在[145,150]区间内，只有位于第 3 行第 3 列的像素值"29"不在这个区间内，与周围像素值的大小存在明显差异。
- 图 3-25（b）是图 3-25（a）对应的图像。位于第 3 行第 3 列的像素点颜色较深（像素值较小），是一个黑色点，该点周围的像素点都是颜色较浅的灰度点（像素值较大）。该像素点与周围像素点存在较大差异，是一个离群点，因此该像素点可能是噪声，需要将该像素点的像素值调整为周围像素点的像素值的近似值。
- 图 3-25（c）是针对图 3-25（a）中第 3 行第 3 列的像素点进行平滑处理的结果，经平滑处理后，该像素点的像素值由 29 变为其邻近点的均值 148。
- 图 3-25（d）是图 3-25（c）对应的图像，也就是对图 3-25（a）进行平滑处理后得到的图像。图 3-25（d）中所有像素点的颜色趋于一致，不再存在离群点。

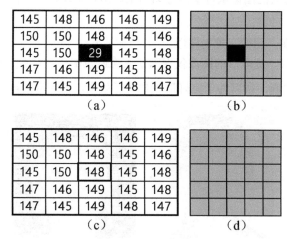

图 3-25　平滑图像

针对图像内的每一个像素点都进行上述平滑处理就能够完成整幅图像的平滑处理，有效地去除图像内的噪声信息。

图像平滑处理的基本原理是，将噪声所在像素点的像素值处理为其周围邻近像素点像素值的近似值。取近似值的方式很多，本节将主要介绍均值滤波、高斯滤波、中值滤波等方法。

图像平滑处理对应的英文是 Smoothing Images。图像平滑处理通常伴随图像模糊操作，因此图像平滑处理有时也被称为图像模糊处理，图像模糊处理对应的英文是 Blurring Images。

图像滤波是图像处理和计算机视觉中最常用、最基本的操作。图像滤波允许在图像上进行各种各样的操作，因此有时会把图像平滑处理称为图像滤波，图像滤波对应的英文是 Images Filtering。

在阅读文献时，针对图像平滑处理，由于不同的学者对于图像平滑处理的称呼可能不太一样，所以我们可能会遇到各种不同的说法。希望大家在学习时不要纠结这些称呼的不同，而要将注意力集中在如何更好地理解图像算法及如何更好地处理图像上。

3.6.1　均值滤波

均值滤波是指用当前像素点周围 $N \times N$ 个像素值的均值代替当前像素值。使用该方法遍历处理图像内的每一个像素点，即可完成整幅图像的均值滤波。

1. 基本原理

例如，对图 3-26 中位于第 5 行第 4 列的像素点进行均值滤波。

23	158	140	115	131	87	131
238	0	67	16	247	14	220
199	197	25	106	156	159	173
94	149	40	107	5	71	171
210	163	198	226	223	156	159
107	222	37	68	193	157	110
255	42	72	250	41	75	184
77	150	17	248	197	147	150
218	235	106	128	65	197	202

图 3-26　一幅图像的像素值示例

在进行均值滤波时，首先要考虑需要对周围多少个像素点取平均值。通常情况下，会以当前像素点为中心，求行数和列数相等的一块区域内的所有像素点的像素值的平均值。以图 3-26 中第 5 行第 4 列的像素点为中心，可以对其周围 3×3 区域内所有像素点的像素值求平均值，也可以对其周围 5×5 区域内所有像素点的像素值求平均值。我们对其周围 5×5 区域内的像素点的像素值求平均，计算方法为

$$新值=[(197+25+106+156+159)+(149+40+107+5+71)$$

$$+(163+198+226+223+156)+(222+37+68+193+157)$$

$$+(42+72+250+41+75)]/25$$

$$=126$$

计算完成后得到 126（近似的整数），将 126 作为当前像素点均值滤波后的像素值，即可得到当前图像的均值滤波结果。

当然，图像的边界点并不存在 5×5 邻域区域。例如，左上角第 1 行第 1 列上的像素点，其像素值为 23，如果以其为中心点取周围 5×5 邻域，那么 5×5 邻域中的部分区域将位于图像外

部。图像外部没有像素点和像素值，显然无法计算该点的 5×5 邻域均值。

针对图像的边界点，可以只取图像内存在的周围邻域点的像素值均值。如图 3-27 所示，计算左上角像素点的均值滤波结果时，仅取图中灰色背景处 3×3 邻域内的像素值的平均值。

23	158	140	115	131	87	131
238	0	67	16	247	14	220
199	197	25	106	156	159	173
94	149	40	107	5	71	171
210	163	198	226	223	156	159
107	222	37	68	193	157	110
255	42	72	250	41	75	184
77	150	17	248	197	147	150
218	235	106	128	65	197	202

图 3-27　图像的边界点的处理

在图 3-27 中，对于左上角（第 1 行第 1 列）的像素点，取第 1～3 行与第 1～3 列交汇处包含的 3×3 邻域内的像素点的像素值均值。因此，当前像素点的均值滤波计算方法为

$$新值=[(23+158+140)+(238+0+67)+(199+197+25)]/9=116$$

计算完成后得到 116，将该值作为当前像素点的滤波结果即可。

针对图像中第 5 行第 4 列的像素点，其运算过程相当于，将该像素点的 5×5 邻域像素值与一个内部值都是 1/25 的 5×5 矩阵相乘，得到均值滤波的结果 126，该运算示意图如图 3-28 所示。

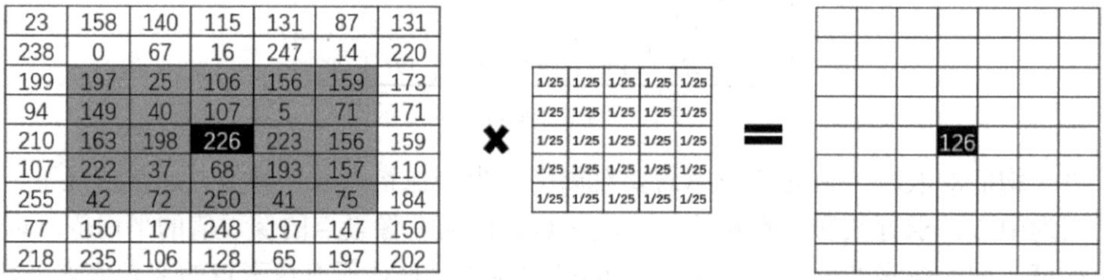

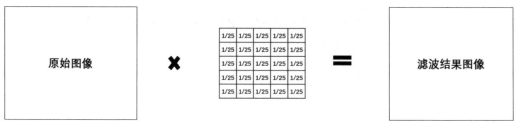

图 3-28　针对第 5 行第 4 列像素点均值滤波的运算示意图

根据上述运算，每一个像素点的滤波都可以视为与一个内部值均为 1/25 的 5×5 矩阵相乘得到均值滤波的计算结果，如图 3-29 所示。

图 3-29　针对每一个像素点均值滤波的运算示意图

将使用的 5×5 矩阵一般化，可以得到如图 3-30 所示的结果。

1/25	1/25	1/25	1/25	1/25
1/25	1/25	1/25	1/25	1/25
1/25	1/25	1/25	1/25	1/25
1/25	1/25	1/25	1/25	1/25
1/25	1/25	1/25	1/25	1/25

$$\boldsymbol{K}=\frac{1}{25}\begin{bmatrix}1&1&1&1&1\\1&1&1&1&1\\1&1&1&1&1\\1&1&1&1&1\\1&1&1&1&1\end{bmatrix}$$

图 3-30 将矩阵一般化

在 OpenCV 中，图 3-30 右侧的矩阵被称为卷积核，其一般形式为

$$\boldsymbol{K}=\frac{1}{M\cdot N}\begin{bmatrix}1&1&1&\cdots&1&1\\1&1&1&\cdots&1&1\\\vdots&\vdots&\vdots&&\vdots&\vdots\\1&1&1&\cdots&1&1\\1&1&1&\cdots&1&1\\1&1&1&\cdots&1&1\end{bmatrix}$$

其中，M 和 N 分别对应矩阵高度和宽度。一般情况下，M 和 N 是相等的，比较常用的有 3×3、5×5、7×7 等。M 和 N 的值越大，参与运算的像素点越多，当前像素点的计算结果受到越多的周围像素点影响。

2. 函数语法

OpenCV 实现均值滤波的函数是 cv2.blur()，其语法格式为

```
dst = cv2.blur( src, ksize, anchor, borderType )
```

其中：

- dst 是返回值，表示进行均值滤波后得到的处理结果。
- src 是需要处理的图像，即原始图像。
- ksize 是滤波核的大小。滤波核的大小是指在均值滤波处理过程中，其邻域图像的高度和宽度。例如，其值可以为(5,5)，表示将 5×5 大小的邻域均值作为图像均值滤波处理的结果：

$$\boldsymbol{K}=\frac{1}{5\times5}\begin{bmatrix}1&1&1&1&1\\1&1&1&1&1\\1&1&1&1&1\\1&1&1&1&1\\1&1&1&1&1\end{bmatrix}$$

- anchor 是锚点，默认值是(−1,−1)，表示当前计算均值的像素点位于滤波核的中心点位置。该值使用默认值即可，在特殊情况下可以指定不同的点作为锚点。
- borderType 是边界样式，该值决定了以何种方式处理边界。OpenCV 提供了多种填充边界的方式，如用边缘值填充、用 0 填充、用 255 填充、用特定值填充等。一般情况下不需要考虑该值的取值，直接采用默认值即可。

通常情况下，使用均值滤波函数时，对于锚点 anchor 和边界样式 borderType 直接采用其默

认值即可。因此，函数 cv2.blur() 的一般形式为

```
dst = cv2.blur( src, ksize,)
```

3. 程序示例

【**例 3.16**】针对噪声图像，使用不同大小的卷积核对其进行均值滤波，并显示均值滤波的情况。

根据题目要求，调整设置函数 cv2.blur() 中的 ksize 参数，分别将卷积核设置为 3×3 大小和 11×11 大小，对比均值滤波的结果。所编写的程序为

```
import cv2
o=cv2.imread("lenaNoise.png")
r3=cv2.blur(o,(3,3))
r11=cv2.blur(o,(11,11))
cv2.imshow("original",o)
cv2.imshow("result3",r3)
cv2.imshow("result11",r11)
cv2.waitKey()
cv2.destroyAllWindows()
```

运行上述程序，可以得到如图 3-31 所示的显示原始图像 [见图 3-31（a）]、使用 3×3 卷积核进行均值滤波处理结果图像 [见图 3-31（b）]、使用 11×11 卷积核进行均值滤波处理结果图像 [见图 3-31（c）]。

从图 3-31 中可以看出，使用 3×3 卷积核进行滤波处理图像的失真不明显，而使用 11×11 卷积核进行滤波处理图像的失真情况较明显。

卷积核越大，参与均值运算的像素点越多，即当前像素点计算的是周围更多点的像素点的像素值的均值。因此，卷积核越大，去噪效果越好，花费的计算时间越长，图像失真越严重。在实际处理中，要在失真和去噪效果之间取得平衡，选取合适大小的卷积核。

图 3-31　不同大小卷积核的均值滤波结果

3.6.2　高斯滤波

在进行均值滤波时，其邻域内每个像素的权重值是相等的。在高斯滤波中，会将邻近中心像素点的权重值加大，远离中心像素点的权重值减小，在此基础上计算邻域内各像素值不同权重的和。

1. 基本原理

在高斯滤波中，卷积核中的值不再相等。一个 3×3 高斯滤波卷积核示例如图 3-32 所示。

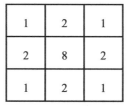

图 3-32　一个 3×3 高斯滤波卷积核示例

高斯卷积示例如图 3-33 所示，针对最左侧的图像内第 4 行第 3 列的像素值为 226 的像素点进行高斯卷积，运算规则为将该点邻域内的像素点按照不同的权重值计算均值。

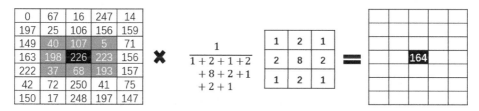

图 3-33　高斯卷积示例

实际计算中使用的卷积核如图 3-34 所示。

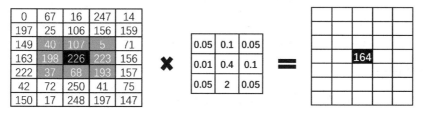

图 3-34　实际计算中使用的卷积核

使用图 3-34 中的卷积核，针对第 4 行第 3 列的像素值为 226 的像素点进行高斯滤波处理，计算方式为

$$新值=(40×0.05+107×0.1+5×0.05)$$

$$+(198×0.1+226×0.4+223×0.1)$$

$$+(37×0.05+68×0.1+193×0.05)=164$$

在实际使用中，高斯滤波使用的可能是大小不同的卷积核，如图 3-35 所示的 3×3、5×5、7×7 大小的卷积核。在高斯滤波中，卷积核的宽度和高度可以不相同，但是它们必须都是奇数。

0.05	0.1	0.05
0.1	0.4	0.1
0.05	0.1	0.05

(3,3)

1	1	2	1	1
1	3	4	3	1
2	4	8	4	2
1	3	4	3	1
1	1	2	1	1

(5,5)

1	1	1	1	1	1	1
1	2	2	2	2	2	1
1	2	4	4	4	2	1
1	2	4	8	4	2	1
1	2	4	4	4	2	1
1	2	2	2	2	2	1
1	1	1	1	1	1	1

(7,7)

图 3-35　不同大小的卷积核

每一种尺寸的卷积核都可以有多种不同形式的权重比。例如，5×5 的卷积核可能是如图 3-36 所示的两种不同的权重比。

$$\frac{1}{256}\begin{bmatrix}1 & 4 & 6 & 4 & 1\\ 4 & 16 & 24 & 16 & 4\\ 6 & 24 & 36 & 24 & 6\\ 4 & 16 & 24 & 16 & 4\\ 1 & 4 & 6 & 4 & 1\end{bmatrix} \qquad \frac{1}{159}\begin{bmatrix}2 & 4 & 5 & 4 & 2\\ 4 & 9 & 12 & 9 & 4\\ 5 & 12 & 15 & 12 & 5\\ 4 & 9 & 12 & 9 & 4\\ 2 & 4 & 5 & 4 & 2\end{bmatrix}$$

图 3-36　同一尺寸的卷积核可以有不同的权重比

在不同的资料中，卷积核有多种不同的表示方式。它们可能如图 3-35 所示写在一个表格内，也可能如图 3-36 所示写在一个矩阵内。

在实际计算中，卷积核是经归一化处理的。经归一化处理的卷积核可以表示为如图 3-35 左侧的小数形式，也可以表示为如图 3-36 所示的分数形式。注意，一些资料中给出的卷积核并没有进行归一化，这时的卷积核可能表示为如图 3-35 中间和右侧所示的形式，采用这种形式表示卷积核是为了说明问题，实际使用时往往会做归一化处理。

2. 函数语法

OpenCV 实现高斯滤波的函数是 cv2.GaussianBlur()，该函数的语法格式是

```
dst = cv2.GaussianBlur( src, ksize, sigmaX, sigmaY, borderType )
```

其中：

- dst 是返回值，表示进行高斯滤波后得到的处理结果。
- src 是需要处理的图像，即原始图像。它能够有任意数量的通道，并能独立处理各个通道。图像深度应该是 CV_8U、CV_16U、CV_16S、CV_32F 或者 CV_64F 中的一种。
- ksize 是滤波核的大小。滤波核大小是指在滤波处理过程中邻域图像的高度和宽度。需要注意的是，滤波核的大小必须是奇数。
- sigmaX 是卷积核在水平方向（X 轴方向）上的标准差，其控制的是权重比。图 3-37 所示为不同的 sigmaX 决定的卷积核，它们在水平方向上的标准差不同。

1	1	2	1	1
1	2	4	2	1
2	4	8	4	2
1	4	4	2	1
1	1	2	1	1

0	0	1	0	0
0	1	2	1	0
1	2	3	2	1
0	1	2	1	0
0	0	1	0	0

0	3	6	3	0
1	4	7	4	1
2	5	8	5	2
1	4	7	4	1
0	3	6	3	0

图 3-37　不同的 sigmaX 决定的卷积核

- sigmaY 是卷积核在垂直方向（*Y* 轴方向）上的标准差。若将该值设置为 0，则只采用 sigmaX 的值；如果 sigmaX 和 sigmaY 都是 0，则通过 ksize.width 和 ksize.height 计算得到。其中：
  - ➤ sigmaX = 0.3 × [(ksize.width−1) × 0.5−1] + 0.8；
  - ➤ sigmaY = 0.3 × [(ksize.height−1) × 0.5−1] + 0.8。
- borderType 是边界样式，该值决定了以何种方式处理边界。一般情况下，该值采用默认值即可。

在该函数中，sigmaY 和 borderType 是可选参数。sigmaX 是必选参数，但是可以将该参数设置为 0，让函数自己去计算 sigmaX 的具体值。

一般来说，卷积核大小固定时：

- sigma 值越大，权重值分布越平缓。邻域点的值对输出值的影响越大，图像越模糊。此时，周围值变化不大。在极端情况下，邻域权重值都是 1。如图 3-38 所示，sigma 值较大时，左图中像素值 5 所在像素点使用 3×3 大小的值均为 1 的卷积核计算均值，结果为 (185+187+201+166+5+136+76+126+203)/9=143，如右上方图所示。
- sigma 值越小，权重值分布越突变。邻域点的值对输出值的影响越小，图像变化越小。此时，周围值变化较大。极端情况为中心点权重值是 1，周围点权重值都是 0。如图 3-38 所示，sigma 值较小时，左图中像素值为 5 的像素点使用大小为 3×3 的中心点值均为 1 的卷积核计算均值，结果为 (185×0+187×0+201×0+166×0+5×1+136×0+76×0+126×0+203×0)/9=5，如图 3-38 右下方图像所示。

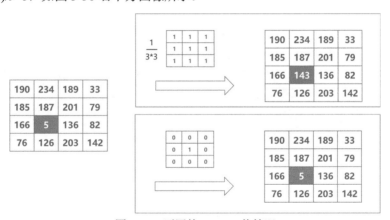

图 3-38　不同的 sigmaX 值情况

官方文档建议显式地指定 ksize、sigmaX 和 sigmaY 三个参数值，以免将来函数修改后造成的语法错误。当然，在实际处理中，可以显式地指定 sigmaX 和 sigmaY 为默认值 0。因此，函数 cv2.GaussianBlur() 的常用形式为

```
dst = cv2.GaussianBlur( src, ksize, 0, 0 )
```

3. 程序示例

【例 3.17】对噪声图像进行高斯滤波，显示滤波的结果。

根据题目要求，采用函数 cv2.GaussianBlur() 实现高斯滤波，编写程序为

```
import cv2
```

```
o=cv2.imread("lenaNoise.png")
r1=cv2.GaussianBlur(o,(5,5),0,0)
r2=cv2.GaussianBlur(o,(5,5),0.1,0.1)
r3=cv2.GaussianBlur(o,(5,5),1,1)
cv2.imshow("original",o)
cv2.imshow("result1",r1)
cv2.imshow("result2",r2)
cv2.imshow("result3",r3)
cv2.waitKey()
cv2.destroyAllWindows()
```

运行上述程序，输出结果如图 3-39 所示，其中：

- 图 3-39（a）是原始图像。
- 图 3-39（b）是 r1 的显示结果，其使用的 sigma 为默认值 0。此时，滤波效果明显，白噪声有明显衰弱。
- 图 3-39（c）是 r2 的显示结果，其使用的 sigmaX 和 sigmaY 都是 0.1，值较小。此时，图像平滑处理的效果较差，和原始图像没有明显差别。
- 图 3-39（d）是 r3 的显示结果，其使用的 sigmaX 和 sigmaY 都是 1，值较大。此时，去噪效果比较明显，但是因为使用了更多邻近点，图像模糊较严重。

为了节省篇幅，此处图片显示得较小，图像差异不明显，请上机验证该例题，以观察更好的效果。

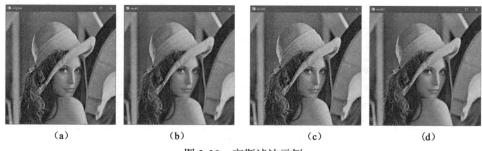

（a）　　　　　　　（b）　　　　　　　（c）　　　　　　　（d）

图 3-39　高斯滤波示例

3.6.3　中值滤波

中值滤波与前面介绍的滤波方式不同，不再采用加权求均值的方式计算滤波结果，而是用邻域内所有像素值的中间值来替代当前像素点的像素值。

1. 基本原理

中值滤波会取当前像素点及其周围邻近像素点（通常取奇数个像素点，类似于董事会设置奇数个成员，以免出现平局，方便判断投票结果）的像素值，先将这些像素值排序，然后将位于中间位置的像素值作为当前像素点的像素值。

针对图 3-40 中第 4 行第 4 列的像素点，计算它的中值滤波值。

55	58	22	55	22	60	168	162	232
123	17	66	33	77	68	14	74	67
47	22	97	95	94	25	14	5	76
68	66	93	**78**	90	171	82	78	65
69	99	66	91	101	200	192	59	74
98	88	88	45	36	119	47	28	5
88	158	3	88	69	211	234	192	120
77	148	25	45	77	173	226	146	213
42	125	135	58	44	51	79	66	3

图 3-40　一幅图像的像素值

将其邻域设置为 3×3 大小，对 3×3 邻域内像素点的像素值进行排序（升序降序均可），按升序排序后得到序列值为[66,78,90,91,93,94,95,97,101]。在该序列中，处于中心位置（也叫中心点或中值点）的值是"93"，用该值作为新像素值替换原来的像素值 78，处理结果如图 3-41 所示。

55	58	22	55	22	60	168	162	232
123	17	66	33	77	68	14	74	67
47	22	97	95	94	25	14	5	76
68	66	93	**93**	90	171	82	78	65
69	99	66	91	101	200	192	59	74
98	88	88	45	36	119	47	28	5
88	158	3	88	69	211	234	192	120
77	148	25	45	77	173	226	146	213
42	125	135	58	44	51	79	66	3

图 3-41　中值滤波处理结果

2. 函数语法

OpenCV 实现中值滤波的函数是 cv2.medianBlur()，语法格式如下：

```
dst = cv2.medianBlur( src, ksize)
```

其中：

- dst 是返回值，表示进行中值滤波后得到的处理结果。
- src 是需要处理的图像，即原始图像，能够有任意数量的通道，并能独立处理各个通道。图像深度应该是 CV_8U、CV_16U、CV_16S、CV_32F 或 CV_64F 中的一种。

- ksize 是滤波核的大小。滤波核大小是指在滤波处理过程中邻域图像的高度和宽度。需要注意，滤波核的大小必须是比 1 大的奇数，如 3、5、7 等。

【注意】均值滤波函数 cv2.blur()和高斯滤波函数 cv2.GaussianBlur()中都存在 ksize 参数用于指定滤波核大小，该参数是一个表示滤波核宽度和高度的元组，如（3,3）。而在函数 cv2.medianBlur()中，参数 ksize 是一个整数值，同时表示滤波核的宽度和高度，如数值"3"。

3. 程序示例

【例 3.18】针对噪声图像，对其进行中值滤波，显示滤波的结果。

根据题目要求，采用函数 cv2.medianBlur()实现中值滤波，编写程序如下：

```python
import cv2
o=cv2.imread("lenaNoise.png")
r=cv2.medianBlur(o,3)
cv2.imshow("original",o)
cv2.imshow("result",r)
cv2.waitKey()
cv2.destroyAllWindows()
```

运行上述程序，输出结果如图 3-42 所示。图 3-42 左图是原始图像，右图是中值滤波处理结果图像。

图 3-42　中值滤波示例

从图 3-42 中可以看出，由于没有进行均值处理，中值滤波不存在均值滤波等滤波方式带来的细节模糊问题。中值滤波处理使用邻域像素点中间的像素值作为当前像素点的像素值。一般情况下噪声的像素值是一个特殊值，因此噪声成分很难被选作替代当前像素点的像素值，从而实现在不影响原有图像的情况下去除全部噪声。但是由于需要进行排序等操作，中值滤波的运算量较大。

3.7　形态学

形态学，即数学形态学（Mathematical Morphology），是图像处理过程中一个非常重要的研究方向。形态学主要从图像内提取分量信息，该分量信息通常是图像理解时所使用的最本质的形状特征，对于表达和描绘图像的形状具有重要意义。例如，在识别手写数字时，通过形态学运算能够得到其骨架信息，在具体识别时仅针对其骨架进行运算即可。形态学处理在视觉检测、文字识别、医学图像处理、图像压缩编码等领域有非常重要的应用。

3.7.1 腐蚀

腐蚀是最基本的形态学操作之一，能够消除图像的边界点，使图像沿着边界向内收缩，也可以去除小于指定结构元的部分。

通过腐蚀来"收缩"或"细化"二值图像中的前景，从而实现去除噪声、元素分割等功能。腐蚀示例如图 3-43 所示，其中左图是原始图像，右图是对其腐蚀的处理结果。

图 3-43　腐蚀示例

在腐蚀过程中，通常使用一个结构元来逐个像素地扫描要被腐蚀的图像，并根据结构元和被腐蚀图像的关系来确定腐蚀结果。

结构元与被腐蚀图像示意图如图 3-44 所示，整幅图像的背景色是黑色的，前景对象是一个白色的圆形，图像左上角的深色小方块是遍历图像使用的结构元。在腐蚀过程中，使用该结构元逐个像素点地遍历整幅图像，并根据结构元与被腐蚀图像的关系确定腐蚀结果图像中对应结构元中心点的像素点的像素值。

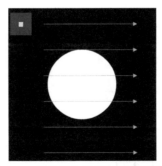

图 3-44　结构元与被腐蚀图像示意图

需要注意的是，腐蚀等形态学操作是逐个像素点地来决定像素值的，每次判定的像素点都是腐蚀结果图像中与结构元中心点所对应的像素点。

图 3-45 所示的两幅图像表示结构元与前景对象的两种不同位置关系。根据这两种不同位置关系来决定腐蚀结果图像中结构元中心点对应像素点的像素值。

- 如果结构元完全处于前景对象中，如图 3-45 上图所示，就将结构元中心点对应的腐蚀结果图像中的像素点处理为前景色（白色，像素点的像素值为 1）。
- 如果结构元未完全处于前景对象中（可能部分在，也可能完全不在），如图 3-45 下图所示，就将结构元中心点对应的腐蚀结果图像中的像素点处理为背景色（黑色，像素点的像素值为 0）。

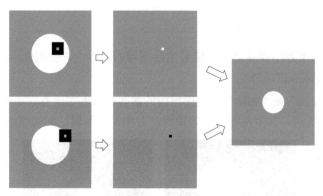

图 3-45　结构元与前景色对象两种不同位置关系示意图

由图 3-45 可知，腐蚀结果就是前景色的白色圆直径变小。上述结构元也被称为核。

下面，以数值为例进行说明。如图 3-46 所示，其中：

- 图 3-46（a）表示待腐蚀图像 img。
- 图 3-46（b）是核 kernel。
- 图 3-46（c）中的阴影部分是核 kernel 在遍历 img 时，完全位于前景对象内部时的 3 个全部可能位置，核 kernel 的中心分别位于 img[2,1]、img[2,2]和 img[2,3]处。也就是说，当核 kernel 处于任何其他位置时都不能完全位于前景对象中。
- 图 3-46（d）是腐蚀结果 rst，即在核 kernel 完全位于前景对象中时，将其中心点对应的 rst 中像素点的像素值置为 1；当核 kernel 不完全位于前景对象中时，将其中心点对应的 rst 中像素点的像素值置为 0。

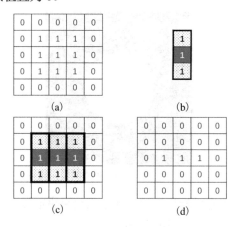

图 3-46　腐蚀示意图

OpenCV 使用函数 cv2.erode()实现腐蚀操作，其语法格式为

```
dst = cv2.erode( src, kernel[, anchor[, iterations[, borderType[,
                 borderValue]]]] )
```

其中：

- dst 是腐蚀后输出的目标图像，该图像和原始图像的类型和大小相同。

- src 是需要进行腐蚀的原始图像。图像的通道数可以是任意的，但是要求图像的深度必须是 CV_8U、CV_16U、CV_16S、CV_32F、CV_64F 中的一种。
- kernel 代表腐蚀操作时采用的结构类型。它可以自定义生成，也可以通过函数 cv2.getStructuringElement()生成。
- anchor 代表结构元中锚点的位置。该值默认为(−1,−1)，在核的中心位置。
- iterations 是腐蚀操作迭代的次数，该值默认为 1，即只进行一次腐蚀操作。
- borderType 代表边界样式，一般采用默认值 BORDER_CONSTANT。
- borderValue 是边界值，一般采用默认值。C++提供了函数 morphologyDefault BorderValue()来返回腐蚀操作和膨胀操作的魔力（magic）边界值，Python 不支持该函数。

【例 3.19】 使用函数 cv2.erode()完成图像腐蚀。修改函数 cv2.erode()的参数，观察不同参数控制下的图像腐蚀效果。

根据题目要求，编写程序如下：

```
import cv2
import numpy as np
o=cv2.imread("erode.bmp",cv2.IMREAD_UNCHANGED)
kernel1 = np.ones((5,5),np.uint8)
erosion1 = cv2.erode(o,kernel1)
kernel2 = np.ones((9,9),np.uint8)
erosion2 = cv2.erode(o,kernel2,iterations = 5)
cv2.imshow("orriginal",o)
cv2.imshow("erosion1",erosion1)
cv2.imshow("erosion2",erosion2)
cv2.waitKey()
cv2.destroyAllWindows()
```

本例生成了如图 3-47 所示的 5×5 的核 kernel1 和 9×9 的核 kernel2，分别对原始图像进行腐蚀。

1	1	1	1	1
1	1	1	1	1
1	1	1	1	1
1	1	1	1	1
1	1	1	1	1

1	1	1	1	1	1	1	1	1
1	1	1	1	1	1	1	1	1
1	1	1	1	1	1	1	1	1
1	1	1	1	1	1	1	1	1
1	1	1	1	1	1	1	1	1
1	1	1	1	1	1	1	1	1
1	1	1	1	1	1	1	1	1
1	1	1	1	1	1	1	1	1
1	1	1	1	1	1	1	1	1

图 3-47　自定义核

运行上述程序，输出结果如图 3-48 所示。图 3-48 左图是原始图像，中间图是使用 5×5 的核对左图进行腐蚀的处理结果，右图是使用 9×9 的核对左图进行腐蚀的处理结果。从图 3-48 中可以看出，腐蚀操作具有腐蚀去噪功能，核越大腐蚀效果越明显。

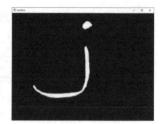

图 3-48　腐蚀结果

3.7.2　膨胀

膨胀操作是形态学中的一种基本的操作。膨胀操作和腐蚀操作的作用是相反的，膨胀操作能对图像的边界进行扩张。膨胀操作将与当前对象（前景）接触到的背景点合并到当前对象内，从而实现将图像的边界点向外扩张。如果图像内两个对象的距离较近，那么经膨胀操作后，两个对象可能会连通在一起。膨胀操作有利于填补图像分割后图像内的空白处。二值图像膨胀效果如图 3-49 所示。

同腐蚀过程一样，膨胀过程也是使用一个结构元来逐个像素点地扫描待膨胀图像，并根据结构元和待膨胀图像的位置关系来确定膨胀结果。

（a）原始图像　　　　　　（b）结果图像

图 3-49　二值图像膨胀效果

结构元与待膨胀图像示意图如图 3-50 所示，整幅图像的背景色是黑色，前景对象是一个白色的圆形；图像左上角的深色小方块表示遍历图像使用的结构元。在膨胀过程中，该结构元逐个像素点地遍历整幅图像，并根据结构元与待膨胀图像的位置关系确定膨胀结果图像中与结构元中心点对应像素点的像素值。

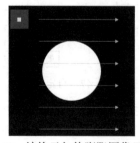

图 3-50　结构元与待膨胀图像示意图

图 3-51 所示两幅图像代表结构元与前景对象的两种不同位置关系。根据这两种不同位置关系来决定膨胀结果图像中结构元中心点对应的像素点的像素值。

- 如果结构元中任意一点处于前景对象中，就将膨胀结果图像中对应像素点处理为前景色。
- 如果结构元完全处于背景对象外，就将膨胀结果图像中对应像素点处理为背景色。

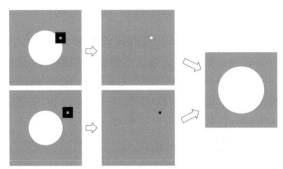

图 3-51　结构元与前景对象的两种不同位置关系示意图

由图 3-51 可知，膨胀结果就是前景对象的白色圆直径变大。

下面，以数值为例进一步观察膨胀效果。如图 3-52 所示，其中：

- 图 3-52（a）表示待膨胀图像 img。
- 图 3-52（b）是核 kernel。
- 图 3-52（c）中的阴影部分是核 kernel 在遍历 img 时，核 kernel 中心像素点位于 img[1,1]、img[3,3]时与前景对象存在重合像素点的两种可能情况。实际上，共有 9 个与前景对象重合的可能位置。当核 kernel 的中心点分别位于 img[1,1]、img[1,2]、img[1,3]、img[2,1]、img[2,2]、img[2,3]、img[3,1]、img[3,2]及 img[3,3]时，核 kernel 内的像素点都存在与前景对象重合的像素点。
- 图 3-52（d）是膨胀结果图像 rst。在核 kernel 内，当任意一个像素点与前景对象重合时，其中心点对应的膨胀结果图像内的像素点的像素值为 1；当核 kernel 与前景对象完全无重合时，其中心点对应的膨胀结果图像内的像素点值为 0。

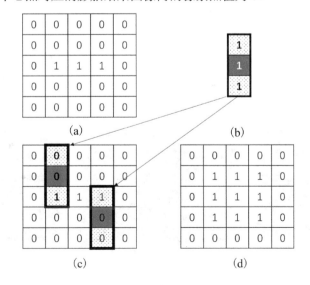

图 3-52　膨胀示意图

89

OpenCV 采用函数 cv2.dilate()实现对图像的膨胀操作，该函数的语法结构为

```
dst = cv2.dilate( src, kernel[, anchor[, iterations[, borderType[,
                  borderValue]]]])
```

其中：

- dst 代表膨胀后输出的目标图像，该图像和原始图像类型和大小相同。
- src 代表需要进行膨胀操作的原始图像。图像的通道数可以是任意的，但是要求图像的深度必须是 CV_8U、CV_16U、CV_16S、CV_32F、CV_64F 中的一种。
- kernel 代表膨胀操作采用的结构类型，可以自定义生成，也可以通过函数 cv2.getStructuringElement()生成。

参数 anchor、iterations、borderType、borderValue 与函数 cv2.erode()内相应参数的含义一致。

【例 3.20】使用函数 cv2.dilate()完成图像膨胀操作。修改函数 cv2.dilate()的参数，观察不同参数控制下的图像膨胀效果。

根据题目要求，编写程序如下：

```
import cv2
import numpy as np
o=cv2.imread("dilation.bmp",cv2.IMREAD_UNCHANGED)
kernel = np.ones((5,5),np.uint8)
dilation1 = cv2.dilate(o,kernel)
dilation2 = cv2.dilate(o,kernel,iterations = 9)
cv2.imshow("original",o)
cv2.imshow("dilation1",dilation1)
cv2.imshow("dilation2",dilation2)
cv2.waitKey()
cv2.destroyAllWindows()
```

本例使用语句 kernel=np.ones((5,5),np.uint8)生成 5×5 的核 kernel，从而对原始图像进行膨胀操作。第 1 次膨胀使用了默认的迭代次数（1 次）；第 2 次膨胀设置迭代次数 iterations = 9，进行了 9 次膨胀操作。

运行上述程序，输出结果如图 3-53 所示。图 3-53 左图是原始图像，中间图是迭代次数为 1次时的膨胀处理结果，右图是迭代次数为 9 次时的膨胀处理结果。从图 3-53 可以看出，膨胀操作让原始图像实现了"生长"，迭代次数越多图像膨胀越明显。

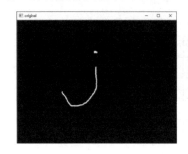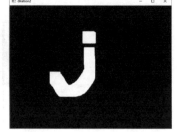

图 3-53　对应的膨胀结果

3.7.3　通用形态学函数

腐蚀操作和膨胀操作是形态学运算的基础，将腐蚀操作和膨胀操作进行组合，就可以实现开运算、闭运算、形态学梯度（Morphological Gradient）运算、顶帽运算（礼帽运算）、黑帽运算、击中击不中等多种不同形式的运算。

OpenCV 提供了函数 cv2.morphologyEx() 来实现上述形态学运算，其语法结构如下：

```
dst = cv2.morphologyEx( src, op, kernel[, anchor[, iterations[,
                        borderType[, borderValue]]]] )
```

其中：

- dst 代表经过形态学处理后输出的目标图像，该图像和原始图像的类型和大小相同。
- src 代表待进行形态学操作的原始图像。图像的通道数可以是任意的，但是要求图像的深度必须是 CV_8U、CV_16U、CV_16S、CV_32F、CV_64F 中的一种。
- op 代表操作类型，如表 3-7 所示。各种形态学运算的操作规则均是将腐蚀操作和膨胀操作进行组合得到的。

表 3-7　op 类型

类　型	说　明	含　义	操　作
cv2.MORPH_ERODE	腐蚀	腐蚀	erode(src)
cv2.MORPH_DILATE	膨胀	膨胀	dilate(src)
cv2.MORPH_OPEN	开运算	先腐蚀后膨胀	dilate(erode(src))
cv2.MORPH_CLOSE	闭运算	先膨胀后腐蚀	erode(dilate(src))
cv2.MORPH_GRADIENT	形态学梯度运算	膨胀图像减腐蚀图像	dilate(src)-erode(src)
cv2.MORPH_TOPHAT	顶帽运算	原始图像减开运算所得图像	src-open(src)
cv2.MORPH_BLACKHAT	黑帽运算	闭运算所得图像减原始图像	close(src)-src

- 参数 kernel、anchor、iterations、borderType、borderValue 与函数 cv2.erode() 内相应参数的含义一致。

形态学运算的主要含义及作用如下：

- 开运算操作先将图像腐蚀，再对腐蚀的结果进行膨胀，可以用于去噪、计数等。
- 闭运算是先膨胀、后腐蚀的操作，有助于关闭前景物体内部的小孔，或去除物体上的小黑点，还可以将不同的前景对象进行连接。
- 形态学梯度运算是用原始图像的膨胀图像减腐蚀图像的操作，该操作可以获取原始图像中前景对象的边缘。
- 顶帽运算是用原始图像减去其开运算图像的操作。顶帽运算能够获取图像的噪声信息，或者得到比原始图像的边缘更亮的边缘信息。
- 黑帽运算是用闭运算图像减去原始图像的操作。黑帽运算能够获取图像内部的小孔，或前景色中的小黑点，或者得到比原始图像的边缘更暗的边缘部分。

第 2 部分

基础案例篇

本部分基于传统技术的计算机视觉经典案例进行了系统全面的介绍。

第4章
图像加密与解密

通过按位异或运算可以实现图像的加密和解密。将原始图像与密钥图像进行按位异或可以实现加密；将加密后的图像与密钥图像进行按位异或可以实现解密。

加密解密模型如图 4-1 所示，其中，密钥图像是加密、解密双方约定的任意图像（本例使用的是一幅城市风景图）。解密后得到的图像与原始图像完全一致。

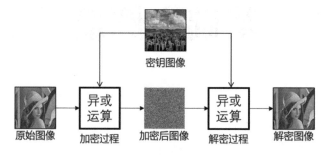

图 4-1　加密解密模型

本章将介绍使用异或运算实现图像加密和解密，并在介绍图像整体解密的基础上，分别使用掩模、ROI 方式实现图像内关键部位的打码和解码。

4.1　加密与解密原理

异或运算的基本规则如表 4-1 所示，表中"xor"表示异或运算。

表 4-1　异或运算的基本规则

算子 1	算子 2	结　　果	规　　则
0	0	0	0 xor 0 = 0
0	1	1	0 xor 1 = 1
1	0	1	1 xor 0 = 1
1	1	0	1 xor 1 = 0

异或运算规则可以描述为

- 运算数相同，结果为 0；运算数不同，结果为 1。
- 任何数（0 或 1）与数值 0 异或，结果仍为自身。
- 任何数（0 或 1）与数值 1 异或，结果变为另外一个数，即 0 变 1，1 变 0。
- 任何数（0 或 1）与自身异或，结果为 0。

根据上述异或运算规则，对数据 a、数据 b 进行异或运算，可以得到数值 c：

```
a xor b=c
```

针对运算结果 c 进一步运算，可以得到：

```
c xor b = (a xor b) xor b = a xor(b xor b)= a xor 0 = a
c xor a = (a xor b) xor a = b xor(a xor a)= b xor 0 = b
```

上述异或运算示例过程如表 4-2 所示。

表 4-2　异或运算示例过程

a	b	c(a xor b)	c xor b (=a)	c xor a（=b）
0	0	0	0	0
0	1	1	0	1
1	0	1	1	0
1	1	0	1	1

由表 4-2 可知，当上述 a、b、c 具有如下关系时：

- a：明文，原始数据。
- b：密钥。
- c：密文，通过 a xor b 实现。

可以对上述数据进行如下操作和理解：

- 加密过程：将明文 a 与密钥 b 进行异或，完成加密，得到密文 c。
- 解密过程：将密文 c 与密钥 b 进行异或，完成解密，得到明文 a。

位运算是针对二进制位进行的运算。按位异或是指将两个数值以二进制形式进行逐位异或运算。

利用按位异或可以实现对像素点的加密。在图像处理中，需要处理的像素点的像素值通常为灰度值，其范围通常为[0,255]。例如，某个像素点的像素值为 216（明文），将数值 178（该数值由加密者自由选定）作为密钥，让这两个数的二进制形式进行按位异或运算，即可完成加密，得到密文 106。当需要解密时，将密文 106 与密钥 178 的二进制形式进行按位异或运算，即可得到原始像素点的像素值 216（明文）。用 bit_xor() 表示按位异或，具体过程为

```
bit_xor(216,178)=106
bit_xor(106,178)=216
```

上述过程可通过如下两个表格表示。

- 加密过程。

运　　算	说　　明	二 进 制 数	十 进 制 数
bit_xor	明文	1101 1000	216
	密钥	1011 0010	178
运算结果	密文	0110 1010	106

- 解密过程。

运　　算	说　　明	二 进 制 数	十 进 制 数
bit_xor	密文	0110 1010	106
	密钥	1011 0010	178
运算结果	明文	1101 1000	216

加密解密流程示意图如图 4-2 所示。

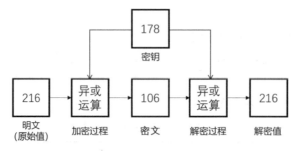

图 4-2　加密解密流程示意图

4.2　图像整体加密与解密

将原始图像与密钥图像对应位置的像素点的像素值进行按位异或运算即可得到加密后的图像，实现加密；将加密后的图像与密钥图像对应位置的像素点的像素值进行按位异或计算即可得到与原始图像一样的解密图像，实现解密。这里以原始图像 O 为例来说明图像的加密、解密过程，其流程图如图 4-3 所示。

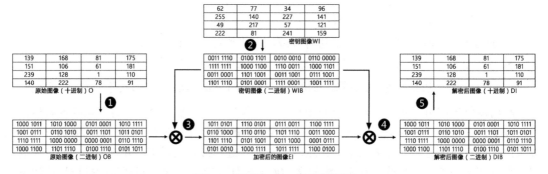

图 4-3　图像加密、解密流程图

1. 原始图像处理

如图 4-3 中❶所示，将原始图像 O 各像素点的像素值由十进制数处理为二进制数，得到图像 OB。

2. 密钥图像处理

如图 4-3 中❷所示，将密钥图像 WI 各像素点的像素值由十进制数处理为二进制数，得到图像 WIB，以便进行后续处理。

3. 加密过程

如图 4-3 中❸所示，将图像 OB 与图像 WIB 进行按位异或运算，得到加密后的图像 EI。

4. 解密过程

如图 4-3 中❹所示，将图像 EI 与图像 WIB 进行按位异或运算，得到解密后的二进制形式的图像 DIB。

5. 解密图像处理

如图 4-3 中❺所示，将图像 DIB 中各像素点的像素值处理为十进制数，得到解密后图像 DI。

从上述过程可以看出，解密后得到的图像 DI 与原始图像 O 是一致的。这说明上述加密、解密过程是正确的。

为了方便理解和观察数据的运算，上述过程在进行按位运算时是将十进制数转换为二进制数后再进行的。实际上，在使用 OpenCV 编写程序时，不需要进行进制的转换。OpenCV 中的位运算函数的参数可以是十进制形式的。因此，图 4-3 所示流程可以简化为图 4-4 所示形式。图 4-4 所示流程图与图 4-1 基本一致，区别在于图 4-4 使用数字表示，而图 4-1 使用图像表示。在图 4-4 中：

- ❶是加密过程，该过程将原始图像 O、密钥图像 W 进行按位异或处理实现加密，得到加密图像 E。
- ❷是解密过程，该过程将加密图像 E 和密钥图像 W 进行按位异或处理实现解密，得到解密图像 D。

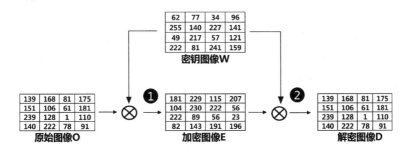

图 4-4　图像加密、解密流程图

【例 4.1】编写程序，通过按位异或运算，实现图像加密和解密。

在具体实现中，甲乙双方可以通过协商预先确定一幅密钥图像 K，双方各保存一份备用。在此基础上，甲乙双方利用密钥图像 K 可以进行图像的加密和解密处理。

例如，甲通过密钥图像 K 与原始图像 O 进行按位异或运算，得到加密图像 S。加密图像 S 是杂乱无章的，其他人无法解读加密图像 S 内容。而乙可以将预先保存的密钥图像 K 与加密图像 S 进行按位异或运算，实现加密图像 S 的解密，获取原始图像 O。

在加密过程中，可以选择一幅有意义的图像作为密钥，也可以选择一幅没有意义的图像作为密钥。本例使用随机数随机生成了一幅图像作为密钥（图像内每个像素点的像素值都是随机的）。

根据题目要求，编写程序如下：

```
import cv2
import numpy as np
lena=cv2.imread("lena.bmp",0)
r,c=lena.shape
key=np.random.randint(0,256,size=[r,c],dtype=np.uint8)
```

```
encryption=cv2.bitwise_xor(lena,key)
decryption=cv2.bitwise_xor(encryption,key)
cv2.imshow("lena",lena)
cv2.imshow("key",key)
cv2.imshow("encryption",encryption)
cv2.imshow("decryption",decryption)
cv2.waitKey()
cv2.destroyAllWindows()
```

本例中的各图像的关系如下。

- 图像 lena 是明文（原始）图像，是需要加密的图像，从当前目录下读入。
- 图像 key 是密钥图像，是加密和解密过程中使用的密钥，是由随机数生成的。
- 图像 encryption 是加密图像，是明文图像 lena 和密钥图像 key 通过按位异或运算得到的。
- 图像 decryption 是解密图像，是加密图像 encryption 和密钥图像 key 通过按位异或运算得到的。

运行上述程序，输出结果如图 4-5 所示，其中：

- 图 4-5（a）是明文（原始）图像 lena。
- 图 4-5（b）是密钥图像 key，看起来是杂乱无章的。
- 图 4-5（c）是加密得到的加密图像 encryption，是通过明文图像 lena 和密钥图像 key 进行按位异或运算得到的，看起来是杂乱无章的。虽然图像 encryption 和图像 key 都是杂乱无章的，但是它们是不一样的。
- 图 4-5（d）是解密图像 decryption，是通过加密图像 encryption 与密钥图像 key 进行按位异或运算得到的。

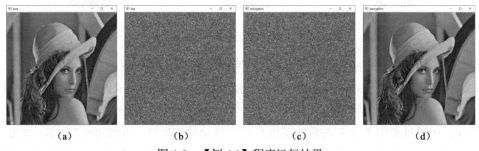

(a)　　　　　　　(b)　　　　　　　(c)　　　　　　　(d)

图 4-5　【例 4.1】程序运行结果

4.3　脸部打码及解码

本节将分别通过掩模方式、ROI 方式实现对脸部的打码及解码。

4.3.1　掩模方式实现

本节将介绍一个使用掩模方式实现对脸部打码、解码的示例。

图 4-6 展示了针对图像 lena 中的人脸进行脸部打码的过程。图 4-6 中的输入对象主要包含如下四个：

- lena 是待进行脸部打码的原始图像。
- key 是使用的密钥图像。
- mask 是掩模图像，用于提取脸部区域。
- 1-mask 是与 mask 相反的掩模图像，用于提取除脸部外的区域。

脸部打码过程具体实现如下：

- Step 1：按位异或运算。原始图像 lena 和密钥图像 key 进行按位异或运算，得到图像 lena 的加密结果 lenaXorKey。
- Step 2：按位与运算。图像 lenaXorKey 和掩模图像 mask 进行按位与运算，提取脸部打码结果 encryptFace。其中，脸部区域是加密结果，其余区域的像素值均为 0。
- Step 3：按位与运算。原始图像 lena 和掩模图像 1-mask 进行按位与运算，提取 lena 图像中脸部像素值为 0 区域的图像 noFace1。
- Step 4：加法运算。图像 encryptFace 和图像 noFace1，进行加法运算，得到脸部打码结果图像 maskFace。

脸部打码结果图像 maskFace 即最终输出结果。

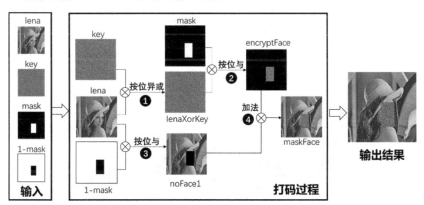

图 4-6　脸部打码流程图

图 4-7 展示了针对原始图像 lena 脸部打码图像的解码过程。图 4-7 中的输入对象主要包含如下四个：

- maskFace 是待进行脸部解码的原始图像。
- key 是使用的密钥图像。
- mask 是掩模图像，用于提取脸部区域。
- 1-mask 是与 mask 相反的掩模图像，用于提取除脸部外的区域。

脸部解码过程具体实现如下：

- Step 5：按位异或运算。脸部打码图像 maskFace 和密钥图像 key 进行按位异或运算，得到脸部为解码、其余区域为乱码的图像 extractOriginal。
- Step 6：按位与运算。图像 extractOriginal 与掩模图像 mask 进行按位与运算，得到图像 extractFace，其中脸部是正常的，其余区域的像素值均为 0。

- Step 7：按位与运算。脸部打码图像 maskFace 和图像 1-mask 进行按位与运算，得到图像 noFace2。noFace2 图像中脸部区域的像素值都是 0，除脸部外的其他区域的像素值都是正常值。
- Step 8：加法运算。图像 extractFace 与图像 noFace2 进行加法运算，得到解码结果图像 extractLena。

上述脸部解码结果图像 extractLena 即最终输出结果。

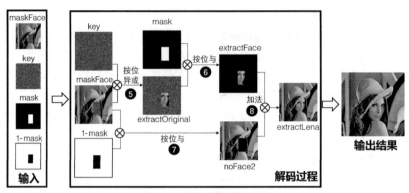

图 4-7　脸部解码流程图

综上所述，采用掩模方式对人脸进行打码、解码的完整流程图如图 4-8 所示。

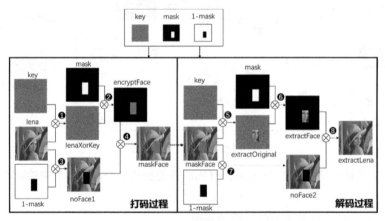

图 4-8　脸部打码、解码完整流程图

【例 4.2】编写程序，使用掩模对 lena 图像的脸部进行打码、解码。

根据题目要求及上述分析，编写程序如下：

```
import cv2
import numpy as np
# 读取原始载体图像
lena=cv2.imread("lena.bmp",0)
# 显示原始图像
cv2.imshow("lena",lena)
# 读取原始载体图像的 shape 值
r,c=lena.shape
mask=np.zeros((r,c),dtype=np.uint8)
```

```
mask[220:400,250:350]=1
# 获取一个 key,该 key 是打码、解码用的密钥图像
key=np.random.randint(0,256,size=[r,c],dtype=np.uint8)
# ============获取打码脸============
# Step 1:使用密钥 key 对原始图像 lena 加密
lenaXorKey=cv2.bitwise_xor(lena,key)
# Step 2:获取加密图像的脸部信息 encryptFace
encryptFace=cv2.bitwise_and(lenaXorKey,mask*255)
# Step 3:将图像 lena 内的脸部区域的像素值设置为 0,得到图像 noFace1
noFace1=cv2.bitwise_and(lena,(1-mask)*255)
# Step 4:得到打码的 lena 图像
maskFace=encryptFace+noFace1
cv2.imshow("maskFace",maskFace)
# ============将打码脸解码============
# Step 5:将脸部打码的 lena 图像与密钥图像 key 进行异或运算,得到脸部的原始信息
extractOriginal=cv2.bitwise_xor(maskFace,key)
# Step 6:将解码的脸部信息 extractOriginal 提取出来,得到图像 extractFace
extractFace=cv2.bitwise_and(extractOriginal,mask*255)
# Step 7:从脸部打码的 lena 图像内提取没有脸部信息的 lena 图像,得到图像 noFace2
noFace2=cv2.bitwise_and(maskFace,(1-mask)*255)
# Step 8:得到解码图像 extractLena
extractLena=noFace2+extractFace
cv2.imshow("extractLena",extractLena)
cv2.waitKey()
cv2.destroyAllWindows()
```

运行上述程序，输出结果如图 4-9 所示，其中：

- 图 4-9（a）是原始图像 lena，本程序要对其脸部进行打码。
- 图 4-9（b）是对图像 lena 的脸部进行打码的结果图像 maskFace。
- 图 4-9（c）是最终得到的脸部解码图像 extractLena。

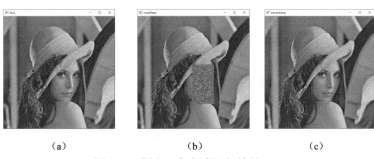

（a）　　　　　　　　　　（b）　　　　　　　　　　（c）

图 4-9　【例 4.2】程序运行结果

4.3.2　ROI 方式实现

本节将介绍一个使用 ROI 方式实现的对脸部进行打码、解码的示例。本例中的 ROI 就是人脸，因此主要针对人脸所在的区域进行操作。

图 4-10 展示了针对图像 lena 脸部打码的流程。图 4-10 中的输入对象主要包含如下三个：

- lena 是待进行脸部打码的原始图像。
- key 是使用的密钥图像。
- roi 是包含人脸的区域，用于提取脸部区域。为了方便观察，这里将其展示为一幅图像。

需要注意的是，本节用 ROI 指"感兴趣区域"，用 roi 指具体的一幅图像。

脸部打码过程具体实现如下：

- Step 1：按位异或运算。将原始图像 lena 和密钥图像 key 进行按位异或运算，得到图像 lena 的加密结果 lenaXorKey。
- Step 2：获取 ROI。获取加密脸所在区域（该区域是 ROI）。在图像 lenaXorKey 内，根据 roi 区域值将已打码人脸区域提取出来，得到原始打码人脸区域图像 secretFace。
- Step 3：划定 ROI。划定人脸所在区域。在原始图像 lena 内，根据 roi 区域值划定（标注）人脸区域。需要注意，划定一块区域并不会使原始图像 lena 有任何改变。划定人脸所在区域是为了进行后续操作。
- Step 4：ROI 替换。完成人脸区域替换。将原始图像 lena 中的人脸区域替换为图像 secretFace，得到图像 enFace。

上述过程得到的图像 enFace 即脸部打码处理结果，将该结果作为人脸打码的输出结果。

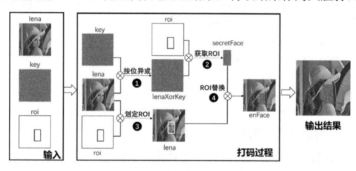

图 4-10　脸部打码流程图

图 4-11 展示了针对图像 lena 脸部打码图像的脸部解码流程图。图 4-11 中的输入对象主要包含如下三个：

- enFace 是待进行脸部解码的图像。
- key 是使用的密钥图像。
- roi 是包含人脸的区域，用于提取脸部区域。为了方便观察，这里将其展示为一幅图像。

脸部解码过程具体实现如下：

- Step 5：按位异或运算。将脸部打码图像 enFace 和密钥图像 key 进行按位异或运算，得到脸部为解码，其余区域为乱码的图像 extractOriginal。
- Step 6：获取 ROI。在图像 extractOriginal 内，根据 ROI 区域值将解码好的人脸区域提取出来，得到解码人脸图像 face。
- Step 7：划定 ROI。在图像 enFace 内，根据 roi 区域值划定打码的人脸区域。该操作不会对 enFace 有任何影响，只是将人脸所在区域标注出来，方便后续操作。
- Step 8：ROI 替换。将图像 enFace 中的人脸区域替换为图像 face，得到图像 deFace。

上述过程得到的图像 deFace 即脸部解码处理结果，将该结果作为人脸解码的输出结果。

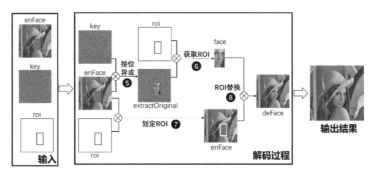

图 4-11　脸部解码流程图

综上所述，采用 ROI 方式对人脸进行打码、解码的完整流程图如图 4-12 所示。

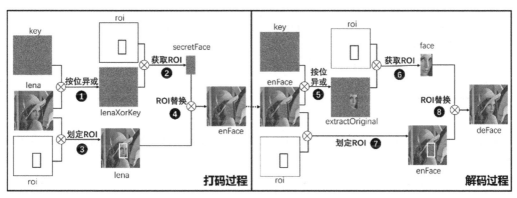

图 4-12　打码、解码完整流程

【例 4.3】编写程序，使用 ROI 方式对图像 lena 的脸部进行打码、解码。

根据题目要求及上述分析，编写程序如下：

```
import cv2
import numpy as np
# 读取原始图像
lena=cv2.imread("lena.bmp",0)
cv2.imshow("lena",lena)
# 读取原始图像的 shape 值
r,c=lena.shape
# 设置 roi 区域值
roi=lena[220:400,250:350]
# 获取一个 key，该 key 是打码、解码使用的密钥图像
key=np.random.randint(0,256,size=[r,c],dtype=np.uint8)
# ============脸部打码过程============
# Step 1：使用密钥图像 key 加密原始图像 lena（按位异或运算）
lenaXorKey=cv2.bitwise_xor(lena,key)
# Step 2：获取加密后图像的脸部区域（获取 ROI）
secretFace=lenaXorKey[220:400,250:350]
cv2.imshow("secretFace",secretFace)
# Step 3：划定 ROI，其实没有实质性操作
# lena[220:400,250:350]
```

```
# Step 4：将原始图像 lena 的脸部区域替换为加密后的脸部区域 secretFace（ROI 替换）
lena[220:400,250:350]=secretFace
enFace=lena  # lena 图像已经是处理结果，为了便于理解将其重新命名为 enFace
cv2.imshow("enFace",enFace)
# ============脸部解码过程============
# Step 5：将脸部打码的图像 enFace 与密钥图像 key 进行异或运算，得到脸部的原始信息（按位异
或运算）
extractOriginal=cv2.bitwise_xor(enFace,key)
# Step 6：获取解密后图像的脸部区域（获取 ROI）
face=extractOriginal[220:400,250:350]
cv2.imshow("face",face)
# Step 7：划定 ROI，其实没有实质性操作
# enFace[220:400,250:350]
# Step 8：将图像 enFace 的脸部区域替换为解密的脸部区域 face（ROI 替换）
enFace[220:400,250:350]=face
deFace=enFace # enFace 已经是处理结果，为了便于理解使用将其重新命名为 deFace
cv2.imshow("deFace",deFace)
cv2.waitKey()
cv2.destroyAllWindows()
```

运行上述程序，输出结果如图 4-13 所示。为了便于观看，将各个图像进行了不等比例的缩放，其中：

- 图 4-13（a）是原始图像 lena，本程序要对其脸部进行打码。
- 图 4-13（b）是打码人脸区域 secretFace。
- 图 4-13（c）是打码结果图像 enFace。
- 图 4-13（d）是解码人脸区域 face。
- 图 4-13（e）是解码结果图像 deFace。

（a）　　　　　（b）　　　　　（c）　　　　　（d）　　　　　（e）

图 4-13　【例 4.3】程序运行结果

第5章

数字水印

数字水印是一种将特定的数字信号嵌入数字作品中，从而实现信息隐藏、版权认证、完整性认证、数字签名等功能的技术。

图 5-1 是利用数字水印在一幅图像内嵌入版权信息的示例，其包含嵌入水印和提取水印两个流程，具体如下：

- 嵌入水印过程：将版权信息图像 C 嵌入载体图像 O，得到含水印图像 E。此时，含水印图像 E 与载体图像 O 在外观上基本一致，人眼无法区分二者的差别。
- 提取水印过程：通过提取水印技术，在含水印图像 E 中分别提取出删除水印后的载体图像 DO 和提取得到的版权信息图像 EC。此时，删除水印后的载体图像 DO 与原始载体图像 O 基本一致，提取得到的版权信息图像 EC 与版权信息图像 C 完全一致。

图 5-1　数字水印示例

数字水印的功能具体如下：

- 若嵌入载体图像内的信息是秘密信息，则能够实现信息隐藏。
- 若嵌入载体图像内的信息是版权信息，则能够实现版权认证。
- 若嵌入载体图像内的信息是关于载体图像完整性的信息，则能够实现完整性认证。
- 若嵌入载体图像内的信息是身份信息，则能够实现数字签名。

在实践中，可以根据需要在载体图像内嵌入不同的信息以实现特定功能。

通常情况下，嵌入载体图像内的信息也被称为数字水印信息。

载体图像、数字水印信息可以是文本、图像、音频、视频等任意形式的数字信息。一般化的数字水印流程如图 5-2 所示。

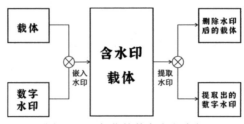

图 5-2　一般化的数字水印流程

为了便于理解及更直观地观察效果，本章将讨论载体图像是灰度图像、数字水印信息是二值图像的情况。

为了确保载体图像在水印嵌入前后没有可被肉眼观察到差异，必须确保嵌入载体图像的水印对载体图像造成的影响较小。这就要求，数字水印信息必须隐藏到载体中相对不重要的位置。

如图 5-3 所示，分别将百位、十位、个位上的数值"加 1"，可分别让原始值增加 100、增加 10、增加 1。其原因是，个位的位权是 10^0，十位的位权是 10^1，百位的位权是 10^2。所以，改变不同位对原始值的影响是不一样的。简单来说，在最低位上改变一个值对原始值的影响是最小的。

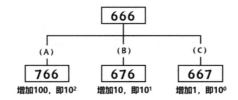

图 5-3　改变数值示例

在计算机中，使用二进制形式保存数据与十进制形式保存数据一样，最低位的位权是最小的，如图 5-4 所示。

二进制位	7	6	5	4	3	2	1	0
位权	2^7	2^6	2^5	2^4	2^3	2^2	2^1	2^0

图 5-4　二进制位权

通过以上分析可知，通过修改载体图像像素点的最低位来完成数字水印信息的嵌入，对载体图像的影响是最小的。

5.1　位平面

提取灰度图像中所有像素点的二进制形式像素值中处于同一比特位上的值，得到一幅二值图像，该图像被称为灰度图像的一个位平面，提取位平面的过程被称为位平面分解。将一幅灰度图像内所有像素点上处于二进制位内最低位上的值组合，可以构成一幅图像的"最低有效位"位平面。

在 8 位位图中，每个像素点的像素值都是使用 8 位二进制数来表示的，该二进制数的取值范围为[0,255]，可以将 8 位位图中的像素点的值表示为

$$\text{value} = a_7 \times 2^7 + a_6 \times 2^6 + a_5 \times 2^5 + a_4 \times 2^4 + a_3 \times 2^3 + a_2 \times 2^2 + a_1 \times 2^1 + a_0 \times 2^0$$

其中，a_i 的可能值为 0 或 1（$i=0,1,\cdots,7$）。可以看出，各个 a_i 的权重值是不一样的，a_7 的权重值最高，a_0 的权重值最低。这代表 a_7 的值对图像的影响最大，a_0 的值对图像的影响最小。换一个角度来说，图像与 a_7 具有较大的相似性，而图像与 a_0 的相似性不高。

通过提取灰度图像内所有像素点的像素值同一比特位上的值，可以得到一幅新的图像，即位平面。图像中所有像素值的 a_i 值构成的位平面称为第 i 个位平面（第 i 层）。一幅 8 位位图可以分解为 8 个位平面。

根据上述分析，像素值中各 a_i 的权重值是不一样的：

- a_7 的权重值最高，对像素值的影响最大。从直观上来看，该位平面与原始图像最相似。
- a_0 的权重值最低，对像素值的影响最小。从直观上来看，该位平面与原始图像不太像，一般情况下该平面看起来是杂乱无章的。
- 高二进制位上的值对图像影响较大，低二进制位上的值对图像影响较小。在图像中，高层位平面的值决定了图像的基本轮廓，低层位平面的值对高层位平面的值进行了修正，使得图像更丰富、更细腻。

下面，通过一个简单案例来介绍位平面分解的具体情况。例如，有灰度图像 O 的像素值如下。

209	197	163	193
125	247	160	112
161	137	243	203
39	82	154	127

对应二进制数如下。

1101 0001	1100 0101	1010 0011	1100 0001
0111 1101	1111 0111	1010 0000	0111 0000
1010 0001	1000 1001	1111 0011	1100 1011
0010 0111	0101 0010	1001 1010	0111 1111

将所有像素点的 a_i 值进行组合，即可得到图像的 8 个位平面，如图 5-5 所示。

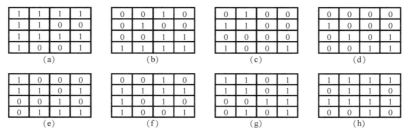

图 5-5　位平面分解

图 5-5 中的各个位平面的构成如下。

- 图 5-5（a）是由图像 O 中每个像素值的 a_0 值（从右向左数第 0 个二进制位，第 0 个比特位，为了与下标统一，此处从 0 开始计数）组成的，我们称之为第 0 个位平面，也可以称为第 0 层，也可以称为"最低有效位"位平面。

- 图 5-5（b）是由图像 O 中每个像素值的 a_1 值（从右向左数第 1 个比特位）组成的，我们称之为第 1 个位平面（或第 1 层）。
- 图 5-5（c）是由图像 O 中每个像素值的 a_2 值（从右向左数第 2 个比特位）组成的，我们称之为第 2 个位平面（或第 2 层）。
- 图 5-5（d）是由图像 O 中每个像素值的 a_3 值（从右向左数第 3 个比特位）组成的，我们称之为第 3 个位平面（或第 3 层）。
- 图 5-5（e）是由图像 O 中每个像素值的 a_4 值（从右向左数第 4 个比特位）组成的，我们称之为第 4 个位平面（或第 4 层）。
- 图 5-5（f）是由图像 O 中每个像素值的 a_5 值（从右向左数第 5 个比特位）组成的，我们称之为第 5 个位平面（第 5 层）。
- 图 5-5（g）是由图像 O 中每个像素值的 a_6 值（从右向左数第 6 个比特位）组成的，我们称之为第 6 个位平面（或第 6 层）。
- 图 5-5（h）是由图像 O 中每个像素值的 a_7 值（从右向左数第 7 个比特位）组成的，我们称之为第 7 个位平面（或第 7 层），也可以称为"最高有效位"位平面。

针对 RGB 图像，如果将 R 通道、G 通道、B 通道中的每一个通道中对应的位平面进行合并，即可组成该 RGB 图像。如果将一幅 RGB 图像 R 通道的第 3 个位平面、G 通道的第 3 个位平面、B 通道的第 3 个位平面进行合并，那么可以构成一幅新的 RGB 彩色图像。通常将该新构成的彩色图像称为原始彩色图像的第 3 个位平面。通过上述方式，可以完成彩色图像的位平面分解。

借助按位与运算可以实现位平面分解。下面以灰度图像为例，介绍位平面分解的具体步骤。

1. 图像预处理

读取原始图像 O，获取原始图像 O 的宽度 M 和高度 N。

2. 构造提取矩阵

借助按位与运算来完成提取矩阵的构造。

在与运算中，当参加与运算的两个逻辑值都是真时，结果才为真，其逻辑关系可以类比如图 5-6 所示的串联电路，只有在该串联电路中的两个开关都闭合时，灯才会亮。

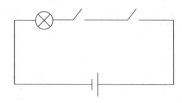

图 5-6 串联电路

如表 5-1 所示，与运算的规则是"当一个数值与 1 按位与时，保留其自身值；当一个数值与 0 按位与时，将其处理为 0"。

表 5-1　与运算的规则

算子 1	算子 2	结　果	规　　则
0	0	0	and(0,0)=0
0	1	0	and(0,1)=0
1	0	0	and(1,0)=0
1	1	1	and(1,1)=1

按位与运算是将二进制数逐位进行与运算。

通过按位与运算能够很方便地将一个数值指定位上的数字提取出来。在表 5-2 中，分别使用不同的提取因子 F 来提取数值 N 中的特定位。可以发现，提取因子 F 哪位上的值为 1，就可以提取数值 N 中哪位上的数字。

表 5-2　按位与运算位值提取示例

说明	第 7 位	第 6 位	第 5 位	第 4 位	第 3 位	第 2 位	第 1 位	第 0 位
数值 N （X 为 0 或 1）	XXXX XXXX	XXXX XXXX	XXXX XXXX	XXXX XXXX	XXXX XXXX	XXXX XXXX	XXXX XXXX	XXXX XXXX
提取因子 F	1000 0000	0100 0000	0010 0000	0001 0000	0000 1000	0000 0100	0000 0010	0000 0001
提取结果	X000 0000	0X00 0000	00X0 0000	000X 0000	0000 X000	0000 0X00	0000 00X0	0000 000X

根据上述分析结果，建立一个值均为 2^n 的 **Mat** 作为提取矩阵（数组），用来与原始图像进行按位与运算，以提取第 n 个位平面。

提取矩阵 **Mat** 内可能的值如表 5-3 所示。

表 5-3　提取矩阵 **Mat** 内可能的值

要提取的 位平面序号	**Mat** 值 计算方法	**Mat** 内部值	**Mat** 值的二进制形式
0	2^0	1	0000 0001
1	2^1	2	0000 0010
2	2^2	4	0000 0100
3	2^3	8	0000 1000
4	2^4	16	0001 0000
5	2^5	32	0010 0000
6	2^6	64	0100 0000
7	2^7	128	1000 0000

3. 提取位平面

将灰度图像与提取矩阵进行按位与运算，得到各个位平面。

将像素值与一个值为 2^n 的数值进行按位与运算，能够使像素值的第 n 位保持不变，其余各位均为 0。因此，通过像素值与特定值的按位与运算，能够提取像素值的指定二进制位的值。据此，将图像内的每一个像素值都与一个特定的二进制数进行按位与运算，能够提取图像的特定位平面。

例如，有一个像素点的像素值为 219，要提取其二进制位第 4 位的值，即提取该像素值的第 4 位信息（序号从 0 开始）。此时，需要借助的提取因子是 "2^4=16"，提取像素值示例如表 5-4 所示。

表 5-4　提取像素值示例

运算	类别	十进制形式	二进制形式
按位与	像素值	219	1101 1011
	借助的提取因子	$2^4=16$	0001 0000
结果		16	0001 0000

从表 5-3 可以看到，通过将像素值 219 与借助的提取因子 2^4 的二进制形式进行按位与运算，提取到了像素值 219 第 4 位二进制位上的二进制数字"1"。这是因为在 2^4 的二进制形式中，只有第 4 位二进制位上的数字为 1，其余各位的数字都是 0。在像素值 219 与提取因子 2^4 的二进制数进行按位与运算时：

- 像素值 219 第 4 位二进制位上的数字"1"与提取因子 2^4 第 4 位二进制位上的数字"1"进行与操作，像素值 219 第 4 位二进制位上的值（数字"1"）被保留。
- 像素值 219 中其他二进制位上的数字与提取因子 2^4 其他位上的数字"0"进行按位与操作后都会变为 0。

在针对图像的位平面提取中，图像 O 的像素值如下。

209	196	163	193
125	247	160	114
161	9	227	201
39	86	154	127

其对应的二进制形式标记为 RB，具体如下。

1101 0001	1100 0100	1010 0011	1100 0001
0111 1101	1111 0111	1010 0000	0111 0010
1010 0001	0000 1001	1110 0011	1100 1001
0010 0111	0101 0110	1001 1010	0111 1111

如果想提取第 3 个位平面，就需要建立元素值均为 2^3 的数组 BD，数组 BD 中的值全部为 8（2^3），具体如下。

8	8	8	8
8	8	8	8
8	8	8	8
8	8	8	8

将数组 BD 对应的二进制形式标记为 BT，具体如下。

0000 1000	0000 1000	0000 1000	0000 1000
0000 1000	0000 1000	0000 1000	0000 1000
0000 1000	0000 1000	0000 1000	0000 1000
0000 1000	0000 1000	0000 1000	0000 1000

将数组 RB 与数组 BT 进行按位与运算，得到数组 RE，具体如下。

0000 0000	0000 0000	0000 0000	0000 0000
0000 1000	0000 0000	0000 0000	0000 0000
0000 0000	0000 1000	0000 0000	0000 1000
0000 0000	0000 0000	0000 1000	0000 1000

将数组 RE 的值转换为十进制形式，得到数组 RD，具体如下。

0	0	0	0
8	0	0	0
0	8	0	8
0	0	8	8

【注意】提取位平面也可以通过将二进制形式的像素值向右移动指定位，然后对 2 取模得到。例如，提取第 n 个位平面，可以将二进制形式的像素值向右移动 n 位，然后对 2 取模。

4. 阈值处理

计算得到的位平面是一个二值图像，如果直接显示上述得到的位平面，那么可能是无法正常显示的。这是因为当前默认显示的图像是 8 位位图，而当其中的像素值较小时，显示的图像近似为黑色。例如，在位平面 RD 中，最大的像素值是 8，数值 8 在 256 个灰度级中处于较小值的位置，几乎为纯黑色。要想让像素值 8 对应的像素点显示为白色，必须将相应像素点的像素值处理为 255。

也就是说，每次提取位平面后，若想让二值图像的位平面以黑白颜色显示出来，则要对得到的二值图像的位平面进行阈值处理，将其中大于 0 的值处理为 255。

例如，对得到的位平面 RD 进行阈值处理，将其中的像素值 8 调整为 255，具体语句为

```
mask=（RD>0）
RD[mask]=255
```

首先，使用"mask=（RD>0）"语句对位平面 RD 进行如下处理：

- 将位平面 RD 中大于 0 的值处理为逻辑值真（True）。
- 将位平面 RD 中小于或等于 0 的值处理为逻辑值假（False）。

按照上述处理原则得到的 mask 如下。

False	False	False	False
True	False	False	False
False	True	False	True
False	False	True	True

其次，使用"RD[mask]=255"语句将 mask 中逻辑值为 True 的位置上的值替换为 255；mask 中逻辑为 False 的位置上的值替换为 0。在阈值调整后的位平面 RD 中，原来像素值为 8 的像素点的像素值被替换为 255，具体如下。

0	0	0	0
255	0	0	0
0	255	0	255
0	0	255	255

当然，可以直接将上述两个语句简化为"RD[RD>0]=255"。

需要说明的是，为了帮助大家更好地理解算法原理，采用了逐步实现的方式对阈值进行处理。实际上，OpenCV 提供了专门用来实现阈值处理的函数 threshold，该函数可以实现多种不

同形式的阈值处理。

上述阈值处理流程图如图 5-7 所示。

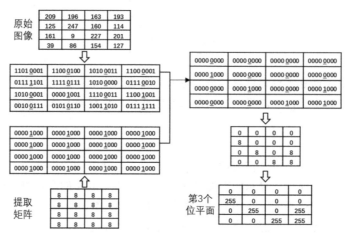

图 5-7　阈值处理流程图

5. 显示图像

完成上述处理后，可以将位平面显示出来，直观地观察各个位平面的具体情况。

【例 5.1】编写程序，观察灰度图像的各个位平面。

根据题目要求，编写程序如下：

```python
import cv2
import numpy as np
lena=cv2.imread("lena.bmp",0)
cv2.imshow("lena",lena)
r,c=lena.shape
x=np.zeros((r,c,8),dtype=np.uint8)
for i in range(8):
    x[:,:,i]=2**i
ri=np.zeros((r,c,8),dtype=np.uint8)        # ri 是 result image 的缩写
for i in range(8):
    ri[:,:,i]=cv2.bitwise_and(lena,x[:,:,i])
    mask=ri[:,:,i]>0
    ri[mask]=255
    cv2.imshow(str(i),ri[:,:,i])
cv2.waitKey()
cv2.destroyAllWindows()
```

本例通过两个循环提取了灰度图像的各个位平面，具体说明如下。

- 使用 "x=np.zeros((r,c,8),dtype=np.uint8)" 语句设置一个用于提取各个位平面的提取矩阵。该矩阵大小为 "r×c×8"，其中 r 是行高，c 是列宽，8 表示共有 8 个通道。r、c 的值来源于要提取的图像的行高、列宽。提取矩阵 x 的 8 个通道分别用来提取灰度图像的 8 个位平面。例如，x[:,:,0]用来提取灰度图像的第 0 个位平面。
- 在第 1 个 for 循环中，使用 "x[:,:,i]=2**i" 语句设置用于提取各个位平面的提取矩阵的值。

- 在第 2 个 for 循环中，实现了各个位平面的提取、阈值处理和显示。

运行上述程序，输出图像如图 5-8 所示，其中：

- 图 5-8（a）是原始图像 lena。
- 图 5-8（b）是第 0 个位平面。第 0 位是 8 位二进制数的最低位，因此第 0 个位平面的权重值最低，对像素值的影响最小，与原始图像 lena 的相关度最低，显示出来的是一幅杂乱无章的图像。该相关度最低的特点有利于很多实用功能的实现，如信息的隐藏（数字水印）等。
- 图 5-8（c）是第 1 个位平面。
- 图 5-8（d）是第 2 个位平面。
- 图 5-8（e）是第 3 个位平面。
- 图 5-8（f）是第 4 个位平面。
- 图 5-8（g）是第 5 个位平面。
- 图 5-8（h）是第 6 个位平面。
- 图 5-8（i）是第 7 个位平面。第 7 位是 8 位二进制数的最高位，因此第 7 个位平面的权重值最大，对像素值的影响最大，与原始图像 lena 的相关度最高。第 7 个位平面是与原始图像最接近的二值图像，几乎相当于原始图像的二值化效果。

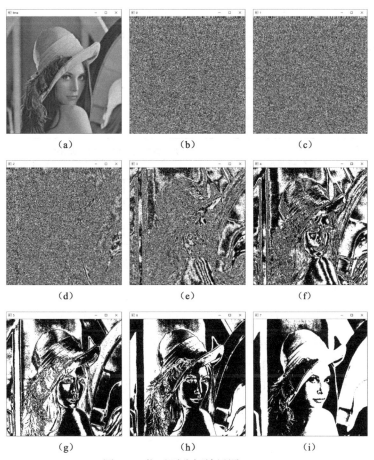

图 5-8　位平面分解效果图

5.2 数字水印原理

本节将介绍通过在载体图像的最低有效位上嵌入隐藏信息实现数字水印。

最低有效位（Least Significant Bit，LSB），是指一个二进制数中的第 0 位（最低位）。最低有效位信息隐藏，是指将一个需要隐藏的二值图像信息嵌入载体图像（能够隐藏其他图像的图像）的最低有效位，即将载体图像的最低有效位平面（最低有效层）替换为当前需要隐藏的二值图像，从而达到隐藏二值图像的目的。由于二值图像处于载体图像的最低有效位上，所以嵌入二值图像对于载体图像的影响非常小，具有非常高的隐蔽性。

必要时直接将载体图像的最低有效位平面提取出来，即可得到嵌入的二值图像，达到提取被隐藏信息的目的。

上述思路就是数字水印的基本原理，信息隐藏基本流程图如图 5-9 所示。从位平面角度考虑，数字水印的处理过程分为如下两步：

- 嵌入过程：将载体图像的第 0 个位平面替换为数字水印信息（一幅二值图像）。
- 提取过程：将含数字水印信息的载体图像的最低有效位构成的第 0 个位平面提取出来，得到数字水印信息。

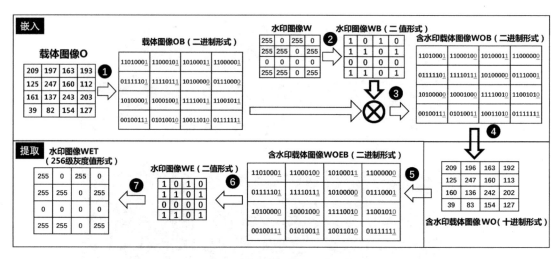

图 5-9 信息隐藏基本流程图

1. 嵌入过程

嵌入过程是将数字水印信息嵌入载体图像的过程。该过程将载体图像的最低有效位替换为数字水印信息，得到包含数字水印信息的载体图像，基本步骤如下：

- Step 1：将载体图像 O 由十进制形式处理为二进制形式，得到二进制形式的载体图像 OB。
- Step 2：将水印图像 W 由十进制形式处理为二进制形式，得到二值形式的水印图像 WB。
- Step 3：将载体图像 OB 的最低有效位替换为水印图像 WB，得到二进制形式的含水印载体图像 WOB。
- Step 4：将二进制形式的含水印载体图像 WOB 处理为十进制形式的含水印载体图像 WO。

嵌入水印图像前后载体图像像素值变化如表 5-5 所示。

表 5-5　嵌入水印图像前后载体图像像素值变化

载体图像最低有效位初始值	数字水印值	嵌入水印图像后载体图像最低有效位像素值	变化情况
0	0	0	未变化
0	1	1	增加 1
1	0	0	减少 1
1	1	1	未变化

上述变化发生在载体图像的最低有效位上，对载体图像像素值的影响最大是 1（增加 1 或减少 1）。载体图像的灰度级有 256 个，其值发生 1 个单位的变化相对较小，人眼不足以观察到该变化。因此，数字水印信息具有较高的隐蔽性。

2. 提取过程

提取过程是指将数字水印信息从包含数字水印信息的载体图像内提取出来的过程。提取数字水印信息时，先将含数字水印信息的载体图像的像素值转换为二进制形式，然后从其最低有效位提取出水印信息。因此，可以通过提取含数字水印信息的载体图像的最低有效位平面的方式来得到数字水印信息，具体步骤如下：

- Step 5：将含水印载体图像 WO 由十进制形式处理为二进制形式，得到二进制形式的含水印载体图像 WOEB。
- Step 6：将二进制形式的含水印载体图像 WOEB 中的最低有效位提取出来，得到二值形式的水印图像 WE。
- Step 7：将二值形式的水印图像 WE 处理为 256 级灰度值形式，即将其中的 1 处理为 255，得到水印图像 WET。

通过上述分析可以发现，经过上述处理后，得到的水印图像 WET 与原始的水印图像 W 是一致的。

为了便于理解，这里仅介绍了原始载体图像为灰度图像的情况，在实际中可以根据需要在多个通道内嵌入相同的水印（提高健壮性，即使部分水印丢失，也能提取出完整的数字水印信息），或在各个不同的通道内嵌入不同的水印（提高嵌入容量）。在彩色图像的多个通道内嵌入水印的方法与在灰度图像内嵌入水印的方法相同。

对上述过程，可以进行多种形式的改进，例如：

- 将其他形式信息（音频、视频等）的二进制形式嵌入载体图像内。
- 将要隐藏的信息打乱后，再嵌入载体图像中，以提高安全性。
- 选取载体图像的一部分或者让最低有效位以外的其他位参与到信息隐藏中，以提高安全性。

5.3　实现方法

5.2 节介绍了信息隐藏的基本原理。但是，在具体实现时，需要考虑更多的细节信息，本节将对实现的细节进行具体介绍。

图 5-10 所示为数字水印实现的基本方法。

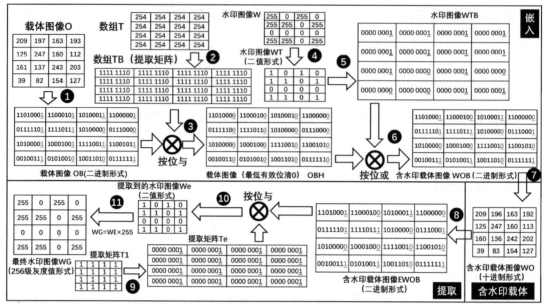

图 5-10 数字水印实现的基本方法

1. 嵌入过程

嵌入过程完成的操作是将数字水印信息嵌入载体图像内。如图 5-10 所示，嵌入过程的主要步骤如下：

- Step 1：读取载体图像 O，获取其行数 M 和列数 N，并将其转换为二进制形式的载体图像 OB。
- Step 2：建立一个 $M×N$ 大小、元素值均为 254 的数组 T（提取矩阵），用来提取载体图像的高 7 位。将数组 T 由十进制形式转换为二进制形式的数组 TB。
- Step 3：保留载体图像的高 7 位，将最低有效位清 0。将载体图像 OB 和数组 TB 进行按位与运算，将载体图像的最低有效位清 0，得到最低有效位清 0 的载体图像 OBH。

将载体图像 OB 与元素值均为 254 的数组 TB 进行按位与运算，相当于将载体图像内的每个像素值均与 254 进行按位与运算。这样就实现了图像内所有像素的高 7 位保留、最低有效位清 0。具体来说，数组 TB 中的值为 254，其对应的二进制数为"1111 1110"，高 7 位是 1，最低有效位是 0。因此在与载体图像 OB 进行按位与运算时，载体图像的高 7 位与数值 1 相与，结果保持不变；载体图像的最低有效位与数值 0 相与，结果变为 0。

经过上述运算，载体图像 OBH 内高 7 位的值保持不变，最低有效位的数值变为 0。也就是说，Step 3 实现了将载体图像 OB 的最低有效位清 0，得到了最低有效位清 0 的载体图像 OBH。

【注意】这里为了进一步说明位运算及其应用，用了相对比较复杂的位运算方式来保留图像的高 7 位。在实践中，可以采用更简单的方法实现最低有效位清 0。例如：

① 先将像素值右移一位，再左移一位，即可将最低有效位清 0，如 "1110 1101" 右移一位得到 "0111 0110"（最高位补 0），再左移一位得到 "1110 1100"。

② 判断像素值的奇偶性，奇数减去 1，偶数保持不变，可以实现最低有效位清 0。

③ 用像素值减去 "像素值对 2 取余数（取模）" 的结果，实现最低有效位清 0。

- Step 4：水印图像二值化处理。将 256 个灰度级的水印图像 W 处理为二值形式的水印图像 WT。简单来说就是将水印图像 W 中的数值 255 替换为数值 1。
- Step 5：水印图像二进制形式处理。将二值形式的水印图像 WT 处理为 8 位二进制形式的水印图像 WTB。简单来说就是将水印图像 WT 作为 8 位二进制的最低位，高 7 位补 0。在得到的水印图像 WTB 中，仅最低有效位上的值是数字水印有效信息，其余位上的值都是为了参与后续运算补充的 0。
- Step 6：嵌入水印图像。将最低有效位清 0 的载体图像 OBH 与 8 位二进制水印图像 WTB 进行按位或运算，将数字水印信息嵌入载体图像 OBH 内，得到二进制形式的含水印载体图像 WOB。

或运算的规则是，当参与或运算的两个逻辑值中有一个为真时，结果就为真，其逻辑关系可以类比为如图 5-11 所示的并联电路，两个开关中只要有任意一个开关闭合，灯就会亮。

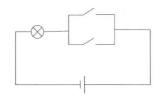

图 5-11　并联电路

表 5-6 对参与或运算的算子的不同情况进行了说明，表中使用 "or" 表示或运算。

表 5-6　或运算规则

算 子 1	算 子 2	结　　果	规　　则
0	0	0	or(0,0)=0
0	1	1	or (0,1)=1
1	0	1	or (1,0)=1
1	1	1	or (1,1)=1

由表 5-6 可知：

① 数值 0 与数值 0 相或得到的结果是 0。

② 数值 1 与数值 0 相或得到的结果是 1。

也就是说，任何数值 X（0 或 1）与数值 0 进行或运算，其值保持不变。

按位或运算是将二进制数逐位进行或运算。根据 "任何数值 X 与数值 0 进行或运算，其值保持不变"，将数字水印信息嵌入最低有效位为 0 的载体图像最低位上。

例如，将最低有效位清 0 的载体图像 OBH，与 8 位二进制形式水印图像 WTB 进行按位或运算，得到含水印载体图像 WOB 的基本运算过程如下：

① 最低有效位清 0 的载体图像 OBH 内的最低位是 0，其与水印图像 WTB 最低位相或，结果值是水印图像 WTB 的最低有效位。进一步来说，计算得到的含水印载体图像 WOB 的最低有效位的值是水印图像 WTB 最低有效位的值。

② 水印图像 WTB 的高 7 位是 0，其与载体图像 OBH 进行按位或运算，结果值是载体图像 OBH 的高 7 位的值。进一步来说，计算得到的含水印载体图像 WOB 的高 7 位的值是载体图像 OBH 高 7 位的值。

综上所述，上述过程完成后得到的含水印载体图像 WOB 内，高 7 位的值来源于载体图，最低有效位的值来源于水印图像。

因此，将数字水印信息 WTB 与载体图像 OBH 进行按位或运算，实现将水印图像 WTB 嵌入原始载体图像 O，得到含水印载体图像 WOB。

【注意】这里为了进一步说明位运算的逻辑，帮助大家更好地了解位运算，用了位运算的方式来完成水印的嵌入。在实践中，直接让水印图像 WT 与最低有效位清 0 的载体图像 OBH 进行加法运算，即可将水印图像 WT 嵌入原始载体图像 O 内。

- Step 7：将含水印载体图像处理为十进制形式。将含水印的二进制载体图像 WOB 处理为十进制形式，得到十进制形式的含水印载体图像 WO。

2. 提取过程

提取过程将完成数字水印信息的提取。如图 5-10 所示，提取过程具体步骤如下。

- Step 8：将含水印载体图像处理为二进制形式。将十进制形式的含水印载体图像 WO 处理为二进制形式，得到二进制形式的含水印载体图像 EWOB。
- Step 9：构建二进制形式的提取矩阵 Te。首先，构造一个与含水印载体图像尺寸大小相等的像素值均为 1 的提取矩阵 T1。其次，将 T1 转换成 8 位二进制形式得到提取矩阵 Te。
- Step 10：提取二值形式的水印图像 We。将含水印载体图像 EWOB 与提取矩阵 Te 进行按位与运算，得到水印图像 We。

按位与运算有如下规则：

① 数值 1 与任何数值 X（0 或 1）相与，得到的结果都是 X 的值。

② 数值 0 与任何数值 X 相与，得到的结果都是数值 0。

将含水印载体图像 EWOB 与提取矩阵 Te 进行按位与运算时：

① Te 的高 7 位都是 0，与含水印载体图像 EWOB 的高 7 位按位与，得到的结果为 0。

② Te 的最低有效位是 1，与含水印载体图像 EWOB 的最低有效位按位与，得到的结果是 EWOB 最低有效位的值。

因此，上述按位与运算可将含水印载体图像 EWOB 中的最低有效位提取出来。

【注意】也可以通过判断像素值奇偶性的方式提取最低有效位。若像素值为奇数，则提取得到 1；若像素值为偶数，则提取得到 0。在具体操作时，可以直接将"像素值对 2 取余数（取模%）"的结果作为最低有效位。

因此，可以通过让含水印载体图像对 2 取模的方式，获取图像的最低有效位位平面。此时，提取的位平面即数字水印信息。

- Step 11：将二值形式的水印图像 We 处理为 256 级灰度值的灰度图像，得到最终水印图像 WG。简单来说就是将二值形式的水印图像 We 中的数值 1 转换为数值 255，得到最终水印图像 WG。

5.4 具体实现

上述过程涉及不同进制之间的转换，略显复杂。实际上，OpenCV 中的函数会把接收到的十进制数当成二进制数进行处理，并返回十进制形式的结果。因此，在实践中并不需要进行十进制数和二进制数之间的转换，简化后的流程图如图 5-12 所示。

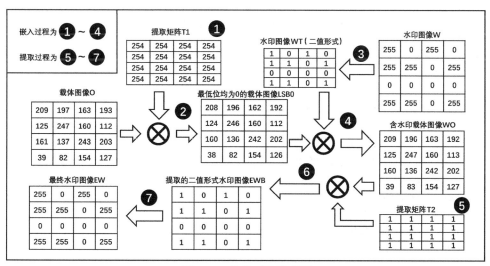

图 5-12　简化后的流程图

下面分别对嵌入和提取两个过程进行介绍。

1. 嵌入过程
- Step 1：构造提取矩阵 T1，其尺寸与载体图像 O 尺寸一致，其中的值均为 254。
- Step 2：将载体图像 O 与提取矩阵 T1 进行按位与运算，得到最低位值均为 0 的载体图像 LSB0。
- Step 3：将水印图像 W 中的数值 255 调整为数值 1，得到二值形式的水印图像 WT。
- Step 4：通过将载体图像 LSB0 与水印图像 WT 进行按位或运算，将水印图像 WT 嵌入 LSB0 的最低有效位，得到含水印载体图像 WO。

2. 提取过程
- Step 5：构造提取矩阵 T2，其尺寸与含水印载体图像 WO 尺寸一致，其中的值均为 1。

- Step 6：将含水印载体图像 WO 与提取矩阵 T2 进行按位与运算，得到 WO 的最低有效位，即二值形式的水印图像 EWB。
- Step 7：将二值形式的水印图像 EWB 中的数值 1 调整为数值 255，得到最终水印图像 EW。

【例 5.2】编写程序，模拟数字水印的嵌入和提取过程。

根据题目要求，编写程序如下：

```python
import cv2
import numpy as np
# 读取原始载体图像
lena=cv2.imread("image\lena.bmp",0)
# ============嵌入过程============
# Step 1：生成内部值都是 254 的数组
r,c=lena.shape   # 读取原始载体图像的 shape 值
t1=np.ones((r,c),dtype=np.uint8)*254
# Step 2：获取原始载体图像的高 7 位，最低有效位清 0
lsb0=cv2.bitwise_and(lena,t1)
# Step 3：水印信息处理
w=cv2.imread("image\watermark.bmp",0)   # 读取水印图像
# 将水印图像内的数值 255 处理为 1，以便嵌入
# 也可以使用 threshold 函数进行处理
wt=w.copy()
wt[w>0]=1
# Step 4：将水印图像 wt 嵌入 lsb0 内
wo=cv2.bitwise_or(lsb0,wt)
# ============提取过程============
# Step 5：生成内部值都是 1 的数组
t2=np.ones((r,c),dtype=np.uint8)
# Step 6：从载体图像内提取水印图像
ewb=cv2.bitwise_and(wo,t2)
# Step 7：将水印图像内的数值 1 处理为数值 255，以便显示
# 也可以利用 threshold 函数实现
ew=ewb
ew[ewb>0]=255
# ============显示============
cv2.imshow("lena",lena)          # 原始图像
cv2.imshow("watermark",w)        # 原始水印图像
cv2.imshow("wo",wo)              # 含水印载体
cv2.imshow("ew",ew)              # 提取的水印图像
cv2.waitKey()
cv2.destroyAllWindows()
```

运行上述程序，结果如图 5-13 所示，其中：

- 图 5-13（a）是原始图像 lena。
- 图 5-13（b）是原始水印图像 w。
- 图 5-13（c）是在图像 lena 内嵌入水印图像 w 后得到的含水印载体图像 wo。

- 图 5-13（d）是从含水印载体图像 wo 内提取的水印图像 ew。

   （a）   （b）   （c）   （d）

图 5-13　【例 5.2】程序运行结果

从图 5-13 可以发现，通过肉眼无法观察出含水印载体图像和原始图像的不同，隐蔽性较高。由于该方法过于简单，因此安全性并不高，在实践中会通过更复杂的方式实现水印的嵌入。

5.5　可视化水印

数字水印是一种不可见水印，人眼无法观察到载体图像在嵌入水印前后的变化。

有时，我们希望在载体图像上嵌入一个可见的水印，此时可以通过 ROI、加法运算等方式实现。

5.5.1　ROI

通过乘法运算可以将 ROI 提取出来。例如，在图 5-14 中：

- 图像 A 是原始载体图像。
- 图像 B 使用非 0 值标注了 ROI；这里的非 0 值可以是任意不是 0 的值，本图中的值都是 255。需要说明的是，用来标注 ROI 的非 0 值之间不必相等。
- 图像 C 是将图像 B 中非 0 值转换为 1 的结果。
- 图像 D 是图像 A 和图像 C 相乘的结果，即"图像 D=图像 A×图像 C"。

图中的运算符含义如下：

- 运算 F1 表示将图像 B 中的非 0 值处理为 1，0 保持不变。
- 运算 F2 表示乘法，"图像 D=图像 A×图像 C"。

从图 5-14 中可以看出，能够使用图像 B 将图像 A 中的 ROI 提取出来。利用上述关系，可以构造如图 5-15 所示的关系，其中：

- 图像 A 是原始载体图像。
- 图像 B 是数字水印图像。
- 图像 C 是将图像 B 内的像素值二值化的结果，即将图像 B 中所有非 0 值处理为 1，0 保持不变；需要注意的是，此时改变的是数字水印图像内白色区域的像素值，将其由 255 改为 1。
- 图像 D 是通过图像 A 和图像 C 相乘的结果，即"图像 D=图像 A×图像 C"。
- 图像 E 是图像 B 的反色图图像，即"图像 E=255-图像 B"。

- 图像 F 是通过图像 D 和图像 E 相加得到的，即"图像 F=图像 D+图像 E"。

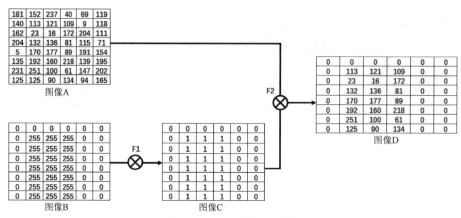

图 5-14　ROI 提取示意图

图 5-15 中的运算符含义如下：

- 运算 F1 表示将图像 B 中的非 0 值处理为 1，0 保持不变。其含义与图 5-14 中的运算 F1 相同。
- 运算 F2 表示乘法，其对应"图像 D=图像 A×图像 C"。
- 运算 F3 表示反色，其对应"图像 E=255-图像 B"。
- 运算 F4 表示加法，其对应"图像 F=图像 D+图像 E"。

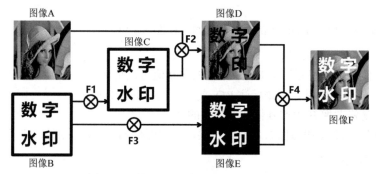

图 5-15　使用 ROI 构造可视水印示意图

【例 5.3】编写程序，使用 ROI 构造可视水印。

根据题目要来，编写程序如下：

```
import cv2
# 读取原始载体图像 A
A=cv2.imread("image\lena.bmp",0)
# 读取水印图像 B
B=cv2.imread("image\watermark.bmp",0)
# 将水印图像 B 内的 255 处理为 1 得到图像 C，也可以使用函数 threshold 处理
C=B.copy()
w=C[:,:]>0
C[w]=1
```

```
# 按照图 5-15 中的关系完成计算
D=A*C
E=255-B
F=D+E
cv2.imshow("A",A)
cv2.imshow("B",B)
cv2.imshow("C",C*255)
cv2.imshow("D",D)
cv2.imshow("E",E)
cv2.imshow("F",F)
cv2.waitKey()
cv2.destroyAllWindows()
```

运行上述程序会得到如图 5-15 所示的各个图像，这里不再重复展示。

5.5.2　加法运算

现实生活中，在显示数据时有如下两种不同的处理方式：

- 取模处理：这种处理方式也可以称为"循环取余"。例如，墙上的挂钟，只能够显示 1～12 点，对于 13 点，实际上显示的是 1 点。
- 饱和处理：这种处理方式把越界的数值处理为最大值，又称"截断处理"。例如，当汽车仪表盘能显示的最高时速为 200km/h 的汽车车速达到了 300km/h 时，汽车仪表盘显示的车速为 200km/h。

实践中，上述两种方式都有广泛应用。在图像处理过程中，也需要采用上述两种不同的方式对图像的运算结果进行处理。

在实现加法运算时，OpenCV 提供了两种不同的方法来实现对的取模处理和饱和处理。以 8 位位图为例，其最大值是 255，在图像进行加法运算时，可能存在的情况为

- 使用加法运算符"+"完成两个数的加法运算，运算结果采用取模处理方式处理。例如，"和 A=加数 1+加数 2"，得到的"和 A"采用取模处理方式处理。也就是说，运算结果为原有和除 255 取余。
- 使用函数 cv2.add(加数 1,加数 2)完成加法运算，对得到的结果采用饱和处理方式处理。也就是说，当运算结果超过 255 时，将其处理为 255。

除上述加法运算外，OpenCV 还提供了图像加权和。加权和在计算两幅图像的像素值之和时会考虑将每幅图像的权重值，用公式可以表示为

$$dst=saturate(src1×\alpha+src2×\beta+\gamma)$$

其中，saturate(·)表示取饱和值（所能表示范围的最大值）。图像进行加权和计算时，要求 src1 和 src2 的大小、类型必须相同，但是对具体的类型和通道没有特殊限制。它们可以是任意数据类型，也可以有任意数量的通道（灰度图像或彩色图像），只要二者相同即可。其中 α 和 β 是每幅图像的权重（系数）值；γ 是亮度调节值。

OpenCV 提供了函数 cv2.addWeighted()，用来实现图像的加权和（混合、融合），该函数的语法格式为

```
dst=cv2.addWeighted(src1, alpha, src2, beta, gamma)
```

其中，参数 alpha 和 beta 是 src1 和 src2 对应的系数，alpha 和 beta 的和可以等于 1，也可以不等于 1。该函数实现的功能是 dst = saturate(src1×alpha + src2×beta + gamma)。需要注意的是，参数 gamma 的值可以是 0，但是该参数是必选参数，不能省略。可以将上式理解为"结果图像=计算饱和值（图像 1×系数 1+图像 2×系数 2+亮度调节量）"。

图 5-16 分别使用上述三种方式构造了图像的水印，其中：

- 图像 watermark 是原始水印图像。
- 图像 rWatermark 是原始水印图像的反色图像（F1 运算表示反色运算）。
- 图像 lena 是原始载体图像，是需要添加水印的图像。
- 图像 add1 是使用加法运算符"+"（对应图 5-16 中的 F2 运算）得到的，其对应的关系为 add1=lena+rWatermark。在图像 rWatermark 中，黑色部分对应数值 0，白色部分对应数值 255。在图像 lena 中，任意一个像素点加上 0，其值不变；使用运算符"+"加上 255 后，需要再对 255 取模，其结果仍旧保持不变，即存在关系 $N=\text{mod}(N+255,255)$，其中 mod(a,b)表示将 a 对 b 取模运算。所以，此时处理结果图像 add1 与原始载体图像 lena 一致，没有受到加上水印图像的影响。
- 图像 add2 是使用函数 cv2.add(加数 1,加数 2)（对应图 5-16 中的 F3 运算）得到的。当运算结果超过 255 时，将其处理为 255。在图像 rWatermark 中，黑色部分对应数值 0，白色部分对应数值 255。在图像 lena 中，任意一个像素点，加上 0，其值不变；加上 255，值超过 255，将其处理为饱和值 255（白色）。所以，处理结果图像 add2 中，与图像 rWatermark 中白色对应部分为白色，与图像 rWatermark 中黑色色对应部分为保持不变。
- 图像 add3 是使用函数 cv2.addWeighted()（对应图 5-16 中的 F4 运算）得到的，反映的是图像 lena 和图像 rWatermark 的叠加结果。

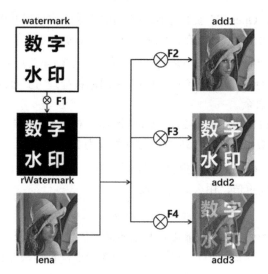

图 5-16　加法运算

【例 5.4】编写程序，模拟数字水印的嵌入和提取过程。

根据题目要求，编写程序如下：

```
import cv2
# 读取原始载体图像
lena=cv2.imread("image\lena.bmp",0)
# 读取原始水印图像
watermark=cv2.imread("image\watermark.bmp",0)
# 原始水印图像取反
rWatermark=255-watermark
# 使用加法运算符 "+" 进行运算
add1=lena+rWatermark
# add 加法运算
add2=cv2.add(lena,rWatermark)
# 加权和 cv2.addWeighted
add3=cv2.addWeighted(lena,0.6,rWatermark,0.3,55)
# 显示
cv2.imshow("lena",lena)
cv2.imshow("watermark",watermark)
cv2.imshow("rWatermark",rWatermark)
cv2.imshow("add1",add1)
cv2.imshow("add2",add2)
cv2.imshow("add3",add3)
cv2.waitKey()
cv2.destroyAllWindows()
```

运行上述程序会得到如图 5-16 所示的各个图像，这里不再重复展示。

5.6　扩展学习

本节是对上述学习内容的补充说明。

5.6.1　算术运算实现数字水印

上文介绍的数字水印过程采用了位运算的方式来实现，逻辑性较强，涵盖了"位平面"和"逻辑位运算"两个图像处理的关键知识点。在深入理解位运算的基础上，可以非常方便地通过算术运算实现数字水印。

本节采用算术运算实现数字水印，相应流程图如图 5-17 所示。

1. 嵌入过程

Step 1：将原始载体图像 O 的最低有效位清 0。该步骤可以直接采用 "OBZ=O-O%2" 实现，其逻辑是将每一个像素值减去像素值对 2 取模的结果：

- 像素值如果是奇数，则其对 2 取模是 1，将该像素值减去取模值 1，像素值变为偶数，二进制的最低有效位变为 0。
- 像素值如果是偶数，则其对 2 取模是 0，将该像素值减去取模值 0，像素值保持偶数不变，二进制的最低有效位保持为 0。

从位运算角度理解，Step 1 对应图 5-17 中的步骤 1.1～步骤 1.3。其中，步骤 1.1 表示将原始载体图像 O 处理为二进制形式；步骤 1.2 表示将最低有效位清 0；步骤 1.3 表示将二进制形式的载体图像 OBB 处理为十进制形式。这里的步骤 1.1～步骤 1.3 是虚拟出来的，实际上是通过 Step 1 直接实现的。

Step 2：将水印图像 W 转换为 0 和 1 的二值形式。该步骤可以直接通过"WB=(W/255).astype(np.uint8)"将水印图像 W 中的 255 处理为 1。需要注意的是，astype(np.uint8)函数用于将得到的小数处理为整数。

Step 3：完成水印的图像嵌入。该步骤可以直接采用"OW=OBZ+WB"完成。此时，载体图像 OBZ 最低有效位上的值是 0，与水印图像相加后，最低有效位变为水印图像的值，具体为

- 水印图像像素值如果是 0，那么在经加法运算"OW=OBZ+WB"后，载体图像 OBZ 的像素值不变，其最低有效位仍是 0，相当于将数字水印信息 0 嵌入。
- 水印图像像素值如果是 1，那么在经加法运算"OW=OBZ+WB"后，载体图像 OBZ 的像素值加 1，其最低有效位变为 1，相当于将数字水印信息 1 嵌入。

从位运算角度理解，Step 3 对应图 5-17 中的步骤 3.1 和步骤 3.2 两个步骤。步骤 3.1 表示将载体图像 OBB 的最低有效位替换为水印图像 WB 中的值；步骤 3.2 表示将步骤 3.1 得到的二进制形式的含水印载体图像转换为十进制形式。这里的步骤 3.1 和步骤 3.2 是虚拟出来的，实际上是通过步骤 3 直接实现的。

至此，水印图像嵌入完成。

2. 提取过程

Step 4：使用"对 2 取模"的方式将数字水印信息从包含水印的载体图像内提取出来，使用的公式为"EWB=OW％2"。其中，"％"表示取模，即取余数：

- 若含水印载体图像 OW 包含的数字水印信息是 0，则说明含水印载体图像 OW 对应的最低有效位是 0，对应的十进制数是偶数，对 2 取模的结果是 0，从而提取了数字水印信息 0。
- 若含水印载体图像 OW 包含的数字水印信息是 1，则说明含水印载体图像 OW 对应的最低有效位是 1，对应的十进制数是奇数，对 2 取模的结果是 1，从而提取了数字水印信息 1。

从位运算角度理解，Step 4 对应图 5-17 中的步骤 4.1 和步骤 4.2。步骤 4.1 将十进制形式的含水印载体图像 OW 处理为二进制形式；步骤 4.2 从最低有效位上将数字水印信息提取出来。这里的步骤 4.1 和步骤 4.2 是虚拟出来的，实际上是通过步骤 4 直接实现的。

Step 5：将获取的二值形式的水印图像 EWB 中的数值 1 转换为 255 得到水印图像 EW，使用的公式为"EW=EWB*255"。此时，得到的图像 EW 中存在像素值 0 和像素值 255，能够正常显示。

至此，数字水印信息提取过程完成，最终提取的水印图像 EW 与原始水印图像 W 一致。

【**注意**】图 5-17 中的虚线头指示的内容是用于帮助读者理解嵌入水印逻辑的，事实上并不存在于操作流程中。

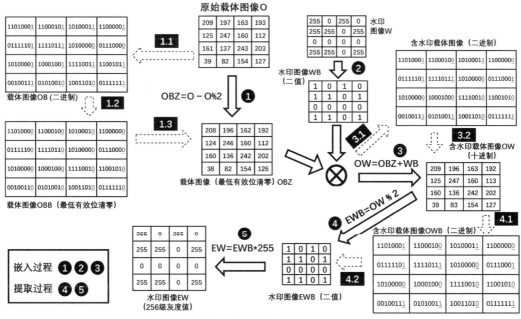

图 5-17 采用算术运算实现数字水印的流程图

【例 5.5】编写程序，使用 ROI 构造可视水印。

根据题目要求，编写程序如下：

```
import cv2
import numpy as np
# 嵌入过程
def embed(O,W):
    # Step 1：最低有效位清 0
    OBZ=O-O%2
    # Step 2：将水印图像处理为二值形式
    # 水印图像处理为 0/1 值(需要注意，该方式不严谨)
    WB=(W/255).astype(np.uint8)
    # 更严谨的方式
    # W[W>127]=255
    # WB=W
    # Step 3：嵌入水印图像
    OW=OBZ+WB
    # 显示原始图像、水印图像、嵌入水印的图像
    cv2.imshow("Original",O)
    cv2.imshow("wateramrk",W)
    cv2.imshow("embed",OW)
    return OW


def extract(OW):
    # Step 4：获取水印图像 OW 的最低有效位，获取数字水印信息
    EWB=OW % 2
    # Step 5：将二值形式的水印图像的数值 1 乘以 255，得到 256 级灰度值图像
```

```
# 将前景色由黑色（对应数值 1）变为白色（对应数值 255）
EW=EWB*255
# 显示提取结果
cv2.imshow("extractedWatermark",EW)

# 主程序
# 读取原始载体图像 O
O=cv2.imread("image/lena.bmp",0)
# 读取水印图像 W
W=cv2.imread("image/watermark.bmp",0)
# 嵌入水印图像
OW=embed(O,W)
extract(OW)
# 显示控制、释放窗口
cv2.waitKey()
cv2.destroyAllWindows()
```

运行上述程序会得到如图 5-18 所示的各个图像，其中：

- 图像 5-18（a）是原始载体图像 O。
- 图像 5-18（b）是水印图像 W。
- 图像 5-18（c）是含水印载体图像 OW。
- 图像 5-18（d）是提取出来的水印图像 EW。

　　(a)　　　　　　　(b)　　　　　　　(c)　　　　　　　(d)

图 5-18　【例 5.5】程序运行结果

【注意】理解位运算有利于更直观地理解使用算术运算完成数字水印算法的过程。在实践中，可以根据需要采用不同的方式解决问题。

5.6.2　艺术字

在实践中，位运算发挥着非常重要的作用，可以采用位运算实现不同的目的，如图像加密、关键部位打码、数字水印等。

使用按位或运算可以实现如图 5-19 所示的艺术字。图 5-19 右侧图像中的字体背景来源于左上角图像 lena。

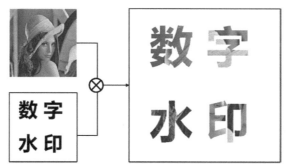

图 5-19　艺术字

实现艺术字的流程图如图 5-20 所示，其中：

- 原始图像 O 用于作为艺术字的背景。
- 文字图像 W 中存在两种值。值 255 对应白色背景、值 0 对应黑色文字。
- 在进行按位与运算时存在如下两种可能。
  - ➢ 原始图像 O 中的相应像素点与文字图像 W 中像素值为 255 的像素点进行按位或运算后都变为 255（白色）。
  - ➢ 原始图像 O 与文字图像 W 中像素值为 0 的像素点进行按位或运算后保持不变。
- "编码内部处理"部分显示了按位或处理的逻辑。

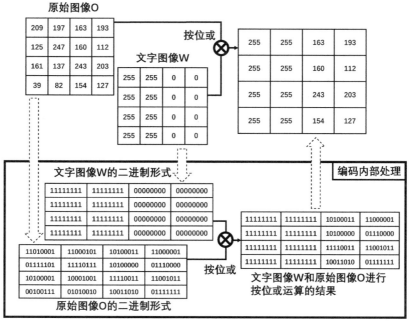

图 5-20　实现艺术字的流程图

【例 5.6】编写程序，模拟艺术字的实现效果。

根据题目要求，编写程序如下：

```
import cv2
# 读取原始图像
lena=cv2.imread("image\lenacolor.png")
```

```
# 读取文字图像
watermark=cv2.imread("image\watermark.bmp",1)
# 进行按位或运算
e=cv2.bitwise_or(lena,watermark)
# ===========显示===========
cv2.imshow("lena",lena)
cv2.imshow("watermark",watermark)
cv2.imshow("bitwise_or",e)
# ===========释放===========
cv2.waitKey()
cv2.destroyAllWindows()
```

运行上述程序会得到如图 5-19 所示的各个图像，这里不再重复展示。

第6章

物体计数

实践中，经常需要对图像内的对象进行计数，如细胞计数等。本章将介绍通过查找轮廓的方式实现对细胞的计数。

轮廓与边缘的区别在于，边缘是不连续的，检测到的边缘并不一定是一个整体；轮廓是连续的，是一个整体。由于轮廓是连续的，所以能够通过计算轮廓数量的方式，实现图像内的物体计数。

需要注意的是，查找轮廓的同时会找到图像内细小斑点等噪声的轮廓。因此，在计数时，需要去除那些非常小的轮廓，只计算那些相对较大的轮廓。

6.1 理论基础

本节将对物体计数过程中使用的理论基础进行简要介绍。

6.1.1 如何计算图像的中心点

在处理图像时，经常需要在图像的中心点输出一些说明性的文字信息。

如何获取图像的中心点呢？实践中，往往通过图像的矩信息获取其中心点，下面从轮廓开始介绍如何获取中心点。

需要强调的是，大多数文献中都采用质心来表示中心点。质心，通常指"质量中心"，在图像密度均匀的情况下，质心与中心点是一样的。本章处理的是二进制形式的二值图像，我们认为它的密度是均匀的。因此，为了与参考文献一致，后续的表述采用了"质心"的说法。

轮廓是图像非常重要的一个特征，利用轮廓能够非常方便地获取图像的面积、质心、方向等信息。借助这些特征和统计信息，能够方便地对图像进行识别。

比较两个轮廓最简单的方法是比较二者的轮廓矩。轮廓矩代表了一个轮廓、一幅图像、一组点集的全局特征。矩信息包含了对应对象不同类型的几何特征，如大小、位置、角度、形状等。矩信息被广泛地应用在模式识别、图像识别等方面。

下面，具体介绍什么是图像矩，以及如何计算图像矩。

简而言之，图像矩是一组统计参数，用于测量像素点所在位置及像素点强度分布，其表示含义为

$$m_{p,q}=\sum_{i=1}^{N}I\left(x_i,y_i\right)x^p y^q$$

其中，$m_{p,q}$ 代表对象中所有像素点的像素值的总和，其中各像素点 x_i、y_i 的像素值都乘以因子 $x^p y^q$。

当 p、q 均为 0 时，因子 $x^p y^q$ 等于 1。因此，m_{00} 为

$$m_{00}=\sum_{i=1}^{N}I\left(x_i,y_i\right)$$

此时，m_{00} 表示图像上所有非 0 值的区域（其值为图像上所有非 0 像素值的和）。对于二进制形式的二值图像（图像中只有像素值 0 和像素值 1），相当于对所有像素值非 0 的像素点进行计数。此时，m_{00} 对应二值图像中像素值非 0 区域的面积（处理点集时），或者轮廓的长度（处理轮廓时）。对于灰度图像，m_{00} 对应像素强度值的总和。

当 p=1，q=0 时，因子 $x^p y^q$ 等于 x。因此，m_{10} 为

$$m_{10}=\sum_{i=1}^{N}I\left(x_i,y_i\right)x$$

此时，m_{10} 表示图像上所有非 0 的像素值乘以其 x 轴坐标值的和。

当 p=0，q=1 时，因子 $x^p y^q$ 等于 y。因此，m_{01} 为

$$m_{01}=\sum_{i=1}^{N}I\left(x_i,y_i\right)y$$

此时，m_{01} 表示图像上所有非 0 的像素值乘以其 y 轴坐标值的和。

因此，通常使用 m_{00}、m_{01}、m_{10} 来计算图像的质心 $\left(\overline{x},\overline{y}\right)$，具体如下：

$$\left(\overline{x},\overline{y}\right)=\left(\frac{m_{10}}{m_{00}},\frac{m_{01}}{m_{00}}\right)$$

实际上，上式计算的是对象的 x 轴坐标平均值和 y 轴坐标平均值。

上式过于抽象，下面通过一个例子来介绍如何计算质心。

图 6-1 所示为一个大小为 4 像素×4 像素的二进制形式的二值图像，该图像由像素值 0（对应黑色）和像素值 1（对应白色）构成。

行号 \ 列号	1	2	3	4
1	0	1	1	0
2	0	1	1	0
3	0	1	1	0
4	0	1	1	0

图 6-1　图像示例

图 6-1 对应的值如下：

- m_{00} 表示图像上所有非 0 像素值的和，即 m_{00} 表示图 6-1 中数值 1 的个数。因此有

$$m_{00} = 8$$

- m_{10} 表示图像上所有非 0 的像素值乘以其 x 轴坐标值的和。因此有

$$m_{10} = (1+1+1+1) \times 2 + (1+1+1+1) \times 3 = 20$$

- m_{01} 表示图像上所有非 0 的像素值乘以其 y 轴坐标值的和。因此有

$$m_{10} = (1+1) \times 1 + (1+1) \times 2 + (1+1) \times 3 + (1+1) \times 4 = 20$$

计算图 6-1 的质心：

$$(\bar{x}, \bar{y}) = \left(\frac{m_{10}}{m_{00}}, \frac{m_{01}}{m_{00}} \right) = \left(\frac{20}{8}, \frac{20}{8} \right) = (2.5, 2.5)$$

质心示意图如图 6-2 所示，可以看出，计算出来的质心处于图像的中心处。

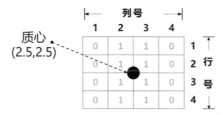

图 6-2　质心示意图

我们在处理图像时经常需要把各种形式的图像处理为二进制形式的二值图像，也就是图像中仅包含 0 和 1 两个像素值。这是因为，二进制形式的二值图像能够满足特定条件下的计算需求，为处理图像带来很大便利。

6.1.2　获取图像的中心点

从上述计算可知，矩信息的获取是非常复杂的。OpenCV 提供了函数 cv2.moments() 来获取图像的矩特征，使用该函数能够非常方便地获取图像的质心（中心点）。

通常情况下，将使用函数 cv2.moments() 获取的轮廓特征称为"轮廓矩"。轮廓矩描述了一个轮廓的重要特征，通过轮廓矩可以方便地比较两个轮廓。

函数 cv2.moments() 的语法格式为

```
retval = cv2.moments( array[, binaryImage] )
```

其中有两个参数：

- array：可以是点集，也可以是灰度图像或二值图像。当 array 是点集时，函数会把这些点集当成轮廓中的顶点，把整个点集作为一条轮廓，而不是把它们看作独立的点。
- binaryImage：当该参数为 True 时，array 内的所有非 0 值都被处理为 1。该参数仅在参数 array 为图像时有效。

函数 cv2.moments() 的返回值 retval 是矩特征，主要包括如下 3 种。

（1）空间矩：

- 零阶矩：m00。
- 一阶矩：m10，m01。
- 二阶矩：m20，m11，m02。
- 三阶矩：m30，m21，m12，m03。

（2）中心矩：

- 二阶中心矩：mu20，mu11，mu02。
- 三阶中心矩：mu30，mu21，mu12，mu03。

（3）归一化中心矩：

- 二阶 Hu 矩：nu20，nu11，nu02。
- 三阶 Hu 矩：nu30，nu21，nu12，nu03。

上述矩都是根据公式计算得到的，大多数矩比较抽象。但是很明显，如果两个轮廓的矩一致，那么这两个轮廓就是一致的。虽然大多数矩都是通过数学公式计算得到的抽象特征，但是零阶矩 m00 的含义比较直观，即一个轮廓的面积。

函数 cv2.moments()返回的特征值能够用来比较两个轮廓是否相似。例如，有两个轮廓，无论它们出现在图像的哪个位置，都可以通过函数 cv2.moments()的 m00 矩判断其面积是否一致。

在位置发生变化时，虽然轮廓的面积、周长等特征不变，但是更高阶的特征会随着位置的变化而发生变化。在大多情况下，我们希望比较不同位置的两个对象的一致性，因此引入了中心矩。很明显，中心矩具有的平移不变性，使它能够忽略两个对象的位置关系，帮助我们比较不同位置上两个对象的一致性。

除了考虑平移不变性，我们还会考虑经过缩放后大小不一致对象的一致性。也就是说，我们希望图像在缩放前后能够拥有一个稳定的特征值，即让图像在缩放前后具有同样的特征值。显然，中心矩不具有这个属性。例如，两个形状一致、大小不一的对象的中心矩是有差异的。

归一化中心矩通过除以物体总尺寸获得缩放不变性。它通过计算提取对象的归一化中心矩属性值，该属性值不仅具有平移不变性，还具有缩放不变性。

OpenCV 中的函数 cv2.moments()可同时计算空间矩、中心矩和归一化中心距。

【例 6.1】在一个对象的质点绘制文字说明。

```
import cv2
o = cv2.imread('cat3.jpg',1)
cv2.imshow("original",o)
gray = cv2.cvtColor(o,cv2.COLOR_BGR2GRAY)
ret, binary = cv2.threshold(gray,127,255,cv2.THRESH_BINARY)
contours, hierarchy = cv2.findContours(binary,
                                       cv2.RETR_LIST,
                                       cv2.CHAIN_APPROX_SIMPLE)
x=cv2.drawContours(o,contours,0,(0,0,255),3)
m00=cv2.moments(contours[0])['m00']
m10=cv2.moments(contours[0])['m10']
m01=cv2.moments(contours[0])['m01']
```

```
cx=int(m10/m00)
cy=int(m01/m00)
cv2.putText(o, "cat", (cx, cy), cv2.FONT_HERSHEY_SIMPLEX,2, (0, 0, 255),3)
cv2.imshow("result",o)
cv2.waitKey()
cv2.destroyAllWindows()
```

上述程序使用函数 cv2.findContours()来查找图像内的所有轮廓，在该函数中：

- contours 是返回的轮廓，hierarchy 是返回的轮廓的层次信息。
- 参数 binary 是需要查找轮廓的图像，参数 cv2.RETR_LIST 表示轮廓的检索模式（不建立等级关系），参数 cv2.CHAIN_APPROX_SIMPLE 表示采用简略方式构建轮廓。

上述程序使用函数 drawContours()绘制轮廓，在该函数中：

- 返回值 x 是绘制的轮廓的图像。
- 参数 o 是原始图像；参数 contours 是轮廓集；参数 0 表示要绘制轮廓的索引，本例使用的示例图片仅有一个前景对象。因此，其轮廓的索引为 0；参数(0,0,255)表示绘制轮廓使用的颜色，这里是红色；参数 3 表示线条的粗细。

上述程序使用 cv2.putText(o, "cat", (cx,cy), cv2.FONT_HERSHEY_SIMPLEX,2, (0, 0, 255),3)实现文字的绘制，其中：

- 第 1 个参数 o 表示绘制容器。
- 第 2 个参数 cat 表示要绘制的文字内容。
- 第 3 个参数(cx,cy)表示绘制位置的坐标。
- 第 4 个参数 cv2.FONT_HERSHEY_SIMPLEX，表示文字类型。
- 第 5 个参数 2 表示文字大小。
- 第 6 个参数(0,0,255)表示其 BGR 颜色值，这里表示红色。
- 第 7 个参数 3 表示文字的粗细。

运行上述程序，运行结果如图 6-3 所示。图 6-3 左图是原始图像，图 6-3 右图中是原始图像的轮廓及在质点绘制的"cat"文字说明。

图 6-3　【例 6.1】程序运行结果

6.1.3　按照面积筛选前景对象

在查找图像轮廓时，会查找图像内所有对象的轮廓。也就是说，不仅会查找到图像内正常对象的轮廓，还会查找到一些噪声的轮廓。所以，在对图像内的对象进行计数时，并不需要对查找到的所有轮廓进行计算，只需计算面积大于一定数值的轮廓个数。

函数 cv2.contourArea()用于计算轮廓面积，该函数的语法格式为

```
retval =cv2.contourArea(contour [, oriented] )
```

其中，返回值 retval 是面积值。

该函数中有两个参数：

- contour 是轮廓。
- oriented 是布尔型值。当该参数为 True 时，返回的值包含正负号，用来表示轮廓是顺时针还是逆时针的。该参数的默认值是 False，表示返回值 retval 是一个绝对值。

【例 6.2】使用函数 cv2.contourArea()计算各轮廓的面积。

根据题目要求，编写程序如下：

```
import cv2
o = cv2.imread('opencv.png')
cv2.imshow("original",o)
gray = cv2.cvtColor(o,cv2.COLOR_BGR2GRAY)
ret, binary = cv2.threshold(gray,127,255,cv2.THRESH_BINARY)
contours, hierarchy = cv2.findContours(binary,
                                       cv2.RETR_LIST,
                                       cv2.CHAIN_APPROX_SIMPLE)
n=len(contours)
for i in range(n):
    print("contours["+str(i)+"]面积=",cv2.contourArea(contours[i]))
    cv2.drawContours(o,contours,i,(0,0,255),3)
cv2.imshow("result",o)
cv2.waitKey()
cv2.destroyAllWindows()
```

本例通过函数 cv2.contourArea()计算各轮廓面积，这些轮廓不仅包含字母的轮廓，还包含图中噪声的轮廓。运行上述程序，会显示各轮廓的面积值：

```
contours[0]面积= 112.0
contours[1]面积= 144.0
contours[2]面积= 44.0
contours[3]面积= 856.5
contours[4]面积= 4668.0
contours[5]面积= 118.0
contours[6]面积= 3171.0
contours[7]面积= 2136.0
contours[8]面积= 5283.5
contours[9]面积= 26265.5
contours[10]面积= 118.0
contours[11]面积= 35038.0
contours[12]面积= 90.0
contours[13]面积= 4274.5
```

```
contours[14]面积= 5130.0
contours[15]面积= 140.0
contours[16]面积= 119.0
```

与此同时，还会显示如图 6-4 所示的图像。图 6-4 左图是原始图像，图 6-4 右图是绘制了轮廓的图像。

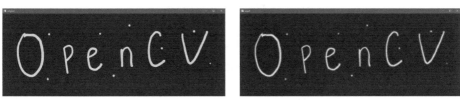

图 6-4　运行【例 6.2】程序输出的图像

【例 6.3】 将图像内前景对象的轮廓显示出来。

分析：如果直接显示轮廓，那么噪声轮廓也将被显示出来。从面积角度来看，前景对象一般相对较大，而噪声一般相对较小。本例将筛选出面积大于特定值的轮廓，并显示。

仍以【例 6.2】中的原始图像为例，将面积大于 1000 的前景文字的轮廓筛选出来显示。

```
import cv2
o = cv2.imread('opencv.png')
cv2.imshow("original",o)
gray = cv2.cvtColor(o,cv2.COLOR_BGR2GRAY)
ret, binary = cv2.threshold(gray,127,255,cv2.THRESH_BINARY)
contours, hierarchy = cv2.findContours(binary,
                                       cv2.RETR_LIST,
                                       cv2.CHAIN_APPROX_SIMPLE)
area=[]
contoursOK=[]
for i in contours:
    if cv2.contourArea(i)>1000:
        contoursOK.append(i)
cv2.drawContours(o,contoursOK,-1,(0,0,255),8)
cv2.imshow("result",o)
cv2.waitKey()
cv2.destroyAllWindows()
```

本例操作流程如下：

- 构造 contoursOK，用于存储符合要求的前景对象的轮廓。
- 通过 "if cv2.contourArea()>1000:" 语句实现对面积的筛选，将符合条件的轮廓放置在 contoursOK 中。
- 使用函数 drawContours() 将符合条件的轮廓显示出来。

运行上述程序，输出图像如图 6-5 所示。从图 6-5 可以看出，仅在符合条件的字符 "OpenCV" 上绘制了轮廓，图中的小白点因为面积过小并没有在其上绘制轮廓。

图 6-5 　【例 6.2】程序运行结果

【注意】本例中，针对面积进行筛选所使用的阈值采用的是经验值 1000。实践中，既可以将经验值确定为阈值；也可以根据比例值或智能算法确定阈值。

6.2　核心程序

本节将对使用到的核函数、zip 函数及阈值处理函数 threshold 进行简单介绍。

6.2.1　核函数

在进行形态学操作时，必须使用一个特定的核（结构元）。该核可以通过自定义生成，也可以通过函数 cv2.getStructuringElement()构造。函数 cv2.getStructuringElement()能够构造并返回一个用于形态学操作的指定大小和形状的核。该函数的语法格式为

```
retval = cv2.getStructuringElement( shape, ksize[, anchor])
```

该函数中的参数含义如下：

- shape 表示形状类型，其可能的取值如表 6-1 所示。

表 6-1　形状类型

类　　型	说　　明
cv2.MORPH_RECT	矩形结构的核，所有元素值都是 1
cv2.MORPH_CROSS	十字形结构的核，对角线元素值为 1
cv2.MORPH_ELLIPSE	椭圆形结构的核

- ksize 表示核的大小。
- anchor 表示核中的锚点位置。默认的值是(-1, -1)，是形状的中心。只有十字形结构的核与锚点位置紧密相关。在其他情况下，锚点位置仅用于形态学运算结果的调整。

除了使用该函数，用户也可以自己构建任意二进制掩模作为形态学操作中使用的核。

【例 6.4】使用函数 cv2.getStructuringElement()生成不同结构的核。

根据题目要求，编写程序如下：

```
import cv2
kernel1 = cv2.getStructuringElement(cv2.MORPH_RECT, (5,5))
kernel2 = cv2.getStructuringElement(cv2.MORPH_CROSS, (5,5))
kernel3 = cv2.getStructuringElement(cv2.MORPH_ELLIPSE, (5,5))
print("kernel1=\n",kernel1)
print("kernel2=\n",kernel2)
print("kernel3=\n",kernel3)
```

运行上述程序，输出结果如下：

```
kernel1=
[[1 1 1 1 1]
 [1 1 1 1 1]
 [1 1 1 1 1]
 [1 1 1 1 1]
 [1 1 1 1 1]]
kernel2=
[[0 0 1 0 0]
 [0 0 1 0 0]
 [1 1 1 1 1]
 [0 0 1 0 0]
 [0 0 1 0 0]]
kernel3=
[[0 0 1 0 0]
 [1 1 1 1 1]
 [1 1 1 1 1]
 [1 1 1 1 1]
 [0 0 1 0 0]]
```

【例 6.5】 编写程序，观察不同结构的核对形态学操作的影响。

根据题目要求，编写程序如下：

```
import cv2
o=cv2.imread("kernel.bmp",cv2.IMREAD_UNCHANGED)
kernel1 = cv2.getStructuringElement(cv2.MORPH_RECT, (59,59))
kernel2 = cv2.getStructuringElement(cv2.MORPH_CROSS, (59,59))
kernel3 = cv2.getStructuringElement(cv2.MORPH_ELLIPSE, (59,59))
dst1 = cv2.dilate(o,kernel1)
dst2 = cv2.dilate(o,kernel2)
dst3 = cv2.dilate(o,kernel3)
cv2.imshow("orriginal",o)
cv2.imshow("dst1",dst1)
cv2.imshow("dst2",dst2)
cv2.imshow("dst3",dst3)
cv2.waitKey()
cv2.destroyAllWindows()
```

运行上述程序，输出结果如图 6-6 所示，其中：

- 图 6-6（a）是原始图像 o。
- 图 6-6（b）是使用矩形结构的核对原始图像进行膨胀操作的结果 dst1。
- 图 6-6（c）是使用十字形结构的核对原始图像进行膨胀操作的结果 dst2。
- 图 6-6（d）是使用椭圆形结构的核对原始图像进行膨胀操作的结果 dst3。

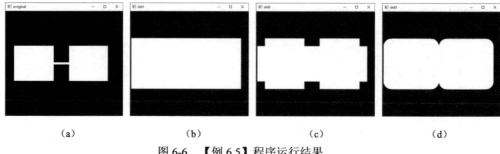

图 6-6　【例 6.5】程序运行结果

由【例 6.5】可知，要根据不同的情况采用不同结构的核，以保证最大限度地与原始图像相关。

6.2.2　zip 函数

有时，在循环中需要同时遍历多个不同的迭代对象，如同时遍历两个不同的元组。对于这种情况，可以使用 zip 函数将多个迭代对象组合，然后实现遍历。

【例 6.6】使用 zip 函数遍历多个迭代对象。

根据题目要求，编写程序如下：

```
a=("刘能","广坤","赵四","一水","小萌")
b=("Python","OpenCV","计算机视觉","机器学习","深度学习")
for n,i,j in zip(range(len(a)),a,b):
    print(n,i,j)
```

运行上述程序，输出结果为

```
0 刘能 Python
1 广坤 OpenCV
2 赵四 计算机视觉
3 一水 机器学习
4 小萌 深度学习
```

6.2.3　阈值处理函数 threshold

简单来说，阈值处理就是根据某一特定的阈值，将灰度图像划分为只有黑、白两种颜色的二值图像。通常情况下，阈值选定为 127，将大于 127 的像素值调整为 255（白色）；将小于或等于 127 的像素值调整为 0（黑色）。

可以自己编写函数完成阈值处理，也可以直接使用 OpenCV 中的函数 threshold 完成阈值处理，该函数的语法格式为

```
retval,dst = cv2.threshold( src,thresh,maxval,type )
```

其中：

- retval 为返回的阈值。
- dst 为阈值分割结果图像，与原始图像的大小和类型相同。
- src 为待进行阈值分割的图像，可以是多通道的，也可以是 8 位或 32 位浮点型数值。

- thresh 为设定的阈值。
- maxval 为设定的最大值。
- type 为阈值分割的类型。

函数 threshold 提供了多种不同的阈值分割方式，可以根据参数 type 设定使用的方式。通常将 type 参数设为"cv2.THRESH_BINARY"，表示将图像中所有大于参数 thresh 的像素值调整为参数 maxval。例如：

```
t,rst=cv2.threshold(img,127,255,cv2.THRESH_BINARY)
```

表示将图像 img 中所有大于 127 的像素值调整为 255（白色），其余（小于或等于 127）的像素值调整为 0（黑色），并将结果图像返回给 dst；同时，将使用的阈值 127 返回给 t。

【例 6.7】使用函数 threshold 将图像二值化。

根据题目要求，编写程序如下：

```
import cv2
img=cv2.imread("lena.bmp")
t,rst=cv2.threshold(img,127,255,cv2.THRESH_BINARY)
cv2.imshow("img",img)
cv2.imshow("rst",rst)
cv2.waitKey()
cv2.destroyAllWindows()
```

运行上述程序，输出结果如图 6-7 所示。图 6-7 左图是原始图像；图 6-7 右图是以 127 为阈值，255 为最大值得到的二值化结果。

图 6-7　【例 6.7】程序运行结果

6.3　程序设计

上述例题处理的图像都是非常"完美"的，能够非常方便地从中分离出前景和背景。实践中的图像往往是比较复杂的，如果想分离出前景和背景，需要进行大量的预处理工作。预处理在图像处理过程中发挥着非常关键的作用，常用的预处理包括色彩空间转换、形态学处理（腐蚀、膨胀等）、滤波处理、阈值处理等。

- 色彩空间转换：会选择在特定色彩空间内进行图像处理。最常用的转换是将彩色图像转换为灰度图像。
- 阈值处理：将彩色图像或灰度图像处理为二值图像。

- 形态学处理：形态学处理的基本操作是腐蚀、膨胀。腐蚀操作不仅能去除噪声，还能将连接在一起的不同图像分离。膨胀操作在一定程度上能够使腐蚀后的图像恢复为原始形状、原始大小。
- 滤波处理：滤波处理主要是为了去除图像内的噪声，如细小的斑点等。

上述预处理过程的顺序可以根据需要进行调整。

在预处理的基础上，可以进行计数，并将计数结果显示在原始图像上，相应流程图如图 6-8 所示。

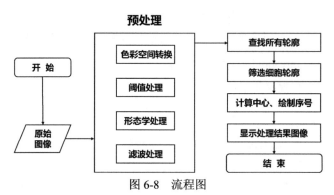

图 6-8　流程图

6.4　实现程序

【例 6.7】对一幅图像内的细胞进行计数。

根据题目要求，编写程序如下：

```python
# ===================导入库===================
import cv2
# ===================读取原始图像===================
img=cv2.imread('count.jpg',1)
# ===================图像预处理===================
gray = cv2.cvtColor(img,cv2.COLOR_BGR2GRAY)  # 色彩空间转换：彩色图像→灰度图像
ret, binary = cv2.threshold(gray, 150, 255, cv2.THRESH_BINARY_INV) # 阈值处理
kernel=cv2.getStructuringElement(cv2.MORPH_ELLIPSE,(5,5))# 核
erosion=cv2.erode(binary,kernel,iterations=4)            # 腐蚀操作
dilation=cv2.dilate(erosion,kernel,iterations=3)         # 膨胀操作
gaussian = cv2.GaussianBlur(dilation,(3,3),0)            # 高斯滤波
# ===============查找所有轮廓===================
contours,hirearchy=cv2.findContours(gaussian, cv2.RETR_TREE,
 cv2.CHAIN_APPROX_SIMPLE)                                # 找出轮廓
# ============筛选出符合要求的轮廓============
contoursOK=[]                                            # 放置符合要求的轮廓
for i in contours:
    if cv2.contourArea(i)>30:                            # 筛选出面积大于30的轮廓
        contoursOK.append(i)
# ============绘制出符合要求的轮廓============
draw=cv2.drawContours(img,contoursOK,-1,(0,255,0),1)     # 绘制轮廓
```

```
# ==========计算每一个细胞的质心，并绘制数字序号==============
for i,j in zip(contoursOK,range(len(contoursOK))):
    M = cv2.moments(i)
    cX=int(M["m10"]/M["m00"])
    cY=int(M["m01"]/M["m00"])
    cv2.putText(draw, str(j), (cX, cY), cv2.FONT_HERSHEY_PLAIN,1.5,
(0, 0, 255), 2)  # 在质心描绘数字
# ============显示图片==================
cv2.imshow("draw",draw)
cv2.imshow("gaussian",gaussian)
# ==========释放窗口====================-
cv2.waitKey()
cv2.destroyAllWindows()
```

运行上述程序，输出结果如图 6-7 所示。图 6-9 左图是预处理的结果，图 6-9 右图是显示文字结果。

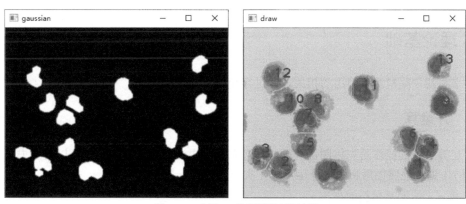

图 6-9　【例 6.7】程序运行结果

本例图像中的细胞间基本不存在交叉，处理起来相对简单。当细胞之间存在交叉时，只通过形态学处理并不能有效地将细胞分隔开。此时，可以使用分水岭算法使其有效分隔开，具体内容可以参考《OpenCV 轻松入门——面向 Python》中的相关内容。

第 7 章

缺陷检测

工业产品的形状缺陷不仅影响产品的美观，还影响产品的性能。例如，应该是圆形的药品，若被加工成不规则圆形不仅看起来不美观，而且会因为剂量的改变而影响药效。因此，在工业生产中人们对形状缺陷非常重视。

使用视觉算法进行缺陷检测可以解决人工操作带来的判断误差、效率低等问题。本章将使用轮廓检测的方式来实现缺陷检测。

7.1 理论基础

本节将对缺陷检测中使用的相关理论进行简单介绍。

7.1.1 开运算

开运算进行的操作是先将图像腐蚀，再对腐蚀结果进行膨胀。开运算可以用于去噪、计数等。图 7-1 通过先腐蚀后膨胀的开运算操作实现了去噪，其中：

- 图 7-1 左图是原始图像。
- 图 7-1 中间图是对原始图像进行腐蚀的结果。
- 图 7-1 右图是对腐蚀后的图像（中间图）进行膨胀的结果，即对原始图像进行开运算的处理结果。

图 7-1　实现去噪的开运算示例

由图 7-1 可知，原始图像在经过腐蚀、膨胀后实现了去噪。除此之外，开运算还可以用于计数。例如，在对图 7-2 左图中的方块进行计数前，可以利用开运算将连接在一起的不同区域划分开：

- 图 7-2 左图是原始图像，图中有两个方块。但是，由于两个方块连在了一起，从算法上较难直接计算图中方块的数量。

- 图 7-2 中间图是对原始图像进行腐蚀的结果。
- 图 7-2 右图是对腐蚀后的图像进行膨胀的结果，即对原始图像进行开运算的处理结果。此时，两个方块在保持原有大小的情况下分开了。方块分开后，可方便地利用算法算得方块的数量为 2。

图 7-2　实现计数的开运算示例

通过将函数 cv2.morphologyEx()中的操作类型参数 op 设置为"cv2.MORPH_OPEN"，可以实现开运算，其语法结构如下：

```
opening = cv2.morphologyEx(img, cv2.MORPH_OPEN, kernel)
```

【例 7.1】使用函数 cv2.morphologyEx()实现开运算。

根据题目要求，编写程序如下：

```
import cv2
import numpy as np
img1=cv2.imread("opening.bmp")
img2=cv2.imread("opening2.bmp")
k=np.ones((10,10),np.uint8)
r1=cv2.morphologyEx(img1,cv2.MORPH_OPEN,k)
r2=cv2.morphologyEx(img2,cv2.MORPH_OPEN,k)
cv2.imshow("img1",img1)
cv2.imshow("result1",r1)
cv2.imshow("img2",img2)
cv2.imshow("result2",r2)
cv2.waitKey()
cv2.destroyAllWindows()
```

本例分别针对两幅不同的图像进行了开运算。

运行上述程序，结果如图 7-3 所示，其中：

- 图 7-3（a）是原始图像 img1。
- 图 7-3（b）是原始图像 img1 经过开运算得到的图像 r1。
- 图 7-3（c）是原始图像 img2。
- 图 7-3（d）是原始图像 img2 经过开运算得到的图像 r2。

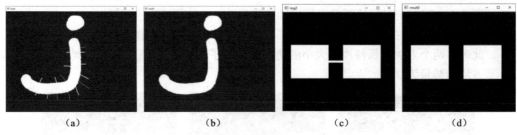

图 7-3　开运算结果

7.1.2　距离变换函数 distanceTransform

若图像内的子图没有连接在一起，则可以直接使用形态学的腐蚀操作确定前景对象；若图像内的子图连接在一起，则很难确定前景对象。此时，借助距离变换函数 distanceTransform 可以方便地将前景对象提取出来。

距离变换函数 distanceTransform 可计算二值图像内任意点到最近背景点的距离。一般情况下，该函数计算的是图像内像素值非 0 的像素点到最近的像素值为 0 的像素点的距离，即计算二值图像中所有像素点距离其最近的像素值为 0 的像素点的距离。如果该像素点本身的像素值为 0，则这个距离为 0。

距离变换函数 distanceTransform 的计算结果反映了各个像素点与背景（像素值为 0 的像素点）的距离关系。通常情况下：

- 前景对象的质心（中心）距离像素值为 0 的像素点较远，会得到一个较大的值。
- 前景对象的边缘距离像素值为 0 的像素点较近，会得到一个较小的值。

如果对上述计算结果进行阈值处理，就可以得到图像内子图的质心、骨架等信息。距离变换函数 distanceTransform 不仅能计算对象的质心，还能细化轮廓、获取图像前景对象等。

距离变换函数 distanceTransform 的语法格式为

```
dst=cv2.distanceTransform(src, distanceType, maskSize[, dstType])
```

其中：

- src 是 8 位单通道的二值图像。
- distanceType 为距离类型参数，其具体值和含义如表 7-1 所示。

表 7-1　distanceType 参数的值及含义

参　数　值	含　　义
cv2.DIST_USER	用户自定义距离
cv2.DIST_L1	distance = $\|x1-x2\| + \|y1-y2\|$
cv2.DIST_L2	简单欧几里得距离（欧氏距离）
cv2.DIST_C	distance = $\max(\|x1-x2\|,\|y1-y2\|)$
cv2.DIST_L12	L1-L2 metric: distance = $2(\sqrt{1+x*x/2} - 1))$
cv2.DIST_FAIR	distance = $c^2(\|x\|/c - \log(1+\|x\|/c))$,　c = 1.3998
cv2.DIST_WELSCH	distance = $c^2/2(1-\exp(-(x/c)^2))$,　c = 2.9846
cv2.DIST_HUBER	distance = $\|x\|<c$? $x^2/2$：c($\|x\|-c/2$),　c = 1.345

- maskSize 为掩模尺寸，其可能的值如表 7-2 所示。需要注意的是，当 distanceType = cv2.DIST_L1 或 cv2.DIST_C 时，maskSize 强制为 3（因为设置为 3 和设置为 5 或更大值没有什么区别）。

表 7-2　maskSize 的值

参　数　值	对应整数值
cv2.DIST_MASK_3	3
cv2.DIST_MASK_5	5
cv2.DIST_MASK_PRECISE	—

- dstTypc 为目标图像的类型，默认值为 CV_32F。
- dst 表示计算得到的目标图像，可以是 8 位或 32 位浮点数，尺寸和 src 相同，单通道。

【例 7.2】使用距离变换函数 distanceTransform 计算一幅图像的确定前景，并观察效果。

分析：如果一些像素点距离背景点足够远，那么就认为这些点是前景点。据此，先找出图中各个像素点距离（最近）背景点的距离，然后将这些距离中较大值对应的像素点判定为前景点。

具体实现时，使用距离变换函数 distanceTransform 完成距离的计算，使用阈值分割函数 threshold 根据距离将所有像素点划分为前景点、背景点。

需要注意的是，在使用距离变换函数 distanceTransform 前，需要先对图像进行开运算，以去除图像内的噪声。

综上所述，主要步骤如下：

- Step 1：图像预处理（利用开运算去噪）。
- Step 2：使用函数 distanceTransform 完成距离的计算。
- Step 3：使用函数 threshold 分割图像，获取确定前景。判断依据是，将距离背景大于一定长度（如最远距离的 70%）的像素点判定为前景点。
- Step 4：显示处理结果。

根据题目要求及分析，编写程序如下：

```
import cv2
import numpy as np
# ==============Step 1: 图像预处理=====================
img = cv2.imread('coins.jpg')
gray = cv2.cvtColor(img,cv2.COLOR_BGR2GRAY)
ret, thresh = cv2.threshold(gray,0,255,cv2.THRESH_BINARY_INV+cv2.THRESH_OTSU)
kernel = np.ones((3,3),np.uint8)
opening = cv2.morphologyEx(thresh,cv2.MORPH_OPEN,kernel, iterations = 2)
# ============Step 2: 使用函数 distanceTransform 完成距离的计算=================
dist_transform = cv2.distanceTransform(opening,cv2.DIST_L2,5)
# ============Step 3: 使用函数 threshold 分割图像，获取确定前景====================
ret, fore = cv2.threshold(dist_transform,0.7*dist_transform.max(),255,0)
# ====================Step 4: 显示处理结果=====================
cv2.imshow('img',img)
cv2.imshow('fore',fore)
cv2.waitKey()
```

```
cv2.destroyAllWindows()
```

运行上述程序，输出结果如图 7-4 所示，其中：

- 图 7-4 左图是原始图像。
- 图 7-4 中间图的是距离变换函数 distanceTransform 计算得到的距离图像。
- 图 7-4 右图是对距离图像进行阈值处理后的结果图像。

从图 7-4 可以看到，右图比较准确地显示出左图内的确定前景。这里的确定前景通常是指前景对象的质心。之所以认为这些像素点是确定前景，是因为它们距离背景点的距离足够远，都是距离足够大的固定阈值（0.7*dist_transform.max()）的像素点。

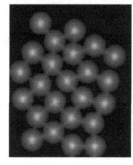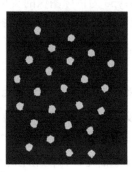

图 7-4　【例 7.2】程序运行结果

7.1.3　最小包围圆形

在计算轮廓时，可能并不需要确定实际的轮廓，只需要得到一个轮廓的近似多边形。OpenCV 提供了多种计算轮廓近似多边形的方法。

函数 minEnclosingCircle 通过迭代算法构造一个对象面积最小的包围圆形。该函数的语法格式为

```
center, radius = cv2.minEnclosingCircle( points )
```

其中：

- 返回值 center 是最小包围圆形的中心。
- 返回值 radius 是最小包围圆形的半径。
- 参数 points 是轮廓。

【例 7.3】使用函数 minEnclosingCircle 构造图像的最小包围圆形。

根据题目的要求，编写程序如下：

```
import cv2
o = cv2.imread('cc.bmp')
cv2.imshow("original",o)
gray = cv2.cvtColor(o,cv2.COLOR_BGR2GRAY)
ret, binary = cv2.threshold(gray,127,255,cv2.THRESH_BINARY)
contours, hierarchy = cv2.findContours(binary,
                                cv2.RETR_LIST,
                                cv2.CHAIN_APPROX_SIMPLE)
```

```
(x,y),radius = cv2.minEnclosingCircle(contours[0])
center = (int(x),int(y))
radius = int(radius)
cv2.circle(o,center,radius,(255,255,255),2)
cv2.imshow("result",o)
cv2.waitKey()
cv2.destroyAllWindows()
```

本例调用了函数 findContours，该函数用来查找图像内的轮廓，其中参数 binary 表示要查找轮廓的图像，参数 cv2.RETR_LIST 表示轮廓的提取方式（保存到列表 LIST 中），参数 cv2.CHAIN_APPROX_SIMPLE 表示轮廓近似表达方法（采用简化的方式表示轮廓），返回值 contours 表示返回的一组轮廓信息，返回值 hierarchy 表示轮廓的拓扑结构信息。

函数 findContours 返回图像内所有轮廓。本例选用的图像内仅仅有一个对象，所以只有一个轮廓，其索引为 0，表示为 contours[0]。

函数 circle 用于绘制圆形，其参数分别对应表示绘图载体（容器）、圆心、半径、颜色、边缘粗细。

运行上述程序，输出如图 7-5 所示的图像，其中：

- 图 7-5 左图是原始图像 o。
- 图 7-5 右图是含有最小包围圆形的图像。

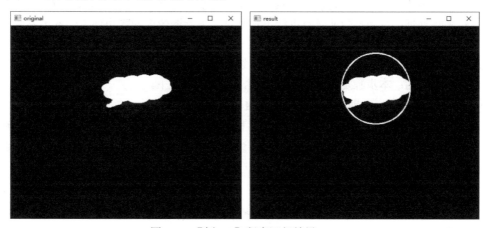

图 7-5　【例 7.3】程序运行结果

除最小包围圆形外，还有很多轮廓拟合方式，具体可以参考《OpenCV 轻松入门——面向 Python》中的相关内容。

7.1.4　筛选标准

轮廓与原始对象高度拟合，包含的信息非常丰富。

通过一个对象的最小包围圆形与其轮廓面积的比值，能够将不规则的圆形筛选出来，从而实现缺陷检测，其示意图如图 7-6 所示。

原始图像	最小包围圆形(A)	轮廓(B)	面积比值：A：B	检测结果
			1：1	正常
			1：0.7	缺陷

图 7-6　某对象最小包围圆形与其轮廓面积的比值示意图

除此以外，还有很多轮廓特征值可用来实现特征提取，如果感兴趣可以阅读《OpenCV 轻松入门——面向 Python》中的相关内容。

7.2　程序设计

缺陷检测主要包含如下步骤：

- 预处理：该步骤主要是为了方便进行后续处理，主要包含：色彩空间转换处理、阈值处理、形态学处理（开运算）。
- 使用距离交换函数 distanceTransform 确定距离：该步骤使用距离变换函数 distanceTransform 确定每一个像素点距离最近背景点的距离。
- 通过阈值确定前景：将距离背景点大于一定长度的像素点判定为前景点。
- 去噪处理：对确定的前景点进行再次处理，去除图像内的噪声信息。本步骤通过开运算完成。
- 提取轮廓：使用轮廓提取函数提取上述处理结果图像内的轮廓。
- 缺陷检测：本步骤是程序的核心步骤，主要步骤如下。
  - 计算面积：分别计算外接圆面积 A 和轮廓面积 B。
  - 面积比较：计算 B：A 的比值，并根据比值进行判断。若比值大于阈值 T，则说明轮廓与外接圆较一致，认为当前对象是圆形的；否则，认为当前对象是残缺的，是次品。
- 显示结果：显示最终处理结果。

上述步骤中的计算距离、开运算去噪等操作都是为了应对原始图像内可能存在的对象之间的彼此覆盖（对象连接在一起）、背景存在噪声等复杂情况。当图像内对象比较简单时，无须进行上述步骤，可以直接提取轮廓计算结果。

缺陷检测程序的完整流程图如图 7-7 所示。

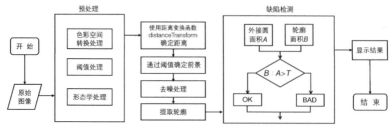

图 7-7　缺陷检测程序的完整流程图

7.3　实现程序

根据前述分析，编写程序，实现缺陷检测。

【例 7.4】主程序。

```
# ============Step 0：导入使用的库================
import cv2
import numpy as np
# ============Step 1：读取原始图像================
img = cv2.imread('pill.jpg')
cv2.imshow("original",img)
# ============Step 2：预处理================
gray = cv2.cvtColor(img,cv2.COLOR_BGR2GRAY)
ret, thresh = cv2.threshold(gray,0,255,cv2.THRESH_BINARY+cv2.THRESH_OTSU)
cv2.imshow('thresh',thresh)
kernel=cv2.getStructuringElement(cv2.MORPH_CROSS,(3,3))# 核
opening1 = cv2.morphologyEx(thresh,cv2.MORPH_OPEN,kernel, iterations = 1)
cv2.imshow('opening1',opening1)
# ============Step 3：使用距离变换函数distanceTransform确定前景================
dist_transform = cv2.distanceTransform(opening1,cv2.DIST_L2,3)
ret, fore = cv2.threshold(dist_transform,0.3*dist_transform.max(),255,0)
cv2.imshow('fore',fore)
# ============Step 4：去噪处理================
kernel = np.ones((3,3),np.uint8)
opening2 = cv2.morphologyEx(fore, cv2.MORPH_OPEN, kernel)
cv2.imshow('opening2',opening2)
# ============Step 5：提取轮廓================
opening2 = np.array(opening2,np.uint8)
contours, hierarchy =
            cv2.findContours(opening2,cv2.RETR_TREE,cv2.CHAIN_APPROX_S
IMPLE)
# ============Step 6：缺陷检测================
count=0
font=cv2.FONT_HERSHEY_COMPLEX
for cnt in contours:
    (x,y),radius = cv2.minEnclosingCircle(cnt)
    center = (int(x),int(y))
    radius = int(radius)
    circle_img = cv2.circle(opening2,center,radius,(255,255,255),1)
    area = cv2.contourArea(cnt)
    area_circle=3.14*radius*radius
    if area/area_circle >=0.5:
        img=cv2.putText(img,'OK',center,font,1,(255,255,255),2)
    else:
        img=cv2.putText(img,'BAD',center,font,1,(255,255,255),2)
    count+=1
```

```
img=cv2.putText(img,('sum='+str(count)),(20,30),font,1,(255,255,255))
# ===========Step 7: 显示处理结果================
cv2.imshow('result',img)
cv2.waitKey()
cv2.destroyAllWindows()
```

运行上述程序，输出结果如图 7-8 所示，其中：

- 图 7-8（a）为原始图像，是需要进行检测的图像 img。
- 图 7-8（b）为针对原始图像进行阈值处理得到的二值图像 thresh。
- 图 7-8（c）为针对二值图像 thresh 进行开运算得到的去噪后的图像 opening1。
- 图 7-8（d）是针对图像 opening1 使用距离变换函数 distanceTransform 得到的确定前景 fore。
- 图 7-8（e）是使用开运算对图像 fore 进行去噪处理得到的图像 opening2。
- 图 7-8（f）是最终处理结果，在左上角显示了计数的个数。最终处理结果，将连在一起的药片进行了区分，并在正常的圆形图形上标注了"OK"，在残缺的半圆形图形上标注了"BAD"。其中，明显小于正常圆形的圆形对象被处理为噪声，没有标注信息。

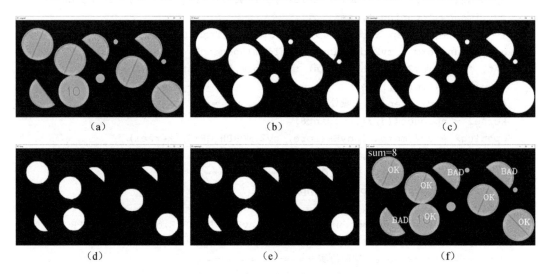

图 7-8　【例 7.4】程序运行结果

第 8 章

手势识别

手势识别的范围很广泛，在不同场景下，有不同类型的手势需要识别，例如：

- 识别手势所表示的数值。
- 识别手势在特定游戏中的含义，如"石头、剪刀、布"等。
- 识别手势在游戏中表示的动作，如前进、跳跃、后退等。
- 识别特定手势的含义，如表示"OK"的手势、表示胜利的手势等。

本章将主要讨论手势在表示 0～5 六个数值时的识别问题。在识别时，将手势图中凹陷区域（称为凸缺陷）的个数作为识别的重要依据。手势表示数值的示意图如图 8-1 所示。由图 8-1 可知：

- 表示数值 0 和数值 1 的手势具有 0 个凸缺陷（不存在凸缺陷）。
- 表示数值 2 的手势具有 1 个凸缺陷。
- 表示数值 3 的手势具有 2 个凸缺陷。
- 表示数值 4 的手势具有 3 个凸缺陷。
- 表示数值 5 的手势具有 4 个凸缺陷。

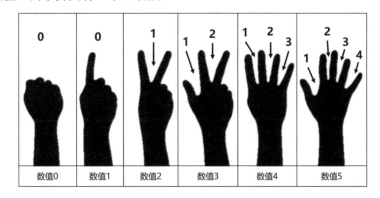

图 8-1　手势表示数值的示意图

从上述分析可以看出，在对表示数值的手势进行识别时，直接计算其中的凸缺陷个数即可识别数值 2 到数值 5。

但是，在凸缺陷个数为 0 时，无法通过识别凸缺陷个数识别手势表示的数值，需要进一步处理。此时，需要应用到凸包的概念。

另外，在处理凸缺陷时，我们仅考虑了比较明显的区域。实际上，在通过算法获取凸缺陷的同时，会获取到很多细小的凸缺陷，因此还需要将这些细小的凸缺陷屏蔽。

综上所述，本章将在介绍凸包、凸缺陷的基础上进行手势识别的介绍。

8.1 理论基础

凸包和凸缺陷在图像处理中具有非常重要的意义，被广泛地用于图像识别等领域。

8.1.1 获取凸包

逼近多边形是轮廓的高度近似，但是有时候，我们希望使用一个多边形的凸包来简化它。凸包和逼近多边形很像，只不过凸包是物体最外层的凸多边形。凸包指的是完全包含原有轮廓，并且仅由轮廓上的点构成的多边形。凸包的每一处都是凸的，即连接凸包内任意两点的直线都在凸包内部。在凸包内，任意连续三个点构成的面向内部的角的角度都小于 180°。

凸包示意图如图 8-2 所示，图中最外层的多边形是机械手的凸包，通过它可以处理手势识别等问题。

图 8-2 凸包示意图

OpenCV 提供的函数 cv2.convexHull()用于获取轮廓的凸包，其语法格式为

```
hull = cv2.convexHull( points[, clockwise[, returnPoints]] )
```

其中，返回值 hull 为凸包角点。

该函数中的参数如下：

- points 表示轮廓。
- clockwise 为布尔型值；在该值为 True 时，凸包角点按顺时针方向排列；在该值为 False 时，凸包角点按逆时针方向排列。
- returnPoints 为布尔型值，默认值是 True，此时，函数返回凸包角点的坐标值；当该参数为 False 时，函数返回轮廓中凸包角点的索引。

【例 8.1】设计程序，观察函数 cv2.convexHull()内的参数 returnPoints 的使用情况。

根据题目的要求，编写程序如下：

```
import cv2
o = cv2.imread('contours.bmp')
gray = cv2.cvtColor(o,cv2.COLOR_BGR2GRAY)
ret, binary = cv2.threshold(gray,127,255,cv2.THRESH_BINARY)
contours, hierarchy = cv2.findContours(binary,
                                       cv2.RETR_TREE,
                                       cv2.CHAIN_APPROX_SIMPLE)
hull = cv2.convexHull(contours[0])    # 返回坐标值
```

```
print("returnPoints 为默认值 True 时返回值 hull 的值：\n",hull)
hull2 = cv2.convexHull(contours[0], returnPoints=False) # 返回索引
print("returnPoints 为 False 时返回值 hull 的值：\n",hull2)
```

运行上述程序，输出结果如下：

```
returnPoints 为默认值 True 时返回值 hull 的值：
[[[195 383]]
 [[ 79 383]]
 [[ 79 270]]
 [[195 270]]]
returnPoints 为 False 时返回值 hull 的值：
[[3]
 [2]
 [1]
 [0]]
```

从【例 8.1】程序运行结果可以看出，函数 cv2.convexHull()内的参数 returnPoints 的使用情况如下：

- 为默认值 True 时，函数返回凸包角点的坐标值，本例中返回了 4 个轮廓的坐标值。
- 为 False 时，函数返回轮廓中凸包角点的索引，本例中返回了 4 个轮廓的索引。

【例 8.2】使用函数 cv2.convexHull()获取轮廓的凸包。

根据题目的要求，编写程序如下：

```
import cv2
# -------------读取并绘制原始图像------------------
o = cv2.imread('hand.bmp')
cv2.imshow("original",o)
# -------------提取轮廓------------------
gray = cv2.cvtColor(o,cv2.COLOR_BGR2GRAY)
ret, binary = cv2.threshold(gray,127,255,cv2.THRESH_BINARY)
contours, hierarchy = cv2.findContours(binary,
                                       cv2.RETR_LIST,
                                       cv2.CHAIN_APPROX_SIMPLE)
# -------------寻找凸包，获取凸包的角点------------------
hull = cv2.convexHull(contours[0])
# -------------绘制凸包------------------
cv2.polylines(o, [hull], True, (0, 255, 0), 2)
# -------------显示凸包------------------
cv2.imshow("result",o)
cv2.waitKey()
cv2.destroyAllWindows()
```

运行上述程序，输出结果如图 8-3 所示，其中：

- 图 8-3 左图是原始图像 o。
- 图 8-3 右图是包含获取的凸包的图像。

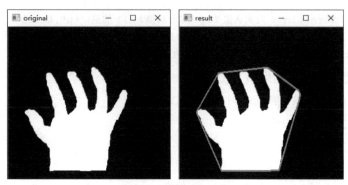

图 8-3　【例 8.2】程序运行结果

8.1.2　凸缺陷

凸包与轮廓之间的部分称为凸缺陷。凸缺陷示意图如图 8-4 所示，图中的白色四角星是前景，显然，其边缘就是其轮廓，连接四个顶点构成的四边形是其凸包。

在图 8-4 中存在四个凸缺陷，这四个凸缺陷都是由凸包与轮廓之间的部分构成的。

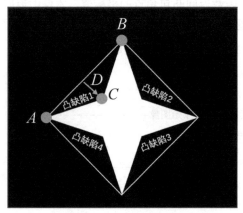

图 8-4　凸缺陷示意图

机械手凸缺陷示例如图 8-5 中，图中最外层的多边形为机械手的凸包，在机械手边缘与凸包之间的部分即凸缺陷，凸缺陷可用来处理手势识别等问题。

图 8-5　机械手凸缺陷示例

通常情况下，使用如下四个特征值来表示凸缺陷：

- 起点：该特征值用于说明当前凸缺陷的起点位置。需要注意的是，起点值用轮廓索引表示。也就是说，起点一定是轮廓中的一个点，并且用其在轮廓中的序号来表示。例如，图 8-4 中的点 A 是凸缺陷 1 的起点。
- 终点：该特征值用于说明当前凸缺陷的终点位置。该值也是使用轮廓索引表示的。例如，图 8-4 中的点 B 是凸缺陷 1 的终点。
- 轮廓上距离凸包最远的点。例如，图 8-4 中的点 C 是凸缺陷 1 中的轮廓上距离凸包最远的点。
- 最远点到凸包的近似距离。例如，图 8-4 中的距离 D 是凸缺陷 1 中的最远点到凸包的近似距离。

OpenCV 提供了函数 cv2.convexityDefects()用来获取凸缺陷，其语法格式如下：

```
convexityDefects = cv2.convexityDefects( contour, convexhull )
```

其中，返回值 convexityDefects 为凸缺陷点集。它是一个数组，每行包含的值是[起点,终点,轮廓上距离凸包最远的点,最远点到凸包的近似距离]。

需要说明的是，返回结果中[起点,终点,轮廓上距离凸包最远的点,最远点到凸包的近似距离]的前三个值是轮廓点的索引，所以需要从轮廓点集中找它们。

上述函数的参数如下：

- contour 是轮廓。
- convexhull 是凸包。

值得注意的是，用函数 cv2.convexityDefects()计算凸缺陷时，要使用凸包作为参数。在查找该凸包时，函数 cv2.convexHull()所使用的参数 returnPoints 的值必须是 False。

为了更直观地观察凸缺陷点集，尝试将凸缺陷点集在一幅图内显示出来。实现方式为，将起点和终点用一条线连接，在最远点处绘制一个圆点。下面通过一个例子来展示上述操作。

【例 8.3】使用函数 cv2.convexityDefects()计算凸缺陷。

根据题目的要求，编写程序如下：

```
import cv2
# ----------------原始图像------------------------
img = cv2.imread('hand.bmp')
cv2.imshow('original',img)
# ---------------构造轮廓------------------------
gray = cv2.cvtColor(img,cv2.COLOR_BGR2GRAY)
ret, binary = cv2.threshold(gray, 127, 255,0)
contours, hierarchy = cv2.findContours(binary,
                                    cv2.RETR_TREE,
                                    cv2.CHAIN_APPROX_SIMPLE)
# ----------------凸包------------------------
cnt = contours[0]
hull = cv2.convexHull(cnt,returnPoints = False)
defects = cv2.convexityDefects(cnt,hull)
print("defects=\n",defects)
```

```
# ----------------构造凸缺陷----------------------
for i in range(defects.shape[0]):
    s,e,f,d = defects[i,0]
    start = tuple(cnt[s][0])
    end = tuple(cnt[e][0])
    far = tuple(cnt[f][0])
    cv2.line(img,start,end,[0,0,255],2)
    cv2.circle(img,far,5,[255,0,0],-1)
# ----------------显示结果，释放图像----------------------
cv2.imshow('result',img)
cv2.waitKey(0)
cv2.destroyAllWindows()
```

运行上述程序，输出结果如下：
```
defects=
 [[[ 305   311   306   114]]

 [[ 311   385   342 13666]]

 [[ 385   389   386   395]]

 [[ 389   489   435 20327]]

 [[   0   102    51 21878]]

 [[ 103   184   150 13876]]

 [[ 185   233   220  4168]]

 [[ 233   238   235   256]]

 [[ 238   240   239   247]]

 [[ 240   294   255  2715]]

 [[ 294   302   295   281]]

 [[ 302   304   303   217]]]
```

与此同时，还会输出如图 8-6 所示的图像，其中：

- 图 8-6 左图为原始图像 img。
- 图 8-6 右图中标注了凸缺陷。标注方式为，将凸缺陷的起点和终点用直线连接，在轮廓上距离凸包最远点处绘制圆点。可以看出，除了在机械手各个手指的指缝间有凸缺陷，在无名指、小拇指及手的最下端也有非常小的凸缺陷。

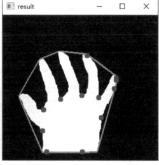

图 8-6　【例 8.3】程序运行输出图像

凸缺陷具有重要实践意义，在实践中发挥着非常重要的作用。例如，利用凸缺陷检测各种物体是否存在残缺，如药片是否完整、瓶口是否缺损等。

显然，在实践中，不是所有凸缺陷都是有意义的，比如，面积过小的凸缺陷可能没有实际意义。

例如，在检测药片是否完整时，面积过小的凸缺陷可能是噪声，也可能是非常微小的残缺。无论上述哪种情况，药片的质量都是合格的，只有在存在较大凸缺陷时，才认为药片是不完整的。

针对手势进行凸缺陷检测，可以实现手势识别。此时，仅计算指缝间的凸缺陷个数，根据该值识别手势表示的数值。例如，在图 8-1 中：

- 有 4 个凸缺陷时，手势表示数值 5。
- 有 3 个凸缺陷时，手势表示数值 4。
- 有 2 个凸缺陷时，手势表示数值 3。
- 有 1 个凸缺陷时，手势表示数值 2。
- 有 0 个凸缺陷时，手势可能表示数值 1，也可能表示数值 0。

此时，需要将除指缝外的其他凸缺陷处理为噪声，具体可以采用如下方式：

- 若凸缺陷面积相对较小，则将其处理为噪声。
- 若凸缺陷最远点与起点、终点构成的角度大于 90°，则将其处理为噪声。因为，人指缝间的角度通常是小于 90° 的。
- 若一个凸缺陷最远点到凸包的近似距离小，则将其处理为噪声。

当然，也可以组合使用上述处理方式以取得更好的效果。

由于表示数值 0 和数值 1 的手势的凸缺陷都是 0 个，因此要引入新的特征进行识别，如纵横比等。

8.1.3　凸缺陷占凸包面积比

当有 0 个凸缺陷时，手势既可能表示数值 1，也可能表示数值 0。因此，不能根据凸缺陷的个数判定此时的手势到底表示的是数值 0 还是数值 1，需要寻找二者的其他区别。

观察图 8-7 可知，二者在以下方面存在如下差别：

- 表示数值 0 的手势的凸包与其轮廓基本一致。

- 表示数值 1 的手势的凸包大于其轮廓值。表示数值 1 的手势的轮廓与凸包间存在相对较大的凸缺陷，凸缺陷面积占比在 10%以上。需要注意的是，10%是个大概值，不是固定值，具体数值因人而异。不同人的手指长度不一样，因此该值有一定波动范围。

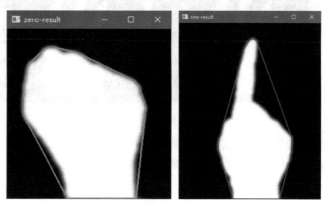

图 8-7　表示数值 0 与数值 1 的手势

根据以上分析，可以简单理解如下：

- 凸包面积 = 凸缺陷面积 + 轮廓面积。
- 针对表示数值 0 的手势：轮廓/凸包面积 > 0.9　（二者基本一致）。
- 针对表示数值 1 的手势：轮廓/凸包面积 ≤ 0.9　（凸包较大，占比超过 0.1）。

利用上述特征区别可以进行表示数值 0 的手势和表示数值 1 的手势的识别。

【例 8.4】编写程序，利用表示数值 0 的手势和表示数值 1 的手势的凸缺陷面积差异，对二者进行识别。

根据题目的要求，编写程序如下：

```
import cv2
# 手势识别函数
def reg(x):
    # ================找出轮廓================
    # 查找所有轮廓
    x=cv2.cvtColor(x,cv2.COLOR_BGR2GRAY)
    contours,h = cv2.findContours(x,cv2.RETR_TREE,cv2.CHAIN_APPROX_SIMPLE)
    # 从所有轮廓中找到最大的轮廓，并将其作为手势轮廓
    cnt = max(contours,key=lambda x:cv2.contourArea(x))
    areacnt = cv2.contourArea(cnt)          # 获取轮廓面积
    # ==========获取轮廓的凸包=============
    hull = cv2.convexHull(cnt)              # 获取轮廓的凸包，用于计算面积，返回坐标值
    areahull = cv2.contourArea(hull)        # 获取凸包的面积
    # ==========获取轮廓面积、凸包面积，并计算二者的比值============
    arearatio = areacnt/areahull
    # 通常情况下，表示数值 0 的手势的轮廓和凸包大致相等，该值大于 0.9
    # 表示数值 1 的手势的轮廓比凸包小，该值小于或等于 0.9
    # 需要注意，轮廓面积/凸包面积所得值不是特定值，实际因人而异
    # 该值存在一定的差异
```

```
        if arearatio>0.9: # 若轮廓面积/凸包面积>0.9，二者面积近似，则将该手势识别为表示数值 0
                result='fist:0'
        else:
                # 否则，轮廓面积/凸包面积≤0.9，凸缺陷较大，将该手势识别为表示数值 1
                result='finger:1'
        return result
# 读取两幅图像识别
x = cv2.imread('zero.jpg')
y = cv2.imread('one.jpg')
# 分别识别 x 和 y
xtext=reg(x)
ytext=reg(y)
# 输出识别结果
org=(0,80)
font = cv2.FONT_HERSHEY_SIMPLEX
fontScale=2
color=(0,0,255)
thickness=3
cv2.putText(x,xtext,org,font,fontScale,color,thickness)
cv2.putText(y,ytext,org,font,fontScale,color,thickness)
# 显示识别结果
cv2.imshow('zero',x)
cv2.imshow('one',y)
cv2.waitKey()
cv2.destroyAllWindows()
```

运行上述程序，输出结果如图 8-8 所示。

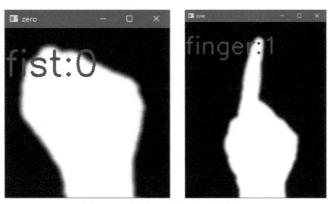

图 8-8　【例 8.4】程序运行结果

由图 8-8 可知，程序能够准确地识别出表示数值 0（fist:0）和表示数值 1（finger:1）手势的图像。

8.2　识别过程

本节将对手势识别流程及实现程序进行介绍。

8.2.1 识别流程

手势识别基本流程图如图 8-9 所示。

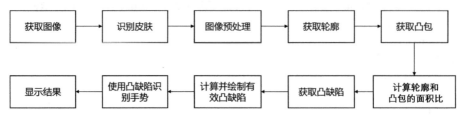

图 8-9 手势识别基本流程图

下面，对各个步骤进行程序介绍。

● Step 1：获取图像。

本步骤的主要任务是读取摄像头、划定识别区域。划定识别区域的目的在于仅识别特定区域内的手势，简化识别过程。该部分对应程序如下：

```python
# ===============读取摄像头及预处理=============
ret,frame = cap.read()                              # 读取摄像头图像
# print(frame.shape)                                 # 获取窗口大小
frame = cv2.flip(frame,1)                            # 绕着 y 轴方向翻转图像
# ===============设定一个固定区域作为识别区域=============
roi = frame[10:210,400:600]                          # 将右上角设置为固定识别区域
cv2.rectangle(frame,(400,10),(600,210),(0,0,255),0)  # 将选定的区域标记出来
```

● Step 2：识别皮肤。

本步骤的主要任务是色彩空间转换、在新的色彩空间内根据颜色范围值识别出皮肤所在区域。

色彩空间转换的目的在于将图像从 BGR 色彩空间转换到 HSV 色彩空间，以进行皮肤检测。通过皮肤颜色的范围值确定手势所在区域。更加详细的内容请参考 3.5.3 节，具体如下：

```python
# ===========在 HSV 色彩空间内检测出皮肤=============
    hsv = cv2.cvtColor(roi,cv2.COLOR_BGR2HSV)        # 色彩空间转换
    lower_skin = np.array([0,28,70],dtype=np.uint8)  # 设定范围，下限
    upper_skin = np.array([20, 255, 255],dtype=np.uint8)  # 设定范围，上限
    mask = cv2.inRange(hsv,lower_skin,upper_skin)    # 确定手势所在区域
```

● Step 3：图像预处理。

图像预处理主要是为了去除图像内的噪声，以便后续处理。这里的图像预处理包含膨胀操作和高斯滤波，具体程序如下：

```python
    kernel = np.ones((2,2),np.uint8)                 # 构造一个核
    mask = cv2.dilate(mask,kernel,iterations=4)      # 膨胀操作
    mask = cv2.GaussianBlur(mask,(5,5),100)          # 高斯滤波
```

● Step 4：获取轮廓。

本步骤的主要任务在于获取图像的轮廓信息，并获取其面积，具体程序如下：

```
# ================找出轮廓===============
# 查找所有轮廓
contours,h = cv2.findContours(mask,cv2.RETR_TREE,cv2.CHAIN_APPROX_SIMPLE)
# 从所有轮廓中找到最大的轮廓，并将其作为手势的轮廓
cnt = max(contours,key=lambda x:cv2.contourArea(x))
areacnt = cv2.contourArea(cnt)     # 获取轮廓面积
```

- Step 5：获取凸包。

本步骤的主要任务是获取轮廓的凸包信息，并获取其面积，具体程序如下：

```
# ===========获取轮廓的凸包============
hull = cv2.convexHull(cnt)          # 获取轮廓的凸包，用于计算面积，返回坐标值
# hull = cv2.convexHull(cnt,returnPoints=False)
areahull = cv2.contourArea(hull)   # 获取凸包的面积
```

本步骤获取了凸包的面积，在后续步骤中用轮廓面积与凸包面积的比值来识别表示数值 0 的手势和表示数值 1 的手势。

- Step 6：计算轮廓和凸包的面积比。

本步骤的主要任务是计算轮廓和凸包的面积比，具体程序如下：

```
arearatio = areacnt/ areahull
```

本步骤获取了轮廓与凸包的面积比，根据该值与阈值（通常为 0.9）的关系，识别表示数值 0 的手势和表示数值 1 的手势。

- Step 7：获取凸缺陷。

本步骤的主要任务是获取手势的凸缺陷，具体程序如下：

```
# ===========获取凸缺陷============
hull = cv2.convexHull(cnt,returnPoints=False) # 使用索引，returnPoints=False
defects = cv2.convexityDefects(cnt,hull)      # 获取凸缺陷
```

本步骤通过函数 cv2.convexHull、cv2.convexityDefects 获取凸缺陷。

- Step 8：计算并绘制有效凸缺陷。

本步骤的主要任务是计算有效凸缺陷的个数，并绘制凸包、凸缺陷的最远点，具体程序如下：

```
# ===========凸缺陷处理===============
n=0 # 定义凹凸点个数初始值为 0
# -------------遍历凸缺陷，判断是否为手指间的凸缺陷--------------
for i in range(defects.shape[0]):
    s,e,f,d, = defects[i,0]
    start = tuple(cnt[s][0])
    end = tuple(cnt[e][0])
    far = tuple(cnt[f][0])
    a = math.sqrt((end[0]-start[0])**2+(end[1]-start[1])**2)
    b = math.sqrt((far[0] - start[0]) ** 2 + (far[1] - start[1]) ** 2)
    c = math.sqrt((end[0]-far[0])**2+(end[1]-far[1])**2)
    # --------计算手指之间的角度----------------
```

```
angle = math.acos((b**2 + c**2 -a**2)/(2*b*c))*57
# -----------绘制手指间的凸缺陷最远点-------------
# 角度介于 20°～90°的认为是不同手指构成的凸缺陷
if angle<=90 and d>20:
    n+=1
    cv2.circle(roi,far,3,[255,0,0],-1)      # 用蓝色绘制最远点
# ---------绘制手势的凸包--------------
cv2.line(roi,start,end,[0,255,0],2)
```

本步骤根据凸缺陷中的距离和角度排除了噪声的影响。

- Step 9：使用凸缺陷识别手势。

本步骤的主要任务是根据凸缺陷的个数、凸缺陷与凸包的面积比进行手势识别，具体程序如下：

```
# ============通过凸缺陷个数及凸缺陷和凸包的面积比判断识别结果================
if n==0:                    # 0 个凸缺陷，手势可能表示数值 0，也可能表示数值 1
    if arearatio>0.9:       # 轮廓面积/凸包面积>0.9，判定为拳头，识别手势为数值 0
        result='0'
    else:
        result='1'          # 轮廓面积/凸包面积≤0.9，说明存在很大的凸缺陷，识别手势为数值 1
elif n==1:                  # 1 个凸缺陷，对应 2 根手指，识别手势为数值 2
    result='2'
elif n==2:                  # 2 个凸缺陷，对应 3 根手指，识别手势为数值 3
    result='3'
elif n==3:                  # 3 个凸缺陷，对应 4 根手指，识别手势为数值 4
    result='4'
elif n==4:                  # 4 个凸缺陷，对应 5 根手指，识别手势为数值 5
    result='5'
```

本步骤先对凸缺陷的个数进行判断，然后根据凸缺陷的个数判定当前手势的形状。有一个特例是，当凸缺陷的个数为 0 时，需要再对轮廓与凸包面积比进行判断，才能决定具体手势。

- Step 10：显示结果。

本步骤的主要任务是将识别结果显示出来，具体程序如下：

```
# ============设置与显示识别结果相关的参数================
org=(400,80)
font = cv2.FONT_HERSHEY_SIMPLEX
fontScale=2
color=(0,0,255)
thickness=3
result="None"
# ===============显示识别结果=====================
cv2.putText(frame,result,org,font,fontScale,color,thickness)
cv2.imshow('frame',frame)
k = cv2.waitKey(25)& 0xff
if k == 27:      # 按下 "Esc" 键退出
    break
```

8.2.2 实现程序

【例 8.5】识别表示数值的手势。

根据上述过程，编写程序如下：

```python
import cv2
import numpy as np
import math
cap = cv2.VideoCapture(0, cv2.CAP_DSHOW)
# ==============主程序=====================
while(cap.isOpened()):
    ret,frame = cap.read()                # 读取摄像头图像
    # print(frame.shape)                   # 获取窗口大小
    frame = cv2.flip(frame,1)             # 绕着 y 轴方向翻转图像
    # ==============设定一个固定区域作为识别区域============
    roi = frame[10:210,400:600]           # 将右上角设置为固定识别区域
    cv2.rectangle(frame,(400,10),(600,210),(0,0,255),0)    # 将选定的区域标记出来
    # ==========在 hsv 色彩空间内检测出皮肤==============
    hsv = cv2.cvtColor(roi,cv2.COLOR_BGR2HSV)            # 色彩空间转换
    lower_skin = np.array([0,28,70],dtype=np.uint8)      # 设定范围，下限
    upper_skin = np.array([20, 255, 255],dtype=np.uint8) # 设定范围，上限
    mask = cv2.inRange(hsv,lower_skin,upper_skin)    # 确定手势所在区域
    # ==========预处理===============
    kernel = np.ones((2,2),np.uint8)                     # 构造一个核
    mask = cv2.dilate(mask,kernel,iterations=4)          # 膨胀操作
    mask = cv2.GaussianBlur(mask,(5,5),100)              # 高斯滤波
    # ================找出轮廓==============
    # 查找所有轮廓
    contours,h = cv2.findContours(mask,cv2.RETR_TREE,cv2.CHAIN_APPROX_SIMPLE)
    # 从所有轮廓中找到最大的轮廓，并将其作为手势的轮廓
    cnt = max(contours,key=lambda x:cv2.contourArea(x))
    areacnt = cv2.contourArea(cnt)       # 获取轮廓面积
    # ==========获取轮廓的凸包============
    hull = cv2.convexHull(cnt)           # 获取轮廓的凸包，用于计算面积，返回坐标值
    # hull = cv2.convexHull(cnt,returnPoints=False)
    areahull = cv2.contourArea(hull)     # 获取凸包的面积
    # ==========获取轮廓面积、凸包的面积比============
    arearatio = areacnt/areahull
    # 轮廓面积/凸包面积：
    # 大于 0.9，表示二者面积几乎一致，是手势 0
    # 否则，说明凸缺陷较大，是手势 1.
    # ==========获取凸缺陷============
    hull = cv2.convexHull(cnt,returnPoints=False) # 使用索引，returnPoints=False
    defects = cv2.convexityDefects(cnt,hull)      # 获取凸缺陷
    # ==========凸缺陷处理==============
    n=0  # 定义凹凸点个数初始值为 0
    # -------------遍历凸缺陷，判断是否为手指间的凸缺陷--------------
```

```
    for i in range(defects.shape[0]):
        s,e,f,d, = defects[i,0]
        start = tuple(cnt[s][0])
        end = tuple(cnt[e][0])
        far = tuple(cnt[f][0])
        a = math.sqrt((end[0]-start[0])**2+(end[1]-start[1])**2)
        b = math.sqrt((far[0] - start[0]) ** 2 + (far[1] - start[1]) ** 2)
        c = math.sqrt((end[0]-far[0])**2+(end[1]-far[1])**2)
        # --------计算手指之间的角度----------------
        angle = math.acos((b**2 + c**2 -a**2)/(2*b*c))*57
        # -----------绘制手指间的凸包最远点-------------
        # 角度介于 20°～90° 的认为是不同手指构成的凸缺陷
        if angle<=90 and d>20:
            n+=1
            cv2.circle(roi,far,3,[255,0,0],-1)    # 用蓝色绘制最远点
        # ----------绘制手势的凸包--------------
        cv2.line(roi,start,end,[0,255,0],2)
    # ============通过凸缺陷个数及凸缺陷和凸包的面积比判断识别结果================
    if n==0:                        # 0 个凸缺陷，手势可能表示数值 0，也可能表示数值 1
        if arearatio>0.9:           # 轮廓面积/凸包面积>0.9，判定为拳头，识别手势为数值 0
            result='0'
        else:
            result='1'     # 轮廓面积/凸包面积≤0.9,说明存在很大的凸缺陷,识别手势为数值 1
    elif n==1:             # 1 个凸缺陷，对应 2 根手指，识别手势为数值 2
        result='2'
    elif n==2:             # 2 个凸缺陷，对应 3 根手指，识别手势为数值 3
        result='3'
    elif n==3:             # 3 个凸缺陷，对应 4 根手指，识别手势为数值 4
        result='4'
    elif n==4:             # 4 个凸缺陷，对应 5 根手指，识别手势为数值 5
        result='5'
    # ============设置与显示识别结果相关的参数================
    org=(400,80)
    font = cv2.FONT_HERSHEY_SIMPLEX
    fontScale=2
    color=(0,0,255)
    thickness=3
    # ===============显示识别结果=====================
    cv2.putText(frame,result,org,font,fontScale,color,thickness)
    cv2.imshow('frame',frame)
    k = cv2.waitKey(25)& 0xff
    if k == 27:       # 按下 "Esc" 键退出
        break
cv2.destroyAllWindows()
cap.release()
```

运行上述程序，即可识别指定区域内的手势。

8.3 扩展学习：石头、剪刀、布的识别

"石头、剪刀、布"是一种猜拳游戏，受到全世界人们的喜爱。该游戏如此流行，主要是因为它并非是纯靠运气的游戏，而是一种靠策略和智慧取胜的博弈。

本节将介绍通过形状匹配识别石头、剪刀、布手势。手势识别范例如图 8-10 所示，在识别手势时，将待识别手势与已知形状的手势模型的相似度匹配值作为判断依据，待识别手势与哪个手势模型最相似就将结果识别为哪个手势模型对应的手势。

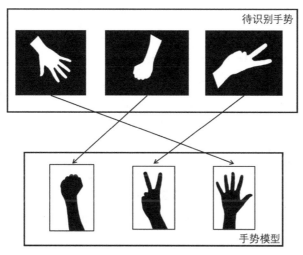

图 8-10　手势识别范例

这里，需要引入形状匹配的概念。形状匹配用来计算两个对象的形状间的匹配值，通常情况下，两个对象越相似，其形状匹配值越小。

8.3.1　形状匹配

OpenCV 提供了函数 cv2.matchShapes()用来对两个对象的 Hu 矩进行比较。这两个对象可以是轮廓，也可以是灰度图像。

函数 cv2.matchShapes()的语法格式为

```
retval = cv2.matchShapes( contour1, contour2, method, parameter )
```

其中，retval 是返回值。

该函数有如下 4 个参数。

- contour1：第 1 个轮廓或者灰度图像。
- contour2：第 2 个轮廓或者灰度图像。
- method：比较两个对象的 Hu 矩的方法，具体如表 8-1 所示。

表 8-1　method 的值及其具体含义

方 法 名 称	计 算 方 法
cv2.CONTOURS_MATCH_I1	$\displaystyle\sum_{i=1,\cdots,7}\left\|\dfrac{1}{m_i^A}-\dfrac{1}{m_i^B}\right\|$
cv2.CONTOURS_MATCH_I2	$\displaystyle\sum_{i=1,\cdots,7}\left\|m_i^A-m_i^B\right\|$
cv2.CONTOURS_MATCH_I3	$\displaystyle\max_{i=1,\cdots,7}\dfrac{\left\|m_i^A-m_i^B\right\|}{\left\|m_i^A\right\|}$

在表 8-1 中，A 表示对象 1，B 表示对象 2，其中：

$$m_i^A = \mathrm{sign}\left(h_i^A\right)\lg h_i^A$$

$$m_i^B = \mathrm{sign}\left(h_i^B\right)\lg h_i^B$$

其中，h_i^A 和 h_i^B 分别是对象 A 和对象 B 的 Hu 矩。

- parameter：应用于 method 的特定参数，该参数为扩展参数，截至 OpenCV 4.5.3-pre 版本，暂不支持该参数，因此将该值设置为 0。

【例 8.6】 使用函数 cv2.matchShapes() 计算 3 幅不同图像的匹配度。

根据题目要求，编写程序如下：

```python
import cv2
o1 = cv2.imread('cs1.bmp')
o2 = cv2.imread('cs2.bmp')
o3 = cv2.imread('cc.bmp')
gray1 = cv2.cvtColor(o1,cv2.COLOR_BGR2GRAY)
gray2 = cv2.cvtColor(o2,cv2.COLOR_BGR2GRAY)
gray3 = cv2.cvtColor(o3,cv2.COLOR_BGR2GRAY)
ret, binary1 = cv2.threshold(gray1,127,255,cv2.THRESH_BINARY)
ret, binary2 = cv2.threshold(gray2,127,255,cv2.THRESH_BINARY)
ret, binary3 = cv2.threshold(gray3,127,255,cv2.THRESH_BINARY)
contours1, hierarchy = cv2.findContours(binary1,
                                cv2.RETR_LIST,
                                cv2.CHAIN_APPROX_SIMPLE)
contours2, hierarchy = cv2.findContours(binary2,
                                cv2.RETR_LIST,
                                cv2.CHAIN_APPROX_SIMPLE)
contours3, hierarchy = cv2.findContours(binary3,
                                cv2.RETR_LIST,
                                cv2.CHAIN_APPROX_SIMPLE)
cnt1 = contours1[0]
cnt2 = contours2[0]
cnt3 = contours3[0]
ret0 = cv2.matchShapes(cnt1,cnt1,1,0.0)
```

```
ret1 = cv2.matchShapes(cnt1,cnt2,1,0.0)
ret2 = cv2.matchShapes(cnt1,cnt3,1,0.0)
print("o1.shape=",o1.shape)
print("o2.shape=",o2.shape)
print("o3.shape=",o3.shape)
print("相同图像(cnt1,cnt1)的matchShape=",ret0)
print("相似图像(cnt1,cnt2)的matchShape=",ret1)
print("不相似图像(cnt1,cnt3)的matchShape=",ret2)
cv2.imshow("original1",o1)
cv2.imshow("original2",o2)
cv2.imshow("original3",o3)
cv2.waitKey()
cv2.destroyAllWindows()
```

运行上述程序，输出如图 8-11 所示三幅原始图像，其中：

- 图 8-11 左图是图像 o1。
- 图 8-11 中间的是图像 o2。
- 图 8-11 右图是图像 o3。

图 8-11　【例 8.6】程序输出图像

同时，上述程序还会输出如下运行结果：

```
o1.shape= (472, 472, 3)
o2.shape= (450, 300, 3)
o3.shape= (275, 300, 3)
相同图像(cnt1,cnt1)的matchShape= 0.0
相似图像(cnt1,cnt2)的matchShape= 0.0029017627247301114
不相似图像(cnt1,cnt3)的matchShape= 0.8283119580686752
```

从以上结果可以看出：

- 同一幅图像的 Hu 矩是不变的，二者差值为 0。例如，图像 o1 中的对象（手）和自身距离计算的结果为 0。
- 对原始图像与对原始图像进行平移、旋转和缩放后得到的图像应用函数 cv2.matchShapes()后，得到的返回值较小。例如，图像 o2 中的对象是通过对图像 o1 中的对象进行缩放、旋转和平移得到的，对二者应用函数 cv2.matchShapes()后，返回值较小，约为 0.003。

- 不相似图像经函数 cv2.matchShapes() 计算后得到的返回值较大。例如，图像 o1 中的对象和图像 o3 中的对象的差别较大，对二者应用 cv2.matchShapes() 函数后，返回值较大，约为 0.83。

需要注意的是，函数 cv2.matchShapes() 使用的参数，既可以是轮廓，也可以是灰度图像自身。使用轮廓作为函数 cv2.matchShapes() 的参数时，仅从原始图像中选取了部分轮廓参与匹配；而使用灰度图像作为函数 cv2.matchShapes() 的参数时，函数使用了更多特征参与匹配。所以，使用轮廓作为参数与使用原始图像作为参数，会得到不一样的结果。例如，将上述程序修改为使用灰度图像自身作为参数：

```
ret0 = cv2.matchShapes(gray1,gray1,1,0.0)
ret1 = cv2.matchShapes(gray1,gray2,1,0.0)
ret2 = cv2.matchShapes(gray1,gray3,1,0.0)
```

此时，返回值为：

```
相同图像的 matchShape= 0.0
相似图像的 matchShape= 9.051413879634929e-06
不相似图像的 matchShape= 0.013325879896063264
```

需要注意的是，相似图像的 **matchShape** 值是以科学计数法形式显示的，该值非常小。

【注意】除使用形状匹配外，还可以通过 Hu 矩来判断两个对象的一致性。但是 Hu 矩不如函数 cv2.matchShapes() 直观。

8.3.2 实现程序

【例 8.7】使用函数 cv2.matchShapes() 识别手势。

根据题目要求，编写程序如下：

```
import cv2
def reg(x):
    o1 = cv2.imread('paper.jpg',1)
    o2 = cv2.imread('rock.jpg',1)
    o3 = cv2.imread('scissors.jpg',1)
    gray1 = cv2.cvtColor(o1,cv2.COLOR_BGR2GRAY)
    gray2 = cv2.cvtColor(o2,cv2.COLOR_BGR2GRAY)
    gray3 = cv2.cvtColor(o3,cv2.COLOR_BGR2GRAY)
    xgray = cv2.cvtColor(x,cv2.COLOR_BGR2GRAY)
    ret, binary1 = cv2.threshold(gray1,127,255,cv2.THRESH_BINARY)
    ret, binary2 = cv2.threshold(gray2,127,255,cv2.THRESH_BINARY)
    ret, binary3 = cv2.threshold(gray3,127,255,cv2.THRESH_BINARY)
    xret, xbinary = cv2.threshold(xgray,127,255,cv2.THRESH_BINARY)
    contours1, hierarchy = cv2.findContours(binary1,
                                            cv2.RETR_LIST,
                                            cv2.CHAIN_APPROX_SIMPLE)
    contours2, hierarchy = cv2.findContours(binary2,
                                            cv2.RETR_LIST,
```

```
                                            cv2.CHAIN_APPROX_SIMPLE)
    contours3, hierarchy = cv2.findContours(binary3,
                                            cv2.RETR_LIST,
                                            cv2.CHAIN_APPROX_SIMPLE)
    xcontours, hierarchy = cv2.findContours(xbinary,
                                            cv2.RETR_LIST,
                                            cv2.CHAIN_APPROX_SIMPLE)
    cnt1 = contours1[0]
    cnt2 = contours2[0]
    cnt3 = contours3[0]
    x = xcontours[0]
    ret=[]
    ret.append(cv2.matchShapes(x,cnt1,1,0.0))
    ret.append(cv2.matchShapes(x,cnt2,1,0.0))
    ret.append(cv2.matchShapes(x,cnt3,1,0.0))
    max_index = ret.index(min(ret))   # 计算最大值索引
    if max_index==0:
        r="paper"
    elif max_index==1:
        r="rock"
    else:
        r="sessiors"
    return r


t1=cv2.imread('test1.jpg',1)
t2=cv2.imread('test2.jpg',1)
t3=cv2.imread('test3.jpg',1)
# print(reg(t1))
# print(reg(t2))
# print(reg(t3))
# ==========显示处理结果=================
org=(0,60)
font = cv2.FONT_HERSHEY_SIMPLEX
fontScale=2
color=(255,255,255)
thickness=3
cv2.putText(t1,reg(t1),org,font,fontScale,color,thickness)
cv2.putText(t2,reg(t2),org,font,fontScale,color,thickness)
cv2.putText(t3,reg(t3),org,font,fontScale,color,thickness)
cv2.imshow('test1',t1)
cv2.imshow('test2',t2)
cv2.imshow('test3',t3)
cv2.waitKey()
cv2.destroyAllWindows()
```

运行上述程序，输出结果如图 8-12 所示。从图 8-12 可以看出，每种手势都被准确地识别出来了。

 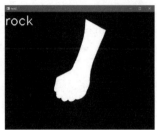 

图 8-12　【例 8.7】程序运行结果

第9章

答题卡识别

随着信息化的发展，计算机阅卷已经成为一种常规操作。在大型考试中，客观题基本不再需要人工阅卷。

答题卡识别的基本实现原理如图 9-1 所示，其主要包含以下步骤。

（1）进行反二值化阈值处理，将后续操作中要使用的选项处理为前景（白色），将答题卡上其他不需要进行后续处理的位置处理为背景（黑色）。

（2）将每个选项提取出来，并计算各选项的白色像素点个数。

（3）筛选出白色像素点个数最大的选项，将该选项作为考生作答选项。

（4）将考试作答选项与标准答案进行比较，给出评阅结果。

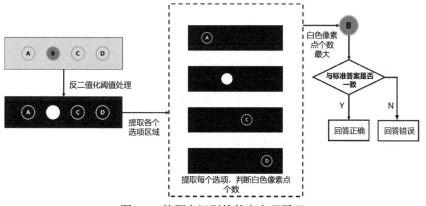

图 9-1　答题卡识别的基本实现原理

除此之外，在实现答题卡识别过程中还有非常多的细节问题需要处理，本章将对该过程可能涉及的细节问题进行具体讨论。

9.1　单道题目的识别

为了方便理解，先讨论单道题目的情况。

9.1.1　基本流程及原理

单道题目的答题卡识别基本原理与图 9-1 相同，将上述步骤分解，得到如图 9-2 所示的实现步骤。

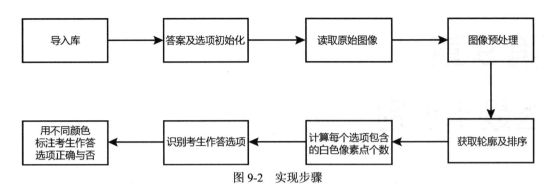

图 9-2 实现步骤

下面对具体步骤进行详细介绍。

1）Step 1：导入库

将需要使用的库导入，主要语句如下：

```
import numpy as np
import cv2
```

2）Step 2：答案及选项初始化

为了方便处理，将各个选项放入一个字典内保存，让不同的选项对应不同的索引。例如，"选项 A" 对应索引 0，"选项 B" 对应索引 1，以此类推。

本题目的标准答案为 "选项 C"。

根据上述内容，编写语句如下：

```
# 将选项放入字典内
ANSWER_KEY = {0: "A", 1: "B", 2: "C", 3: "D"}
# 标准答案
ANSWER = "C"
```

3）Step 3：读取原始图像

将选项图像读取到系统内，相应语句为

```
img = cv2.imread('xiaogang.jpg')
```

4）Step 4：图像预处理

图像预处理主要包含色彩空间转换、高斯滤波、阈值变换三个步骤。

色彩空间转换将图像从 BGR 色彩空间转换到灰度空间，以便进行后续计算。在对色彩不敏感的情况下，将彩色图像转换为灰度图像是常规操作，这样可以减少计算量。而且，很多函数也要求处理对象为灰度图像，在使用相应函数前，必须将彩色图像转换为灰度图像。

高斯滤波是通过对图像进行滤波处理，来去除图像内噪声的影响的。

阈值变换使用的是反二值化阈值处理，将图像内较暗的部分（如铅笔填涂的答案、选项标记等）处理为白色，将图像内相对较亮的部分（如白色等）处理为黑色。之所以这样处理是因为，通常用白色表示前景，前景是需要处理的对象；用黑色表示背景，背景是不需要额外处理的部分。

具体程序如下：

```
# 转换为灰度图像
gray=cv2.cvtColor(img,cv2.COLOR_BGR2GRAY)
# 高斯滤波
gaussian_bulr = cv2.GaussianBlur(gray, (5, 5), 0)
# 阈值变换，将所有选项处理为前景（白色）
ret,thresh = cv2.threshold(gray, 0, 255,cv2.THRESH_BINARY_INV |
cv2.THRESH_OTSU)
```

5）Step 5：获取轮廓及排序

获取轮廓是图像处理的关键，借助轮廓能够确定每个选项的位置、选项是否被选中等。

需要注意的是，使用 findContours 函数获取的轮廓的排列是没有规律的。因此需要将获取的各选项的轮廓按照从左到右出现的顺序排序。将轮廓从左到右排列后：

- 索引为 0 的轮廓是选项 A 的轮廓。
- 索引为 1 的轮廓是选项 B 的轮廓。
- 索引为 2 的轮廓是选项 C 的轮廓。
- 索引为 3 的轮廓是选项 D 的轮廓。

该部分的具体程序如下：

```
# 获取轮廓
cnts, hierarchy = cv2.findContours(thresh.copy(), cv2.RETR_EXTERNAL,
                                   cv2.CHAIN_APPROX_SIMPLE)
# 将轮廓从左到右排列，以便后续处理
boundingBoxes = [cv2.boundingRect(c) for c in cnts]
(cnts, boundingBoxes) = zip(*sorted(zip(cnts, boundingBoxes),
                            key=lambda b: b[1][0], reverse=False))
```

6）Step 6：计算每个选项包含的白色像素点个数

本步骤主要完成任务如下。

任务 1：提取每一个选项。

任务 2：计算每一个选项内的白色像素点个数。

对于任务 1，使用按位与运算的掩模方式完成，示意图如图 9-3 所示，根据"任意数值与自身进行按位与运算，结果仍旧是自身值"及掩模指定计算区域的特点：

- 如图 9-3 左图所示，将图像与自身进行按位与运算时，得到的仍旧是图像自身。
- 如图 9-3 右图所示，在指定了掩模后，图像与自身相与所得的结果图像中与掩模对应部分保留原值；其余部分均为黑色。

例如，针对图像 i 使用图像 m 作为掩模，进行按位与运算：

```
x = cv2.bitwise_and(i, i, mask=m)
```

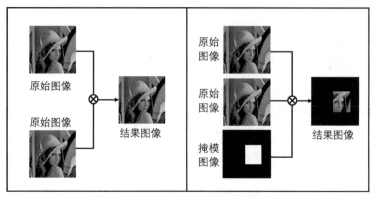

图 9-3 按位与运算的掩模方式示意图

得到的结果图像 x 是图像 i 中被掩模图像 m 中像素值非 0 区域指定的部分。具体来说：

- 在结果图像 x 中，与掩模图像 m 中像素值非 0 区域对应位置的像素值来源于图像 i。
- 在结果图像 x 中，与掩模图像 m 中像素值为 0 区域对应位置的像素值为 0。

针对图像 i，利用掩模图像 m 提取掩模对应的选项 D，提取选项示例示意图如图 9-4 所示。

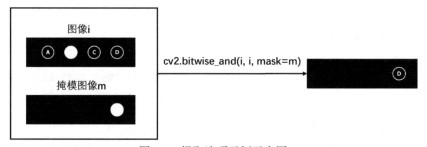

图 9-4 提取选项示例示意图

具体来说，在图 9-4 右侧的结果图像中：

- 与掩模图像 m 中像素值非 0 区域（白色区域）对应位置的像素值来源于图像 i。
- 与掩模图像 m 中像素值为 0 区域（黑色区域）对应位置的像素值为 0（黑色）。

下文介绍如何构造每一个选项的掩模图像。在图 9-4 中的掩模图像 m，来源于选项 D 的实心轮廓，可以通过函数 drawContours 得到。具体分成如下两步：

- 首先，构造一个与原始图像 i 等尺寸的灰度图像，图像内像素值均为 0（纯黑色）。
- 其次，将图像 i 中选项 D 的轮廓以实心形式绘制出来。

综上所叙，使用该方式，依次将各个选项提取出来，并计算每个选项包含的白色像素点个数，程序如下：

```
# ===============构建列表，用来存储每个选项包含的白色像素点个数及序号===============
options=[]
# 自左向右，遍历每一个选项的轮廓
for (j, c) in enumerate(cnts):
    # 构造一个与原始图像大小一致的灰度图像，用来保存各个选项
    mask = np.zeros(gray.shape, dtype="uint8")
    # 获取单个选项
```

```
# 通过循环，将每一个选项单独放入一个 mask 中
cv2.drawContours(mask, [c], -1, 255, -1)
# 获取 thresh 中 mask 指定部分，每次循环，mask 对应不同选项
cv2.imshow("s1",mask)
cv2.imwrite("s1.jpg",mask)
cv2.imshow("thresh",thresh)
cv2.imwrite("thresh.jpg",thresh)
mask = cv2.bitwise_and(thresh, thresh, mask=mask)
cv2.imshow("s2",mask)
cv2.imwrite("s2.jpg",mask)
# cv2.imshow("mask"+str(j),mask)
# cv2.imwrite("mask"+str(j)+".jpg",mask)
# 计算每一个选项的包含的白色像素点个数
# 考生作答选项包含的白色像素点较多，非考生作答选项包含的白色像素点较少
total = cv2.countNonZero(mask)
# 将选项包含的白色像素点个数、选项序号放入列表 options 内
options.append((total,j))
# print(options)  # 在循环中打印存储的各选项包含的白色像素点个数及序号
```

7）Step 7：识别考生作答选项

白色像素点个数最多的选项即考生作答选项。如图 9-5 所示，选项 B 是考生使用铅笔填涂的选项，其白色像素点个数最多。

图 9-5　作答选项示例

根据轮廓内白色像素点的个数将轮廓按照降序排列，排在最前面的轮廓就是考生作答选项。根据上述思路，编写程序如下：

```
# 将所有选项按照轮廓内白色像素点的个数降序排序
options=sorted(options,key=lambda x: x[0],reverse=True)
# 获取包含白色像素点最多的选项索引（序号）
choice_num=options[0][1]
# 根据索引确定选项
choice= ANSWER_KEY.get(choice_num)
print("该生的选项：",choice)
```

8）Step 8：输出结果

用不同颜色标注考生作答选项正确与否，并打印输出结果。

根据考生作答选项是否与标准答案一致设置要绘制的颜色，具体如下：

- 考生作答选项与标准答案一致，将考生填涂选项的轮廓设置为绿色。
- 考生作答选项与标准答案不一致，将考生填涂选项的轮廓设置为红色。

按照上述规则，在考生作答选项上绘制轮廓，并打印输出文字提示，具体程序如下：

```
# 设定标注的颜色类型
if choice == ANSWER:
```

```
        color = (0, 255, 0)      # 回答正确，用绿色表示
        msg="回答正确"
else:
        color = (0, 0, 255)      # 回答错误，用红色表示
        msg="回答错误"
# 在选项位置上标注颜色
cv2.drawContours(img, cnts[choice_num], -1, color, 2)
cv2.imshow("result",img)
# 打印识别结果
print(msg)
```

9.1.2　实现程序

【例 9.1】 单道题目识别的实现程序。

```
# ==================导入库=====================
import numpy as np
import cv2
# ==================答案及选项初始化=====================
# 将选项放入字典内
ANSWER_KEY = {0: "A", 1: "B", 2: "C", 3: "D"}
# 标准答案
ANSWER = "C"
# ==================读取原始图像=====================
img = cv2.imread('xiaogang.jpg')
cv2.imshow("original",img)
# ==================图像预处理=====================
# 转换为灰度图像
gray=cv2.cvtColor(img,cv2.COLOR_BGR2GRAY)
# 高斯滤波
gaussian_bulr = cv2.GaussianBlur(gray, (5, 5), 0)
# 阈值变换，将所有选项处理为前景（白色）
ret,thresh = cv2.threshold(gray, 0, 255,
                                    cv2.THRESH_BINARY_INV | cv2.THRESH_OTSU)
# cv2.imshow("thresh",thresh)
# cv2.imwrite("thresh.jpg",thresh)
# ==================获取轮廓及排序=====================
# 获取轮廓
cnts, hierarchy = cv2.findContours(thresh.copy(),
                                    cv2.RETR_EXTERNAL, cv2.CHAIN_APPROX_SIMPLE)
# 将轮廓从左到右排列，以便后续处理
boundingBoxes = [cv2.boundingRect(c) for c in cnts]
(cnts, boundingBoxes) = zip(*sorted(zip(cnts, boundingBoxes),
                                    key=lambda b: b[1][0], reverse=False))
# ==============构建列表，用来存储每个选项包含的白色像素点个数及序号==============
options=[]
# 自左向右，遍历每一个选项的轮廓
```

```
for (j, c) in enumerate(cnts):
    # 构造一个与原始图像大小一致的灰度图像，用来保存各个选项
    mask = np.zeros(gray.shape, dtype="uint8")
    # 获取单个选项
    # 通过循环，将每一个选项单独放入一个 mask 中
    cv2.drawContours(mask, [c], -1, 255, -1)
    # 获取 thresh 中 mask 指定部分，每次循环，mask 对应不同选项
    cv2.imshow("s1",mask)
    cv2.imwrite("s1.jpg",mask)
    cv2.imshow("thresh",thresh)
    cv2.imwrite("thresh.jpg",thresh)
    mask = cv2.bitwise_and(thresh, thresh, mask=mask)
    cv2.imshow("s2",mask)
    cv2.imwrite("s2.jpg",mask)
    # cv2.imshow("mask"+str(j),mask)
    # cv2.imwrite("mask"+str(j)+".jpg",mask)
    # 计算每一个选项的包含的白色像素点个数
    # 考生作答选项包含的白色像素点较多，非考生作答选项包含的白色像素点较少
    total = cv2.countNonZero(mask)
    # 将选项包含的白色像素点个数、选项序号放入列表 options 内
    options.append((total,j))
    # print(options)  # 在循环中打印存储的包含的白色像素点个数及序号
# =================识别考生作答选项=====================
# 将所有选项按照轮廓内包含白色像素点的个数降序排序
options=sorted(options,key=lambda x: x[0],reverse=True)
# 获取包含白色像素点最多的选项索引（序号）
choice_num=options[0][1]
# 根据索引确定选项
choice= ANSWER_KEY.get(choice_num)
print("该生的选项: ",choice)
# =================根据考生作答选项正确与否，用不同颜色标注考生选项=============
# 设定标注的颜色类型
if choice == ANSWER:
    color = (0, 255, 0)    # 回答正确，用绿色表示
    msg="回答正确"
else:
    color = (0, 0, 255)    # 回答错误，用红色表示
    msg="回答错误"
#  在选项位置上标注颜色
cv2.drawContours(img, cnts[choice_num], -1, color, 2)
cv2.imshow("result",img)
# 打印识别结果
print(msg)
cv2.waitKey(0)
cv2.destroyAllWindows()
```

运行上述程序，将根据考生作答情况打印出对应提示信息，同时会在答题卡上提示，具体

情况如下：

- 当考生作答选项与标准答案一致时，在填涂的答案处绘制绿色边框。
- 当考生作答选项与标准答案不一致时，在填涂的答案处绘制红色边框。

因为黑白印刷无法显示彩色图像，请读者上机验证上述程序。

9.2 整张答题卡识别原理

整张答题卡识别的核心步骤就是单道题目的识别，在单道题目识别的基础上增加确定单道题目位置的功能即可实现整张答题卡的识别。

整张答题卡识别流程图如图 9-6 所示。

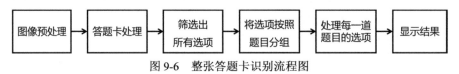

图 9-6　整张答题卡识别流程图

下面对图 9-6 中的各个步骤逐一进行分析与说明。

9.2.1　图像预处理

图像预处理主要完成读取图像、色彩空间转换、高斯滤波、Canny 边缘检测、获取轮廓等。

色彩空间转换将图像从 RGB 色彩空间转换到灰度空间，以便后续处理。

高斯滤波主要用于对图像进行去噪处理。为了得到更好的去噪效果，可以根据需要加入形态学（如腐蚀、膨胀等）操作。

Canny 边缘检测是为了获取 Canny 边缘，以便更好地完成后续获取图像轮廓的操作。

获取轮廓，是指将图像内的所有轮廓提取出来。函数 findContours 可以根据参数查找图像内特定的轮廓。例如，通过参数 cv2.RETR_EXTERNAL 可以实现仅查找所有外轮廓，具体语句为

```
cts, hierarchy = cv2.findContours(edged.copy(), cv2.RETR_EXTERNAL,
                         cv2.CHAIN_APPROX_SIMPLE)
```

整张答题卡在图像内拥有一个整体的外轮廓，因此可以使用上述方式将其查找出来。但图像内包含的噪声信息的轮廓也会被检索到。

本步骤是初始化，仅检索外轮廓，为后续操作做准备。

【例 9.2】针对图像进行预处理。

```
import cv2
img = cv2.imread('b.jpg')
cv2.imshow("orginal",img)
gray=cv2.cvtColor(img,cv2.COLOR_BGR2GRAY)
cv2.imshow("gray",gray)
gaussian = cv2.GaussianBlur(gray, (5, 5), 0)
cv2.imshow("gaussian",gaussian)
```

```
edged=cv2.Canny(gaussian,50,200)
cv2.imshow("edged",edged)
cts, hierarchy = cv2.findContours(edged.copy(), cv2.RETR_EXTERNAL,
                         cv2.CHAIN_APPROX_SIMPLE)
cv2.drawContours(img, cts, -1, (0,0,255), 3)
cv2.imshow("img",img)
cv2.waitKey()
cv2.destroyAllWindows()
```

运行上述程序，会显示如图 9-7 所示运行结果。

- 图 9-7（a）是原始图像 img。
- 图 9-7（b）是原始图像进行灰度化处理后得到灰度图像 gray。原始图像有 B、G、R 三个通道，灰度图像 gray 只有一个通道。
- 图 9-7（c）是经高斯滤波后的图像 gaussian。
- 图 9-7（d）是边缘检测得到的图像 edged。
- 图 9-7（e）是轮廓检测结果。除整张答题卡的外轮廓外，还检索到了一些细小噪声的外轮廓。

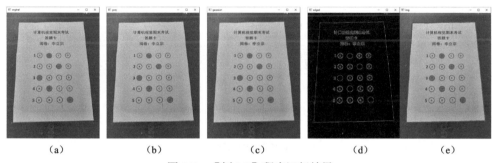

| (a) | (b) | (c) | (d) | (e) |

图 9-7　【例 9.2】程序运行结果

9.2.2　答题卡处理

将答题卡铺满整个页面（倾斜校正、删除无效边缘），将选项处理为白色，背景处理为黑色。

答题卡的处理，需要解决如下几个核心问题。

- 问题 1：如何从众多轮廓中找到答题卡的轮廓？
- 问题 2：如何对答题卡进行倾斜校正、裁剪掉扫描的边缘？
- 问题 3：如何实现前景、背景的有效处理？
- 问题 4：如何找到答题卡内所有选项？

下面对上述问题逐个进行分析。

1）问题 1：如何从众多轮廓中找到答题卡的轮廓

在将答题卡铺满整个页面前，最重要的步骤是判定哪个轮廓是答题卡的轮廓。也就是说，需要先找到答题卡，再对其处理。

通常情况下，将函数 findContours 的 method 参数值设定为 cv2.CHAIN_APPROX_SIMPLE，当它识别到矩形时，就会使用 4 个顶点来保存其轮廓信息。因此，可以通过判定轮廓是否用 4

个顶点表示，来判定轮廓是不是矩形。

也就是说，一个轮廓如果是用 4 个顶点表示的，那么它就是一个矩形；如果不是用 4 个顶点表示的，那么它就不是一个矩形。

这个方法简单易行，但是在扫描答题卡时，可能会发生失真，使得原本是矩形的答题卡变成梯形。此时，简单地通过轮廓的顶点个数判断对象是否是答题卡就无效了。

不过，在采用逼近多边形拟合轮廓时，可以使用 4 个顶点拟合梯形。因此，通过逼近多边形的顶点个数可以判定一个轮廓是否是梯形：若一个轮廓的逼近多边形是 4 个顶点，则该轮廓是梯形；否则，该轮廓不是梯形。

【例 9.3】 本例中，分别展示了矩形、梯形的轮廓、逼近多边形的顶点个数。

```python
#  测试 1，如果轮廓是梯形，那么输出的轮廓顶点个数是多个 (本例选用的图片有 418 个顶点)
#  测试 2，如果轮廓是矩形，那么输出的轮廓顶点个数是 4
#  计算逼近多边形后
#  测试 1，如果轮廓是梯形，那么输出的轮廓点个数是 4
#  测试 2，如果轮廓是矩形，那么输出的轮廓点个数是 4
#  输出边缘和结构信息
import cv2
o1 = cv2.imread('xtest.jpg')
cv2.imshow("original1",o1)
o2 = cv2.imread('xtest2.jpg')
cv2.imshow("original2",o2)
cv2.waitKey()
cv2.destroyAllWindows()
def cstNum(x):
    gray = cv2.cvtColor(x,cv2.COLOR_BGR2GRAY)
    ret, binary = cv2.threshold(gray,127,255,cv2.THRESH_BINARY)
    csts, hierarchy = cv2.findContours(binary,
                                       cv2.RETR_EXTERNAL,
                                       cv2.CHAIN_APPROX_SIMPLE)
    print("轮廓具有的顶点的个数: ",len(csts[0]))
    peri=0.01*cv2.arcLength(csts[0],True)
    # 获取多边形的所有顶点，如果是 4 个顶点，就代表轮廓是矩形
    approx=cv2.approxPolyDP(csts[0],peri,True)
    # 打印顶点个数
    print("逼近多边形的顶点个数: ",len(approx))
print("首先，观察一下梯形: ")
cstNum(o1)
print("接下来，观察一下矩形: ")
cstNum(o2)
```

运行上述程序，输出如图 9-8 所示的图像，左侧图是一个梯形，右侧图是一个矩形。同时输出以下运行结果：

```
首先，观察一下梯形:
轮廓具有的顶点的个数:  418
逼近多边形的顶点个数:  4
```

接下来，观察一下矩形：

轮廓具有的顶点的个数： 4

逼近多边形的顶点个数： 4

图 9-8　【例 9.3】程序运行结果

从上述程序输出结果可以看出，梯形的轮廓具有非常多个顶点，但是其逼近多边形只有 4个顶点。扫描后的答题卡通常是一个梯形，据此可以判断在众多轮廓中哪个轮廓对应的是答题卡。

除此之外，还有一个方法是在找到的众多轮廓中，面积最大的轮廓可能是答题卡。因此，可以将面积最大的轮廓对应的对象判定为答题卡。

2）问题 2：如何对答题卡进行倾斜校正、裁剪掉扫描的边缘

通常情况下，通过扫描等方式得到的答题卡可能存在较大的黑边及较大程度的倾斜，需要对其进行校正。该操作通常通过透视变换实现。

透视变换可以将矩形映射为任意四边形，在 OpenCV 中可通过函数 warpPerspective 实现，该函数的语法是

```
dst = cv2.warpPerspective(src, M, dsize)
```

其中：

- dst 表示透视处理后的输出图像。
- src 表示要透视的图像。
- M 表示一个 3×3 的变换矩阵。
- dsize 表示输出图像的尺寸。

由此可知，函数 warpPerspective 通过变换矩阵将原始图像 src 转换为目标图像 dst。因此，在通过透视变换对图像进行倾斜校正时，需要构造一个变换矩阵。

OpenCV 提供的函数 getPerspectiveTransform 能够构造从原始图像到目标图像（矩阵）之间的变换矩阵 M，其语法格式如下：

```
M = cv2.getPerspectiveTransform(src, dst)
```

其中，src 是原始图像的四个顶点，dst 是目标图像的四个顶点。

综上所述，使用透视变换将扫描得到的不规则四边形的答题卡映射为矩形的具体步骤如下。

第一步：找到原始图像（待校正的不规则四边形）的四个顶点 src 及目标图像（规则形）的四个顶点 dst。

第二步：根据 src 和 dst，使用函数 getPerspectiveTransform 构造原始图像到目标图像的变换矩阵。

第三步：根据变换矩阵，使用函数 warpPerspective 实现从原始图像到目标图像的变换，完成倾斜校正。

需要注意的一个关键问题是，用于构造变换矩阵使用的原始图像的四个顶点和目标图像的四个顶点的位置必须是匹配的。也就是说，要将左上、右上、左下、右下四个顶点按照相同的顺序排列。

通过轮廓查找，确定轮廓的逼近多边形，找到答题卡（待校正的不规则四边形）的四个顶点。由于并不知道这四个顶点分别是左上、右上、左下、右下四个顶点中的哪个顶点，因此需要在函数内先确定好这四个顶点分别对应左上、右上、左下、右下四个顶点中的哪个顶点。然后将这四个顶点和目标图像的四个顶点，按照一致的排列方式传递给函数 getPerspectiveTransform 获取变换矩阵。最后根据变换矩阵，使用函数 warpPerspective 完成倾斜校正。

本章根据逼近多边形中各个点的坐标，进一步确定了每一个顶点分别对应左上、右上、左下、右下四个顶点中的哪个顶点。

【例 9.4】对答题卡进行倾斜校正与裁边处理。

```python
import cv2
import numpy as np
from scipy.spatial import distance as dist     # 用于计算距离
# 自定义透视函数
# Step 1：参数 pts 是要进行倾斜校正的轮廓的逼近多边形（本例中的答题卡）的四个顶点
def myWarpPerspective(image, pts):
    # 确定四个顶点分别对应左上、右上、右下、左下四个顶点中的哪个顶点
    # Step 1.1：根据 x 轴坐标值对四个顶点进行排序
    xSorted = pts[np.argsort(pts[:, 0]), :]
    # Step 1.2：将四个顶点划分为左侧两个、右侧两个
    left = xSorted[:2, :]
    right = xSorted[2:, :]
    # Step 1.3：在左侧寻找左上顶点、左下顶点
    # 根据 y 轴坐标值排序
    left = left[np.argsort(left[:, 1]), :]
    # 排在前面的是左上角顶点（tl:top-left）、排在后面的是左下角顶点（bl:bottom-left）
    (tl, bl) = left
    # Step 1.4：根据右侧两个顶点与左上角顶点的距离判断右侧两个顶点的位置
    # 计算右侧两个顶点距离左上角顶点的距离
    D = dist.cdist(tl[np.newaxis], right, "euclidean")[0]
    # 形状大致如下
    # 左上角顶点(tl)                    右上角顶点(tr)
    #                    页面中心
    # 左下角顶点(bl)                    右下角顶点(br)
```

```
    # 右侧两个顶点中，距离左上角顶点远的点是右下角顶点(br)，近的点是右上角顶点(tr)
    # br:bottom-right/tr:top-right
    (br, tr) = right[np.argsort(D)[::-1], :]
    # Step 1.5：确定 pts 的四个顶点分别属于左上、左下、右上、右下顶点中的哪个
    # src 是根据左上、左下、右上、右下顶点对 pts 的四个顶点进行排序的结果
    src = np.array([tl, tr, br, bl], dtype="float32")
    # ========以下 5 行是测试语句，显示计算的顶点是否正确================
    # srcx = np.array([tl, tr, br, bl], dtype="int32")
    # print("看看各个顶点在哪：\n",src)   # 测试语句，查看顶点
    # test=image.copy()                        # 复制 image 图像，处理用
    # cv2.polylines(test,[srcx],Truc,(255,0,0),8)   # 在 test 内绘制得到的点
    # cv2.imshow("image",test)                       # 显示绘制线条结果
    # ========Step 2：根据 pts 的四个顶点，计算校正后图像的宽度和高度==============
    # 校正后图像的大小计算比较随意，根据需要选用合适值即可
    # 这里选用较长的宽度和高度作为最终宽度和高度
    # 计算方式：由于图像是倾斜的，所以将算得的 x 轴方向、y 轴方向的差值的平方根作为实际长度
    # 具体图示如下，因为印刷原因可能对不齐，请在源码文件中进一步看具体情况
    #                 (tl[0],tl[1])
    #                 |\
    #                 | \    heightB = np.sqrt(((tl[0] - bl[0]) ** 2)
    #                 |  \             + ((tl[1] - bl[1]) ** 2))
    #                 |   \
    #                 ----- (bl[0],bl[1])
    widthA = np.sqrt(((br[0] - bl[0]) ** 2) + ((br[1] - bl[1]) ** 2))
    widthB = np.sqrt(((tr[0] - tl[0]) ** 2) + ((tr[1] - tl[1]) ** 2))
    maxWidth = max(int(widthA), int(widthB))
    # 根据（左上,左下）和（右上,右下）的最大值，获取高度
    heightA = np.sqrt(((tr[0] - br[0]) ** 2) + ((tr[1] - br[1]) ** 2))
    heightB = np.sqrt(((tl[0] - bl[0]) ** 2) + ((tl[1] - bl[1]) ** 2))
    maxHeight = max(int(heightA), int(heightB))
    # 根据宽度、高度，构造新图像 dst 对应的四个顶点
    dst = np.array([
        [0, 0],
        [maxWidth - 1, 0],
        [maxWidth - 1, maxHeight - 1],
        [0, maxHeight - 1]], dtype="float32")
    # print("看看目标如何：\n",dst)   # 测试语句
    # 构造从 src 到 dst 的变换矩阵
    M = cv2.getPerspectiveTransform(src, dst)
    # 完成从 src 到 dst 的透视变换
    warped = cv2.warpPerspective(image, M, (maxWidth, maxHeight))
    # 返回透视变换的结果
    return warped
# 主程序
```

```
img = cv2.imread('b.jpg')
# cv2.imshow("orgin",img)
gray=cv2.cvtColor(img,cv2.COLOR_BGR2GRAY)
# cv2.imshow("gray",gray)
gaussian_bulr = cv2.GaussianBlur(gray, (5, 5), 0)
# cv2.imshow("gaussian",gaussian_bulr)
edged=cv2.Canny(gaussian_bulr,50,200)
# cv2.imshow("edged",edged)
cts, hierarchy = cv2.findContours(edged.copy(), cv2.RETR_EXTERNAL,
cv2.CHAIN_APPROX_SIMPLE)
# cv2.drawContours(img, cts, -1, (0,0,255), 3)
list=sorted(cts,key=cv2.contourArea,reverse=True)
print("寻找轮廓的个数: ",len(cts))
cv2.imshow("draw_contours",img)
rightSum = 0
# 可能只能找到一个轮廓，该轮廓就是答题卡的轮廓
# 由于噪声等影响，也可能找到很多轮廓
# 使用 for 循环，遍历每一个轮廓，找到答题卡的轮廓
# 对答题卡进行倾斜校正处理
for c in list:
    peri=0.01*cv2.arcLength(c,True)
    approx=cv2.approxPolyDP(c,peri,True)
    print("顶点个数: ",len(approx))
    # 四个顶点的轮廓是矩形（或者是扫描造成的矩形失真为梯形）
    if len(approx)==4:
        # 对外轮廓进行倾斜校正，将其构造成一个矩形
        # 处理后，只保留答题卡部分，答题卡外面的边界被删除
        # 原始图像的倾斜校正用于后续标注
        # print(approx)
        # print(approx.reshape(4,2))
        paper = myWarpPerspective(img, approx.reshape(4, 2))
cv2.imshow("paper", paper)
cv2.waitKey()
cv2.destroyAllWindows()
```

运行上述程序输出结果如图 9-9 所示。从图 9-9 中可以看到，该程序在对左侧图像进行了倾斜校正、裁边后得到了右侧的处理结果。

在实际对答题卡进行识别时，要得到两个倾斜校正结果，分别如下：

- 原始图像的倾斜校正结果图像 A，用于显示最终结果，包括最终正确率、考生作答选项的标识（在考生选择正确的选项上用绿色轮廓包围，在考生选择错误的选项上用红色轮廓包围）等要以彩色形式显示。图像 A 只有在色彩空间中才能正常显示彩色辅助信息。
- 原始图像对应的灰度图像倾斜校正结果图像 B，用于后续计算。后续的轮廓计算等操作都基于灰度图像的。

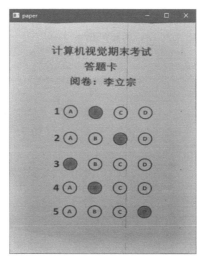

图 9-9 【例 9.4】程序运行结果

3）问题 3：如何实现前景、背景的有效处理

为了取得更好的识别效果，将图像内色彩较暗的部分（如 A、B、C、D 选项，填涂的答案等）处理为白色（作为前景），将颜色较亮的部分（答题卡上没有任何文字标记的部分、普通背景等）处理为黑色（作为背景）。

采用反二值化阈值处理可以实现上述功能。反二值化阈值处理将图像中大于阈值的像素点处理为黑色，小于阈值的像素点处理为白色。将函数 threshold 的参数设置为"cv2.THRESH_BINARY_INV | cv2.THRESH_OTSU"，可以获取图像的反二值化阈值处理结果。

例如，针对图像 paper 进行反二值化阈值处理，可以得到其反二值化阈值处理结果图像thresh：

```
ret,thresh = cv2.threshold(paper, 0, 255,cv2.THRESH_BINARY_INV |
                                              cv2.THRESH_OTSU)
```

【例 9.5】对答题卡进行反二值化阈值处理。

```
import cv2
paper=cv2.imread("paper.jpg",0)
cv2.imshow("paper",paper)
ret,thresh = cv2.threshold(paper, 0, 255,cv2.THRESH_BINARY_INV |
                                              cv2.THRESH_OTSU)
cv2.imshow("thresh", thresh)
# cv2.imwrite("thresh.jpg",thresh)
cv2.waitKey()
cv2.destroyAllWindows()
```

运行上述程序，输出结果如图 9-10 所示，左图是原始图像 paper，右图是反二值化阈值处理结果 thresh。

 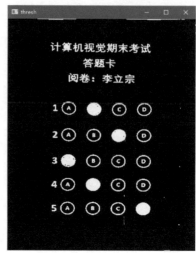

图 9-10 　【例 9.5】程序运行结果

4）问题 4：如何找到答题卡内所有选项

利用函数 findContours 可以找到图像内的所有轮廓，因此可利用该函数找到答题卡内的所有选项。

例如，通过如下语句可以找到答题卡 thresh 内的所有选项：

```
cnts, hierarchy = cv2.findContours(thresh, cv2.RETR_EXTERNAL,
                                   cv2.CHAIN_APPROX_SIMPLE)
```

需要注意的是，上述处理不仅会找到答题卡内的所有选项轮廓，还会找到大量其他轮廓，如文字描述信息的轮廓等。

【例 9.6】找到答题卡内所有轮廓。

```
import cv2
thresh=cv2.imread("thresh.bmp",0)
cv2.imshow("thresh", thresh)
cnts, hierarchy = cv2.findContours(thresh.copy(),
                  cv2.RETR_EXTERNAL, cv2.CHAIN_APPROX_SIMPLE)
print("共找到各种轮廓",len(cnts),"个")
threshColor=cv2.cvtColor(thresh,cv2.COLOR_GRAY2BGR)
cv2.drawContours(threshColor, cnts, -1, (0,0,255), 3)
cv2.imshow("result",threshColor)
cv2.waitKey()
cv2.destroyAllWindows()
```

运行上述程序，输出如图 9-11 所示的图像。由图 9-11 可知，不仅找到了所有选项的轮廓，还找到了大量噪声轮廓。因此在后续的操作中需要将噪声轮廓屏蔽掉。

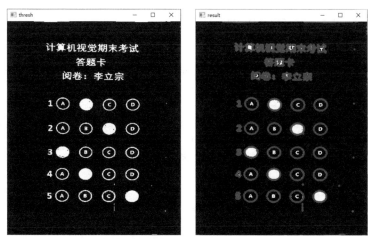

图 9-11   【例 9.6】程序运行结果

与此同时，运行上述程序还会输出如下信息：

共找到各种轮廓 67 个

具体的轮廓个数与图像的去噪效果等有关，是所有选项的轮廓个数与噪声轮廓个数之和。

本例获取的是校正后的答题卡内的轮廓。也就是说，本例中的图像 thresh 是运行【例 9.5】程序输出结果图像 thresh，如图 9-10 中右图所示。

本例中找到的轮廓不仅包含所有选项，还包含各种说明文字等其他轮廓。因此需要进一步筛选，将各选项的轮廓筛选出来。

9.2.3 筛选出所有选项

上述步骤找到了答题卡内所有轮廓，这些轮廓既包含所有选项的轮廓，又包含说明文字等（噪声）信息的轮廓。需要将各选项轮廓筛选出来，具体的筛选原则如下：

- 轮廓要足够大，不能太小，具体量化为长度大于 25 像素、宽度大于 25 像素。
- 轮廓要接近于圆形，不能太扁，具体量化为纵横比介于[0.6, 1.3]。

将所有轮廓依次按照上述条件进行筛选，满足上述条件的轮廓判定为选项；否则，判定为噪声（说明文字等其他信息的轮廓）。

【例 9.7】找到答题卡内的所有选项轮廓。

```
import cv2
thresh=cv2.imread("thresh.bmp",-1)
cv2.imshow("thresh_original", thresh)
# ============查找所有轮廓====================
cnts, hierarchy = cv2.findContours(thresh.copy(), cv2.RETR_EXTERNAL,
cv2.CHAIN_APPROX_SIMPLE)
print("共找到各种轮廓",len(cnts),"个")
# ============筛选出选项的轮廓====================
options = []
for ci in cnts:
    # 获取轮廓的矩形包围框
```

```
x, y, w, h = cv2.boundingRect(ci)
# 计算纵横比
ar = w / float(h)
# 将满足长度、宽度大于 25 像素且纵横比介于[0.6,1.3]的轮廓加入 options
if w >= 25 and h >= 25 and ar >= 0.6 and ar <= 1.3:
    options.append(ci)
```
```
# 需要注意的是，此时得到了很多选项的轮廓，但是它们在 options 中是无规则存放的
print("共找到选项",len(options),"个")
# ===========将找到的所有选项轮廓绘制出来===============
color = (0, 0, 255)  # 红色
# 为了显示彩色图像，将原始图像转换至色彩空间
thresh=cv2.cvtColor(thresh,cv2.COLOR_GRAY2BGR)
# 绘制每个选项的轮廓
cv2.drawContours(thresh, options, -1, color, 5)
cv2.imshow("thresh_result", thresh)
cv2.waitKey()
cv2.destroyAllWindows()
```

运行上述程序，结果如图 9-12 所示。从图 9-12 中可以看出，准确地找到了所有选项的轮廓。

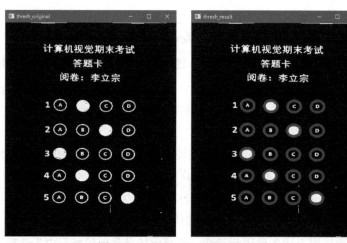

图 9-12　【例 9.7】程序运行结果

9.2.4　将选项按照题目分组

在默认情况下，所有轮廓是无序排列的，因此无法直接使用序号将其划分到不同的题目上。若将所有选项轮廓按照从上到下的顺序排列，则可以获得如图 9-13 所示的排序规律。由于第 1 道题目的四个选项一定在第 2 道题目的四个选项的上方，所以第 1 道题目的四个选项的序号一定是{0、1、2、3}这四个值，但是具体哪个选项对应哪个值还不确定。同理，第 2 道题目的四个选项一定在第 3 道题目的上方，所以第 2 道题目的四个选项的序号一定是{4、5、6、7}这四个值，以此类推。排序结果示意图如图 9-13 所示。

所有选项	可能索引 (每行数据排列与顺序无关)
Ⓐ　Ⓑ　Ⓒ　Ⓓ	{0、1、2、3}
Ⓐ　Ⓑ　Ⓒ　Ⓓ	{4、5、6、7}
Ⓐ　Ⓑ　Ⓒ　Ⓓ	{8、9、10、11}
Ⓐ　Ⓑ　Ⓒ　Ⓓ	{12、13、14、15}
Ⓐ　Ⓑ　Ⓒ　Ⓓ	{16、17、18、19}

图 9-13　排序结果示意图

【例 9.8】确定选项的大致序号，确保每一道题选项的序号在下一道题选项的序号的前面。

```
import cv2
thresh=cv2.imread("thresh.bmp",-1)
# cv2.imshow("thresh_original", thresh)
# ============查找所有的轮廓===================
cnts, hierarchy = cv2.findContours(thresh.copy(), cv2.RETR_EXTERNAL,
                                             cv2.CHAIN_APPROX_SIMPLE)
print("共找到各种轮廓",len(cnts),"个")
# ============构造载体===================
# thresh: 在该图像内显示选项无序时的序号
# thresh 是灰度图像，将其转换至色彩空间是为了能够显示彩色序号
thresh=cv2.cvtColor(thresh,cv2.COLOR_GRAY2BGR)
# result: 在该图像内显示选项序号调整后的序号
result=thresh.copy()
# ============筛选出选项的轮廓===================
options = []     # 用于存储筛选出的选项
font = cv2.FONT_HERSHEY_SIMPLEX
for (i,ci) in enumerate(cnts):
    # 获取轮廓的矩形包围框
    x, y, w, h = cv2.boundingRect(ci)
    # 计算纵横比
    ar = w / float(h)
    # 将满足长度、宽度大于 25 像素且纵横比介于[0.6,1.3]的轮廓加入 options
    if w >= 25 and h >= 25 and ar >= 0.6 and ar <= 1.3:
        options.append(ci)
        # 绘制序号
        cv2.putText(thresh, str(i), (x-1,y-5), font, 0.5, (0, 0, 255),2)
# 需要注意的是，此时得到了很多选项的轮廓，它们在 options 中是无规则存放的
# print("共找到选项",len(options),"个")
# 绘制每个选项的轮廓
# cv2.drawContours(thresh, options, -1, color, 5)
# ============显示选项无序时的图像===================
cv2.imshow("thresh", thresh)
```

```
# ============将轮廓按照从上到下的顺序排列============
boundingBoxes = [cv2.boundingRect(c) for c in options]
(options, boundingBoxes) = zip(*sorted(zip(options, boundingBoxes),
                               key=lambda b: b[1][1], reverse=False))

# ===========按照序号，显示排序后的轮廓===========
for (i,ci) in enumerate(options):
    x, y, w, h = cv2.boundingRect(ci)
    cv2.putText(result, str(i), (x-1,y-5), font, 0.5, (0, 0, 255),2)
cv2.imshow("result", result)
cv2.waitKey()
cv2.destroyAllWindows()
```

运行上述程序，输出结果如图 9-14 所示。从图 9-14 中可以看出：

- 在排序前，所有选项的轮廓序号是无序的。
- 排序后各选项的轮廓序号有了一定规律：每一道题的 4 个选项序号一定比它下面题目的序号小。

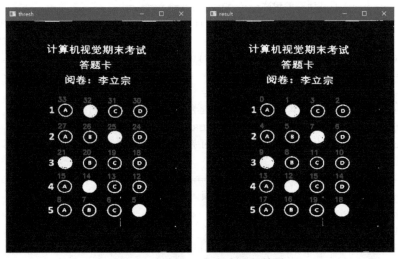

图 9-14 【例 9.8】程序运行结果

简而言之，排序后将轮廓按照位置关系从上到下排列，该操作能够把每道题的 4 个选项放在邻近的位置上，并且保证每道题的 4 个选项的序号都在下道题的前面。

按照此操作，采用 for 语句，在步长为 4 的情况下，遍历所有选项，每次提取的 4 个选项正好是同一个题目的 4 个选项。

具体来说，一共有 5 道题，每道题都有 A、B、C、D 四个选项，答题卡内共计有 20 个选项。每次提取 4 个选项：

- 第 1 次提取索引为 0、1、2、3 的轮廓，这些轮廓恰好是第 1 道题的 4 个选项。
- 第 2 次提取索引为 4、5、6、7 的轮廓，这些轮廓恰好是第 2 道题的 4 个选项。
- 第 3 次提取索引为 8、9、10、11 的轮廓，这些轮廓恰好是第 3 道题的 4 个选项。
- 第 4 次提取索引为 12、13、14、15 的轮廓，这些轮廓恰好是第 4 道题的 4 个选项。

- 第 5 次提取索引为 16、17、18、19 的轮廓，这些轮廓恰好是第 5 道题的 4 个选项。

按照上述提取过程，可以把答题卡内每道题目的 4 个选项限定在特定的位置范围内。

在此基础上，还需要将每道题目的 4 个选项按照从左到右的顺序排列，确保每道题目各选项遵循如下规则：

- A 选项序号为 0。
- B 选项序号为 1。
- C 选项序号为 2。
- D 选项序号为 3。

在具体实现中，根据各选项的坐标值，实现各选项按从左到右顺序排列。

【例 9.9】提取各个题目的 4 个选项。

```python
import cv2
import numpy as np
thresh=cv2.imread("thresh.bmp",-1)
# cv2.imshow("thresh_original", thresh)
# ============查找所有的轮廓====================
cnts, hierarchy = cv2.findContours(thresh.copy(), cv2.RETR_EXTERNAL,
cv2.CHAIN_APPROX_SIMPLE)
print("共找到各种轮廓",len(cnts),"个")
# ============构造载体====================
# thresh：在该图像内显示选项无序时的序号
# thresh 是灰度图像，将其转换至色彩空间是为了能够显示彩色序号
thresh=cv2.cvtColor(thresh,cv2.COLOR_GRAY2BGR)
# ============筛选出选项的轮廓====================
options = []      # 用于存储筛选出的选项
font = cv2.FONT_HERSHEY_SIMPLEX
for (i,ci) in enumerate(cnts):
    # 获取轮廓的矩形包围框
    x, y, w, h = cv2.boundingRect(ci)
    # 计算纵横比
    ar = w / float(h)
    # 将满足长度、宽度大于 25 像素且纵横比介于[0.6,1.3]的轮廓加入 options
    if w >= 25 and h >= 25 and ar >= 0.6 and ar <= 1.3:
        options.append(ci)
        # 绘制序号
        cv2.putText(thresh, str(i), (x-1,y-5), font, 0.5, (0, 0, 255),2)
# 需要注意的是，此时得到了很多选项的轮廓，它们在 options 中是无规则存放的
# print("共找到选项",len(options),"个")
# 绘制每个选项的轮廓
# cv2.drawContours(thresh, options, -1, color, 5)
# ============显示选项无序时的图像====================
cv2.imshow("thresh", thresh)
# ============将轮廓按照位置关系从上到下的顺序排序============
boundingBoxes = [cv2.boundingRect(c) for c in options]
```

```
(options, boundingBoxes) = zip(*sorted(zip(options, boundingBoxes),
                              key=lambda x: x[1][1], reverse=False))
# ============将每道题目的 4 个选项筛选出来===========
for (tn, i) in enumerate(np.arange(0, len(options), 4)):
    # 需要注意的是，取出的 4 个轮廓，对应某道题目的 4 个选项
    # 这 4 个选项的存放是无序的
    # 将轮廓按照坐标值实现自左向右顺次存放
    # 将选项 A、选项 B、选项 C、选项 D 按照坐标值顺次存放
    boundingBoxes = [cv2.boundingRect(c) for c in options[i:i + 4]]
    (cnts, boundingBoxes) = zip(*sorted(zip(options[i:i + 4], boundingBoxes),
                              key=lambda x: x[1][0], reverse=False))
    # 构造图像 image 用来显示每道题目的 4 个选项
    image = np.zeros(thresh.shape, dtype="uint8")
    # 针对每个选项单独处理
    for (n,ni) in enumerate(cnts):
        x, y, w, h = cv2.boundingRect(ni)
        cv2.drawContours(image, [ni], -1, (255, 255, 255), -1)
        cv2.putText(image, str(n), (x-1,y-5), font, 1, (0, 0, 255),2)
    # 显示每道题目的 4 个选项及对应序号
    cv2.imshow("result"+str(tn), image)
cv2.waitKey()
cv2.destroyAllWindows()
```

运行上述程序，输出结果如图 9-15 所示。从图 9-15 中可以看出，图 9-15（a）是在提取的各个选项上绘制的原始序号，图 9-15（b）～图 9-15（f）是提取的各个不同题目的 4 个选项按序号进行从左到右排序的结果。

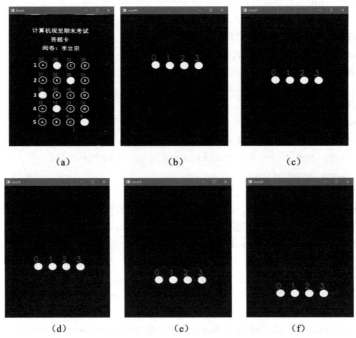

（a） （b） （c）

（d） （e） （f）

图 9-15 【例 9.9】程序运行结果

9.2.5　处理每一道题目的选项

处理每一道题目的选项是核心步骤，该步骤的处理算法已在 9.1 节进行了详细介绍。

整张图像涉及提取答题卡、逐次提取每道题的 4 个选项、逐次提取每道题的各个选项等步骤，针对此使用了多个循环的嵌套结构。

9.2.6　显示结果

显示结果时，在答题卡内主要显示两部分内容。

- 打印辅助文字说明：具体包含题目总数、答对题目的数目、得分。
- 可视化输出：针对选项答对与否进行标注，具体为如果考生填涂的答案正确，那么在其填涂的正确答案处标注绿色轮廓；如果考生填涂的答案错误，那么在其填涂的错误答案处标注红色轮廓。

9.3　整张答题卡识别程序

通过上述分析可知，在解决问题时，需要先确定总体方向和步骤。对于本例，我们将解决问题划分为如下六步。

Step 1：图像预处理。

Step 2：答题卡处理。

Step 3：筛选出所有选项。

Step 4：将选项按照题目分组。

Step 5：处理每一道题目的选项。

Step 6：显示结果。

将问题划分为具体步骤，一方面可以让思路更清晰，另外一方面能够让我们在处理问题时专注于当前步骤的操作。

在划分好步骤后，在每一个步骤内，只需专注于解决本步骤要解决的具体问题即可。

【例 9.10】整张答题卡识别实现程序。

```
import cv2
import numpy as np
from scipy.spatial import distance as dist
# 自定义函数，实现透视变换（倾斜校正）
# Step 1：参数 pts 是要进行倾斜校正的轮廓的逼近多边形（本例中的答题卡）的 4 个顶点
def myWarpPerspective(image, pts):
    # 确定 4 个顶点分别对应左上、右上、右下、左下 4 个顶点中的哪个顶点
    # Step 1.1：根据 x 轴坐标值对 4 个顶点进行排序
    xSorted = pts[np.argsort(pts[:, 0]), :]
    # Step 1.2：将 4 个顶点划分为左侧两个、右侧两个
    left = xSorted[:2, :]
```

```
right = xSorted[2:, :]
# Step 1.3：在左侧寻找左上顶点、左下顶点
# 根据 y 轴坐标值排序
left = left[np.argsort(left[:, 1]), :]
# 排在前面的是左上角顶点（tl:top-left）、排在后面的是左下角顶点（bl:bottom-left）
(tl, bl) = left
# Step 1.4：根据右侧两个顶点与左上角顶点的距离判断右侧两个顶点的位置
# 计算右侧两个顶点距离左上角顶点的距离
D = dist.cdist(tl[np.newaxis], right, "euclidean")[0]
# 形状大致如下
#   左上角顶点(tl)              右上角顶点(tr)
#                    页面中心
#   左下角顶点(bl)              右下角顶点(br)
# 右侧两个顶点中，距离左上角顶点远的点是右下角顶点(br)，近的点是右上角顶点(tr)
# br:bottom-right/tr:top-right
(br, tr) = right[np.argsort(D)[::-1], :]
# Step 1.5：确定 pts 的 4 个顶点分别属于左上、左下、右上、右下顶点中的哪个
# src 是根据左上、左下、右上、右下顶点对 pts 的 4 个顶点进行排序的结果
src = np.array([tl, tr, br, bl], dtype="float32")
# ========以下 5 行是测试语句，显示计算的顶点是否正确=================
# srcx = np.array([tl, tr, br, bl], dtype="int32")
# print("看看各个顶点在哪: \n",src)    # 测试语句，查看顶点
# test=image.copy()                      # 复制 image 图像，处理用
# cv2.polylines(test,[srcx],True,(255,0,0),8)    # 在 test 内绘制得到的点
# cv2.imshow("image",test)                        # 显示绘制线条结果
# =========Step 2：根据 pts 的 4 个顶点，计算校正后图像的宽度和高度==============
# 校正后图像的大小计算比较随意，根据需要选用合适值即可
# 这里选用较长的宽度和高度作为最终宽度和高度
# 计算方式：由于图像是倾斜的，所以计算得到的 x 轴方向、y 轴方向的差值的平方根作为实际长度
# 具体图示如下，因为印刷原因可能对不齐，请在源代码文件中进一步看具体情况
#              (tl[0],tl[1])
#              |\
#              | \    heightB = np.sqrt(((tl[0] - bl[0]) ** 2)
#              |  \              + ((tl[1] - bl[1]) ** 2))
#              |   \
#              ----- (bl[0],bl[1])
widthA = np.sqrt(((br[0] - bl[0]) ** 2) + ((br[1] - bl[1]) ** 2))
widthB = np.sqrt(((tr[0] - tl[0]) ** 2) + ((tr[1] - tl[1]) ** 2))
maxWidth = max(int(widthA), int(widthB))
# 根据（左上,左下）和（右上,右下）的最大值，获取高度
heightA = np.sqrt(((tr[0] - br[0]) ** 2) + ((tr[1] - br[1]) ** 2))
heightB = np.sqrt(((tl[0] - bl[0]) ** 2) + ((tl[1] - bl[1]) ** 2))
maxHeight = max(int(heightA), int(heightB))
# 根据宽度、高度，构造新图像 dst 对应的 4 个顶点
dst = np.array([
    [0, 0],
```

```
            [maxWidth - 1, 0],
            [maxWidth - 1, maxHeight - 1],
            [0, maxHeight - 1]], dtype="float32")
    # print("看看目标如何：\n",dst)    # 测试语句
    # 构造从 src 到 dst 的变换矩阵
    M = cv2.getPerspectiveTransform(src, dst)
    # 完成从 src 到 dst 的透视转换
    warped = cv2.warpPerspective(image, M, (maxWidth, maxHeight))
    # 返回透视变换的结果
    return warped
# 标准答案
ANSWER = {0: 1, 1: 2, 2: 0, 3: 2, 4: 3}
# 答案用到的字典
answerDICT = {0: "A", 1: "B", 2: "C", 3: "D"}
# 读取原始图像（考卷）
img = cv2.imread('b.jpg')
# cv2.imshow("orgin",img)
# 图像预处理：色彩空间变换
gray=cv2.cvtColor(img,cv2.COLOR_BGR2GRAY)
# cv2.imshow("gray",gray)
# 图像预处理：高斯滤波
gaussian_bulr = cv2.GaussianBlur(gray, (5, 5), 0)
# cv2.imshow("gaussian",gaussian_bulr)
# 图像预处理：边缘检测
edged=cv2.Canny(gaussian_bulr,50,200)
# cv2.imshow("edged",edged)
# 查找轮廓
cts, hierarchy = cv2.findContours( edged.copy(),
                        cv2.RETR_EXTERNAL, cv2.CHAIN_APPROX_SIMPLE)
# cv2.drawContours(img, cts, -1, (0,0,255), 3)
# 轮廓排序
list=sorted(cts,key=cv2.contourArea,reverse=True)
print("寻找轮廓的个数：",len(cts))
# cv2.imshow("draw_contours",img)
rightSum = 0
# 可能只能找到一个轮廓，该轮廓就是答题卡的轮廓
# 由于噪声等影响，也可能找到很多轮廓
# 使用 for 循环，遍历每一个轮廓，找到答题卡的轮廓
# 对答题瞳卡进行倾斜校正处理
for c in list:
    peri=0.01*cv2.arcLength(c,True)
    approx=cv2.approxPolyDP(c,peri,True)
    print("顶点个数：",len(approx))
    # 4 个顶点的轮廓是矩形（或者是扫描造成的矩形失真为梯形）
    if len(approx)==4:
        # 对外轮廓进行倾斜校正，将其构造成一个矩形
```

```
# 处理后，只保留答题卡部分，答题卡外面的边界被删除
# 原始图像的倾斜校正用于后续标注
paper = myWarpPerspective(img, approx.reshape(4, 2))
# cv2.imshow("imgpaper", paper)
# 对原始图像的灰度图像进行倾斜校正，用于后续计算
paperGray = myWarpPerspective(gray, approx.reshape(4, 2))
# 注意，paperGray 与 paper 在外观上无差异
# 但是 paper 是色彩空间图像，可以在上面绘制彩色标注信息
# paperGray 是灰度空间图像
# cv2.imshow("paper", paper)
# cv2.imshow("paperGray", paperGray)
# cv2.imwrite("paperGray.jpg",paperGray)
# 反二值化阈值处理，将选项处理为白色，将答题卡整体背景处理黑色
ret,thresh = cv2.threshold(paperGray, 0, 255,
                           cv2.THRESH_BINARY_INV | cv2.THRESH_OTSU)
# cv2.imshow("thresh", thresh)
# cv2.imwrite("thresh.jpg",thresh)
# 在答题卡内寻找所有轮廓，此时会找到所有轮廓
# 既包含各个选项的轮廓，又包含答题卡内的说明文字等信息的轮廓
cnts, hierarchy = cv2.findContours(thresh.copy(),
                           cv2.RETR_EXTERNAL, cv2.CHAIN_APPROX_SIMPLE)
# print("找到轮廓个数: ",len(cnts))
# 用 options 来保存每一个选项（填涂和未填的选项都放进去）
options = []
# 遍历每一个轮廓 cnts，将选项放入 options
# 依据条件
# 条件 1：轮廓如果宽度、高度都大于 25 像素
# 条件 2：纵横比介于[0.6,1.3]
# 若轮廓同时满足上述两个条件，则判定其为选项；否则，判定其为噪声（说明文字等其他信息）
for ci in cnts:
    # 获取轮廓的矩形包围框
    x, y, w, h = cv2.boundingRect(ci)
    # 计算纵横比
    ar = w / float(h)
    # 满足长度、宽度大于 25 像素，纵横比介于[0.6,1.3]，加入 options
    if w >= 25 and h >= 25 and ar >= 0.6 and ar <= 1.3:
        options.append(ci)
# print(len(options))  # 查看得到多少个选项的轮廓
# 得到了很多选项的轮廓，但是它们在 options 中是无规则存放的
# 将轮廓按位置关系自上向下存放
boundingBoxes = [cv2.boundingRect(c) for c in options]
(options, boundingBoxes) = zip(*sorted(zip(options, boundingBoxes),
                           key=lambda b: b[1][1], reverse=False))
# 轮廓在 options 内是自上向下存放的
# 因此，在 options 内索引为 0、1、2、3 的轮廓是第 1 题的选项轮廓
# 索引为 4、5、6、7 的轮廓是第 2 道题的选项轮廓，以此类推
```

```python
# 简而言之，options 内轮廓以步长为 4 划分，分别对应着不同题目的 4 个轮廓
# 从 options 内每次取出 4 个轮廓，分别处理各个题目的各个选项轮廓
# 使用 for 循环，从 options 内每次取出 4 个轮廓，处理每一道题的 4 个选项的轮廓
# for 循环使用 tn 表示题目序号 topic number，i 表示轮廓序号（从 0 开始，步长为 4）
for (tn, i) in enumerate(np.arange(0, len(options), 4)):
    # 需要注意的是，取出的 4 个轮廓对应某一道题的 4 个选项
    # 这 4 个选项的存放是无序的
    # 将轮廓按照坐标值实现自左向右顺次存放
    # 将选项 A、选项 B、选项 C、选项 D 按照坐标值顺次存放
    boundingBoxes = [cv2.boundingRect(c) for c in options[i:i + 4]]
    (cnts, boundingBoxes) = zip(*sorted(zip(options[i:i + 4],
                                            boundingBoxes),
                    key=lambda b: b[1][0], reverse=False))
    # 构建列表 ioptions，用来存储当前题目的每个选项(像素值非 0 的轮廓的个数，序号)
    ioptions=[]
    # 使用 for 循环，提取出 4 个轮廓的每一个轮廓 c(contour)及其序号 ci(contours index)
    for (ci, c) in enumerate(cnts):
        # 构造一个和答题卡同尺寸的掩模 mask，灰度图像，黑色（像素值均为 0）
        mask = np.zeros(paperGray.shape, dtype="uint8")
        # 在 mask 内，绘制当前遍历的选项轮廓
        cv2.drawContours(mask, [c], -1, 255, -1)
        # 使用按位与运算的掩模模式，提取当前遍历的选项
        mask = cv2.bitwise_and(thresh, thresh, mask=mask)
        # cv2.imshow("c" + str(i)+","+str(ci), mask)
        # 计算当前遍历选项内像素值非 0 的轮廓个数
        total = cv2.countNonZero(mask)
        # 将选项像素值非 0 的轮廓的个数、选项序号放入列表 options 内
        ioptions.append((total,ci))
    # 将每道题的 4 个选项按照像素值非 0 的轮廓的个数降序排序
    ioptions=sorted(ioptions,key=lambda x: x[0],reverse=True)
    # 获取包含最多白色像素点的选项索引（序号）
    choiceNum=ioptions[0][1]
    # 根据索引确定选项
    choice=answerDICT.get(choiceNum)
    # print("该生的选项：",choice)
    # 设定标注的颜色类型
    if ANSWER.get(tn) == choiceNum:
        # 正确时，颜色为绿色
        color = (0, 255, 0)
        # 答对数量加 1
        rightSum +=1
    else:
        # 错误时，颜色为红色
        color = (0, 0, 255)
    cv2.drawContours(paper, cnts[choiceNum], -1, color, 2)
# cv2.imshow("result", paper)
```

```
       s1 = "total: " + str(len(ANSWER)) + ""
       s2 = "right: " + str(rightSum)
       s3 = "score: " + str(rightSum*1.0/len(ANSWER)*100)+""
       font = cv2.FONT_HERSHEY_SIMPLEX
       cv2.putText(paper, s1 + "  " + s2+"  "+s3, (10, 30),
                       font, 0.5, (0, 0, 255), 2)
       cv2.imshow("score", paper)
       # 找到第一个具有 4 个顶点的轮廓就是答题卡，用 break 语句跳出循环
       break
cv2.waitKey(0)
cv2.destroyAllWindows()
```

运行上述程序，输出结果如图 9-16 所示。

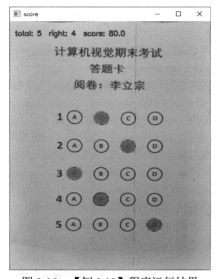

图 9-16 【例 9.10】程序运行结果

第 10 章

隐身术

拥有隐身能力是人类的一个梦想，随着计算机视觉的发展，实现隐身变得可行。本章将讨论隐身术的基本原理，其原理示意图如图 10-1 所示。图 10-1 中各图像具体为

- 图像 A：原始背景。该图像采集自某个特定时刻，是希望被伪装成的背景。
- 图像 B：实际前景（红斗篷）。此时，前景中有两个人，其中左边的人，正常着装，右边的人身穿作为伪装的红斗篷。
- 图像 C：红斗篷对应的原始背景。该图像是从图像 A 中提取的，是图像 A 中对应图像 B 中红斗篷位置的图像，是用来替换红斗篷位置的图像。
- 图像 D：抠除红斗篷的前景。该图像是图像 B 抠除红斗篷位置的图像的图像。
- 图像 E：隐身效果。该图像是通过图像 C +图像 D 得到的。

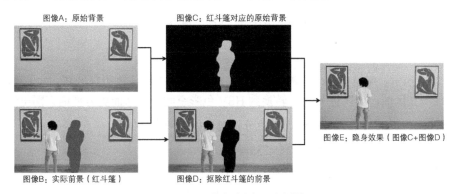

图 10-1　隐身术原理示意图

由图 10-1 可知，可以在特定背景、特定伪装色的前提下实现隐身术。

10.1　图像的隐身术

为了便于理解，先以图片为例对隐身术的基本原理和具体实现进行简要说明。

10.1.1　基本原理与实现

隐身术原理图如图 10-2 所示，在通过原始背景（图像 A）获取红斗篷对应的原始背景（图像 C），通过实际前景（图像 B）获取抠除红斗篷的前景（图像 D）时，需要借助掩模图像。

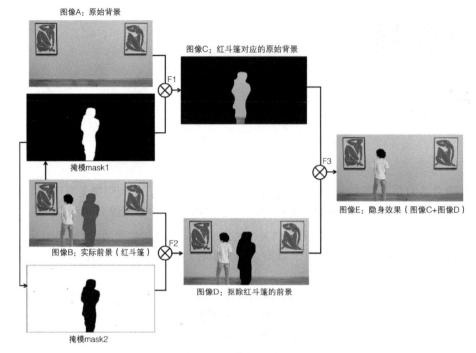

图像A：原始背景

图像C：红斗篷对应的原始背景

掩模mask1

图像B：实际前景（红斗篷）

图像D：抠除红斗篷的前景

图像E：隐身效果（图像C+图像D）

掩模mask2

图 10-2　隐身术原理图

下面对图 10-2 中的各个图像及使用的运算进行简单介绍。

1. 掩模 mask1

如图 10-2 所示，掩模 mask1 来源于图像 B，是图像 B 中红斗篷所在区域。为了获取图像 B 中的红斗篷所在区域，可以将图像 B 转换到 HSV 色彩空间中，从而更方便地识别出红色区域。

在 OpenCV 的 HSV 色彩空间中，红色分量包含如下两个区间：

- HSV 的值从[0,100,100]到[10,255,255]。
- HSV 的值从[160,100,100]到[179,255,255]。

在图像 B 中指定上述红色分量区间，即可获得红斗篷所在区域。

【例 10.1】从实际前景图像 B 中获取掩模 mask1。

根据题目要求及分析，编写程序如下：

```
# ===============导入库==================
import cv2
import numpy as np
# ===============读取前景图像、背景图像===============
B=cv2.imread("fore.jpg")
cv2.imshow('B',B)
# ============获取掩模图像 mask1=================
# 转换到 HSV 色彩空间，以便识别红色区域
hsv = cv2.cvtColor(B, cv2.COLOR_BGR2HSV)
# 红色区间 1
redLower = np.array([0,100,100])
```

```
redUpper = np.array([10,255,255])
maskA = cv2.inRange(hsv,redLower,redUpper)
# 红色区间 2
redLower = np.array([160,100,100])
redUpper = np.array([179,255,255])
maskB = cv2.inRange(hsv,redLower,redUpper)
# 红色整体区间 = 红色区间 1+红色区间 2
mask1 = maskA+maskB
# =============显示图像 mask1==================
cv2.imshow('mask1',mask1)
cv2.waitKcy()
cv2.destroyAllWindows()
```

运行上述程序，输出结果如图 10-3 所示。图 10-3 左图是实际前景（图像 B），图 10-3 右图是实际前景 B 中根据 HSV 色彩空间中的红色分量值获取的掩模 mask1。

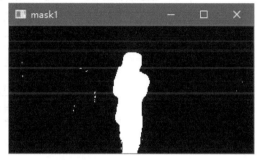

图 10-3　【例 10.1】程序运行结果

2. 掩模 mask2

如图 10-2 所示，掩模 mask2 来源于掩模 mask1，是通过对掩模 mask1 进行反色得到的。使掩模 mask1 反色，可以通过多种方式实现，例如：

- 按位取反。
- 255–mask1
- 反二值化阈值处理。

下面，分别对这三种方法进行介绍。

1）方式 A：按位取反

通过按位取反将像素值逐位取反，即逐位将像素值对应的二进制数中的 0 处理为 1，1 处理为 0。在掩模 mask1 中，像素值仅有两种可能，0（对应黑色）和 255（对应白色）。

对数值 0（对应二进制数为 0000 0000）按位取反，会得到二进制数 1111 1111，该数对应的十进数为 255。也就是说，数值 0（黑色）在按位取反后会得到数值 255（白色）。

对数值 255（对应二进制数为 1111 1111）按位取反，会得到二进制数 0000 0000，该数对应的十进制数为 0。也就是说，数值 255（白色）在按位取反后会得到数值 0（黑色）。

通过上述分析可知，通过按位取反能够实现掩模 mask1 反色。

2）255-mask1

用数值 255 与掩模 mask1 进行减法运算，相当于用一个与掩模 mask1 等大小的、像素值均为 255 的图像减掩模 mask1，此时得到的是掩模 mask1 的反色图像。

在掩模 mask1 中，像素值仅有两种可能，即 0（对应黑色）和 255（对应白色）。当掩模 mask1 中的像素值为 0（黑色）时，得到的结果为"255-0=255"，对应白色；当掩模 mask1 中的像素值为 255（白色）时，得到的结果为"255-255=0"，对应黑色。

图 10-4 演示了用 255 减去一个图像的像素值效果及颜色效果。

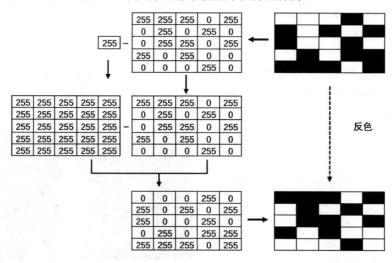

图 10-4　用 255 减去一个图像的像素值效果及颜色效果

3）反二值化阈值处理

通过使用 threshold 函数进行反二值化阈值处理，可以将一个仅有黑白两种颜色的图像反色，具体语句为

```
t,mask2c = cv2.threshold(mask1,127,255,cv2.THRESH_BINARY_INV)
```

上述语句使用了参数为 cv2.THRESH_BINARY_INV（反二值化阈值）的 threshold 函数，其处理过程为

- 若像素值大于 127（阈值），则将其处理为 0。
- 若像素值小于或等于 127（阈值），则将其处理为 255。

因此，上述语句可以实现掩模 mask1 反色。

【例 10.2】使用不同方式对掩模 mask1 进行反色处理。

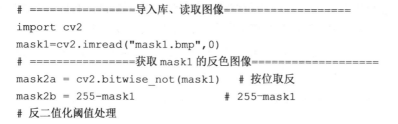

```
# ===============导入库、读取图像===================
import cv2
mask1=cv2.imread("mask1.bmp",0)
# ===============获取 mask1 的反色图像===================
mask2a = cv2.bitwise_not(mask1)    # 按位取反
mask2b = 255-mask1                 # 255-mask1
# 反二值化阈值处理
```

```
t,mask2c = cv2.threshold(mask1,127,255,cv2.THRESH_BINARY_INV)
# ================显示图像==================
cv2.imshow('mask1',mask1)
cv2.imshow('mask2a',mask2a)
cv2.imshow('mask2b',mask2b)
cv2.imshow('mask2c',mask2c)
cv2.waitKey()
cv2.destroyAllWindows()
```

运行上述程序，输出结果如图 10-5 所示。图 10-5 左图是掩模 mask1，图 10-5 右侧三幅图像是使用不同方式得到反色结果。

图 10-5　【例 10.2】程序运行结果

3. 运算 F1

如图 10-2 所示，运算 F1 是以图像 mask1 为掩模，将原始背景（图像 A）与自身进行按位与运算得到的红斗篷区域对应的原始背景（图像 C）的运算。

按位与运算的逻辑如表 10-1 所示。从表 10-1 中可以看出，无论数值 1 还是数值 0 在与自身相与时结果都保持不变。

表 10-1　按位与运算的逻辑

算　子　1	算　子　2	结　　　果	规　　　则
0	0	0	and(0,0)=0
0	1	0	and(0,1)=0
1	0	0	and(1,0)=0
1	1	1	and(1,1)=1

由于任何数值与自身相与对应的都是两个相同的二进制数相与，因此结果都保持不变。例如，某十进制数 X，其对应的二进制数为 $b_7b_6b_5b_4\ b_3b_2b_1b_0$，与自身进行按位与运算后，得到的二进制数仍是 $b_7b_6b_5b_4\ b_3b_2b_1b_0$，对应的十进制数仍是 X，如表 10-2 所示。

表 10-2　与自身进行按位与运算示例

说　　　明	二进制数	十进制数
二进制数	$b_7b_6b_5b_4\ b_3b_2b_1b_0$	X
二进制数	$b_7b_6b_5b_4\ b_3b_2b_1b_0$	X
按位与运算结果	$b_7b_6b_5b_4\ b_3b_2b_1b_0$	X

举例来说，十进制数 126，其对应的二进制数为 0111 1110，与自身按位相与后得到的二进制数仍是 0111 1110，对应的十进制数仍是 126。

按位与运算允许指定掩模。在具体运算时，仅将掩模指定的部分保留，将其余部分处理为 0。在运算结果中：

● 与掩模中非 0 像素值对应部分来源于原始图像。

- 与掩模中 0 像素值（黑色）对应部分处理为 0（黑色）。

【例 10.3】 在按位与运算中使用掩模，获取原始背景图像的指定部分。

```
# ================导入库、读取图像==================
import cv2
A=cv2.imread("back.jpg")
mask1=cv2.imread("mask1.bmp",0)
# ===============掩模控制的按位与运算==================
C = cv2.bitwise_and(A,A,mask=mask1)
# ===============显示图像==================
cv2.imshow('A',A)
cv2.imshow('mask1',mask1)
cv2.imshow('C',C)
cv2.waitKey()
cv2.destroyAllWindows()
```

运行上述程序，输出结果如图 10-6 所示。图 10-6 最左侧的图像是原始背景（图像 A），中间的图像是掩模图像 mask1，最右侧的图像是处理结果红斗篷区域对应的原始背景（图像 C）。

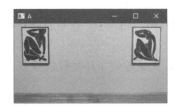  

图 10-6 【例 10.3】程序运行结果

4. 运算 F2

如图 10-2 所示，运算 F2 是以图像 mask2 为掩模，将实际前景（图像 B）与自身进行按位与运算得到抠除红斗篷区域的前景（图像 D）的运算。

需要注意的是，按位与运算保留的是掩模指定的白色区域。因此，通过运算 F2 能够得到抠除红斗篷区域的前景（图像 D）。

【例 10.4】 在按位与运算中使用掩模，获取实际前景图像的指定部分。

```
# ================导入库、读取图像==================
import cv2
B=cv2.imread("fore.jpg")
mask2=cv2.imread("mask2.bmp",0)
# ================掩模控制的按位与运算==================
D = cv2.bitwise_and(B,B,mask=mask2)
# ================显示图像==================
cv2.imshow('B',B)
cv2.imshow('mask2',mask2)
cv2.imshow('D',D)
cv2.waitKey()
cv2.destroyAllWindows()
```

运行上述程序，输出结果如图 10-7 所示。图 10-7 最左侧的图像是实际前景（图像 B），中间的图像是掩模图像 mask2，最右侧的图像是处理结果抠除红斗篷区域的前景（图像 D）。

图 10-7　【例 10.4】程序运行结果

5. 运算 F3

如图 10-2 所示，运算 F3 是加法运算。数学上的加法运算比较简单，但是在图像进行加法运算时要考虑数值表示范围、运算需求等多种因素。

一般来说，8 位位图表示的像素值范围为 0000 0000～1111 1111，也就是十进制数的 0～255。因此，8 位位图能表示的最大像素值是 255。

在 8 位位图中进行像素处理时，若像素值超过了 255，则称之为数值越界。针对数值越界，有两种处理方式。

- 饱和处理：这种处理方式把越界的数值处理为最大值。例如，汽车仪表盘能显示的最高时速是 200km，当汽车时速达到 300km 时，汽车仪表盘显示的车速为 200km/h。
- 取模处理：这种处理方式又称为循环取余。例如，墙上的时钟，只能显示 1～12 点。13 点实际显示的是 1 点。

在图像处理过程中，可以根据实际需求场景，从上述两种处理方式中选择一种来完成运算。

除此以外，图像在进行加法运算时可能还需要对两幅图像进行不同比例的融合。

总体来说，图像的加法运算主要包含以下三种不同的方法：

- 运算符"+"。
- add 函数。
- 加权和函数 addWeighted。

下面分别对上述三种方法进行介绍。

1）运算符"+"

在使用运算符"+"对图像 a（像素值为 a）和图像 b（像素值为 b）进行求和运算时，遵循以下规则：

$$a+b=\begin{cases} a+b & a+b \leqslant 255 \\ \mathrm{mod}(a+b,256) & a+b \leqslant 255 \end{cases}$$

其中，mod() 是取模运算，mod($a+b$, 256) 表示使($a+b$)的值除以 256 后取余。

根据上述规则，在两个像素值进行加法运算时有如下两种情况：

- 若两幅图像对应像素值的和小于或等于 255，则直接相加得到运算结果。例如，像素值 28 和像素值 36 相加，最终计算结果为 64。
- 若两幅图像对应像素值的和大于 255，则将运算结果对 256 取模。例如，255+58=313，313 大于 255，则(255+58)% 256 = 57，最终计算结果为 57。

上述公式也可以简化为 $(a+b) = \mathrm{mod}(a+b, 256)$，在运算时无论相加的和是否大于 255，都对数值 256 取模。

【例 10.5】 使用随机数组模拟灰度图像，观察使用运算符"+"对像素值求和的结果。

分析：数据类型 np.uint8 表示的数据范围是 [0,255]。将数组的数值类型定义为 dtype=np.uint8，可以保证数组值的范围为 [0,255]。

根据题目要求及分析，编写程序如下：

```
import numpy as np
img1=np.random.randint(0,256,size=[3,3],dtype=np.uint8)
img2=np.random.randint(0,256,size=[3,3],dtype=np.uint8)
print("img1=\n",img1)
print("img2=\n",img2)
print("img1+img2=\n",img1+img2)
```

运行上述程序，得到如下结果：

```
img1=
 [[178  83  29]
 [202 200 158]
 [ 27 177 162]]
img2=
 [[ 26  48  57]
 [ 52 153   8]
 [ 10 232   7]]
img1+img2=
 [[204 131  86]
 [254  97 166]
 [ 37 153 169]]
```

从上述程序运行结果可知，使用运算符"+"计算两个 256 级灰度图像内的像素值的和时，运算结果会对 256 取模。

需要注意的是，本例中的加法要进行取模是由数组的类型 dtype=np.uint8 规定的。np.uint8 类型的数值范围是 [0,255]。

2）函数 add

函数 add 可以用来计算图像像素值相加的和，语法格式为

计算结果=cv2.add(像素值 a,像素值 b)

使用函数 add 对像素值 a 和像素值 b 进行求和运算时，若求得的和超过当前图像像素值所能表示的范围，则使用所能表示范围的最大值作为计算结果。该最大值一般被称为图像的像素饱和值，所以使用函数 add 求和一般被称为饱和值求和（又称饱和求和、饱和运算、饱和求和运算等）。

例如，8 位位图的饱和值为 255，因此在对 8 位位图的像素值求和时，遵循以下规则：

$$a+b = \begin{cases} a+b & a+b \leqslant 255 \\ 255 & a+b > 255 \end{cases}$$

根据上述规则，在对 8 位位图中的两个像素点进行加法运算时有如下两种情况：

- 若两个像素值的和小于或等于 255，则直接相加得到运算结果。例如，像素值 28 和像素值 36 相加，最终计算结果为 64。
- 若两个像素值的和大于 255，则将运算结果处理为饱和值 255。例如，255+58=313，313 大于 255，最终计算结果为 255。

需要注意的是，函数 add 中的参数可能有如下三种形式。

- 计算结果=cv2.add(图像 1,图像 2)，两个参数都是图像。此时，参与运算的图像大小和类型必须保持一致。
- 计算结果–cv2.add(数值 N,图像 I)，第一个参数是数值，第二个参数是图像。该运算将数值 N 加到图像 I 的每一个像素点的像素值上。或者理解为，在进行该运算时，先构造一个和图像 I 等尺寸的图像 NI，其中像素值都是数值 N，然后计算 cv2.add(图像 NI,图像 I)的结果。此时，将超过图像饱和值的数值处理为饱和值（最大值）。
- 计算结果=cv2.add(图像 I,数值 N)，第一个参数是图像，第二个参数是数值。这种形式与"计算结果=cv2.add(数值 N,图像 I)"的计算方式相似。该运算将数值 N 加到图像 I 的每一个像素点的像素值上。或者理解为先构造一个和图像 I 等尺寸的图像 NI，其中像素值都是数值 N，然后计算 cv2.add(图像 I, 图像 NI)的结果。此时，将超过图像饱和值的数值处理为饱和值（最大值）。

【例 10.6】 使用随机数组模拟灰度图像，观察函数 add 对像素值求和的结果。

根据题目要求，编写程序如下：

```
import numpy as np
import cv2
img1=np.random.randint(0,256,size=[3,3],dtype=np.uint8)
img2=np.random.randint(0,256,size=[3,3],dtype=np.uint8)
print("img1=\n",img1)
print("img2=\n",img2)
img3=cv2.add(img1,img2)
print("cv2.add(img1,img2)=\n",img3)
```

运行上述程序，得到如下计算结果：

```
img1=
 [[136 212   1]
 [ 47 234  85]
 [197 107 169]]
img2=
 [[109 212  62]
 [ 19 218 245]
 [ 19 103 137]]
cv2.add(img1,img2)=
 [[245 255  63]
 [ 66 255 255]
 [216 210 255]]
```

从上述程序运行结果可知，使用函数 add 求和时，如果两个像素值的和大于 255，那么将运算结果处理为饱和值 255。

【例 10.7】分别使用运算符"+"和函数 add 计算两幅灰度图像的像素值之和，观察处理结果。

根据题目要求，编写程序如下：

```
import cv2
a=cv2.imread("lena.bmp",0)
b=a
result1=a+b
result2=cv2.add(a,b)
cv2.imshow("original",a)
cv2.imshow("result1",result1)
cv2.imshow("result2",result2)
cv2.waitKey()
cv2.destroyAllWindows()
```

上述程序先读取了图像 lena 并将其标记为变量 a；然后使用语句"b=a"将图像 lena 复制到变量 b 内；最后分别使用运算符"+"和函数 add 计算 a 和 b 之和。

运行上述程序，输出如图 10-8 所示，其中：

- 图 10-8 左图是原始图像 lena。
- 图 10-8 中间的图是使用运算符"+"将图像 lena 自身相加的结果。
- 图 10-8 右图是使用函数 add 将图像 lena 自身相加的结果。

图 10-8　【例 10.7】程序运行结果

从图 10-8 可以看出：

- 使用运算符"+"计算图像像素值之和时，和大于 255 的像素值进行了取模处理，取模后大于 255 的像素值变得更小了，因此本来应该更亮的像素点变得更暗了，所得图像看起来不自然。
- 使用函数 add 计算图像像素值之和时，和大于 255 的像素值被处理为饱和值 255。图像像素值相加后图像的像素值增大了，图像整体变亮。

3）加权和

OpenCV 提供了函数 addWeighted，该函数可用来实现图像的加权和（混合、融合），相应语法格式为

```
dst=cv2.addWeighted(src1, alpha, src2, beta, gamma)
```

其中，参数 alpha 和 beta 是 src1 和 src2 对应的系数，它们的和可以等于 1，也可以不等于 1。该函数实现的功能是 dst = saturate(src1 × alpha + src2 × beta + gamma)。其中，saturate(·)表示取饱和值（所能表示范围的最大值），alpha 表示 src1 的权重值，beta 表示 src2 的权重值，gamma表示给图像整体增加的亮度值。上述语法格式可以理解为"结果图像=计算饱和值（图像 1× 系数 1+图像 2× 系数 2+亮度调节量）"。

需要注意的是，函数 addWeighted 中的参数 gamma 的值可以是 0，但是该参数是必选参数，不能省略。

【例 10.8】使用数组演示函数 addWeighted 的使用。

根据题目要求，编写程序如下：

```
1. import cv2
2. import numpy as np
3. img1=np.random.randint(0,256,(3,4),dtype=np.uint8)
4. img2=np.random.randint(0,256,(3,4),dtype=np.uint8)
5. img3=np.zeros((3,4),dtype=np.uint8)
6. gamma=3
7. img3=cv2.addWeighted(img1,2,img2,1,gamma)
print(img3)
```

对于上述程序有

- 第 3 行生成一个 3×4 大小的二维数组，元素值在[0,255]内，对应灰度图像 img1。
- 第 4 行生成一个 3×4 大小的二维数组，元素值在[0,255]内，对应灰度图像 img2。
- 第 5 行生成一个 3×4 大小的二维数组，元素值都为 0，数据类型为 np.uint8，即该数组能够表示的最大值是 255。
- 第 6 行将亮度调节参数 gamma 的值设置为 3。
- 第 7 行计算"img1×2+img2×1+3"的饱和值。若上述表达式的和小于 255，则保留；若上述表达式的和大于或等于 255，则将其处理为 255。

运行上述程序，得到如下结果：

```
img1=
[[ 51   4 252  74]
 [192  27  31  81]
 [108   4 156 246]]
img2=
[[ 54 176 200  73]
 [ 27  37 211 186]
 [ 84  32 106  93]]
img3=
[[159 187 255 224]
 [255  94 255 255]
 [255  43 255 255]]
```

【例 10.9】使用函数 addWeighted 对两幅图像进行加权混合，观察处理结果。

根据题目要求，编写程序如下：

```
import cv2
a=cv2.imread("boat.bmp")
b=cv2.imread("lena.bmp")
result=cv2.addWeighted(a,0.6,b,0.4,0)
cv2.imshow("boat",a)
cv2.imshow("lena",b)
cv2.imshow("result",result)
cv2.waitKey()
cv2.destroyAllWindows()
```

上述程序使用 addWeighted 函数对图像 boat 和图像 lena 分别按照 0.6 和 0.4 的权重值进行混合。

运行上述程序，得到如图 10-9 所示的结果，其中：

- 图 10-9 左图是原始图像 boat。
- 图 10-9 中间的图是原始图像 lena。
- 图 10-9 右图是图像 boat 和图像 lena 加权混合后的结果图像。

图 10-9　【例 10.9】程序运行结果

【例 10.10】使用不同的方法，对图 10-2 中的图像 C 和图像 D 进行加法运算。

根据题目要求，编写程序如下：

```
import cv2
c=cv2.imread("c.bmp")
d=cv2.imread("d.bmp")
# print(c)  # 观察图像 C
e1=c+d
e2=cv2.add(c,d)
e3=cv2.addWeighted(c,1,d,1,0)
cv2.imshow("c",c)
cv2.imshow("d",d)
cv2.imshow("e1",e1)
cv2.imshow("e2",e2)
cv2.imshow("e3",e3)
print("d")
```

```
cv2.waitKey()
cv2.destroyAllWindows()
```

运行上述程序，输出结果如图 10-10 所示。在图 10-10 中，最左侧图像是图像 C，左数第 2 幅图像是图像 D，右侧 3 幅图像是使用不同方式实现的图像 C 和图像 D 进行加法运算的结果。

图 10-10　【例 10.10】程序运行结果

10.1.2　实现程序

根据上述基本原理，将各个步骤组合到一起，即可实现针对图像的隐身技术。

【例 10.11】隐身术的实现程序。

```
# ===============导入库==================
import cv2
import numpy as np
# ===============读取前景图像、背景图像===============
A=cv2.imread("back.jpg")
cv2.imshow('A',A)
B=cv2.imread("fore.jpg")
cv2.imshow('B',B)
# =============获取掩模图像 mask1/mask2==================
# 转换到 HSV 色彩空间，以便识别红色区域
hsv = cv2.cvtColor(B, cv2.COLOR_BGR2HSV)
# 红色区间 1
lower_red = np.array([0,120,70])
upper_red = np.array([10,255,255])
mask1 = cv2.inRange(hsv,lower_red,upper_red)
# 红色区间 2
lower_red = np.array([170,120,70])
upper_red = np.array([180,255,255])
mask2 = cv2.inRange(hsv,lower_red,upper_red)
# 掩模 mask1，红色整体区间 = 红色区间 1+红色区间 2
mask1 = mask1+mask2
cv2.imshow('mask1',mask1)
# 掩模 mask2，对 mask1 按位取反，获取 mask1 的反色图像
mask2 = cv2.bitwise_not(mask1)
cv2.imshow('mask2',mask2)
# ===============图像 C：背景中与前景红斗篷区域对应位置图像===============
C = cv2.bitwise_and(A,A,mask=mask1)
cv2.imshow('C',C)
# ===============图像 D：抠除红斗篷区域的前景===============
# 提取图像 B 中掩模 mask2 指定的区域
D = cv2.bitwise_and(B,B,mask=mask2)
```

```
cv2.imshow('D',D)
# ==============图像 E：图像 C+图像 D===============
E=C+D
cv2.imshow('E',E)
cv2.waitKey()
cv2.destroyAllWindows()
```

运行上述程序，输出结果如图 10-11 所示。在图 10-11 中：

- 图像 A 是原始背景。
- 图像 B 是实际前景，其中右侧的人披着红斗篷。
- 图像 C 是从图像 B 中提取出来的掩模 mask1。
- 图像 D 是依赖于图像 C 从图像 A 中提取的，该图像是用来替代图像 B 中的红斗篷区域的图像。
- 图像 E 是通过使图像 C 反色得到的。
- 图像 F 是依赖于图像 E 从图像 B 中提取的删除了红斗篷区域的前景。
- 图像 G 是图像 D 和图像 F 相加的结果，即最终的隐身结果

图 10-11　【例 10.11】程序运行结果

10.1.3　问题及优化方向

【例 10.11】实现了一个最小化的流程。

《精益创业》一书中提到了 MVP（Minimum Viable Product）方式，即最简化的可行产品，也就是用最低的成本和代价快速验证和迭代一个算法。该方式用最快的方式以最小的精力完成"开发—度量—改进"的反馈闭环。

无论学习还是工作，使用现有的资源，以最低的成本最快的速度行动起来是最关键的。

当然这样做出来的产品一定是不完美的，可能会有很多缺陷，不过没关系，我们可以慢慢改进。

这往往比一开始就尝试制作一个改变世界的产品更容易获得成功。

例如，【例 10.11】采用该思路实现了一个针对图像的隐身效果，仔细观察最后的隐身效果图可以发现原有红斗篷区域周围存在红色边缘。据此可以判断出，这个位置是有问题的，可能被处理过了。基于此可以慢慢改进、优化【例 10.11】程序。

在具体实践中，往往需要通过大量的细节工作，才能确保工作具有实践意义和价值。针对【例 10.11】，通过对掩模进行膨胀，可以删除比红斗篷区域更大的前景区域，从而实现去除最终图像中红色边缘的目的。

10.2　视频隐身术

上文针对图像实现隐身术是为了让读者更好地理解问题的思路。与图像隐身术相比，视频隐身术并没有特别之处。实现视频隐身效果时，只需先打开摄像头抓取背景信息，再进入实时采集模式即可。

【例 10.12】实现摄像头的隐身术。

```python
import cv2
import numpy as np
# 初始化
cap = cv2.VideoCapture(0)
# 获取背景信息
ret,back = cap.read()
# 实时采集
while(cap.isOpened()):
# 实时采集摄像头信息
ret, fore = cap.read()
# 没有捕捉到任何信息，中断
if not ret:
    break
# 实时显示采集到的摄像头视频信息
cv2.imshow('fore',fore)
# 色彩空间转换，由 BGR 色彩空间至 HSV 色彩空间
hsv = cv2.cvtColor(fore, cv2.COLOR_BGR2HSV)
# 红色区间 1
redLower = np.array([0,120,70])
redUpper = np.array([10,255,255])
# 红色在 HSV 色彩空间内的范围 1
maska = cv2.inRange(hsv,redLower,redUpper)
# cv2.imshow('mask1',mask1)
# 红色区间 2
redLower = np.array([170,120,70])
redUpper = np.array([180,255,255])
# 红色在 HSV 色彩空间内的范围 2
maskb = cv2.inRange(hsv,redLower,redUpper)
# cv2.imshow('mask2',mask2)
# 红色整体区间 = 红色区间 1+红色区间 2
mask1 = maska+maskb
# cv2.imshow('mask12',mask1)
# 膨胀
mask1 = cv2.dilate(mask1,np.ones((3,3),np.uint8),iterations = 1)
# cv2.imshow('maskdilate',mask1)
# 按位取反
mask2 = cv2.bitwise_not(mask1)
# cv2.imshow('maskNot',mask2)
# 提取 back 中 mask1 指定的范围
```

```
result1 = cv2.bitwise_and(back,back,mask=mask1)
# cv2.imshow('res1',res1)
# 提取 fore 中 mask2 指定的范围
result2 = cv2.bitwise_and(fore,fore,mask=mask2)
# cv2.imshow('res2',res2)
# 将 res1 和 res2 相加
result =  result1 + result2
# 显示最终结果
cv2.imshow('result',result)
k = cv2.waitKey(10)
if k == 27:
    break
cv2.destroyAllWindows()
```

运行上述程序，借助红色物体即可实现隐身效果，请大家上机验证。

第 11 章

以图搜图

以图搜图是搜索引擎和购物网站的必备功能。以图搜图示例如图 11-1 所示,左图是一张裙子的照片,右图是某购物网站基于左图实现的图搜以图功能的效果图。

图 11-1　以图搜图示例

除此以外,基于以图搜图的应用还有很多。例如,将不认识的植物的照片输入识别植物的 App 后,即可找到该植物的识别结果。

本章将简要介绍一种基于感知哈希算法(Perceptual Hash Algorithm)的以图搜图。

哈希值是数据的指纹,是数据的独一无二的特征值。任何微小的差异都会导致两个数据的哈希值完全不同。

与传统哈希值的不同之处在于,感知哈希值可以对不同数据对应的哈希值进行比较,进而可以判断两个数据之间的相似性。也就是说,借助感知哈希能够实现对数据的比较。

一般来说,相似的图像即使在尺度、纵横比不同及颜色(对比度、亮度等)存在微小差异的情况下,仍然会具有相似的感知哈希值。这个属性为使用感知哈希值进行图像检索提供了理论基础。

概念比较抽象,可以通过图 11-2 了解以图搜图的基本流程。

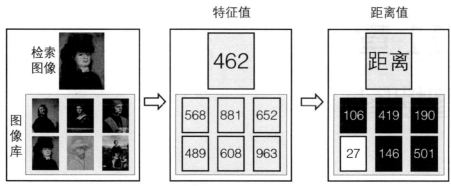

图 11-2   以图搜图基本流程示意图

由图 11-2 可知，以图搜图的基本流程是先提取所有图像的特征值（感知哈希值），然后比较检索图像和图像库中所有图像的特征值，和检索图像差值最小的图像库中的图像就是检索结果。针对图 11-2 中的利用检索图像寻找相似图像，图像库第 2 行第 1 幅图像的特征值 489 与检索图像的特征值 462 的差为 27，是所有的差值中最小的，因此该图像就是检索结果。

从上述分析可以看出，检索的关键点在于找到特征值，并计算距离。这涉及的图像处理领域中的三个关键问题如下。

- 提取哪些特征：图像有很多特征，要找到有用的特征，这是关键一步。
- 如何量化特征：简单来说就是用数字来表示特征，让特征变为可计算的。
- 如何计算距离：有很多种不同的计算距离的方式，从中选择一种合适的即可，本章将使用汉明距离来衡量距离。

11.1　原理与实现

本节将对以图搜图的基本原理及实现进行简单介绍。

11.1.1　算法原理

采用感知哈希算法实现以图搜图，主要包含以下过程。

1．减小尺寸

将图像减小至 8 像素×8 像素大小，总计 64 像素。

减小尺寸的作用在于去除图像内的高频和细节信息，仅保留图像中最重要的结构、亮度等信息。尺寸减小后的图像看起来是非常模糊的。

该步骤不需要考虑纵横比等问题，无论原始图像如何，一律处理为 8 像素×8 像素大小。这样的处理，能够让算法适用于各种尺度的图像。

需要注意的是，该方法虽然简单，但是在学习深度学习方法后会发现，该方法与深度学习方法提取图像特征的基本思路是一致的。当然，本章的特征提取相对比较粗糙，而深度学习方法提取的特征更具有抽象性。

2. 简化色彩

将图像从色彩空间转换到灰度空间。

例如，在 RGB 色彩空间中，每个像素点对应三个像素值（分别是 R、G、B），此时图像中的 64 个像素点共包含 64×3 个像素值。在将图像转换至灰度空间后，每个像素点仅有一个像素值，此时图像中的 64 个像素点共包含 64 个像素值。

3. 计算像素点均值

计算图像中 64 个像素点的均值 M。

4. 构造感知哈希位信息

依次将每个像素点的像素值与均值 M 进行比较。像素值大于或等于均值 M 的像素点记为 1；否则，记为 0。

5. 构造一维感知哈希值表

将上一步得到的 64 个 1 或 0 组合在一起，得到当前图像的一维感知哈希值表。

需要说明的是，64 个像素值的组合顺序并不重要，但需针对所有图像采用相同的顺序组合。通常情况下，采用从左到右从上到下的顺序拼接所有特征值。

经过上述处理得到的感知哈希值可以看作图像的指纹。在图像被缩放或纵横比发生变化时，它的感知哈希值不会改变。通常情况下，调整图像的亮度或对比度，甚至改变图像的颜色都不会显著改变感知哈希值。

重要的是，这种提取感知哈希值的方法的速度非常快。

综上所述，感知哈希值提取过程示意图如图 11-3 所示。

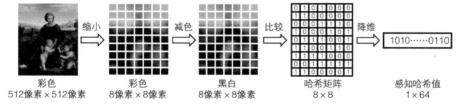

图 11-3　感知哈希值提取过程示意图

按照上述方式分别提取检索图像和图像库内图像的感知哈希值。

依次将检索图像的感知哈希值与图像库内图像的感知哈希值进行比较，距离最小的图像就是检索结果。

比较时，可以采用汉明距离来衡量不同图像之间的距离。具体为，将两幅图像的感知哈希值不同的位个数作为二者的距离。距离为 0，表示二者可能是非常相似的图像（或同一幅图像的变体）；距离较小，表示二者之间可能有一些不同，但它们十分相似；距离较大，表示二者的差距较大；距离非常大，表示二者可能是完全不同的两幅图像。

为了便于理解，以 4 位感知哈希值为例说明距离的计算。

- 检索图像 S，其感知哈希值为 "1011"。

- 图像库内图像 DA，其感知哈希值为 "1010"。该值与检索图像的感知哈希值 "1011" 相比，仅第 4 位上的值不同，因此二者的距离为 1。
- 图像库内图像 DB，其感知哈希值为 "1011"。该值与检索图像的感知哈希值 "1011" 完全相同，因此二者距离为 0。
- 图像库内图像 DC，其感知哈希值为 "0010"。该值与检索图像的感知哈希值 "1011" 相比，第 1 位、第 4 位上的值均不同，因此二者的距离为 2。

11.1.2 感知哈希值计算方法

本节将按照感知哈希值的计算步骤，简单介绍如何计算感知哈希值。

1. 减小尺寸

OpenCV 提供了函数 resize，该函数可实现图像的缩放，具体形式为

```
dst = cv2.resize( src, dsize )
```

【例 11.1】将一副图像缩小为 8 像素×8 像素大小。

```
import cv2
img=cv2.imread("lena.bmp")
size=(8,8)
rst=cv2.resize(img,size)
print("img.shape=",img.shape)
print("rst.shape=",rst.shape)
```

运行上述程序，输出结果为

```
img.shape= (512, 512, 3)
rst.shape= (8, 8, 3)
```

由程序运行结果可知，原始图像 img 的大小为 512 像素×512 像素，使用函数 resize 处理后变为 8 像素×8 像素。其中 3 表示两幅图像都是彩色图像都具有 3 个通道，分别是 B 通道、G 通道、R 通道。

2. 简化色彩

OpenCV 提供了函数 cvtColor，该函数可实现图像色彩空间的转换，具体形式为

```
dst = cv2. cvtColor ( src, 类型 )
```

当类型参数为 cv2.COLOR_BGR2GRAY 时，可以将图像从 BGR 色彩空间转换到灰度空间。

【例 11.2】将一幅彩色图像转换到灰度空间。

```
import cv2
img=cv2.imread("rst.bmp")
rst=cv2.cvtColor(img,cv2.COLOR_BGR2GRAY)
print("img.shape=",img.shape)
print("rst.shape=",rst.shape)
```

运行上述程序，输出结果为

```
img.shape= (8, 8, 3)
```

```
rst.shape= (8, 8)
```

由程序运行结果可知，原始图像 img 是彩色图像，具有 3 个通道，分别是 B 通道、G 通道、R 通道。而处理后的图像 rst 是灰度图像，仅有一个通道，大小为 8 像素×8 像素。

3. 计算像素点均值

使用 NumPy 的 Mean 函数能够很方便地计算均值。

【例 11.3】计算一幅图像内所有像素点的均值。

```
import numpy as np
import cv2
img=cv2.imread("rst88.bmp",-1)
print("img=\n",img)
m=np.mean(img)
print("平均值: ",m)
```

运行上述程序，输出结果为

```
img=
 [[171 104 131 126 126 160 139  99]
 [147 105 119 153 208 153 147  57]
 [151  99 107 162 175 194  40 159]
 [144 101 124  53 175  43  55 158]
 [136 112 127  79 137  56 156 174]
 [150  41 213  77 108  73 145 207]
 [106  47 117  69 152 134 132  97]
 [ 91  58 129  89 136 204  48  77]]
平均值: 121.28125
```

4. 构造感知哈希位信息

将图像与一个特定值比较，能够得到逻辑值（False 或 True）。使用 astype(int)能够将逻辑值转换为整数值，即将 False 转换为 0，True 转换为 1。

【例 11.4】根据图像内像素点像素值与均值的关系构造特征矩阵。如果像素点的像素值大于均值，则得到 1；如果像素点的像素值小于或等于均值，得到 0。

```
import numpy as np
import cv2
img=cv2.imread("rst88.bmp",-1)
print("img=\n",img)
m=np.mean(img)
print("平均值: ",m)
r=img>m
print("特征值:\n",r.astype(int))
```

运行上述程序，输出结果为

```
img=
 [[171 104 131 126 126 160 139  99]
 [147 105 119 153 208 153 147  57]
```

```
[151  99 107 162 175 194  40 159]
[144 101 124  53 175  43  55 158]
[136 112 127  79 137  56 156 174]
[150  41 213  77 108  73 145 207]
[106  47 117  69 152 134 132  97]
[ 91  58 129  89 136 204  48  77]]
```
平均值：121.28125

特征值：

```
[[1 0 1 1 1 1 1 0]
 [1 0 0 1 1 1 1 0]
 [1 0 0 1 1 1 0 1]
 [1 0 1 0 1 0 0 1]
 [1 0 1 0 1 0 1 1]
 [1 0 1 0 0 0 1 1]
 [0 0 0 0 1 1 1 0]
 [0 0 1 0 1 1 0 0]]
```

可以直接使用该二维数组计算距离，为了便于理解也可以将该二维数组转换为一维数组。

5. 构造一维感知哈希值表

将上一步得到的二维数组转换为一维数组，得到一维感知哈希值表。

Python 中实现数组降维的方式有多种，主要有

- 函数 reshape(-1)。
- 函数 ravel。
- 函数 flatten。

【例 11.5】 使用不同的方式将二维数组处理为一维数组。

```python
import numpy as np
import cv2
img=cv2.imread("rst88.bmp",-1)
m=np.mean(img)
r=(img>m).astype(int)
print("特征值:\n",r)
r1=r.reshape(-1)
r2=r.ravel()
r3=r.flatten()
print("r1=\n",r1)
print("r2=\n",r2)
print("r3=\n",r3)
```

运行上述程序，输出结果为

特征值：

```
[[1 0 1 1 1 1 1 0]
 [1 0 0 1 1 1 1 0]
 [1 0 0 1 1 1 0 1]
 [1 0 1 0 1 0 0 1]
```

```
[1 0 1 0 1 0 1 1]
[1 0 1 0 0 0 1 1]
[0 0 0 0 1 1 1 0]
[0 0 1 0 1 1 0 0]]
r1=
[1 0 1 1 1 1 1 0 1 0 0 1 1 1 1 0 1 0 0 1 1 1 0 1 1 0 1 0 1 0 0 1 1 0 1 0 1
 0 1 1 1 0 1 0 0 0 1 1 0 0 0 0 1 1 1 0 0 0 1 0 1 1 0 0]
r2=
[1 0 1 1 1 1 1 0 1 0 0 1 1 1 1 0 1 0 0 1 1 1 0 1 1 0 1 0 1 0 0 1 1 0 1 0 1
 0 1 1 1 0 1 0 0 0 1 1 0 0 0 0 1 1 1 0 0 0 1 0 1 1 0 0]
r3=
[1 0 1 1 1 1 1 0 1 0 0 1 1 1 1 0 1 0 0 1 1 1 0 1 1 0 1 0 1 0 0 1 1 0 1 0 1
 0 1 1 1 0 1 0 0 0 1 1 0 0 0 0 1 1 1 0 0 0 1 0 1 1 0 0]
```

从程序运行结果可以看出，可以通过不同的方式实现数组降维。需要注意的是，函数 ravel 和函数 flatten 虽然都能实现数组降维，但是二者有所差别，具体如下。

- 函数 ravel：将原始数据转换为一维数组，返回的是视图（View），对该视图进行修改会对原始数组造成影响。

- 函数 flatten：将原始数据转换为一维数组，返回的是副本（Copy，拷贝，又称复制品），对副本进行修改不会对原始数组影响造成。

【例 11.6】设计程序，观察函数 ravel 和函数 flatten 的区别。

```
import numpy as np
# 测试函数 ravel
a=np.array([1,2,3,4])    # 为了更直观地显现区别，选用一维数组
ar=a.ravel()
ar[1]=666
print("a=",a)
print("ar=",ar)
# 测试函数 flatten
b=np.array([1,2,3,4])
bf=a.flatten()
bf[1]=666
print("b=",b)
print("bf=",bf)
```

运行上述程序，输出结果为

```
a= [  1 666   3   4]
ar= [  1 666   3   4]
b= [1 2 3 4]
bf= [  1 666   3   4]
```

从程序运行结果可以看出，函数 ravel 返回的是视图，运算前后数组的值是同步更新的；函数 flatten 返回的是副本，运算前后的数组是独立的，它们的值不会同步更新。

11.1.3 感知哈希值计算函数

在检索图像时，需要提取检索图像的感知哈希值，也要提取图像库内所有图像的感知哈希值。为了更方便地进行提取，将提取感知哈希值的过程封装为函数。

【例 11.7】构造函数，实现感知哈希值的计算。

```python
import cv2
import numpy as np
# ===============构造提取感知哈希值函数===============
def getHash(I):
    size=(8,8)
    I=cv2.resize(I,size)
    I=cv2.cvtColor(I,cv2.COLOR_BGR2GRAY)
    m=np.mean(I)
    r=(I>m).astype(int)
    x=r.flatten()
    return x
# ===============测试感知哈希值提取函数===============
o=cv2.imread("lena.bmp")
h=getHash(o)
print("lena.bmp 的感知哈希值为: \n",h)
```

运行上述程序，输出结果为

```
lena.bmp 的感知哈希值为:
 [1 0 1 1 1 1 1 0 1 0 0 1 1 1 1 0 1 0 0 1 1 1 0 1 1 0 1 0 1 0 0 1 1 0 1 0 1
 0 1 1 1 0 1 0 0 0 1 1 0 0 0 0 1 1 1 0 0 0 1 0 1 1 0 0]
```

11.1.4 计算距离

比较感知哈希值时，可以采用汉明距离来衡量二者的距离，具体为将两个感知哈希值位值不同的位个数作为二者的距离。假设感知哈希值 test 为"1011"：

- 感知哈希值 x1 值为"1010"，test1 与 x1 只有第 4 位上的值不同，因此二者的距离为 1。
- 感知哈希值 x2 值为"1011"，test1 与 x2 完全相同，因此二者距离为 0。
- 感知哈希值 x3 值为"0010"，test1 与 x3 第 1 位、第 4 位上的值均不同，因此二者的距离为 2。

可以借助 OpenCV 中的按位异或运算函数 cv2.bitwise_xor() 来计算两个感知哈希值之间的距离。

在进行按位异或运算时，若运算数相同则返回 0，若运算数不同则返回 1。

按位异或运算是将两个数值按二进制位逐位进行异或运算。按位异或运算函数 cv2.bitwise_xor() 的语法格式为

```python
dst = cv2.bitwise_xor( src1, src2 )
```

该函数逐位对 src1 和 src2 进行异或运算，并将结果返回。将上述运算结果逐位相加求和，得到的值就是两个感知哈希值的汉明距离。例如：

- cv2.bitwise_xor("1011", "1010")的返回值为"0001", 将"0001"逐位相加求和"0+0+0+1=1"。因此,"1011"和"1010"的距离为 1。
- cv2.bitwise_xor("1011", "1011")的返回值为"0000", 对"0000"逐位相加求和"0+0+0+0=0"。因此,"1011"和"1011"的距离为 0。
- cv2.bitwise_xor("1011","0010")的返回值为"1001", 对"1001"逐位求和"1+0+0+1=2"。因此,"1011"和"0010"的距离为 2。

【例 11.8】构造函数,计算哈希值距离。

```python
import numpy as np
import cv2
# ==========构造计算汉明距离函数==========
def hamming(h1, h2):
    r=cv2.bitwise_xor(h1,h2)
    h=np.sum(r)
    return h
# ==========使用函数计算距离==========
test=np.array([0,1,1,1])
x1=np.array([0,1,1,1])
x2=np.array([1,1,1,1])
x3=np.array([1,0,0,0])
t1=hamming(test,x1)
t2=hamming(test,x2)
t3=hamming(test,x3)
print("test(0111)和 x1(0111)的距离: ",t1)
print("test(0111)和 x2(1111)的距离: ",t2)
print("test(0111)和 x3(1000)的距离: ",t3)
```

运行上述程序,输出结果为

```
test(0111)和 x1(0111)的距离:  0
test(0111)和 x2(1111)的距离:  1
test(0111)和 x3(1000)的距离:  4
```

11.1.5 计算图像库内所有图像的哈希值

Glob 库能够帮助我们高效地读取文件,本节将借助 Glob 库读取指定文件夹下面的所有图像文件。

【例 11.9】构造函数,计算指定文件夹下面所有图像的感知哈希值。

```python
import glob
import cv2
import numpy as np
# ==========构造提取感知哈希值函数==========
def getHash(I):
    size=(8,8)
    I=cv2.resize(I,size)
    I=cv2.cvtColor(I,cv2.COLOR_BGR2GRAY)
```

```
    m=np.mean(I)
    r=(I>m).astype(int)
    x=r.flatten()
    return x
# ==========计算指定文件夹下所有图像的感知哈希值==========
images = []
EXTS = 'jpg', 'jpeg', 'JPG', 'JPEG', 'gif', 'GIF', 'png', 'PNG','BMP'
for ext in EXTS:
    images.extend(glob.glob('image/*.%s' % ext))
seq = []
for f in images:
    I=cv2.imread(f)
    seq.append((f, getHash(I)))
print(seq)
```

运行上述程序，程序输出结果为

```
[('image\\b.jpg', array([0, 0, 0, 0, 0, 0, 0, 0, 0, 1, 1, 1, 1, 1, 1, 0, 0, 1,
1, 1, 1, 1,      1, 0, 0, 1, 1, 1, 0, 0, 1, 0, 0, 1, 1, 1, 1, 1, 1, 0, 0, 1,
1, 1, 1, 0, 1, 0, 0, 1, 1, 1, 1, 1, 1, 0, 0, 0, 0, 0, 0, 0, 0, 0])),
 ('image\\building2.jpg', array([0, 0, 0, 0, 0, 0, 0, 0, 0, 0, 0, 0, 0, 0, 0,
0, 1, 0, 0, 0, 0,      0, 0, 1, 1, 0, 1, 0, 0, 0, 1, 0, 0, 1, 1, 1, 1, 1,
0, 0, 1, 0, 1,1, 1, 1, 0, 0, 0, 1, 1, 1, 1, 0, 0, 0, 1, 0, 1, 1, 1, 0, 0])),
 ('image\\car2.jpg', array([0, 0, 0, 0, 0, 0, 0, 0, 0, 0, 0, 0, 0, 0, 0, 0, 0,
0, 0, 1, 1, 0, 0, 0, 1, 1, 1, 1, 0, 0, 0, 1, 1, 1, 0, 0, 0, 0, 0, 0,
0,      1, 0, 0, 1, 0, 0, 0, 0, 0, 1, 1, 1, 1, 1, 1, 1, 1, 0, 0])),
 ……  (中间省略部分图像的名称及其感知哈希值)
 ('image\\boat.bmp', array([1, 1, 1, 1, 1, 1, 1, 1, 1, 1, 1, 1, 1, 1, 1, 1, 1,
1, 1, 1, 1, 1, 1, 1, 1, 1, 1, 0, 1, 1, 1, 1, 0, 1, 0, 1, 1, 1, 0, 0, 0, 0,
1,      0, 0, 0, 1, 0, 0, 0, 0, 0, 0, 0, 0, 1, 1, 1, 1, 1, 1, 1, 1])),
 ('image\\lena.bmp', array([1, 0, 1, 1, 1, 1, 1, 0, 1, 0, 0, 1, 1, 1, 1, 0, 1,
0, 0, 1, 1, 1,0, 1, 1, 0, 1, 0, 1, 0, 0, 1, 1, 0, 1, 0, 1, 0, 1, 1, 1, 0, 1,
0, 0, 0, 1, 1, 0, 0, 0, 0, 1, 1, 1, 0, 0, 0, 1, 0, 1, 1, 0, 0])),
 ('image\\watermark.bmp', array([1, 1, 1, 1, 1, 1, 1, 1, 1, 0, 0, 1, 1, 1, 1,
1, 1, 0, 1, 1, 1,1, 1, 1, 1, 1, 1, 1, 1, 1, 1, 1, 1, 1, 1, 1, 1, 1, 1, 1, 1,
0, 0, 1, 0, 0, 1, 1, 1, 0, 1, 1, 0, 0, 1, 1, 1, 1, 1, 1, 1, 1, 1]))]
```

从程序运行结果可以看出，运行上述程序得到了文件夹 images 下每幅图像的名称及对应的感知哈希值。

11.1.6 结果显示

本节将使用 matplotlib.pyplot 模块用来绘制图像，该模块提供了一个类似于 MATLAB 绘图方式的框架，使用该模块中的函数可以方便地绘制图形。

1. subplot 函数

模块 matplotlib.pyplot 提供了 subplot 函数，该函数可向当前窗口内添加一个子窗口对象，

语法格式为

```
matplotlib.pyplot.subplot(nrows, ncols, index)
```

其中：

- nrows 表示行数。
- ncols 表示列数。
- index 表示窗口序号。

例如，subplot(2, 3, 4)表示在当前两行三列窗口的第 4 个位置，添加 1 个子窗口，如图 11-4 所示。

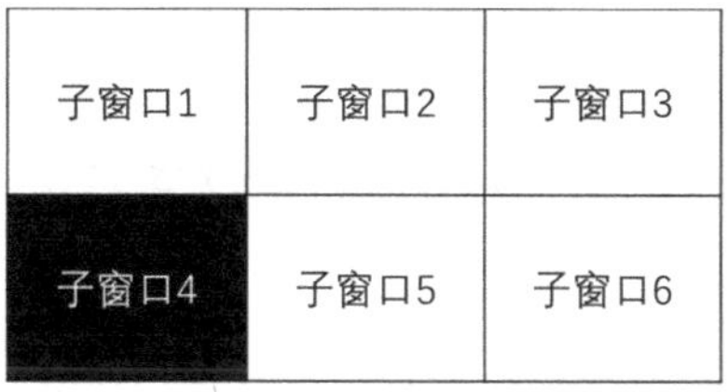

子窗口1	子窗口2	子窗口3
子窗口4	子窗口5	子窗口6

图 11-4 添加子窗口示意图

需要注意的是，窗口是按照行方向排序的，而且序号从"1"开始而不是从"0"开始。如果所有参数都小于 10，那么可以省略彼此之间的逗号，直接写三个数字，如上述 subplot(2, 3, 4) 可以表示为 subplot(234)。

2. imshow 函数

模块 matplotlib.pyplot 提供了 imshow 函数，该函数可用来显示图像，语法格式为

```
matplotlib.pyplot.imshow(X, cmap=None)
```

其中：

- X 为图像信息，可以是各种形式的数值。
- cmap 表示色彩空间。该值是可选项，默认值为 null，默认使用 RGB 色彩空间。

需要注意的是，OpenCV 中的图像的默认色彩空间是 BGR 模式的，而函数 imshow 的默认色彩空间是 RGB 模式的。因此，通常在实现图像前先将图像处理为 RGB 模式。

【例 11.10】编写程序，使用 matplotlib.pyplot 模块显示图像。

```
import cv2
import matplotlib.pyplot as plt
# 读取图像
o1=cv2.imread("image/fruit.jpg")
o2=cv2.imread("image/sunset.jpg")
o3=cv2.imread("image/tomato.jpg")
# 绘制结果
plt.figure("result")
plt.subplot(131),plt.imshow(cv2.cvtColor(o1,cv2.COLOR_BGR2RGB)),plt.axis("o
ff")
plt.subplot(132),plt.imshow(cv2.cvtColor(o2,cv2.COLOR_BGR2RGB)),plt.axis("o
ff")
```

```
plt.subplot(133),plt.imshow(cv2.cvtColor(o3,cv2.COLOR_BGR2RGB)),plt.axis("o
ff")
plt.show()
```

运行上述程序，输出结果如图 11-5 所示。

图 11-5　【例 11.10】程序运行结果

11.2　实现程序

上一节介绍了实现以图搜图功能的细节问题，集成上述解决方案即可得到完整的以图搜图程序。

【例 11.11】编写程序，实现以图搜图。

```
import glob
import cv2
import numpy as np
import matplotlib.pyplot as plt
# ==========构造提取感知哈希值函数==========
def getHash(I):
    size=(8,8)
    I=cv2.resize(I,size)
    I=cv2.cvtColor(I,cv2.COLOR_BGR2GRAY)
    m=np.mean(I)
    r=(I>m).astype(int)
    x=r.flatten()
    return x
# ==========构造计算汉明距离函数==========
def hamming(h1, h2):
    r=cv2.bitwise_xor(h1,h2)
    h=np.sum(r)
    return h
# ==========计算检索图像的感知哈希值==========
o=cv2.imread("apple.jpg")
h=getHash(o)
print("检索图像的感知哈希值为：\n",h)
# ==========计算指定文件夹下的所有图像感知哈希值==========
images = []
EXTS = 'jpg', 'jpeg', 'gif', 'png', 'bmp'
```

```
for ext in EXTS:
    images.extend(glob.glob('image/*.%s' % ext))
seq = []
for f in images:
    I=cv2.imread(f)
    seq.append((f, getHash(I)))
# print(seq)
# ==========以图搜图核心：找出最相似图像==========
# 计算检索图像与图像库内所有图像的距离，将最小距离对应的图像作为检索结果
distance=[]
for x in scq:
    distance.append((hamming(h,x[1]),x[0]))    # 每次添加（距离值，图像名称）
# print(distance)          # 测试语句：查看距离是多少
s=sorted(distance)         # 排序，把距离最小的图像排在最前面
# print(s)                 # 测试语句：查看图像库内各个图像的距离
r1=cv2.imread(str(s[0][1]))
r2=cv2.imread(str(s[1][1]))
r3=cv2.imread(str(s[2][1]))
# ==========绘制结果==========
plt.figure("result")
plt.subplot(141),plt.imshow(cv2.cvtColor(o,cv2.COLOR_BGR2RGB)),plt.axis("off")
plt.subplot(142),plt.imshow(cv2.cvtColor(r1,cv2.COLOR_BGR2RGB)),plt.axis("off")
plt.subplot(143),plt.imshow(cv2.cvtColor(r2,cv2.COLOR_BGR2RGB)),plt.axis("off")
plt.subplot(144),plt.imshow(cv2.cvtColor(r3,cv2.COLOR_BGR2RGB)),plt.axis("off")
plt.show()
```

搜索图像和图像库如图 11-6 所示，左图是搜索图像，右图是图像库。

图 11-6　搜索图像和图像库

运行上述程序，结果如图 11-7 所示。图 11-7 中最左侧图像是检索图像，其余图像是从图像库内找到的与检索图像最相似的三幅图像。

图 11-7　【例 11.11】程序运行结果

11.3　扩展学习

本章实现了一个以图搜图的简单案例，对应程序仅有 40 行左右。感知哈希值算法的优点是简单易行、运算速度快，不受图片缩放大小的影响；缺点是健壮性不强，检索误差相对较大。它的典型应用场景是，根据图像的缩略图找到原始图像。

实践中，往往采用改进后的感知哈希值算法，因为改进后的感知哈希值算法能够识别图片的变形等变化。有关其改进可以在参考网址 3 查看 Neal Krawetz 博士的相关介绍。

第 12 章
手写数字识别

我儿子在小时候很喜欢玩橘子，某天我们没有橘子。没有喜爱的玩具，他很伤心。给他一个橘子当然是最好的选择，不过对于一岁多的孩子来说，现买有点来不及了。

远水解不了近渴，怎么办呢？

我只能到水果堆里面再去仔细找找，看看有没有外形像橘子的水果。万幸，居然找到一个橘子。我儿子拿到橘子后，幼小的心灵得到了抚慰。

不久后，家里又找不到橘子了。这次没有上次那么走运，水果堆里真的没有橘子了。不过，我从水果堆里挑了一个最像橘子的橙子。他拿到像橘子的橙子后，幼小的心灵得到了抚慰。

小朋友在识别水果时是凭借储存在大脑中的橘子形象去判断识别的。我们可以理解为，人类的大脑中存在很多不同的水果的模板。当看到一个水果时，会在大脑中搜索这个水果和哪个模板最相似，并将它判定为该模板表示的水果。

手写数字识别可以采用同样的原理来实现。先为每个数字定义一个模板，然后将当前要识别的包含手写数字的图像与所有模板进行比较，包含手写数字的图像和哪个模板最相似，就将待识别数字识别为该模板对应的数字。

从上面的例子可以看出，我儿子两次把水果对应到了橘子的模板上，其中一次是正确的，另一次是错误的。这是因为在他大脑中的各种水果的模板比较简单，不能很好地完成正确的对应。此时，他大脑中的模板可能还不够具体，如模板中只有颜色信息，形状、手感等信息并不在模板中。所以，他看到一个橙色的橙子就认为是橘子。当然，随着年龄增长，他大脑中的模板会越来越复杂，关于橘子的模板会包含形状、手感、颜色、口感等信息。

手写数字识别与这种情况类似，当模板包含更多特征信息时，识别率将大幅提高。为了让模板包含的特征更丰富，我们采用一种简单的处理方式：增加模板的数量。也就是说，为每个数字设置更多模板以提高识别率。设置更多模板和设置一个非常复杂的模板（具有很多属性）类似。

例如，在图 12-1 中，左图是待识别的数字图像，右图中的每列是不同数字的模板，其中，左侧待识别图像与右侧模板集中第 7 列第 5 行的图像最相似，该图像是数字 6 的模板，因此左侧待识别图像被识别为数字 6。

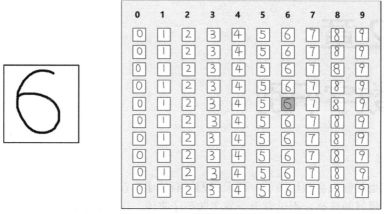

图 12-1 手写数字识别示例

可以看出，一个数字包含的模板越多，可以识别的数字形态越多。当然，和人类一样，计算机也会犯错，也会识别错误。但是，我们可以通过增加模板数量，来提高其识别率。

总体来说，本章有如下两个任务：

任务 1：了解模板匹配及其使用方法。我们已经知道，在图像处理过程中量化是一个关键步骤。简单来说，衡量两个对象的匹配度时，需要使用量化指标，也就是要用一个数值来衡量两幅图像之间的相似度。OpenCV 提供了模板匹配函数，调用该函数即可计算出两幅图像间的匹配度。

任务 2：为第 13 章的车牌识别打好基础。相比手写数字识别，车牌识别要先定位车牌，再将车牌分割为一个个单独的字符，最后再完成识别。

12.1 基本原理

使用模板匹配的方式实现手写数字识别，其基本实现原理如图 12-2 所示。

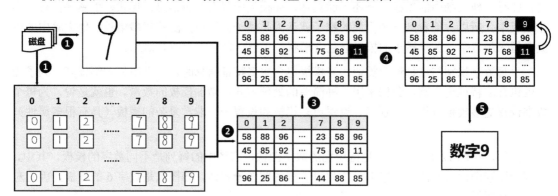

图 12-2 基本实现原理

使用模板匹配的方式实现手写数字识别，主要包含流程如下。

Step 1：数据准备。读取待识别图像和模板库。

Step 2：计算匹配值。计算待识别图像与所有模板的匹配值。需要注意的是，匹配值的计算有多种不同的方法。有时，匹配值越大表示二者越匹配；有时，匹配值越小表示二者越匹配。通常，也将该匹配值称为距离值。

Step 3：获取最佳匹配值及对应模板。获取所有匹配值中的最佳匹配值（该匹配值可能是所有匹配值中的最大值，也可能是所有匹配值中的最小值），并找到对应的模板。

Step 4：获取最佳匹配模板对应的数字。将最佳匹配模板对应的数字作为识别结果。

Step 5：输出识别结果。

综上所述，使用模板匹配的方式实现手写数字识别的流程图如图 12-3 所示。

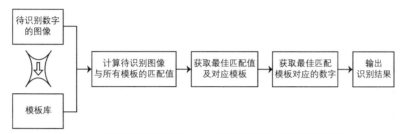

图 12-3　使用模板匹配的方式实现手写数字识别的流程图

12.2　实现细节

下文针对上述过程进行简单介绍。

1.　数据准备

数据准备工作主要是读取待识别图像和模板库，核心程序如下：

```
# 读取待识别图像
o=cv2.imread("image/test2/3.bmp",0)
# images 用于存储模板
images = []
# 遍历指定目录下的所有子目录及模板图像
for i in range(10):
    images.extend(glob.glob('image/'+str(i)+'/*.*'))
```

上述程序中，images 存储了所有模板图像的路径。程序在遍历时，按照从数字 0 到数字 9 的顺序依次遍历。因此，遍历完成后，images 内依次存储了数字 0 到数字 9 的所有模板。

每个数字共有 10 个模板，images 的索引与模板图的路径名之间的关系如表 12-1 所示。

表 12-1　images 的索引与模板图的路径名之间的关系

索　　引	索引与特征图的关系
0～9（相当于 00～09）	依次保存着数字"0"的 10 个模板图像的路径名
10～19	依次保存着数字"1"的 10 个模板图像的路径名
20～29	依次保存着数字"2"的 10 个模板图像的路径名
30～39	依次保存着数字"3"的 10 个模板图像的路径名
40～49	依次保存着数字"4"的 10 个模板图像的路径名

索　引	索引与特征图的关系
50～59	依次保存着数字"5"的 10 个模板图像的路径名
60～69	依次保存着数字"6"的 10 个模板图像的路径名
70～79	依次保存着数字"7"的 10 个模板图像的路径名
80～89	依次保存着数字"8"的 10 个模板图像的路径名
90～99	依次保存着数字"9"的 10 个模板图像的路径名

images 中依次存储的是数字 0～9 的共计 100 个模板图像的路径名，其中索引对应各模板图像的编号。例如，images[mn]表示，数字 *m* 的第 *n* 个模板图像的路径名。

2. 计算匹配值

在 OpenCV 内，模板匹配是使用函数 cv2.matchTemplate()实现的，该函数的语法格式为

```
匹配值 = cv2.matchTemplate(原始图像, 模板图像, cv2.TM_CCOEFF )
```

在参数 cv2.TM_CCOEFF 的控制下，原始图像和模板图像越匹配返回的匹配值越大；原始图像和模板图像越不匹配，返回的匹配值越小。

构造一个函数，用来计算匹配值，程序如下：

```
def computeDistance(template,image):
    # 读取模板图像
    templateImage=cv2.imread(template)
    # 模板图像色彩空间转换，BGR→灰度
    templateImage = cv2.cvtColor(templateImage, cv2.COLOR_BGR2GRAY)
    # 模板图像阈值处理，灰度→二值
    ret, templateImage = cv2.threshold(templateImage, 0, 255, cv2.THRESH_OTSU)
    # 获取待识别图像的尺寸
    height, width = image.shape
    # 将模板图像调整为待识别图像尺寸
    templateImage = cv2.resize(templateImage, (width, height))
    # 计算模板图像、待识别图像的模板匹配值
    result = cv2.matchTemplate(image, templateImage, cv2.TM_CCOEFF)
    # 将计算结果返回
    return result[0][0]
```

该函数中，参数 template 是文件名，参数 image 是待检测图像。

3. 获取最佳匹配值及对应模板

本章通过将函数 cv2.matchTemplate()的参数设置为 cv2.TM_CCOEFF 来计算匹配值，因此最大的匹配值就是最佳匹配值。

构造一个列表 matchValue 用来存储待识别图像与 images 中每个模板的匹配值，其中依次存储的是待识别图像与数字 0～9 的 100 个模板图像的匹配值。列表 matchValue 中的索引对应各模板图像的编号。例如，matchValue[mn]表示待识别图像与数字 *m* 的第 *n* 个模板图像的匹配。

列表 matchValue 中的最大值的索引即最佳匹配模板的索引。

具体程序如下：

```
# 列表 matchValue 用于存储所有匹配值
matchValue = []
# 从 images 中逐个提取模板，并计算其与待识别图像 o 的匹配值
for xi in images:
    d = getMatchValue(xi,o)
    matchValue.append(d)
# print(distance)          # 测试语句：查看各个匹配值
# 获取最佳匹配值
bestValue=max(matchValue)
# 获取最佳匹配值对应模板编号
i = matchValue.index(bestValue)
# print(i)                 # 测试语句：查看匹配的模板编号
```

4. 获取最佳匹配模板对应的数字

找到最佳匹配模板对应的数字，将该数字作为识别结果。

模板索引整除 10 得到的值正好是该模板图像对应的数字值。例如，matchValue[34]对应着数字 3 的第 4 个模板图像的匹配值。简单来说，索引为 34 的模板，对应着数字 3。索引 34 整除 10，int(34/10) = 3，3 正好是模板对应的数字。

确定了模板图像索引、识别值之间的关系，就可以通过计算索引来达到数字识别的目的了。

具体程序如下：

```
# 计算识别结果
number=int(i/10)
```

5. 输出识别结果

将识别的数字输出，程序如下：

```
print("识别结果:数字",number)
```

12.3　实现程序

12.2 节介绍了手写数字识别的细节信息，将上述内容集成，即可实现完整的手写数字识别。

【例 12.1】使用模板实现手写数字识别。

```
import glob
import cv2
# ==============准备数据==============
# 读取待识别图像
o=cv2.imread("image/test2/3.bmp",0)
# images 用于存储模板
images = []
# 遍历指定目录下的所有子目录及模板图像
```

```
for i in range(10):
    images.extend(glob.glob('image/'+str(i)+'/*.*'))
# ==============构造计算匹配值函数==============
def getMatchValue(template,image):
    # 读取模板图像
    templateImage=cv2.imread(template)
    # 模板图像色彩空间转换，BGR→灰度
    templateImage = cv2.cvtColor(templateImage, cv2.COLOR_BGR2GRAY)
    # 模板图像阈值处理，灰度→二值
    ret, templateImage = cv2.threshold(templateImage, 0, 255, cv2.THRESH_OTSU)
    # 获取待识别图像的尺寸
    height, width = image.shape
    # 将模板图像调整为待识别图像尺寸
    templateImage = cv2.resize(templateImage, (width, height))
    # 计算模板图像、待识别图像的模板匹配值
    result = cv2.matchTemplate(image, templateImage, cv2.TM_CCOEFF)
    # 将计算结果返回
    return result[0][0]
# ==============计算最佳匹配值及模板序号==============
# 列表 matchValue 用于存储所有匹配值
matchValue = []
# 从 images 中逐个提取模板，并计算其与待识别图像 o 的匹配值
for xi in images:
    d = getMatchValue(xi,o)
    matchValue.append(d)
# print(distance)    # 测试语句：查看各个匹配值
# 获取最佳匹配值
bestValue=max(matchValue)
# 获取最佳匹配值对应模板编号
i = matchValue.index(bestValue)
# print(i)           # 测试语句：查看匹配的模板编号
# ==============计算识别结果==============
# 计算识别结果
number=int(i/10)
# ==============显示识别结果==============
print("识别结果:数字",number)
```

大家可以使用不同的测试图像测试上述程序，观察运行结果。

12.4 扩展阅读

为了介绍模板匹配的方法，本章实现了一个仅有 20 余行代码的基于模板匹配的手写数字识别程序。实践中，准确率、实时性等要求都较高，本章程序距离实践要求还有很大差距。

本节将对手写数字识别可以改进的方向及模板匹配的基础知识进行简单介绍。

模板匹配的实现方法及思想在数字图像处理过程中具有比较重要的价值，是很多数字图像

处理课程必备的知识点之一。手写数字识别是图像处理领域中最经典的案例之一，是很多教程的必备实践案例。

本章介绍了应用模板匹配的方式实现手写数字识别。该方法简单易行，但是还有很多值得改进的地方。实践中可以使用不同的方式对手写数字识别进行实现，如下是几种可选的方式。

（1）基于机器学习（KNN）的手写数字识别。

【例 12.1】中仅仅找到一个最佳匹配模板，并将该结果作为识别结果，这种情况可能存在误差。如图 12-4 所示，顶部的待识别数字（数字 5）虽然和第 2 行最左侧的数字 6 最接近，但是，和它接近的 7 个数字中有 6 个是 5。很显然，在这种情况下将待识别数字识别为 5 的可靠性更高。这与董事会的集体决策往往比某一个人做出的决策更科学的道理类似。因此，引入了 K 近邻算法解决手写数字识别。简单来说就是，判断和待识别数字接近的 K 个模板中哪个数字的模板数量最多就将哪个数字作为识别结果。

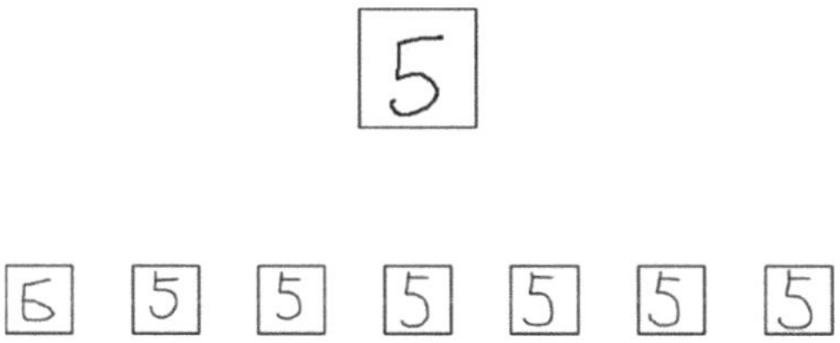

图 12-4　示例

在了解了 K 近邻算法的基础上，第 16 章将使用 OpenCV 提供的 KNN 模块来完成手写数字识别的实现。同时，为了提高算法的准确度，我们使用了更多的模板。

（2）基于个性化特征的手写数字识别。

本章使用 OpenCV 提供的函数 cv2.matchTemplate()直接进行匹配度的计算。实践中可以先分别提取每个数字的个性化特征，然后将数字依次与各个数字的个性化特征进行比对。符合哪个特征，就将其识别为哪个特征对应的数字。第 18 章将选用方向梯度直方图（Histogram of Oriented Gradient，HOG）对图像进行量化作为 SVM 分类的数据指标。

（3）基于深度学习的手写数字识别。

基于深度学习可以更高效地实现手写数字识别。例如，通过调用 TensorFlow 可以非常方便地实现高效的手写数字识别的方法。

第 13 章将介绍使用模板匹配的方法实现车牌识别。在采用模板匹配的方法识别时，车牌识别与手写数字识别的基本原理是一致的。但是在车牌识别中要解决的问题更多。本章的待识别的手写数字是单独的一个数字，每个待识别数字的模板数量都是固定的，这个前提条件让识别变得很容易。而在车牌识别中，首先要解决的是车牌的定位，然后要将车牌分割为一个一个待识别字符。如果每个字符的模板数量不一致，那么在识别时就不能通过简单的对应关系实现模板和对应字符的匹配，需要考虑新的匹配方式。第 13 章介绍的车牌识别，可以理解为对手写数字识别的改进或优化。

第13章

车牌识别

车牌是车辆重要的身份证明，它在车辆使用过程中发挥着重要作用。由于车牌识别涉及目标定位、图像裁剪划分、字符识别等众多比较关键的知识点，因此车牌识别是图像处理学习过程中的经典案例。

车牌识别基本原理如图 13-1 所示。车牌识别主要包含以下三个流程：

- 提取车牌：将车牌从复杂的背景中提取出来。
- 拆分字符：将车牌拆分为一个个独立的字符。
- 识别字符：识别从车牌上提取的字符。

图 13-1　车牌识别基本原理

本章将设计一个精简的基于模板匹配的车牌识别系统。该系统虽然只有 100 行代码，但是包含了车牌识别的基本步骤，希望读者通过学习该系统，能够更深刻地理解相关知识点。

13.1　基本原理

车牌识别过程主要包含三个模块：提取车牌、分割车牌、识别车牌。下文分别对这三个模块进行简单介绍。

13.1.1　提取车牌

提取车牌是指将车牌从复杂的环境当中提取出来，需要完成一系列的滤波（去噪）、色彩空间转换等操作，具体如图 13-2 所示。

下面对上述操作进行简单说明：

- 滤波 O1：该操作的目的是去除图像内的噪声信息，可以使用函数 GaussianBlur 完成。
- 灰度 O2：该操作将图像由彩色图像处理为灰度图像，以便进行后续操作。该操作可以使用函数 cvtColor 完成。
- 边缘 O3：提取图像边缘，重点提取车牌及其中字符的边缘，可以使用函数 Sobel 完成。
- 二值化 O4：对图像进行阈值处理，将其处理为二值图像，可以使用函数 threshold 完成。

- 闭运算 O5：该操作旨在将车牌内分散的各个字符连接在一起，让车牌构成一个整体，可以使用形态学函数 morphologyEx 配合参数 cv2.MORPH_CLOSE 完成。
- 开运算 O6：开运算是先腐蚀后膨胀的操作，该操作旨在去除图像内的噪声，可以使用形态学函数 morphologyEx 配合参数 cv2.MORPH_OPEN 完成。
- 滤波 O7：该操作用来去除图像内的噪声，可以使用函数 medianBlur 完成。
- 轮廓 O8：该操作用来查找图像内的所有轮廓，可以使用函数 findContours 完成。
- 定位 O9：该操作通过筛选图像内所有轮廓得到车牌。通过逐个遍历轮廓，将其中宽高比大于 3 的轮廓确定为车牌。

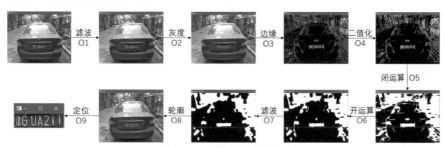

图 13-2　提取车牌流程图

【例 13.1】提取图像内的车牌信息。

```python
# ===================导入库===================
import cv2
# ================读取原始图像================
image = cv2.imread("gua.jpg")          # 读取原始图像
rawImage=image.copy()                  # 复制原始图像
cv2.imshow("original",image)           # 测试语句，查看原始图像
# ==========滤波处理 O1（去噪）==========
image = cv2.GaussianBlur(image, (3, 3), 0)
cv2.imshow("GaussianBlur",image)       # 测试语句，查看滤波结果
# ==========灰度变换 O2（色彩空间转换，BGR→GRAY）==========
image = cv2.cvtColor(image, cv2.COLOR_BGR2GRAY)
cv2.imshow("gray",image)               # 测试语句，查看灰度图像
# ==============边缘检测 O3（Sobel 算子）==============
SobelX = cv2.Sobel(image, cv2.CV_16S, 1, 0)
absX = cv2.convertScaleAbs(SobelX)     # 映射到[0,255]区间内
image = absX
cv2.imshow("soblex",image)   # 测试语句，图像边缘
# ===============二值化 O4（阈值处理）===============
ret, image = cv2.threshold(image, 0, 255, cv2.THRESH_OTSU)
cv2.imshow("imageThreshold",image)     # 测试语句，查看处理结果
# =========闭运算 O5：先膨胀后腐蚀，车牌各个字符是分散的，让车牌构成一个整体=========
kernelX = cv2.getStructuringElement(cv2.MORPH_RECT, (17, 5))
image = cv2.morphologyEx(image, cv2.MORPH_CLOSE, kernelX)
cv2.imshow("imageCLOSE",image)         # 测试语句，查看处理结果
# =============开运算 O6：先腐蚀后膨胀，去除噪声=============
kernelY = cv2.getStructuringElement(cv2.MORPH_RECT, (1, 19))
```

```
image = cv2.morphologyEx(image, cv2.MORPH_OPEN, kernelY)
cv2.imshow("imageOPEN",image)
# ================滤波 O7：中值滤波，去除噪声================
image = cv2.medianBlur(image, 15)
cv2.imshow("imagemedianBlur",image)       # 测试语句，查看处理结果
# ================轮廓 O8================
contours, w1 = cv2.findContours(image, cv2.RETR_TREE,
                                        cv2.CHAIN_APPROX_SIMPLE)
# 测试语句，查看轮廓
image = cv2.drawContours(rawImage.copy(), contours, -1, (0, 0, 255), 3)
cv2.imshow('imagecc', image)
# ==========定位 O9：逐个遍历轮廓，将宽高比大于 3 的轮廓确定为车牌==========
for item in contours:
    rect = cv2.boundingRect(item)
    x = rect[0]
    y = rect[1]
    weight = rect[2]
    height = rect[3]
    if weight > (height * 3):
        plate = rawImage[y:y + height, x:x + weight]
# ================显示提取车牌================
cv2.imshow('plate',plate)  # 测试语句：查看提取车牌
cv2.waitKey()
cv2.destroyAllWindows()
```

运行上述程序，将依次显示图 13-2 中的各个图像。

上述程序主要实现了从图像中提取车牌的功能，可以将上述程序封装为一个函数。在 13.2 节可以看到将上述操作封装为函数的形式。

13.1.2　分割车牌

分割车牌是指将车牌中的各字符提取出来，以便进行后续识别。通常情况下，需要先对图像进行预处理（主要是进行去噪、二值化、膨胀等操作）以便提取每个字符的轮廓。接下来，寻找车牌内的所有轮廓，将其中高宽比符合字符特征的轮廓判定为字符，具体流程图如图 13-3 所示。

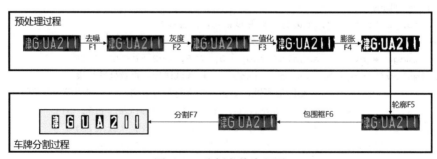

图 13-3　分割车牌流程图

下面，对分割车牌的各个流程进行具体介绍：

- 去噪 F1：该操作的目的是去除图像内的噪声，可以使用函数 GaussianBlur 完成。
- 灰度 F2：该操作将图像由彩色图像处理为灰度图像，以便进行后续操作，可以使用函数 cvtColor 完成。
- 二值化 F3：对图像进行阈值处理，将其处理为二值图像，以便进行后续操作，可以使用函数 threshold 完成。
- 膨胀 F4：通常情况下，字符的各个笔画之间是分离的，通过膨胀操作可以让各字符形成一个整体。膨胀操作可通过函数 dilate 实现。
- 轮廓 F5：该操作用来查找图像内的所有轮廓，可以使用函数 findContours 完成。此时找到的轮廓非常多，既包含每个字符的轮廓，又包含噪声的轮廓。下一步工作是将字符的轮廓筛选出来。
- 包围框 F6：该操作让每个轮廓都被包围框包围，可以通过函数 boundingRect 完成。使用包围框替代轮廓的目的是，通过包围框的高宽比及宽度值，可以很方便地判定一个包围框包含的是噪声还是字符。
- 分割 F7：逐个遍历包围框，将其中宽高比在指定范围内、宽度大于特定值的包围框判定为字符。该操作可通过循环语句内置判断条件实现。

【例 13.2】分割车牌内的各个字符。

```
import cv2
# =====读取车牌=====
image=cv2.imread("gg.bmp")
o=image.copy()  # 复制原始图像，用于绘制轮廓
cv2.imshow("original",image)
# ============图像预处理============
# -------去噪 F1-------
image = cv2.GaussianBlur(image, (3, 3), 0)
cv2.imshow("GaussianBlur",image)
# -------灰度 F2-------
grayImage = cv2.cvtColor(image, cv2.COLOR_RGB2GRAY)
cv2.imshow("gray",grayImage)
# -------二值化 F3-------
ret, image = cv2.threshold(grayImage, 0, 255, cv2.THRESH_OTSU)
cv2.imshow("threshold",image)
# -------膨胀 F4：让一个字构成一个整体（大多数字不是一个整体，是分散的）-------
kernel = cv2.getStructuringElement(cv2.MORPH_RECT, (2, 2))
image = cv2.dilate(image, kernel)
cv2.imshow("dilate",image)
# ============拆分车牌，使车牌内各个字符分离============
# -------轮廓 F5：各个字符的轮廓及噪声轮廓-------
contours, hierarchy = cv2.findContours(image, cv2.RETR_EXTERNAL,
                                        cv2.CHAIN_APPROX_SIMPLE)
```

```
x = cv2.drawContours(o.copy(), contours, -1, (0, 0, 255), 1)
cv2.imshow("contours",x)
print("共找到轮廓个数: ",len(contours))    # 测试语句: 查看找到多少个轮廓
# -------------包围框 F6: 遍历所有轮廓, 寻找最小包围框-------------
chars = []
for item in contours:
    rect = cv2.boundingRect(item)
    x,y,w,h = cv2.boundingRect(item)
    chars.append(rect)
    cv2.rectangle(o,(x,y),(x+w,y+h),(0,0,255),1)
cv2.imshow("contours2",o)
# -------------将包围框按照 x 轴坐标值排序（自左向右排列）-------------
chars = sorted(chars,key=lambda s:s[0],reverse=False)
# --------分割 F7--------
# 逐个遍历包围框, 包围框高宽比为 1.5～8, 宽度大于 3 的轮廓, 判定为字符
plateChars = []
for word in chars:
    if (word[3] > (word[2] * 1.5)) and (word[3] < (word[2] * 8))
                                            and (word[2] > 3):
        plateChar = image[word[1]:word[1] + word[3], word[0]:word[0] + word[2]]
        plateChars.append(plateChar)
# -------------测试语句: 查看各个字符-------------
for i,im in enumerate(plateChars):
    cv2.imshow("char"+str(i),im)
cv2.waitKey()
cv2.destroyAllWindows()
```

运行上述程序，将依次显示图 13-3 中的各个图像。

上述程序主要实现了从车牌中提取各个字符的功能。根据其实现，可以将上述程序封装为预处理函数（车牌预处理）、字符分割函数（完成分割）。在 13.2 节可以看到将上述操作封装为函数的形式。

13.1.3 识别车牌

本案例通过模板匹配的方法进行字符识别，匹配原理示意图如图 13-4 所示。每个字符依次在模板集中寻找与自己最相似的模板，并将最相似的模板对应的字符识别为当前字符。

必须使用量化指标衡量相似度。简单来说，必须用一个数值来衡量两幅图像之间的相似程度。在 OpenCV 中可使用函数 matchTemplate 来衡量两幅图像之间的相似度。本案例使用 matchTemplate 函数来计算匹配值。

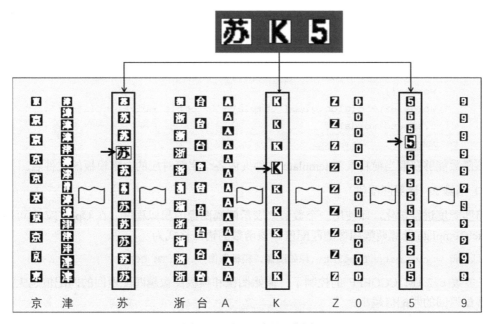

图 13-4 匹配原理示意图

因此，字符识别转换成了如下两个问题：

- 使用函数 matchTemplate 依次衡量待识别字符与模板集中每一个字符的匹配值。
- 将最匹配的模板对应的字符确定为识别结果。

通过如下三个函数解决上述两个问题。

- 函数 1：读取模板图像。模板图像较多，因此构造一个函数来读取模板图像，以便后续计算其与待识别图像间的匹配值。
- 函数 2：计算匹配值。该函数用来计算两幅图像之间的匹配值，主要借助 OpenCV 中的函数 matchTemplate 完成。
- 函数 3：识别字符。该函数用来识别字符。

下面逐个介绍上述函数。

1）函数 1：读取模板图像

首先，构造一个字典用于存储包含所有数字、字母、部分省份简称在内的字符集；然后，使用 Glob 库获取所有模板的文件名，具体如下：

```
# =================使用字典表示模板、部分省份简称=================
templateDict = {0:'0',1:'1',2:'2',3:'3',4:'4',5:'5',6:'6',7:'7',8:'8',9:'9',
        10:'A',11:'B',12:'C',13:'D',14:'E',15:'F',16:'G',17:'H',
        18:'J',19:'K',20:'L',21:'M',22:'N',23:'P',24:'Q',25:'R',
        26:'S',27:'T',28:'U',29:'V',30:'W',31:'X',32:'Y',33:'Z',
        34:'京',35:'津',36:'冀',37:'晋',38:'蒙',39:'辽',40:'吉',41:'黑',
        42:'沪',43:'苏',44:'浙',45:'皖',46:'闽',47:'赣',48:'鲁',49:'豫',
        50:'鄂',51:'湘',52:'粤',53:'桂',54:'琼',55:'渝',56:'川',57:'贵',
        58:'云',59:'藏',60:'陕',61:'甘',62:'青',63:'宁',64:'新',
        65:'港',66:'澳',67:'台'}
```

```
# ==================获取所有字符的路径信息==================
def getcharacters():
    c=[]
    for i in range(0,67):
        words=[]
        words.extend(glob.glob('template/'+templateDict.get(i)+'/*.*'))
        c.append(words)
    return c
```

该函数能够获取当前目录下 template 文件夹内各个字符对应的全部模板的文件名。

2）函数 2：计算匹配值

将匹配度进行量化，即使用一个数值来表示两幅图像的相似程度。在 OpenCV 内可使用函数 matchTemplate 计算两幅图像的匹配值。该函数的语法格式为

```
匹配值 = cv2.matchTemplate(原始图像, 模板图像, cv2.TM_CCOEFF )
```

在参数 cv2.TM_CCOEFF 的控制下，原始图像和模板图像越匹配返回的匹配值越大；二者越不匹配返回的匹配值越小。

构造函数 getMatchValue，以计算匹配值。其中，参数 template 是文件名，参数 image 是待检测的图像，具体如下：

```
def getMatchValue(template,image):
    # 读取模板图像
    # templateImage=cv2.imread(template)    # cv2 读取中文文件名不友好
    templateImage=cv2.imdecode(np.fromfile(template,dtype=np.uint8),1)
    # 模板图像色彩空间转换，BGR→灰度
    templateImage = cv2.cvtColor(templateImage, cv2.COLOR_BGR2GRAY)
    # 模板图像阈值处理，灰度→二值
    ret, templateImage = cv2.threshold(templateImage, 0, 255, cv2.THRESH_OTSU)
    # 获取待识别图像的尺寸
    height, width = image.shape
    # 将模板图像尺寸调整为待识别图像尺寸
    templateImage = cv2.resize(templateImage, (width, height))
    # 计算模板图像、待识别图像的模板匹配值
    result = cv2.matchTemplate(image, templateImage, cv2.TM_CCOEFF)
    # 将计算结果返回
    return result[0][0]
```

3）函数 3：识别字符

由于每个字符的模板数量未必是一致的，即有的字符有较多的模板，有的字符有较少的模板，不同的模板数量为计算带来了不便，因此采用分层的方式实现模板匹配。模板匹配示意图如图 13-5 所示。

先针对模板内的每个字符计算出一个与待识别字符最匹配的模板；然后在逐字符匹配结果中找出最佳匹配模板，从而确定最终识别结果。

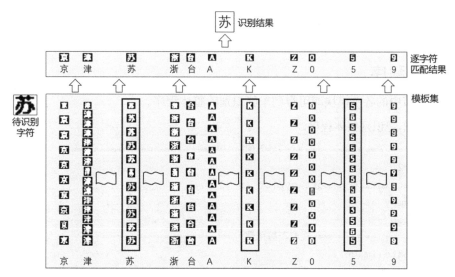

图 13-5　模板匹配示意图

具体来说，需要使用 3 层循环关系：

- 最外层循环：逐个遍历提取的各个字符。
- 中间层循环：遍历所有特征字符（字符集中的每个字符）。
- 最内层循环：遍历每一个特征字符的所有模板。

识别字符的流程图如图 13-6 所示。

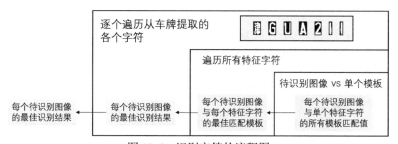

图 13-6　识别字符的流程图

将上述过程构造一个函数，具体如下：

```
def matchChars(plates,chars):
    results=[]
    for plateChar in plates:  # 逐个遍历待识别字符
        best_score = []
        for words in chars:
            score = []
            for word in words:
                result = getMatchValue(word,plateChar)
                score.append(result)
            best_score.append(max(score))
        i = best_score.index(max(best_score))
        r = templateDict[i]
```

```
        results.append(r)
    return results
```

13.2　实现程序

集成 13.1 节中的各个模块即可得到车牌识别的整体程序。

【例 13.3】车牌识别整体程序。

```
# =========================导入库==========================
import cv2
# from matplotlib import pyplot as plt
import numpy as np
import glob
# ===================提取车牌函数====================
def getPlate(image):
    rawImage=image.copy()
    # 去噪处理
    image = cv2.GaussianBlur(image, (3, 3), 0)
    # 色彩空间转换（RGB→GRAY）
    image = cv2.cvtColor(image, cv2.COLOR_BGR2GRAY)
    # Sobel 算子（X 轴方向边缘梯度）
    Sobel_x = cv2.Sobel(image, cv2.CV_16S, 1, 0)
    absX = cv2.convertScaleAbs(Sobel_x)   # 映射到[0,255]区间内
    image = absX
    # 阈值处理
    ret, image = cv2.threshold(image, 0, 255, cv2.THRESH_OTSU)
    # 闭运算：先膨胀后腐蚀，车牌各个字符是分散的，让车牌构成一个整体
    kernelX = cv2.getStructuringElement(cv2.MORPH_RECT, (17, 5))
    image = cv2.morphologyEx(image, cv2.MORPH_CLOSE, kernelX)
    # 开运算：先腐蚀后膨胀，去除噪声
    kernelY = cv2.getStructuringElement(cv2.MORPH_RECT, (1, 19))
    image = cv2.morphologyEx(image, cv2.MORPH_OPEN, kernelY)
    # 中值滤波：去除噪声
    image = cv2.medianBlur(image, 15)
    # 查找轮廓
    contours, w1 = cv2.findContours(image, cv2.RETR_TREE,
                                    cv2.CHAIN_APPROX_SIMPLE)
    # 测试语句，查看处理结果
    # image = cv2.drawContours(rawImage.copy(), contours, -1, (0, 0, 255), 3)
    # cv2.imshow('imagecc', image)
    # 逐个遍历轮廓，将宽高比大于 3 的轮廓确定为车牌
    for item in contours:
        rect = cv2.boundingRect(item)
        x = rect[0]
        y = rect[1]
        weight = rect[2]
        height = rect[3]
```

```python
        if weight > (height * 3):
            plate = rawImage[y:y + height, x:x + weight]
    return plate
# =====================图像预处理函数，图像去噪等处理=====================
def preprocessor(image):
    # 图像去噪和灰度处理
    image = cv2.GaussianBlur(image, (3, 3), 0)
    # 色彩空间转换
    gray_image = cv2.cvtColor(image, cv2.COLOR_RGB2GRAY)
    # 二值化
    ret, image = cv2.threshold(gray_image, 0, 255, cv2.THRESH_OTSU)
    # 膨胀处理，让一个字构成一个整体（大多数字不是一个整体，是分散的）
    kernel = cv2.getStructuringElement(cv2.MORPH_RECT, (2, 2))
    image = cv2.dilate(image, kernel)
    return image
# ===========拆分车牌函数，使车牌内各个字符分离===========
def splitPlate(image):
    # 查找轮廓，各个字符的轮廓
    contours, hierarchy = cv2.findContours(image,
                        cv2.RETR_EXTERNAL, cv2.CHAIN_APPROX_SIMPLE)
    words = []
    # 遍历所有轮廓
    for item in contours:
        rect = cv2.boundingRect(item)
        words.append(rect)
    # print(len(contours))  # 测试语句：查看找到多少个轮廓
    # -----测试语句：查看轮廓效果-----
    # imageColor=cv2.cvtColor(image,cv2.COLOR_GRAY2BGR)
    # x = cv2.drawContours(imageColor, contours, -1, (0, 0, 255), 1)
    # cv2.imshow("contours",x)
    # -----测试语句：查看轮廓效果-----
    # 按照 x 轴坐标值排序（自左向右排列）
    words = sorted(words,key=lambda s:s[0],reverse=False)
    # 用 word 存放左上角起始点及长宽值
    plateChars = []
    for word in words:
        # 筛选字符的轮廓(高宽比为 1.5～8，宽度大于 3)
        if (word[3] > (word[2] * 1.5)) and (word[3] < (word[2] * 8)) \
                                            and (word[2] > 3):
            plateChar = image[word[1]:word[1] + word[3],
                                    word[0]:word[0] + word[2]]
            plateChars.append(plateChar)
    # 测试语句：查看各个字符
    # for i,im in enumerate(plateChars):
    #     cv2.imshow("char"+str(i),im)
    return plateChars
```

```
# ================使用字典表示模板、部分省份简称，================
templateDict = {0:'0',1:'1',2:'2',3:'3',4:'4',5:'5',6:'6',7:'7',8:'8',9:'9',
                10:'A',11:'B',12:'C',13:'D',14:'E',15:'F',16:'G',17:'H',
                18:'J',19:'K',20:'L',21:'M',22:'N',23:'P',24:'Q',25:'R',
                26:'S',27:'T',28:'U',29:'V',30:'W',31:'X',32:'Y',33:'Z',
                34:'京',35:'津',36:'冀',37:'晋',38:'蒙',39:'辽',40:'吉',41:'黑',
                42:'沪',43:'苏',44:'浙',45:'皖',46:'闽',47:'赣',48:'鲁',49:'豫',
                50:'鄂',51:'湘',52:'粤',53:'桂',54:'琼',55:'渝',56:'川',57:'贵',
                58:'云',59:'藏',60:'陕',61:'甘',62:'青',63:'宁',64:'新',65:'港',
                66:'澳',67:'台'}
# ================获取所有模板图像的文件名==================
def getcharacters():
    c=[]
    for i in range(0,67):
        words=[]
        words.extend(glob.glob('template/'+templateDict.get(i)+'/*.*'))
        c.append(words)
    return c
# ============计算匹配值函数=============
def getMatchValue(template,image):
    # 读取模板图像
    # templateImage=cv2.imread(template)    # cv2 读取中文文件名不友好
    templateImage=cv2.imdecode(np.fromfile(template,dtype=np. uint8),1)
    # 模板图像色彩空间转换，BGR→灰度
    templateImage = cv2.cvtColor(templateImage, cv2.COLOR_BGR2GRAY)
    # 模板图像阈值处理，灰度→二值
    ret, templateImage = cv2.threshold(templateImage, 0, 255, cv2.THRESH_OTSU)
    # 获取待识别图像的尺寸
    height, width = image.shape
    # 将模板图像尺寸调整为待识别图像尺寸
    templateImage = cv2.resize(templateImage, (width, height))
    # 计算模板图像、待识别图像的模板匹配值
    result = cv2.matchTemplate(image, templateImage, cv2.TM_CCOEFF)
    # 将计算结果返回
    return result[0][0]
# ==========对车牌内字符进行识别==========
# plates 是待识别字符集
# 也就是从车牌图像 "GUA211" 中分离出来的每一个字符的图像 "G" "U" "A" "2" "1" "1"
# chars 是所有字符的模板集
def matchChars(plates,chars):
    results=[]                          # 存储所有识别结果
    # 最外层循环：逐个遍历提取的各个字符
    # 例如，逐个遍历从车牌图像 "GUA211" 中分离出来的每一个字符的图像
    # 如 "G" "U" "A" "2" "1" "1"
    # plateChar 分别存储 "G" "U" "A" "2" "1" "1"
    for plateChar in plates:                        # 逐个遍历待识别字符
```

```
                # bestMatch 存储的是待识别字符与每个特征字符的所有模板中最匹配的模板
                # 例如，字符集中与待识别图像 "G" 与最匹配的模板
                bestMatch = []                           # 最佳匹配模版
            # 中间层循环：遍历所有特征字符
            # words 对应的是每一个字符（如字符 A）的所有模板
            for words in chars: # 遍历字符。chars：所有模板，words：某个字符的所有模板
                # match 存储的是每个特征字符的所有匹配值
                # 例如，待识别图像 "G" 与字符 "7" 的所有模板的匹配值
                match = []                     # 每个字符的匹配值
                # 最内层循环：遍历每一个特征字符的所有模版
                for word in words:    # 遍历模板。words：某个字符所有模板，word 单个模板
                    result = getMatchValue(word,plateChar)
                    match.append(result)
                bestMatch.append(max(match))# 将每个字符模板的最佳匹配模板加入 bestMatch
            i = bestMatch.index(max(bestMatch)) # i 是最佳匹配的字符模板的索引
            r = templateDict[i]                # r 是单个待识别字符的识别结果
            results.append(r)                  # 将每一个分割字符的识别结果加入 results
    return results                             # 返回所有识别结果
# ================主程序================
image = cv2.imread("gua.jpg")                  # 读取原始图像
cv2.imshow("original",image)                   # 显示原始图像
image=getPlate(image)                          # 获取车牌
cv2.imshow('plate', image)                     # 测试语句：查看车牌定位情况
image=preprocessor(image)                      # 预处理
# cv2.imshow("imagePre",image)                 # 测试语句，查看预处理结果
plateChars=splitPlate(image)                   # 分割车牌，将每个字符独立出来
for i,im in enumerate(plateChars):             # 逐个遍历字符
    cv2.imshow("plateChars"+str(i),im)         # 显示分割的字符
chars=getcharacters()                          # 获取所有模板文件（文件名）
results=matchChars(plateChars, chars)          # 使用模板 chars 逐个识别字符集 plates
results="".join(results)                       # 将列表转换为字符串
print("识别结果为：",results)                    # 输出识别结果
cv2.waitKey(0)                                 # 显示暂停
cv2.destroyAllWindows()                        # 释放窗口
```

13.3　下一步学习

本章介绍了车牌识别的基本流程，本节将进行一个简单的总结与展望。

本案例在进行字符识别时，将每一个待识别字符与整个字符集进行了匹配值计算。实际上，在车牌中第一个字符是省份简称，只需要与汉字集进行匹配值计算即可；第二个字符是字母，只需要与字母集进行匹配值计算即可。因此，在具体实现时，可以对识别进行优化，以降低运算量，提高识别率。

本案例使用模板匹配的方法实现了车牌识别。除此以外，大家还可以尝试使用第三方包（如 tesseract-ocr 等）、深度学习等方式来实现车牌识别。

第 14 章

指纹识别

小时候和小伙伴们在村口玩，当远方走过来一个人时，小伙伴们在相距较远时就开始"识别"这个人到底是谁。甲说："这人是我三叔，你看他走路的时候腰杆挺得笔直。"这确实是甲三叔的特点，我连连点头。乙说："不对不对，这人是我二大爷，你看他走得飞快，比一般人都要快。"我想了想，乙二大爷走路还真是比一般人要快。丙说："都不对，这人是我爸。你看他不仅腰杆直、走得快，而且步子比一般人还要大。"大家一听，连连点头，因为在我们认识的所有人中只有丙爸爸同时具备这三个特征。

指纹识别，简单来说就是判断一枚未知的指纹属于一组已知指纹里面的哪个人的指纹。这个识别过程与我们在村口识别远处走来的人类似，首先，要抓住主要特征，二者的主要特征要一致；其次，二者要有足够多的主要特征一致。满足了这两个条件就能判断一枚指纹是否与某个人的指纹一致了。

图像处理过程中非常关键的一个步骤就是特征提取。特征提取需要解决的问题有如下两个：

- 选择有用的特征。该过程要选择核心的关键特征，该特征要能体现当前图像的个性。
- 将特征量化。特征是抽象的，是计算机无法理解的，要把特征转换成数值的形式，以便通过计算完成图像的识别、匹配等。

图像的个性化特征，是指能够体现图像自身特点的、易于区别于其他图像的特征。个性化特征既可以是本类图像的专有特征，也可以是图像的通用特征。例如，在进行指纹识别时，可以采用两种不同的方式提取个性化特征：

- 提取指纹的专有特征，如脊线的方向、分叉点、顶点等。这些特征是针对指纹图像设计的。
- 提取图像中的关键点特征。关键点特征并不是每类图像专有的特征。例如，一些角点、拐点等形态或方向特征，提取指纹图像中这些关键点特征的方式与提取其他类型图像的关键点特征的方式没有区别。在处理其他类型的图像时，可以采用提取指纹图像关键点特征的方式将这些关键点特征提取出来，并在识别、比较等场景中使用。

本章将介绍如下两部分内容：

- 指纹特征提取及识别方法。本部分主要介绍了如何有针对性地提取指纹特征，并根据这些特征进行指纹识别。本部分仅介绍了指纹识别的基本原理和方法，并没有具体实现指纹识别。
- 基于 SIFT 的指纹识别方法及具体实现。需要注意的是，SIFT 提取的特征并不是专门针对指纹的，它提取的是图像内的尺度不变特征。也就是说，除指纹图像外，SIFT 还适用于其他类型的图像识别。本章在提取 SIFT 特征的基础上实现了基于 SIFT 的指纹识别。

14.1 指纹识别基本原理

在指纹识别过程中,非常关键的一个步骤是对指纹特征的处理。

通常情况下,要先提取已知指纹的特征,并将其存储在模板库中,以便在后续进行指纹识别时与待识别指纹特征进行比对。录入指纹特征的过程如图 14-1 所示。

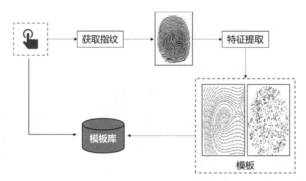

图 14-1 录入指纹特征的过程

识别指纹时,可能存在如下两种情况。

● 一对一验证。此时,主要验证当前指纹是否和已知指纹一致,如利用指纹解锁手机。该过程示意图如图 14-2 左图所示。

● 一对多识别。此时,主要识别当前指纹和指纹库众多指纹中的哪个指纹基本一致,如单位的打卡系统。该过程示意图如图 14-2 右图所示。

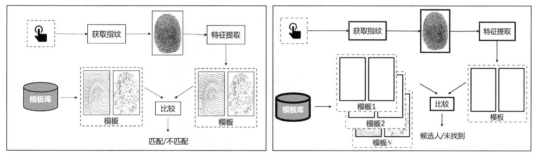

图 14-2 指纹识别过程示意图

14.2 指纹识别算法概述

基于指纹特征的指纹识别方法是一种非常传统的方法。该方法主要关注指纹自身的个性化特征,希望通过计算指纹个性化特征差异实现指纹识别。本节将主要介绍指纹的个性化特征表示、提取及基于指纹特征的指纹识别方法。

14.2.1 描述关键点特征

指纹图像中起决定作用的点通常称为关键点(Key Point)或者细节点(Minutia)。

描述关键点特征是指将指纹图像的关键点的特征提取出来并量化。指纹图像中具有多种不同类型的特征点。在通常情况下，只需要关注分叉点和终点。

如图 14-3 所示，关键点通常包含类型（分叉点、终点）、角度、坐标等信息。因此，通常使用$(x, y, \text{type}, \theta)$来表述一个关键点的特征，其中：

- (x, y)是关键点所在位置的坐标。
- type 是关键点的类型，可能是终点、分叉。
- θ 是关键点的角度。

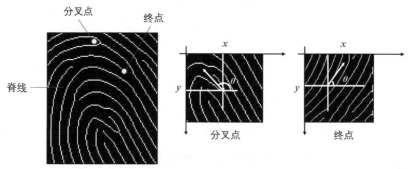

图 14-3　关键点特征描述

14.2.2　特征提取

录入的指纹信息通常具有较高噪声，不适合直接提取特征。因此，在提取特征前，需要先对其进行增强、细化等预处理，在预处理的基础上找出其关键点及类型，并进一步判断关键点的方向，从而得到关键点特征的描述信息$(x, y, \text{type}, \theta)$，如图 14-4 所示。

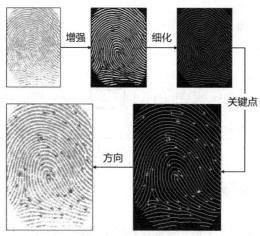

图 14-4　提取关键点特征

$(x, y, \text{type}, \theta)$中的坐标信息就是关键点位置信息，在找到关键点后可以直接确定。本节将主要介绍关键点类型的确定和关键点角度的确定。

1. 关键点类型的确定

通常情况下，使用相交数（Crossing Number）判断关键点的类型。每一个像素点 P，都有 8 个邻近像素点，在这些邻近像素点中，像素点从白变黑的个数被定义为相交数。相交数示意图如图 14-5 所示。

- 图 14-5（a）是分叉点。
- 图 14-5（b）是以图 14-5（a）中分叉点（关键点）为中心的像素点示意图，中心点周围像素点由白变黑的个数为 3，其相交数为 3。
- 图 14-5（c）是终点。
- 图 14-5（d）是以图 14-5（c）中终点（关键点）为中心的像素点示意图，中心点周围像素点由白变黑的个数为 1，其相交数为 1。

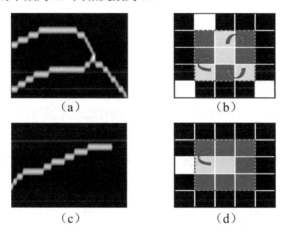

图 14-5　相交数示意图

2. 关键点角度的确定

针对不同类型的关键点采用不同的方式确定其角度。

分叉点具有三条边（三个分叉），每条边与和水平方向都有一个夹角，分别为 θ_1、θ_2、θ_3。通常将最近的两条边的夹角平均值作为该分叉点的角度。分叉点角度示意图如图 14-6 所示，分叉点的角度 θ 为右上方两条边角度 θ_1 和 θ_2 的平均值。

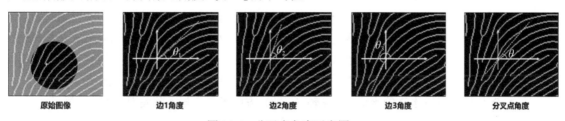

图 14-6　分叉点角度示意图

计算终点的角度时，沿着脊线寻找距离当前终点 20 个像素处的像素点，该像素点与终点连线与水平方向的夹角被标注为当前终点的角度，如图 14-7 所示。

图 14-7　终点角度示意图

标准化文件 ISO/IEC 19794-2 对指纹的关键点（Finger Minutiae Data）进行了细致的约定，可以参考该文件获取更多细节信息。

14.2.3　MCC 匹配方法

获得上述细节信息后，可以对指纹关键点特征进行进一步编码，以进行比较判断，从而实现指纹的验证、识别功能。

2010 年，意大利博洛尼亚大学的 Raffaele Cappelli 等人提出了 MCC（Minutia Cylinder-Code，细节点柱形编码），该编码旨在更有效地完成指纹识别过程中的关键点特征表示和匹配。

MCC 是一种基于 3D 数据结构（称为圆柱体）的表示方式，该圆柱体由关键点的位置和方向构建。也可以说，MCC 存储了关键点的距离、方向信息，并对此进行了重构，保证了关键点具有旋转、平移不变性。

MCC 根据当前关键点构造了一个特定半径、特定高度的圆柱体，如图 14-8 所示，其中：

- A 是封闭的圆柱体，该圆柱体是虚拟的，为了方便理解而存在。圆柱体的高度为 2π，半径为 R。
- B 是封闭圆柱体的离散化，该圆柱体是实际生成的，由若干个小长方体（独立单元）构成，其高度为 2π，半径为 R。每一个小长方体在圆柱体内的坐标值为 (i,j,k)，i、j、k 分别对应 x 轴、y 轴、z 轴坐标值。小长方体根据自身的坐标值 (i,j,k) 能够映射到原始指纹图像的特定区域，并根据该区域中特定关键点的方向、坐标值等信息获取一个能量值。
- C 是离散化后的圆柱体 B 内部的一个独立单元（小长方体），该单元拥有与圆柱体相关的长度值、宽度值、高度值；这些值与该单元能够获取的能量值的大小相关。
- D 是封闭圆柱体 B 的坐标系的 i 轴（x 轴）方向指向，与当前关键点方向一致。
- E 是当前关键点的方向。

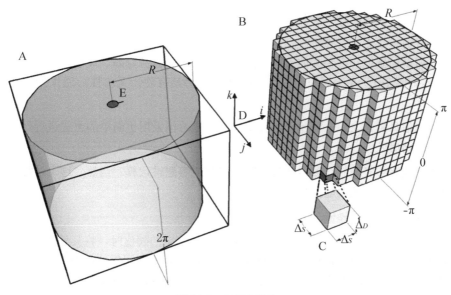

图 14-8 MCC 结构

（资料来源：CAPPELLI R，FERRARA M，MALTONI D．Minutia Cylinder-Code：A New Representation and Matching Technique for Fingerprint Recognition[J]．IEEE Transactions on Pattern Analysis & Machine Intelligence，2010，32（12）：2128．）

完成上述操作后，将圆柱体的每一层展开，得到如图 14-9 所示的一组图像。图 14-9 涉及如下两个概念：

- 平面个数。圆柱体在高度上被划分为多少层，就可以得到多少个平面。例如，把圆柱体划分为 6 层，即可得到 6 个平面。简而言之，每一幅图像对应的是圆柱体中某一层的能量图。
- 每个平面内像的素点个数。每一幅图像中像素点的个数就是每一层拥有的小长方体（独立单元）的个数。当前每一个像素点的像素值就是它对应的一个小长方体的能量值。

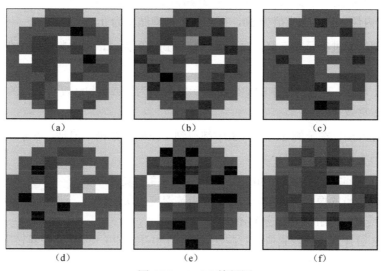

图 14-9 MCC 特征图

至此，每个关键点的特征值由(x,y,θ)转换成了一个复杂的特征值。该值包含了当前关键点的特征，也包含了当前关键点重要的邻域关键点特征。

上述提取的特征更具有独特性。例如，身高不能作为识别一个人的特征，因为身高相同的人有很多，但是如果把一组相关的人的身高组合起来，如自身身高、父亲身高、母亲身高、小学一年级老师身高……高中同桌身高，那么该特征将具有独一无二性，能作为识别一个人的特征。

上述特征信息量很大，计算起来比较复杂，我们希望采用更简单的方式进行计算，处理思路很简单，即阈值处理。

阈值处理能够将复杂的计算转换为更简单的异或等逻辑运算。当然，这个过程可能存在一定计算误差，但是能够极大地提高运算效率。

这里涉及的知识点是阈值分割、异或运算。

- 阈值分割的基本逻辑是当像素点的像素值大于特定的阈值时，将其处理为 1；否则，将其处理为 0；在 OpenCV 中可以通过函数 threshold 实现阈值处理。
- 异或运算的基本逻辑是若参与运算的两个数值不相等，则结果为 1；否则，结果为 0。在 OpenCV 中，可以通过函数 bitwise_xor 实现按位异或运算。

在表 14-1 中，有 A、B 两组不同的像素点。

在示例 1 中：

- A 组的像素点的像素值为 200，颜色较浅，接近白色。
- B 组的像素点的像素值为 50，颜色较深，接近黑色。
- 直观感受上，A 组与 B 组差异较大。
- 对 A、B 组像素点的像素值进行减法运算：200-50=150，像素值差异较大，据此判断两个像素点颜色差别较大的结论。
- 对 A、B 组像素点的像素值进行阈值处理，将 128 作为阈值，因此：
  - ➢ A 组内像素点的像素值为 200，得到阈值处理结果为 1。
  - ➢ B 组内像素点的像素值为 50，得到阈值处理结果为 0。

对阈值处理结果进行异或运算，二者不相同得到结果为 1，据此判断两个像素点的颜色相差较大。

通过示例 1 可知，可以将复杂的数学减法运算转换为异或运算（仅有一位的位运算），这样能够大幅提高运算效率。

相同的处理方法，在示例 2、示例 3 中都得到了正确的结论。但是，在示例 4 中得到了错误的结论。示例 4 的处理流程为

- A 组的像素点的像素值为 140，是一个中等深度的灰色。
- B 组的像素点的像素值为 120，是一个中等深度的灰色。
- 直观感受上，A 组与 B 组差异不大。
- 对 A、B 组像素点的像素值进行减法运算：140-120=20，像素值差异较小，据此判断两个像素点颜色差别较小。
- 进行阈值处理，将 128 作为阈值，因此：
  - ➢ A 组的像素点的像素值为 140，得到二值化结果为 1；

> ➤ B 组的像素点的像素值为 120，得到二值化结果为 0。

对阈值处理结果进行异或运算，二者不相同得到结果为 1，据此判断两个像素点颜色相差较大。

表 14-1　阈值处理简化计算

对比组	示例 1			示例 2			示例 3			示例 4		
	像素点颜色	像素值（减法）	阈值处理（异或）	像素点颜色	像素值（减法）	阈值处理（异或）	像素点颜色	像素值（减法）	阈值处理（异或）	像素点颜色	像素值（减法）	阈值处理（异或）
A 组		200	1		120	0		220	1		140	1
B 组		50	0		100	0		200	1		120	0
差异	感觉明显	150	1	感觉不明显	20	0	感觉不明显	20	0	感觉不明显	20	1
		差异大	有差别		差异小	无差别		差异小	无差别		差异小	有差别

通常情况下，对于上述误差，我们可以忽略。如果对精度要求较高，可以通过针对阈值的优化来实现更为准确的阈值处理，如 OTSU 处理（在 OpenCV 的函数 threshold 中使用参数 cv2.THRESH_OTSU 可以实现该功能）、自适应阈值处理（OpenCV 提供了函数 adaptiveThreshold 实现该功能）等。简单来说，通过优化可以让邻近的像素值，得到相同的处理结果。例如，像素值 140、像素值 120 在进行阈值处理时，都会被处理为 1，对二者进行异或运算，得到的结果为 0，这意味着二者没有差别。

因此，为了更方便地使用位运算（异或）实现差异计算，往往需要对灰度图像（像素点的值为[0,255]）进行阈值处理，得到对应的二值图像。图 14-10 是针对图 14-9 得到的二值化图像，图像仅包含两个值，数值 0（纯黑色）和数值 1（纯白色）。

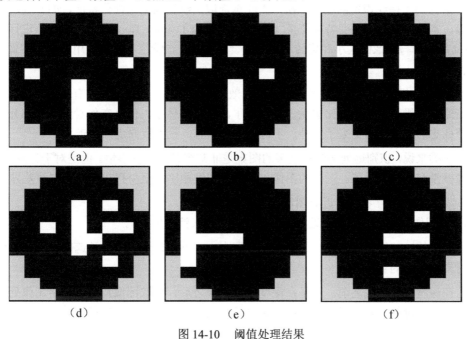

图 14-10　阈值处理结果

完成上述特征编码后，即可通过对编码进行异或运算来确定不同指纹图像之间的差异，从而实现对指纹图像的识别。

MCC 是非常有影响力非常好用的特征。在实践中，可以直接用该算法提取指纹特征，也可以根据需要提取更有特色的特征。

从该特征的提取过程可以看到，在获取特征值时要尽可能让特征值具有如下特点。

- 包含更多信息：不仅要包含当前关键点的特征，还要尽可能包含周围更多关键点的特征。这样的特征信息量人，更能体现图像自身特点。或者说，这样的特征包含了图像内许多关键点的特征。
- 具有健壮性：特征在旋转、缩放、模糊等操作前后能够保持一致性，如 SIFT 特征。

14.2.4　参考资料

基于指纹特征的指纹识别一直以来都受到学术界和工业界的高度关注。Cappelli 在 WSB 2021（Winter School on Biometrics 2021）上做了主题为"使用 OpenCV 和 Python 进行指纹识别"的讲演，介绍了指纹识别的最新研究成果，并使用 OpenCV 和 Python 进行了实现。在香港浸会大学的 WSB 2021 内容页上可以下载该演讲的演讲稿 *Hands on Fingerprint Recognition with OpenCV and Python* 及源代码（ipynb 格式）（参考网址 4）。

为了方便学习，笔者将其重构为 py 格式附在本章配套资源的根目录下，文件名为 FingerprintRecognition.py。

14.3　尺度不变特征变换

14.2 节介绍了指纹识别的基本算法，更注重提取指纹图像的个性化特征，如脊线、终点、分叉点等。本节将对尺度不变特征变换（Scale Invariant Feature Transform，SIFT）进行介绍。SIFT 特征是一种与图像的大小和旋转无关的关键点特征，该特征不仅仅适用于指纹图像，还适用于其他图像。

《视觉锤》中提到，图像比文字能够更加有效地传达信息。对此，我深有体会。在我儿子刚刚学会走路的时候，我带着他出去玩，他走累了，嚷着要休息。但是在他看到远处部分被遮蔽的麦当劳标志后，居然马上来了精神，不再嚷着要休息，拉着我向麦当劳走去。

对于人类来说，识别远处部分被遮蔽的图案是非常容易的一件事情。但是对于计算机来说，理解图像就没有那么容易了。远处的图像与近处的图像相比，至少存在如下两方面差异：

- 远处图像的尺寸更小；近处图像的尺寸更大。
- 远处图像的细节较模糊；近处图像的细节丰富（清晰度高）。

如果一个算法能够像人类一样能够识别不同大小、不同远近、部分被遮蔽的图像，那么这个算法将具有较高的实用性。

无论在深度学习出现之前，还是在深度学习出现之后，提取图像特征在数字图像处理领域中一直是非常关键的任务。只不过深度学习与传统图像处理方式提取特征的方式不一样而已。我们一直在努力寻找特征提取方法，希望找到的特征具备如下两个特性：

- 独特性：特征必须能够与所代表的对象形成一对一的关系。该特征能够代表其所表示的对象，或者说该特征具有唯一性。

- 健壮性：特征要能够在图像发生各种变化（如旋转、尺寸缩放、清晰度变化）时，保持不变性。也就是说，无论图像发生了旋转、缩放，还是清晰度发生了变化，甚至部分被遮蔽，特征都能够保持不变。

指纹识别的关键步骤是找到合适的特征，将特征量化，通过比较量化结果，实现指纹识别。因此，如何提取具有代表性（独特性）、抗干扰（健壮性）的关键特征尤其关键。

将关键特征提取出来并进行量化能够完成相应的判断识别。例如，判断甲乙二人谁长得高，只需要将二人的身高进行量化并对比即可实现。如果比较甲乙二人的胖瘦，那么只比较二人的体重是不够的，还需要考虑二人的身高。此时，就需要同时提取身高和体重特征，并进行相应计算才能得到衡量胖瘦的特征值（标准）。

比较两人的身高、胖瘦看起来很简单，但是如果在非常严苛的条件下，如选拔运动员，就需要考虑更多因素。例如，针对身高、体重要考虑净身高、净体重。也就是说，一个人无论是穿着高跟鞋，还是平底鞋，能够提取到同样的身高值；无论饭前还是饭后，是不是刚刚喝了很多水，口袋里有没有装东西，都能够提取到一个相对比较科学的、稳定的、具有代表性的体重值。

同理，指纹识别要提取出指纹内具有代表性的稳定的特征。这些特征要具有代表性，能够将当前指纹与其他指纹区分开。同样，这些特征要非常稳定，即使指纹图像的大小、方向发生了改变，甚至受到光线、噪声影响，特征也不会发生改变。

学者们研究出了非常多提取图像特征点的方式，如 Harris 角点检测、SIFT 特征点检测、SURF（Speeded Up Robust Features）特征点检测、ORB（ORiented Brief）特征点检测等，其中 SIFT 是比较典型的一种。

1999 年，不列颠哥伦比亚大学的 Lowe 发表的 *Object Recognition from Local Scale-Invariant Features* 提出了 SIFT 算法。2004 年，Lowe 在 *Distinctive Image Features from Scale-Invariant Keypoints* 一文中对 SIFT 进行了更系统的阐释，并通过实验得出这种识别方法可以有效地识别噪声、遮蔽对象，同时实现近乎实时识别的结论。

SIFT 特征的关键特性是与图像的大小和旋转无关，同时对于光线、噪声等不敏感（具有较好的健壮性）。

SIFT 算法描述的特征能够很方便地被提取出来，同时具有极强的独特性（显著性），即使在海量的数据中也很容易被辨识，不易发生误认。同时 SIFT 算法可以通过对局部特征的辨识完成整体图像的确认，该特点对于辨识局部被遮蔽的物体非常有效。上述优点使得 SIFT 算法适用于在简单的硬件设备下实现指纹识别。

在不同文献中，SIFT 可能指代与尺度不变特征变换相关的概念，如：

- 尺度不变特征变换过程，这是原始文献中给出的基本概念。
- 尺度不变特征变换得到的特征值。
- 尺度不变特征变换过程及使用该过程获取的特征值进行匹配、识别的过程。
- 基于尺度不变特征变换进行图像识别、检索等算法。

本书 SIFT 只指代第一种情况，其他情况使用了不同的表述方式。

SIFT 主要包含如下三个步骤。

Step 1：尺度空间变换。该步骤使图像在尺寸大小、清晰度上发生变换，旨在找到变换前后稳定存在的特征。

Step 2：关键点定位。该步骤旨在找到局域范围内的极大值、极小值，并将这些极值点作为关键点。

Step 3：通过方向描述关键点。该步骤首先找到图像的方向，然后通过该方向确定每一个关键点邻域内像素点的方向，并将该方向集合作为当前关键点的特征值。

下面分别对上述三个步骤及显示关键点（可视化关键点）进行简单说明。

14.3.1 尺度空间变换

考虑尺度空间主要是为了确保提取到图像在经过尺寸大小变化、清晰度变化后仍旧存在的特征值。因此，从两个角度来理解尺度空间：一个角度是尺寸大小变化，另一个角度是清晰度变化。

针对图像尺寸的改变可以构造一个金字塔结构，如图 14-11 所示。金字塔底层（第 0 层）是原始图像，将该图像不断缩小（向下采样），即可构造一个金字塔结构。可以采用图 14-11 中右侧所示两种方式逐步缩小图像的尺寸：

- 方式 1：直接抛弃图像中的偶数行、偶数列，只保留图像中的奇数行、奇数列。图 14-11 中直接抛弃了偶数行"100/80"、偶数列"20/80"，只保留了左上角的奇数行奇数列（第 1 行第 1 列）的值 40。
- 方式 2：将每一个像素点处理为周围像素点像素值的均值，然后抛弃其中的偶数行、偶数列，只保留奇数行、奇数列。例如，针对每个像素点，计算其右下方范围内 4 个邻域像素点像素值的均值。此时，左上角像素点的新值为 $(40+20+100+80)\times1/4=60$。其他各像素点按照此方式计算新值。最后，抛弃偶数行和偶数列，将左上角新值 60 作为图像尺寸缩小后的结果。

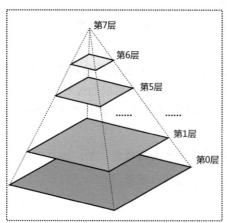
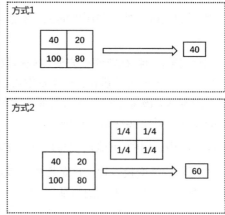

图 14-11　金字塔结构

采用方式 2 计算金字塔时，可以使用不同的均值计算方式。例如，上述过程在计算均值时，计算的是当前像素点右下方 4 个邻域像素点的均值，且每个像素点的权重值都是一样的，都是 1/4。除此以外，还可以划定不同的邻域范围，赋予邻域像素点不同的权重值。

如图 14-12 所示，每个像素点取其周围 3×3 范围内共计 9 个像素点的加权均值。赋予距离较近的像素点较大的权重值，距离较远的像素点较小的权重值。此时使用的权重值矩阵被称为高斯核（核、卷积核）。

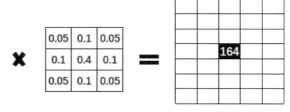

图 14-12　高斯均值

【例 14.1】使用 OpenCV 获取图像的金字塔图像。

OpenCV 提供了函数 pyrDown，该函数可实现图像高斯金字塔操作中的向下采样，语法形式为

```
目标图像 = cv2.pyrDown( 原始图像 )
```

根据题目要求，编写程序如下：

```
import cv2
o=cv2.imread("lena.bmp",cv2.IMREAD_GRAYSCALE)
r1=cv2.pyrDown(o)
r2=cv2.pyrDown(r1)
r3=cv2.pyrDown(r2)
print("o.shape=",o.shape)
print("r1.shape=",r1.shape)
print("r2.shape=",r2.shape)
print("r3.shape=",r3.shape)
cv2.imshow("original",o)
cv2.imshow("r1",r1)
cv2.imshow("r2",r2)
cv2.imshow("r3",r3)
cv2.waitKey()
cv2.destroyAllWindows()
```

本例使用函数 pyrDown 进行了三次向下采样，使用函数 print 输出了每次采样结果图像的大小，使用函数 imshow 显示了原始图像和经过三次向下采样后得到的结果图像。

上述程序运行，显示结果如下：

```
o.shape= (512, 512)
r1.shape= (256, 256)
r2.shape= (128, 128)
r3.shape= (64, 64)
```

从上述程序运行结果可知，经过向下采样后，图像的行和列的数量会变为原始图像的二分之一，图像大小变为原始图像的四分之一。

运行上述程序还会输出如图 14-13 所示的经过等比例缩放得到的各个输出图像。

图像 r1

图像 o   图像 r2   图像 r3

图 14-13   【例 14.1】程序输出力图像

采用不同加权均值构造的金字塔被称为高斯金字塔。此时构造的金字塔仅仅体现了尺寸差异，没有体现清晰度的不同。

通过计算不同邻近像素点的像素值，能够得到清晰度不同的图像。例如，在图 14-14 中，计算黑色中心点不同邻域内像素点像素值的均值，具体为

- 在图 14-14（a）中，计算 3×3 像素点邻域，共 9 个像素点像素值的加权均值。
- 在图 14-14（b）中，计算 5×5 像素点邻域，共 25 个像素点像素值的加权均值。
- 在图 14-14（c）中，计算 7×7 像素点邻域，共 49 个像素点像素值的加权均值。

在上述过程中，图 14-14（a）计算的是较小范围内的像素点像素值的均值，其与原始图像相比失真不明显；图 14-14（c）计算的是较大范围内的像素点像素值的均值，其与原始图像相比失真较明显。图 14-14（a）中的新值仅包含了原始图像 9 个像素点的信息；而图 14-14（c）中的新值包含了原始图像 49 个像素点的信息，信息量更高。

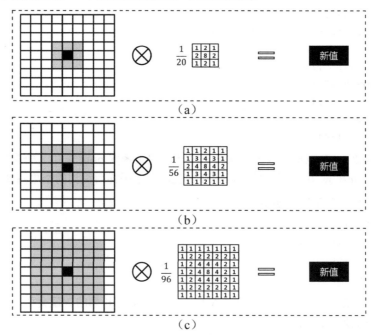

图 14-14   构造不同清晰度图像示例

【**例 14.2**】使用不同的核对图像进行高斯处理，观察得到的图像的差异。

在 OpenCV 中实现高斯滤波的函数是 GaussianBlur，该函数的语法格式是

```
dst = cv2.GaussianBlur( src, ksize, sigmaX, sigmaY )
```

其中：

- dst 是返回值，表示进行高斯滤波后得到的处理结果。
- src 是需要处理的图像，即原始图像。
- ksize 是滤波核的大小。滤波核大小是指在高斯滤波处理过程中其邻域图像的高度和宽度。需要注意，滤波核大小必须是奇数。
- sigmaX 是核在水平方向上（X 轴方向）的标准差，其控制的是权重比。图 14-15 所示为不同的 sigmaX 决定的核，它们在水平方向上的标准差不同。

1	1	2	1	1
1	2	4	2	1
2	4	8	4	2
1	4	4	2	1
1	1	2	1	1

0	0	1	0	0
0	1	2	1	0
1	2	3	2	1
0	1	2	1	0
0	0	1	0	0

0	3	6	3	0
1	4	7	4	1
2	5	8	5	2
1	4	7	4	1
0	3	6	3	0

图 14-15　不同的 sigmaX 决定的核

- sigmaY 是核在垂直方向上（Y 轴方向）的标准差。若将该值设置为 0，则只采用 sigmaX 的值；若 sigmaX 和 sigmaY 都是 0，则通过 ksize.width 和 ksize.height 计算得到。其中：
  - ➢ sigmaX = 0.3×[(ksize.width-1)×0.5-1] + 0.8
  - ➢ sigmaY = 0.3×[(ksize.height-1)×0.5-1] + 0.8

一般来说，在核大小固定时：

- sigma 值越大，权重值分布越平缓。邻域像素点的像素值对输出值的影响越大，图像越模糊。
- sigma 值越小，权重值分布越突变。邻域像素点的像素值对输出值的影响越小，图像变化越小。

在实际处理时，可以显式地指定 sigmaX 和 sigmaY 为默认值 0。因此，函数 GaussianBlur 的常用形式为

```
dst = cv2.GaussianBlur( src, ksize, 0, 0 )
```

根据题目要求，采用不同的核实现高斯滤波，编写程序为

```
import cv2
o=cv2.imread("lena.bmp")
r1=cv2.GaussianBlur(o,(3,3),0,0)
r2=cv2.GaussianBlur(o,(13,13),0,0)
r3=cv2.GaussianBlur(o,(21,21),0,0)
cv2.imshow("original",o)
cv2.imshow("result1",r1)
cv2.imshow("result2",r2)
cv2.imshow("result3",r3)
cv2.waitKey()
cv2.destroyAllWindows()
```

运行上述程序后，输出如图 14-16 所示，其中：

- 图像 o 是原始图像。
- 图像 r1 是使用 3×3 大小的核处理得到的结果。图像 r1 中的每个像素点的像素值都是图像 o 中该像素点周围 9 个像素点像素值的加权均值，图像有一定的模糊，但人眼基本无法察觉。
- 图像 r2 是使用 13×13 大小的核处理得到的结果。图像 r2 中的每个像素点的像素值都是图像 o 中该像素点周围 13×13 个像素点像素值的加权均值，图像有一定的模糊，人眼可以感觉到。
- 图像 r3 是使用 21×21 大小的核处理得到的结果。图像 r3 中的每个像素点的像素值都是图像 o 中该像素点周围 21×21 个像素点像素值的加权均值，图像模糊相当严重，人眼可以明显感觉到。

图像o　　　　　　图像r1

图像r2　　　　　　图像r3

图 14-16　【例 14.2】程序运行结果

因此，在每一层的基础图像上，使用不同的核，可以构造一组清晰度不同尺寸相同的图像。金字塔图像示意图如图 14-17 所示。

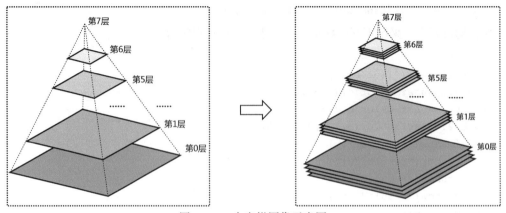

图 14-17　金字塔图像示意图

很明显，经过上述操作后，可获得图像尺寸变换清晰度变换的结果。

- 从金字塔的不同层来看，获取了同一幅图像的不同尺寸的图像。较小尺寸的图像是由较大尺寸图像得到的。由于采用的是高斯变换，较小尺寸图像的每个像素点包含较大尺寸图像中较多像素点的信息。
- 从金字塔的同一层来看，各图像的尺寸大小相同。这些尺寸相同的图像是在基础图像上，使用不同大小的核构造的。简单来说，它们代表着不同清晰度的图像。比较模糊的图像是使用较大的核实现的。但是，模糊图像中每一个像素点的像素值都是基础图像中较多像素点的像素值的加权均值。因此，模糊图像中的每个像素点都包含基础图像中大量的信息。

在上述基础上进一步组合特征，以提取更具稳定性的特征。综合考虑特征有效性和计算效率，直接对高斯金字塔每一层内等尺寸的相邻的两幅图像进行减法运算，得到高斯金字塔差值图像集合，如图 14-18 所示。

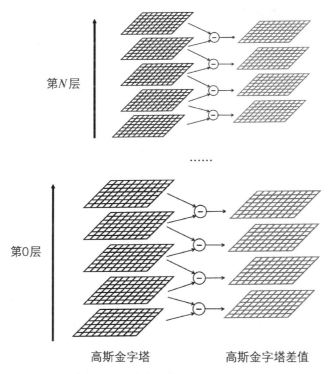

图 14-18　高斯金字塔差值图像集合

通常将高斯金字塔差值构成的金字塔称为差分高斯金字塔。该金字塔包含经过尺寸大小变化和清晰度变换后得到的图像特征。通常将尺寸变换和清晰度变换称为尺度变换。图像经过尺度变换后仍旧能够提取的特征是相对比较稳定的特征。例如，一个人走路时腰板挺得直直的，无论在大图像中还是在小图像中，无论在高清晰度的图像中还是在低清晰度的图像中，这一特征都是稳定存在的。经过上述尺度变换提取的特征点就是一种与尺寸变化、清晰度变化均无关的特征点。

综上所述，尺度空间变换流程如图 14-19 所示。

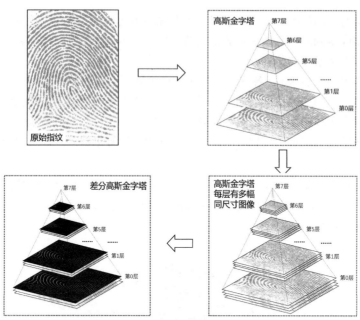

图 14-19　尺度空间变换流程

14.3.2　关键点定位

关键点是比较有特色且稳定的点。在差分金字塔中，将极值点挑选出来作为关键点。

将差分高斯图像中每一个像素点与其邻域像素点进行比较，如果该像素点的像素值比所有邻域像素点的像素值都大，或者都小，就认为当前像素点是一个极值点，即关键点。

通常情况下，选择一个像素点周围的 26 个像素点作为其邻域像素点，具体为

- 当前图像内该像素点3×3 邻域范围内的 8 个像素点（不含自身）。
- 当前图像上一层与该像素点对应位置的周围3×3 邻域范围内的 9 个像素点。
- 当前图像下一层与该像素点对应位置的周围3×3 邻域范围内的 9 个像素点。

在图 14-20 中，中间层标注三角形的像素点的邻域范围为其周围3×3 邻域范围内的 8 个像素点、上一层对应位置周围3×3 邻域范围内的 9 个像素点、其下层对应位置周围3×3 邻域范围内的 9 个像素点，共 26 个像素点。

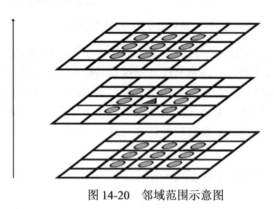

图 14-20　邻域范围示意图

将上述得到的极值点作为关键点的理论依据是，差分高斯金字塔是通过对高斯金字塔进行简单的减法运算得到的，而差分高斯与高斯拉普拉斯非常接近，高斯拉普拉斯的极大值点和极小值点是一种非常稳定的特征点。

14.3.3 通过方向描述关键点

图 14-21 所示为一幅由许多人构成的图像，该图像描绘是许多人站在一个广场上。如果想根据朝向来描述某一个人（将朝向作为一个人的特征），那么可以采用如下步骤。

（1）Step 1：确定坐标系。

（2）Step 2：通过某人的朝向描述该人。

图 14-21　一幅由许多人构成的图像

上述描述方法存在如下两个问题：

- 图像旋转后，待描述的坐标会改变。例如，设定了直角坐标系，在图像旋转前后，朝向 45° 方向的人是不同的人。我们希望在图像旋转前后，通过同样的角度来描述同一个人。
- 以角度为依据会找到许多结果。例如，朝向 45° 方向的人有许多。因此，单纯将朝向作为描述值，无法做到唯一性。例如，单独一个的体重值无法作为这个人的识别特征，原因是很多人的体重是相同的。

为了解决上述问题，进行如下两个优化设计：

- 根据图像自身特征确定一个方向，将该方向作为图像的方向。图像内所有人的朝向都以该方向为参考方向。此时，无论图像如何旋转，图像内所有人的朝向与图像的相对方向都是保持不变的。如何确定图像的方向呢？图像内哪个朝向的人最多，就将哪个方向确定为图像的方向。
- 单个人的朝向肯定是容易重复的，如图像中可能同时有多个人朝向同一个方向。但是，一个人及其周围若干个人的朝向往往具有独特性。将一个人及其旁边若干个人的朝向作为一个人的方向特征，该特征在图中往往是唯一的，因此通过该特征能够很好地描述一个人。也就是说，在使用自身的方向描述一个人时，描述符为"45"（表示 45° 朝向）；优化后使用一个人自身及其周围多个人的朝向来描述一个人，描述符为

“45/90/135/180/90/45/90/45/90”（不同的值表示其自身及周围人的方向）。很明显，优化设计后的描述符能够很好且唯一地代表一个人。

受上述思路启发，可以通过方向来描述图像中的关键点，具体步骤如下。

（1）Step 1：确定当前图像的方向。

（2）Step 2：根据图像方向确定关键点及其周边若干个像素点的方向，将该方向集合作为当前关键点的特征值。

具体实现时，主要包含三个步骤，具体如下。

（1）Step 1：确定图像的角度。该角度是图像内所有像素点的参考角度。

（2）Step 2：确定像素点相对角度。根据图像的角度及像素点自身角度，计算每个像素点的相对角度。

（3）Step 3：生成描述符。根据关键点邻域内所有像素点的相对角度，生成当前关键点的描述符。

下面逐个对上述步骤进行简单介绍。

（1）Step 1： 确定图像的角度。

先把平面（360°）划分为 36 个区间，也就是 10°为一个区间；然后判断当前图像内所有像素点的方向，落在哪个区间内的像素点数最多，就将哪个区间的代表值（最大值、最小值、中间值等有代表性的值）作为图像的方向。

例如，在图 14-22 中：

- 左侧图是一幅图像的各个像素点的角度值。
- 中间图是每一个像素点的调整值。调整方式是，将原值调整为所属区间的代表值。例如，图 14-22 左图中左上角顶点的值为 229（表示该像素点的方向是 229°），落在[220,229]区间内（角度介于 220°～229°），所以将其调整为区间的代表值 220（方向调整为 220°）。
- 右侧图是图像方向，来源于中间图的众数。哪个角度值最多，就将图像的方向调整为哪个角度值。中间图中 40 出现的次数最多，因此得到的结果为 40，即图像的角度是 40°。

229	31	246	15	339	170	258	211	145	49	140	31	209	66	164	213
38	229	217	346	137	144	75	43	42	152	298	206	344	210	13	46
222	352	60	59	155	53	125	314	326	94	71	288	125	207	92	283
167	217	166	331	236	127	38	242	327	106	241	45	285	85	317	44
253	166	86	82	53	321	316	232	131	290	323	135	240	46	28	135
197	172	227	184	252	31	297	261	262	333	113	332	14	190	105	104
253	320	237	209	129	65	203	30	305	338	299	265	235	6	176	317
108	135	191	283	23	44	351	306	304	94	306	182	266	245	152	286
263	199	207	330	41	48	209	309	70	72	198	284	164	79	201	108
125	292	290	89	303	161	346	203	169	304	70	115	2	283	229	25
196	201	211	266	328	260	349	110	21	322	12	293	34	322	105	93
106	29	116	146	77	208	272	329	33	123	112	256	63	160	326	74
117	333	229	6	327	165	17	64	158	65	86	261	201	214	93	271
162	137	34	255	89	214	120	329	331	314	169	9	335	289	160	185
45	335	169	249	42	288	234	159	48	205	118	190	134	67	107	14
38	1	191	285	76	307	154	104	148	222	324	41	131	194	152	102

220	30	240	10	330	170	250	210	140	40	140	30	200	60	160	210
30	220	210	340	130	140	70	40	40	150	290	200	340	210	10	40
220	350	60	50	150	50	120	310	320	90	70	280	120	200	90	280
160	210	160	330	230	120	30	240	320	100	240	40	280	80	310	40
250	160	80	80	50	320	310	230	130	290	320	130	240	40	20	130
190	170	220	180	250	30	290	260	260	330	110	330	10	190	100	100
250	320	230	200	120	60	200	30	300	330	290	260	230	0	170	310
100	130	190	280	20	40	350	300	300	90	300	180	260	240	150	280
260	190	200	330	40	40	200	300	70	70	190	280	160	70	200	100
120	290	290	80	300	160	340	200	160	300	70	110	0	280	220	20
190	200	210	260	320	260	340	110	20	320	10	290	30	320	100	90
100	20	110	140	70	200	270	320	30	120	110	250	60	160	320	70
110	330	220	0	320	160	10	60	150	60	80	260	200	210	90	270
160	130	30	250	80	210	120	320	330	310	160	0	330	280	160	180
40	330	160	240	40	280	230	150	40	200	110	190	130	60	100	10
30	0	190	280	70	300	150	100	140	220	320	40	130	190	150	100

40

图 14-22　确定图像角度

（2）Step 2：确定像素点相对角度。

　　为了保证图像内像素点的角度在图像旋转前后保持不变，将相对角度作为像素点的角度。也就是说，像素点的角度是指该像素点相对于图像的角度。

　　需要说明的是，上述过程算得的角度值都是以水平方向为 x 轴作为参考的。

　　用像素点角度减去图像角度即可得到相对角度。例如，在图 14-23 中，某像素点的角度为 θ_1，图像的角度（方向）为 θ_2，则该像素点的相对角度（相对图像的方向）θ_3 为 $\theta_1-\theta_2$。

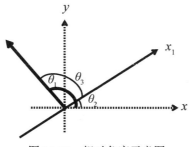

图 14-23　相对角度示意图

　　通过以上分析可知，在计算一个像素点相对于图像的相对角度时，使用其方向（角度值）减去图像的方向（角度值）即可。例如，在图 14-24 中，左侧图是像素点的原始方向（角度值），图像的方向（角度值）为 40，右侧图是计算结果。计算方式是使用像素点原有角度值减去图像角度值。

　　需要注意的是，如果一个像素点的角度值小于图像角度值，那么将得到负值。为了避免出现负值，可以通过取模（取余数）运算的方式保证得到一个正值，具体为

$$像素点相对角度 \; = \; 取模(像素点原有角度 \; - \; 图像角度 \; +360 \,,\, 360\,)$$

166	175	176	88	232	323	89	4
72	164	62	151	325	218	12	324
62	22	245	9	308	79	41	78
56	46	160	193	58	186	174	297
278	324	198	94	20	218	43	185
37	210	179	59	295	54	216	33
3	193	202	107	2	242	154	68
74	108	165	287	220	256	104	61

$\xrightarrow{\; -40 \;}$

126	135	136	48	192	283	49	324
32	124	22	111	285	178	332	284
22	342	205	329	268	39	1	38
16	6	120	153	18	146	134	257
238	284	158	54	340	178	3	145
357	170	139	19	255	14	176	353
323	153	162	67	322	202	114	28
34	68	125	247	180	216	64	21

图 14-24　角度值调整示意图

（3）Step 3：生成描述符。

　　通常情况下，将当前关键点指定邻域内的所有像素点的方向作为特征值。

　　为了便于说明，将当前关键点邻域内16×16 个像素点作为邻域，并将其划分为4×4 大小的小单元。计算每个小单元内的方向统计值，并将该值作为当前关键点的特征值。

　　计算方向时，将 360° 内所有的角度映射到距离其最近的 45 的整数倍角度上。也就是说，所有像素点都映射到角度集合{0,45,90,135,180,225,270,315}内。

　　例如，图 14-25 中：

● 左侧图是像素点的相对角度值。

- 中间图是映射到 45 的整数倍角度的角度值。例如，左上角顶点的"90"是左侧图中的"77"的映射结果。
- 右侧图是获取的特征值，图 14-25 仅显示了左上角小单元的特征值，其他小单元的特征值计算方式与此相同。每个小单元内的特征值共有 8 组，每一组值分别表示方向和该方向的个数，如"(0,1)"表示 0°方向上有 1 个值。当前关键点邻域内16×16 个像素点，划分为4×4 大小的小单元（每个小单元内有 16 个像素点），共得到 16 个小单元，每个小单元内有 8 个特征值，可以得到16×8＝128 个特征值。邻域的大小、单元的大小可以根据需要适当调整。

图 14-25　生成描述符示例

每个小单元内的特征值，都是(角度,个数)的形式。其中，角度值是按照 {0,45,90,135, 180,225,270,315}的顺序排列的。因此，可以只保留对应角度的个数。如图 14-26 所示，左侧是部分特征值，右侧是特征值对应的调整后只有角度个数的特征值。

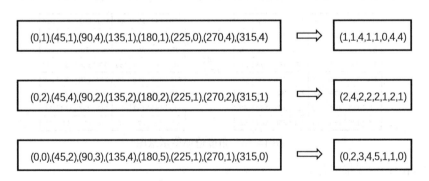

图 14-26　特征值调整

从上述过程可以看出，一个关键点使用了 128 个特征来描述，其中：

- 尺度空间变换保证了图像在尺寸变换和清晰度变换前后特征的稳定性。
- 相对角度保证了图像在旋转前后特征的稳定性。
- 128 个特征值使得不同关键点具有相同特征的概率极低，保证了该特征的唯一性。

综上所述，SIFT 特征生成的基本流程如图 14-27 所示。

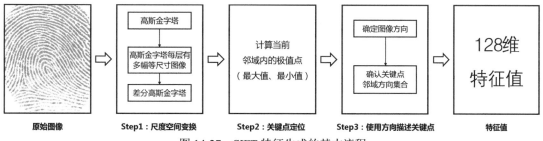

图 14-27　SIFT 特征生成的基本流程

14.3.4　显示关键点

显示关键点的基本流程如下。

- Step 1：实例化 SIFT 特征。
- Step 2：找出图像中的关键点，并计算关键点对应的 SIFT 特征向量。
- Step 3：打印、可视化关键点。

下面对各个步骤使用的函数进行简单介绍。

（1）Step 1：实例化 SIFT 特征。

OpenCV 中的函数 SIFT_create 可实现实例化。

SIFT 的相关功能在 OpenCV 的贡献包内，使用 SIFT 需要通过 pip 在 Anaconda Prompt（或 Windows 命令行提示符窗口）内安装贡献包，具体为

```
pip install opencv-contrib-python
```

SIFT 的专利权于 2020 年 3 月 6 日到期，因此在之前的一段时间内，OpenCV 不包含 SIFT 的相关功能。

（2）Step 2：找出图像中的关键点，并计算关键点对应的 SIFT 特征向量。

OpenCV 中的函数 detectAndCompute 可完成检测和计算关键点的功能，其语法格式为

```
关键点，关键点描述符=cv2.detectAndCompute(图像，掩模)
```

通常情况下，对掩模没有要求。因此，其语法格式一般为

```
关键点，关键点描述符=cv2.detectAndCompute(图像，None)
```

其中，返回值 "关键点描述符" 为 128 维向量组成的列表；"关键点" 为关键点列表，每个元素为一个关键点（KeyPoint），其包含信息如下：

- pt：关键点的坐标。
- size：描述关键点的区域。
- angle：角度，表示关键点的方向。
- response：响应程度，代表该关键点特征的独特性，越高越好。
- octave：表示从金字塔哪一层提取的数据。
- class_id：当要对图像进行分类时，可以通过该参数对每个关键点进行区分，未设定时为-1。

（3）Step 3：打印、可视化关键点。

打印关键点时直接使用 print 语句即可。

可视化关键点时，在 OpenCV 中使用函数 drawKeypoints 实现关键点绘制，其语法格式为

```
cv2.drawKeypoints(原始图像,关键点,输出图像)
```

【例 14.3】显示一幅指纹图像的关键点。

```python
import numpy as np
import cv2
#==========读取、显示指纹图像==========
fp= cv2.imread("fingerprint.png")
cv2.imshow("fingerprint",fp)
#==========SIFT==========
sift = cv2.SIFT_create()     #需要安装 OpenCV 贡献包 "opencv-contrib-python"
kp, des = sift.detectAndCompute(fp, None)
#==========绘制关键点==========
cv2.drawKeypoints(fp,kp,fp)
#==========显示关键点信息、描述符==========
print("关键点个数：",len(kp))                    #显示 kp 的长度
print("前五个关键点：",kp[:5])                    #显示前 5 条数据
print("第一个关键点的坐标：",kp[0].pt)
print("第一个关键点的区域：",kp[0].size)
print("第一个关键点的角度：",kp[0].angle)
print("第一个关键点的响应：",kp[0].response)
print("第一个关键点的层数：",kp[0].octave)
print("第一个关键点的类 id：",kp[0].class_id)
print("描述符形状:",np.shape(des))               #显示 des 的形状
print("第一个描述符:",des[0])                     #显示 des[0]的值
#==========可视化关键点==========
cv2.imshow("points",fp)
cv2.waitKey()
cv2.destroyAllWindows()
```

运行上述程序，显示如下结果：

```
关键点个数： 2625
前五个关键点： [<KeyPoint 000001DE619F2750>, <KeyPoint 000001DE62A5E060>,
<KeyPoint 000001DE62A5EC90>, <KeyPoint 000001DE62A5E990>, <KeyPoint
000001DE62A5E270>]
第一个关键点的坐标： (2.5989086627960205, 218.04470825195312)
第一个关键点的区域： 2.456223249435425
第一个关键点的角度： 13.59039306640625
第一个关键点的响应： 0.04513704031705856
第一个关键点的层数： 5964543
第一个关键点的类 id： -1
描述符形状: (2625, 128)
第一个描述符: [ 0.  0.  0.  2. 45.  4.  0.  0. 50.  5.  0.  4. 154. 52.
5. 33. 154. 16.  0.  0.  9.  5.  3. 128. 43.  3.  0.  9. 120. 18.  1.
16.  0.  0.  0.  0. 13.  1.  0.  0. 66. 17.  0.  3. 154. 47.  1.  9.
```

154. 79. 0. 2. 20. 8. 1. 30. 59. 11. 0. 1. 75. 55. 7. 5.
  0. 0. 0. 0. 1. 0. 0. 0. 27. 1. 0. 0. 53. 90. 23. 41. 154.
  6. 0. 0. 9. 26. 18. 154. 45. 2. 6. 41. 32. 14. 3. 19. 0. 0.
  0. 0. 0. 0. 0. 0. 11. 1. 0. 0. 1. 14. 19. 15. 138. 15. 0.
  1. 4. 6. 13. 55. 19. 3. 2. 23. 70. 24. 6. 5.]

同时，输出如图 14-28 所示的图像。图 14-28 中左图是原始指纹图像，右图是标注的关键点。

图 14-28　【例 14.3】程序输出图像

14.4　基于 SIFT 的指纹识别

本节将在距离计算方法、特征匹配方式的基础上，介绍使用 SIFT 特征完成指纹识别的基本思路，并对其进行了实现。

14.4.1　距离计算

在两幅图像间寻找匹配点时，通常采用欧氏距离作为相似性度量标准，欧氏距离越小，二者越匹配。欧氏距离计算的是不同对象的各个特征差值平方和的二次方。对于图 14-29，待识别对象 D 的特征值为(3,5)，模板集中模板 A 的特征值为(4,4)，模板 B 的特征值为(8,0)。待识别对象 D 与模板 A 的欧式距离为 $\sqrt{2}$，与模板 B 的欧式距离为 $\sqrt{50}$ 。据此可判断对象 D 与模板 A 的距离近，对象 D 与模板 B 的距离远。

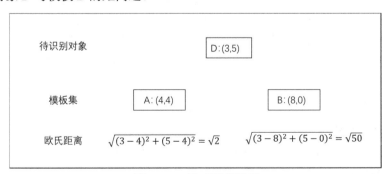

图 14-29　欧氏距离示例

14.4.2　特征匹配

使用 SIFT 进行特征匹配的基本流程如图 14-30 所示。

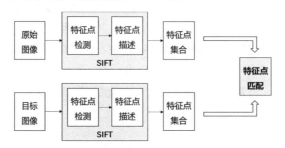

图 14-30　使用 SIFT 进行特征匹配的基本流程

在进行特征匹配时，取第一幅图像中的一个关键点 A，通过逐个遍历第二幅图像内的关键点，找到第二幅图中距离关键点 A 最近的两个点，记为关键点 X 和关键点 Y。

上述逐个遍历的方式通过依次计算所有特征点找到最佳匹配的两个值。由于该过程没有使用任何技巧，因此又称为暴力匹配。

此时，假设关键点 A 与找到的两个关键点 X、Y 的欧氏距离分别 d_1、d_2，且 $d_1<d_2$。

- 欧氏距离(关键点 A，关键点 X)=d_1。
- 欧氏距离(关键点 A，关键点 Y)=d_2。

根据这两个距离的比值 d_1/d_2，判断特征 A 和特征点 X 是否匹配，具体为

- $d_1<d_2$，比值较大：由于 $d_1<d_2$，比值较大，说明比值接近于 1。此时 d_1 和 d_2 的值接近，说明两个欧氏距离相差较小，认为没有找到匹配点。在另一副图像中找到两个与当前点相似的点的概率太低了，因此这种情况通常是由噪声引起的。也就说，当前的关键点 A 和关键点 X 及关键点 Y 都是不匹配的。或者说，虽然关键点 A 和关键点 X、关键点 Y 的欧氏距离接近，但实际上距离二者是一样的远。一般情况下，如果比值大于 0.8，则认为没有找到匹配点。这样的处理方式会去除 90%的错误匹配，仅会漏掉 5%的正确匹配。
- $d_1<d_2$，比值较小：此时，d_1 的值远远小于 d_2 的值，说明两个距离相差较大，认为找到了匹配点。在这种情况下，关键点 A 在第二幅图像中与关键点 X 的距离较小，与排名第二的关键点距离较大。这意味着，关键点 A 只与关键点 X 的距离小，且与其他所有点的距离都非常大。此时，认为关键点 A 找到了关键点 X 作为其匹配点。从另外一个角度来看，关键点 A 距离关键点 X 相对较近，且距离其他所有点都相对较远，因此认为找到了匹配点。

特征匹配的基本步骤如下。

（1）Step 1：选择匹配方式。

暴力匹配和 FLANN 匹配是 OpenCV 二维特征点匹配中常用的两种方法，分别对应的方法为 BFMatcher 和 FlannBasedMatcher。

- BFMatcher 表示暴力破解（Brute-Force Descriptor Matcher），它尝试所有可能的匹配，找到最佳匹配。使用函数 BFMatcher 可以构造暴力破解匹配器，语法格式为

```
匹配器 = cv2.BFMatcher()
```

- FlannBasedMatcher 中 FLANN 的含义是"Fast Library for Approximate Nearest Neighbors"。函数 FlannBasedMatcher 构造的匹配器是一种近似匹配方式。因此，在匹配大型训练集合时，函数 FlannBasedMatcher 构造的匹配器可能比函数 BFMatcher 构造的匹配器更快，语法格式为

匹配器=cv2.FlannBasedMatcher(参数)

其中，参数是两个字典，用来说明构造匹配的结构等信息。例如：

```
indexParams=dict(algorithm=FLANN_INDEX_KDTREE,trees=5)
searchParams= dict(checks=50)
flann=cv2.FlannBasedMatcher(indexParams,searchParams)
```

（2）Step 2：针对每一个描述符，发现另一幅图像内与其最匹配的两个描述符。

OpenCV 中的函数 knnMatch 能够计算当前描述符在另一个描述符集中的 K 近邻个（距离最近的 k 个）描述符，语法格式为

匹配情况 = bf.knnMatch(特征描述符集合 A ，特征描述符集合 B ，k)

其中，参数 k 是最匹配的描述符的个数，通常情况下，让 k=2。也就是说，针对特征描述符集合 A 中的每一个特征，都在特征描述符集合 B 中找到了两个与之最匹配的特征符。

（3）Step 3：选出匹配的特征描述符。

通常情况下，若两个最匹配的特征描述符的比值小于 0.8，则认为找到了匹配点：

```
good = [[m] for m, n in matches if m.distance < 0.8 * n.distance]
```

（4）Step 4：绘制匹配点。

OpenCV 中的函数 drawMatchesKnn 能够绘制匹配点，语法格式为

结果图像 = cv2.drawMatchesKnn(图像 a，a 关键点集，图像 b，b 关键点集，匹配点，映射集)

其中，映射集表示从图像 a 到图像 b 的映射关系，直接设置为 None 即可。此时，绘制的是所有关键点，若希望只绘制匹配的关键点，则加参数"flags=2"，表示仅绘制匹配的关键点，具体如下：

```
result = cv2.drawMatchesKnn(a, kpa, b, kpb, good, None, flags=2)
```

【例 14.4】使用暴力匹配方式，绘制两幅图像的匹配点。

根据题目要求及分析，编写程序如下：

```
import cv2
def mySift(a, b):
    sift = cv2.SIFT_create()
    kpa, desa = sift.detectAndCompute(a, None)
    kpb, desb = sift.detectAndCompute(b, None)
    bf = cv2.BFMatcher()
    matches = bf.knnMatch(desa, desb, k=2)
    good = [[m] for m, n in matches if m.distance < 0.8 * n.distance]
    result = cv2.drawMatchesKnn(a, kpa, b, kpb, good, None, flags=2)
    return result
if __name__ == "__main__":
    a= cv2.imread("a.png")
```

```
b= cv2.imread("b.png")
c = cv2.rotate(b,0)
m1 = mySift(a, b)
m2 = mySift(a,c)
m3 = mySift(b,c)
cv2.imshow("a-b",m1)
cv2.imshow("a-c",m2)
cv2.imshow("b-c",m3)
cv2.waitKey()
cv2.destroyAllWindows()
```

运行上述程序，输出结果如图 14-31 所示，其中：

- 图 14-31（a）是从同一根手指的不同部位采集的两枚指纹的匹配结果。
- 图 14-31（b）中的左侧指纹来源于图 14-31（a）左图，右侧指纹是图 14-31（a）右图所示指纹经旋转后得到的。图 14-31（b）中黑色区域是由于并排放置的两幅图像大小不一致填补的部分。
- 图 14-31（c）为不同方向的同一枚指纹的匹配结果。图 14-31（c）中的黑色区域是由于并排放置的两幅图像大小不一致填补的部分。

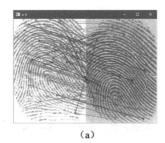 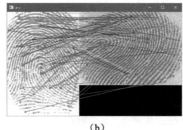 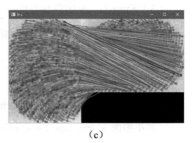

（a）　　　　　　　　　　（b）　　　　　　　　　　（c）

图 14-31　【例 14.4】程序运行的匹配结果

从上述结果可以看出，旋转对匹配结果影响不大，或者说 SIFT 提取的特征能够抵抗旋转。

通过更改 "good = [[m] for m, n in matches if m.distance < 0.8 * n.distance]" 语句中的比值大小，可以控制匹配的关键点的数量，分别将上述语句更改为

```
good = [[m] for m, n in matches if m.distance < 0.1 * n.distance]
good = [[m] for m, n in matches if m.distance < 0.9 * n.distance]
```

观察匹配结果的变化。

【例 14.5】使用 FLANN 匹配方式，绘制两幅图像的匹配点。

根据题目要求及分析，编写程序如下：

```
import cv2
def mySift(a,b):
    sift=cv2.SIFT_create()
    kp1, des1 = sift.detectAndCompute(a,None)
    kp2, des2 = sift.detectAndCompute(b,None)
    FLANN_INDEX_KDTREE=0
    indexParams=dict(algorithm=FLANN_INDEX_KDTREE,trees=5)
```

```
    searchParams= dict(checks=50)
    flann=cv2.FlannBasedMatcher(indexParams,searchParams)
    matches=flann.knnMatch(des1,des2,k=2)
    good = [[m] for m, n in matches if m.distance < 0.6 * n.distance]
    resultimage = cv2.drawMatchesKnn(a, kp1, b, kp2, good, None, flags=2)
    return resultimage
if __name__ == "__main__":
    a = cv2.imread('gua1.jpg')
    b = cv2.imread('gua2.jpg')
    c = cv2.rotate(b,0)
    m1 = mySift(a, b)
    m2 = mySift(a,c)
    m3 = mySift(b,c)
    cv2.imshow("a-b",m1)
    cv2.imshow("a-c",m2)
    cv2.imshow("b-c",m3)
    cv2.waitKey()
    cv2.destroyAllWindows()
```

运行上述程序，输出结果如图 14-32 所示，图中黑色区域是由于并排放置的两幅图像大小不一致填补的部分。

- 图 14-32（a）是同一辆汽车，在不同时间、不同地点、不同光线下的匹配结果。
- 图 14-32（b）中左侧汽车来源于图 14-32（a）中左侧汽车，右侧汽车是图 14-32（a）中左侧汽车经旋转后得到的。
- 图 14-32（c）为同一幅汽车图像旋转前后的匹配结果。

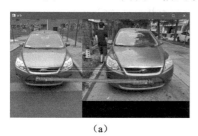 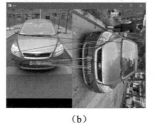 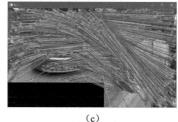

（a）　　　　　　　（b）　　　　　　　（c）

图 14-32　【例 14.5】程序运行结果

14.4.3　算法及实现程序

我的朋友小红长得非常像明星 L，所以大家也叫她"小 L"。大学时我们不在同一所学校，她给我寄过来一张照片，照片上的人神似小红。可是，照片上的人比我认识的小红瘦很多。小红让我猜照片上的人是不是她。此时，猜测照片上的人是或者不是小红是一张照片对应一个人的一对一的验证过程。

过了一段时间，小红又给我寄过来一张照片。她告诉我，在和明星 L 参加节目时得到了一张 L 送给她的照片（数码相机还不普及的时代），并让我分辨照片上的人是她还是明星 L。此时，猜测照片上的人是小红还是明星 L 是一张照片对应多个人的一对多的识别过程。

验证过程和识别过程不完全相同：

- 验证时，将当前照片和特定的人进行比较，看是否足够相似。
- 识别时，把一张照片与众多人进行比较，与哪个最相似就判定当前照片上的人是谁。

分辨照片的过程和指纹识别过程非常相似。通常所指的指纹识别既包括识别，又包括验证。

按照分辨照片上的人是谁的思路，针对指纹识别有

- 验证时，将待识别指纹与指纹库中的某个指纹进行匹配。若匹配点足够多，则认证通过；否则，认证失败。
- 识别时，将待识别指纹与指纹库的多个指纹进行匹配。将与匹配点足够多且最多的指纹作为识别结果；如果待识别指纹与所有指纹的匹配点都不够多，那么就认为没有匹配指纹。

【例 14.6】编写一个指纹验证程序。

```python
import cv2
# ===============验证函数===============
def verification(src, model):
    img1 = cv2.imread(src)
    img2 = cv2.imread(model)
    sift = cv2.SIFT_create()
    kp1, des1 = sift.detectAndCompute(img1, None)
    kp2, des2 = sift.detectAndCompute(img2, None)
    FLANN_INDEX_KDTREE = 0
    index_params = dict(algorithm=FLANN_INDEX_KDTREE, trees=5)
    search_params = dict(checks=50)
    flann = cv2.FlannBasedMatcher(index_params, search_params)
    matches = flann.knnMatch(des1, des2, k=2)
    ok = []
    for m, n in matches:
        if m.distance < 0.8 * n.distance:
            ok.append(m)
    num = len(ok)
    # print(num)
    if  num >= 500:
        result= "认证通过"
    else:
        result= "认证失败"
    return result

# ==============主函数==============
if __name__ == "__main__":
    src1=r"verification\src1.bmp"
    src2=r"verification\src2.bmp"
    model=r"verification\model.bmp"
    result1=verification(src1,model)
    result2=verification(src2,model)
```

```
    print("src1 验证结果为：",result1)
    print("src2 验证结果为：",result2)
```

运行上述程序，显示如下结果：

```
src1 验证结果为： 认证通过
src2 验证结果为： 认证失败
```

同时，显示如图 14-33 所示的图像，图中左图是指纹图像 src1，中间图是指纹图像 src2，右图是模板指纹图像 model。

图 14-33 【例 14.6】程序输出图像

【例 14.7】编写一个指纹识别程序。

```python
import os
import cv2
# ==============计算两个指纹间匹配点的个数==============
def getNum(src, model):
    img1 = cv2.imread(src)
    img2 = cv2.imread(model)
    sift = cv2.SIFT_create()
    kp1, des1 = sift.detectAndCompute(img1, None)
    kp2, des2 = sift.detectAndCompute(img2, None)
    FLANN_INDEX_KDTREE = 0
    index_params = dict(algorithm=FLANN_INDEX_KDTREE, trees=5)
    search_params = dict(checks=50)
    flann = cv2.FlannBasedMatcher(index_params, search_params)
    matches = flann.knnMatch(des1, des2, k=2)
    ok = []
    for m, n in matches:
        if m.distance < 0.8 * n.distance:
            ok.append(m)
    num = len(ok)
    return num
# ============获取指纹编号============
def getID(src, database):
    max = 0
    for file in os.listdir(database):
        model = os.path.join(database, file)
        num = getNum(src, model)
```

```
        print("文件名:",file,"距离：",num)
        if  max < num:
            max = num
            name = file
    ID=name[:1]
    if  max < 100:
        ID= 9999
    return ID
# ==========根据指纹编号，获取对应姓名==========
def getName(ID):
    nameID={0:'孙悟空',1:'猪八戒',2:'红孩儿',3:'刘能',4:'赵四',5:'杰克',
            6:'杰克森',7:'tonny',8:'大柱子',9:'翠花',9999:"没找到"}
    name=nameID.get(int(ID))
    return name
# =============主函数=============
if  __name__ == "__main__":
    src=r"identification/src.bmp"
    database=r"identification/database"
    ID=getID(src,database)
    name=getName(ID)
    print("识别结果为：",name)
```

运行上述程序，输出结果如下：

文件名：0.bmp 距离： 84
文件名：1.bmp 距离： 98
文件名：2.bmp 距离： 99
文件名：3.bmp 距离： 111
文件名：4.bmp 距离： 96
文件名：5.bmp 距离： 115
文件名：6.bmp 距离： 85
文件名：7.bmp 距离： 907
文件名：8.bmp 距离： 117
文件名：9.bmp 距离： 104

识别结果为： tonny

第 3 部分

机器学习篇

本部分介绍了机器学习的基本概念，并在此基础上介绍了多个基于机器学习的计算机视觉案例。

第15章

机器学习导读

我家小区附近菜市场的菜新鲜又实惠，我喜欢去那里买土豆。土豆的价格是经常变化的。每次在购买土豆时，我都在菜市场门口和刚买完土豆的邻居闲聊一会，顺便问问邻居今天买了多少土豆，花了多少钱。问完后，我就在心里默算一下：

$$土豆单价=总价/土豆重量$$

在这里，我使用的模型是

$$y = kx$$

式中，k 是单价，x 是重量，y 是总价。

这个模型很好用，我经常利用这个模型计算当天土豆的单价，从而判断买 2kg 土豆要花多少钱。

有一天，张大爷告诉我，他买了 3kg 土豆，花了 6.1 元。根据经验值，土豆的单价一般都是整数，不会出现小数。于是，我又问了王大爷，王大爷说："买了 4kg 土豆，花了 8.1 元。"

这时，我只好重新构造一个新的模型：

$$y = kx + b$$

式中，k 是单价，x 是重量，b 是附加值，y 是总价钱。

经过计算，我得到：

$$y = 2x + 0.1$$

根据该模型，我算得当天买 2kg 土豆要花 4.1 元。

果真如此，当天土豆价格是 2 元/kg，菜市场发起环保行动，装土豆的环保塑料袋收 0.1 元。

上述两个模型都能够计算出买任意重量土豆的价钱，这两个模型是简单的计算模型，是在输入（重量）和输出（总价）之间构造的一种关系。

两个模型的输入与输出是一元一次关系。在塑料袋不收费的情况下，询问一个邻居就能计算出买 2kg 土豆的总价；在塑料袋收费的情况下，需要询问两个邻居才能准确计算出买 2kg 土豆的总价。

我有个同学在做钻石生意，他从斯里兰卡购买钻石后在国内卖。钻石的价格受多个因素影响，如克拉、颜色、净度、汇率、切面、纯度、深度、体积、切割、包装等。构造一个钻石的价格模型，要综合考虑上述多个因素。钻石的价格与上述因素不是线性关系，而是多次方关系。例如，3 克拉钻石的价格是 3 个价格单位，而 4 克拉钻石的价格可能是 16 个价格单位。因此，针对钻石的价格构造一个输入（钻石本身的属性）和输出（钻石价格）之间的关系是非常困难的。

那么有没有可能对钻石的价格进行预测呢？答案是肯定的，机器学习可以帮助我们实现这个目标。简单理解就是，机器学习帮助我们在输入（钻石本身的属性）和输出（钻石价格）之间构建一个多元多次方程，使得我们可以利用这个方程完成价格估算。

机器学习（Machine Learning，ML），是指让机器通过自主学习完成任务。机器学习的目标就是通过找到若干数据的规律来完成任务。

机器学习的应用遍及人工智能的各个领域，如网络搜索、垃圾邮件过滤、广告投放、推荐系统、信用评价、欺诈检测、风险鉴别、金融交易、医疗诊断等。

本章将介绍机器学习的基本概念和机器学习常用的包、实现案例等。

15.1　机器学习是什么

机器学习的核心就是从数据中发现模式与规律，根据数据完成任务、寻找答案。没有数据机器就无法学习，数据是机器学习的核心和关键。

我们在使用传统方式解决某个问题时，特别是希望发现某个规律时，通常会综合考量各种因素。解决问题的方式通常有两种：一种方式是不断地试错，先尝试方法 A，若方法 A 不太好，则继续尝试方法 B；若方法 B 还可以但还不太完善，则不断对其进行优化；最后得到解决问题的合适方案。另一种方式是根据经验直接解决问题，即人类根据自己的经验和实践不断地寻找解决问题的方案。

人类在发展过程中在不断尝试发现事物之间的联系、内部隐藏的规律。自由落体运动模型示意图如图 15-1 所示，牛顿因苹果产生了万有引力的灵感，人们根据万有引力定律构造了自由落体运动模型，根据自由落体运动模型，可以计算出任意运动距离对应的运动时间，以及任意运动时间对应的运动距离。

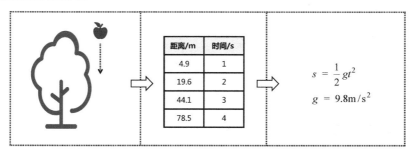

距离/m	时间/s
4.9	1
19.6	2
44.1	3
78.5	4

$$s = \frac{1}{2}gt^2$$
$$g = 9.8\text{m/s}^2$$

图 15-1　自由落体运动模型示意图

上述过程是以数据为基础的，我们通过这些数据发现了本来存在的但是一直没有被发现的规律。机器学习也是通过数据来发现逻辑与规律，构建事物之间的联系的。

机器学习构造了一个数据的输入与输出之间的"公式"。当向它输入数据时，它能够直接通过"公式"给出输出。例如，我在某短视频 App 中看了一个与机器学习有关的视频，该 App 会继续给我推荐相关的视频；在某 App 购物时，在购物车中加了 1kg 的土豆，该 App 可能会向我推荐牛肉。

机器是一个黑盒，其内部使用的"公式"是我们构想出来的。通常来说，机器学习中使用的机器是利用一系列参数控制的各种操作。

机器学习的一个重要特征是，尽量避免人的参与，尝试直接从数据中发现规律和解决问题的方案。

例如，在识别手写数字时，不论传统方式，还是机器学习，都需要先提取出手写数字的特征，然后针对特征进行处理。例如：

- 传统方式：通常使用欧氏距离等对特征数据进行计算，从而识别数字。
- 机器学习：使用机器学习的分类器，如 KNN（K 近邻）、SVM（支持向量机）等算法完成对数字（特征）的分类、识别。

在机器学习中，机器根据已知数据总结规律。与从头开始寻找解决方案来比，这种方式更加高效。

如图 15-2 所示，不同解决问题阶段人类参与的程度不尽相同。

- 传统方法。此时，还没有现成的提取特征方法，需要我们绞尽脑汁去寻找提取特征的方法；找到特征后，我们要分析特征，以找到问题的答案。
- 过渡阶段。我们已经掌握了大量的、科学的、标准化的特征提取方法（SIFT 等），这些方法都可以直接拿来使用，非常方便而且高效。但是，在找到特征后，仍需要我们想办法分析特征，以寻找答案。
- 机器学习。提取特征的方法已经相对成熟，我们可以直接使用现成的算法来提取特征。得到特征后，不再需要绞尽脑汁想特征如何处理，而是直接采用现成的算法（KNN、SVM 等）把特征作为抽象的数值对其进行分析，从而得到答案。

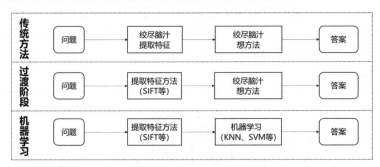

图 15-2　不同解决问题阶段采用的方法

15.2　机器学习基础概念

本节将主要介绍机器学习的类型、数据集的划分、模型的拟合等内容。

15.2.1　机器学习的类型

通常情况下，一个事物有很多种不同的分类标准。例如，土豆可以按照产地划分，也可以按照颜色划分。机器学习也有多种不同的分类标注，如有无监督、可否即时增量学习、实现方式、算法类似性等。

按照有无监督可将机器学习划分为以下四种：

- 有监督学习：有数据，数据有含义。从数据及其含义中寻找答案。
- 无监督学习：仅有数据，数据无实质意义。从纯数据中寻找答案。
- 半监督学习：部分数据有含义，部分数据无含义。从数据中寻找答案。
- 强化学习：模仿人类解决问题的思路，不断尝试，寻找最优解。

下面分别对上述四种方式进行简单介绍。

1. 有监督学习

有监督学习是指用来学习的数据有明确的含义。机器根据数据及其含义进行学习，从而找到问题的解决方案。

例如，在图 15-3 中，数据是抽象出来的指纹特征，含义是该数据对应的人。一般情况下，把数据称为"特征值"，把数据的含义称为"标签"。针对图 15-3 希望通过学习已知数据集，找到输入特征值对应的标签。上述过程是有监督学习的一种典型应用——分类，将未知数据划分到某个特定类别内。

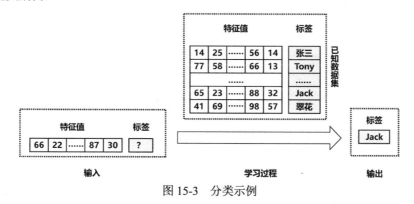

图 15-3　分类示例

有监督学习的另外一种典型应用是回归。回归是指计算一个输入对应的数值形式的输出。例如，在图 15-4 中，根据土豆的重量计算土豆的总价，二者的关系是 $y=2x$。当然，数据与输出之间的对应关系也可以是用来模拟钻石及其价格的多次方形式的更复杂的曲线。

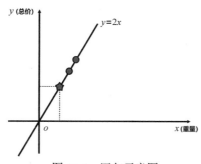

图 15-4　回归示意图

需要注意的是，回归得到的是一个数值，通过对该数值进行分类能够将回归值变为分类值。也就是说，计算分类可以通过先计算其回归值，再对回归值进行分类实现。

例如，计算当天购买 2kg 土豆的总价是否超出预算是一个分类题目，结果为{超出预算;未超出预算}。处理时，先使用回归模型（$y=2x$）计算土豆总价，然后针对总价进行如下处理：

- 总价小于 5 元：未超出预算。

- 总价大于或等于 5 元：超出预算。

经过上述处理后，即可得到我们想要的答案。

比较重要的监督学习有 K 近邻算法、线性回归、逻辑回归、SVM、决策树和随机森林、神经网络。

2. 无监督学习

无监督学习是指没有监督的学习。简单地说，在无监督学习中只有数据，数据没有明确含义，或者说数据没有对应的标签。无监督学习就是需要对抽象的数据进行学习，并从中找到规律。

一般来说，无监督学习有两种应用：一种是分类，另一种是异常检测。

处理数字的最简单方式就是分类。分组示例如图 15-5 所示，按照数值的大小，将数值划分到不同的组内。分组后不同组有不同含义。

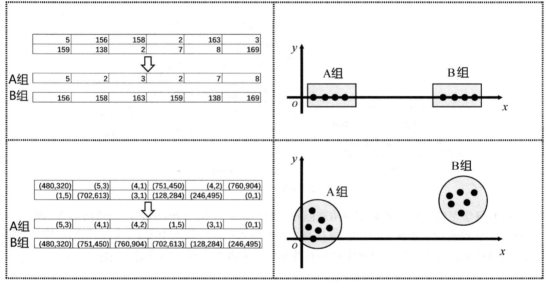

图 15-5　分组示例

不过需要注意的是，在机器学习中通常不直接对数据进行分组，而是对原始数据进行一定的处理后，再进行分组。或者说，原始数据是无法直接分组的，将数据映射到一个新的空间后，才可以对数据进行分组，如图 15-6 所示。

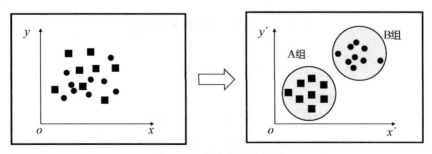

图 15-6　映射分组示意图

分类能够帮助我们简化问题。例如，可以将年龄划分为少年、青年、中年、老年四组，分组后的数据与介于[0,100]的众多原始数据相比少了很多。在处理用户画像等场合，通常采用该方法。

分类能够帮助我们完成数据压缩。例如，灰度图像需要 256 个灰度级，对应像素值为[0,255]，计算机需要用 8 个二进制位表示一个像素。若对图像质量要求不高，则可以根据需要将像素点划分为纯黑和纯白两组，分别用 0 和 1 表示，这样只用一个二进制位就能表示一个像素点的颜色。采用这种方式，数据的压缩比为 8∶1。

分类有利于可视化。例如，图 15-6 中的数据原本是混在一起的，分类后我们更容易观察到数据的分布及关系等。

无监督学习在异常检测方面的应用有信用卡异常监测、缺陷检测、异常数据处理等。如图 15-7 所示，机器学习掌握了正常数据（圆形数据）的特征，在遇到新的五角星数据时，它会准确地将数据 A 处理为异常，将数据 B 处理为正常。

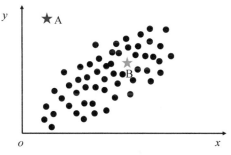

图 15-7　异常检测示意图

比较重要的无监督学习有 K 均值聚类、可视化和降维、主成分分析（PCA）、单分类支持向量机（One-class SVM）、关联规则学习。

3. 半监督学习

有监督学习中所有用来训练的数据都是有标签的；无监督学习中所有用来训练的数据都是没有标签的。有时，有条件给部分训练数据打上标签，这种部分训练数据有标签的学习方式就是半监督学习。

如图 15-8 所示，图中空心圆是没有标签的训练数据，三角形、矩形是有标签的训练数据。虽然五角星距离矩形更近，距离三角形更远，但借助空心圆能够将五角星划分到三角形所属分类。

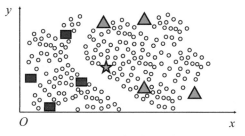

图 15-8　半监督学习示意图

很多网站提供了识别明星脸的功能，该功能的基本原理是先将所有没有任何标签的照片按照不同的人进行分类，不同人的照片对应不同的组，该分类过程是一个无监督学习过程；然后鼓励用户在照片上标注人物姓名，此时就可以得到一部分照片对应的标签，这些标签能够帮助我们识别其所在组照片中所有照片所对应的人物。

不同监督形式示意图如图 15-9 所示。

- 图 15-9（a）中的样本没有标签是无监督学习。
- 图 15-9（b）中的样本都有标签是有监督学习。
- 图 15-9（c）中的样本有的有标签，有的没有标签，是半监督学习。

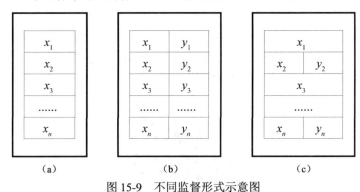

图 15-9　不同监督形式示意图

4. 强化学习

强化学习又称增强学习，它在解决问题时不断地实践，在实践中探索尝试，然后总结出较好的策略。将上述过程抽象出来就是强化学习。该过程和传统方法中人类的做法是一致的，只不过这个过程是由机器完成。

强化学习追求的是解决方案的一系列操作序列。如果一个动作存在于一个好的操作序列中，那么就认为该操作是好的操作。机器学习通过评估一个策略的优劣并从既往的好的操作序列中学习，来产生一个好的策略。

例如，在围棋中，单个动作本身并不重要，正确的布局、整体的动作序列才是关键。如果一个落子是一个好的策略的一部分，那么它就是好的。2017 年 5 月，在中国乌镇围棋峰会上，阿尔法围棋（AlphaGo）与排名世界第一的世界围棋冠军柯洁对战，并以 3：0 的总比分获胜。阿尔法围棋通过分析数百万场比赛，以及自己与自己比赛，来了解获胜策略。

强化学习有一个广泛应用是寻址。例如，机器人在某一特定时刻朝着多个方向中的一个方向运动，经过多次尝试，该机器人会找到一个正确的动作序列，该动作序列确保能够从初始位置到达目标位置，并且不会碰撞障碍物。机器人可以观察环境，选择并执行相应的动作，从而获得反馈。如果该动作是正向的，那么将会获得奖励；如果该动作是负面的，那么将会获得惩罚。根据该反馈，机器人学习到什么是好的策略，并随着时间推移获得最大的奖励。图 15-10 所示为一个寻址机器人的反馈策略，选择向左走后距离目标更近，获得奖励；选择向右走后距离目标更远，受到惩罚。

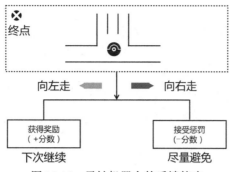

图 15-10　寻址机器人的反馈策略

　　需要强调的是，通常要等到本轮工作完成后，才能知道最后寻址的优劣。如果将最短路径作为寻址的奖励，那么一次路径选择显然不能立即得到最终奖励。一般情况下，一次路径选择只能得到一个当前的正反馈（距离目标更近了），不代表该选择一定在最优路线内。例如，图 15-11 显示了图 15-10 的全景图。寻址机器人选择向左虽然距离目标更近了，但是马上会遇到障碍物，因此向左并不是最优路径选择。简单来说，寻址机器人只有进行多次尝试，才能总结出最好的路径。这和下象棋时丢车保帅的策略是一致的。当前一个表面看起来可能并不优的选择，实际上对应着一个最优的结果。

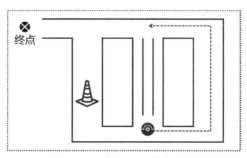

图 15-11　图 15-10 的全景图

15.2.2　泛化能力

　　上高中时，很多同学每天要做大量的练习题，以期通过这种方式在高考中取得高分。大家都希望从大量的练习题中找到高考题的答题规律。部分同学通过做大量练习题，提高了解答高考题的能力，我们称这部分同学的学习过程具备泛化能力。泛化能力是指通过对既有知识，掌握的解决新问题的能力。

　　机器学习的泛化能力是指机器通过对测试数据的学习，掌握的解决新数据问题的能力。例如，机器在通过学习完成手写数字识别时就需要具备泛化能力，因为每个人的手写数字是不一样的。在图 15-12 所示数字集中，每个数字都是具有特色的，因此该数字集能够让机器更好地学到每个数字的特点，更好地完成识别，具有更好的泛化能力。图 15-12 下方的数字是从图 15-12 上方选择的部分数字，这样的数字对于机器的学习过程是非常有帮助的，同时对于数字识别过程也是一个挑战。

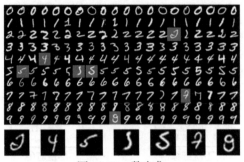

图 15-12　数字集

数据是机器学习的核心，必须要有大量的数据作为支撑。机器只有通过对大量数据进行学习，才能让具备泛化能力。

泛化的基础是重复的、大量的、科学的训练和练习。

15.2.3　数据集的划分

马上就要高考了，张老师出了 100 道题让同学们巩固知识点，并希望测试一下知识点巩固的效果。很显然，不能把 100 道题全部给同学们练习后再并从中抽取几道题进行测试。因为这样做，测试题都是大家见过的，测试结果没有意义。比较好的方法是将 100 道题中的一部分题（如 80 道）用于练习，另一部分题（剩下 20 道）用于测试。

张老师习惯在考试前告诉同学们一些答题技巧、解题方法等注意事项，希望这些注意事项能够帮助同学们答题。这些方法管不管用呢？张老师决定再做一次测试。于是，张老师把 70 道题用于平时练习，20 道题用于第一次测试，10 道题用于第二次测试。

上述习题划分如图 15-13 所示。

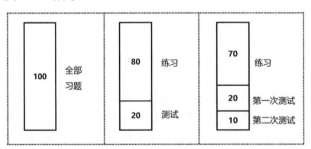

图 15-13　练习题划分

很多计算机内使用的算法是人们借用的在实践中广泛应用的规律，机器学习也一样。机器学习使用已知数据时，通常将数据集划分为训练数据、测试数据、验证数据三部分，其基本含义分别为如下。

- 训练数据：又称训练集，是训练模型时使用的数据。
- 测试数据：又称测试集，是学得的模型在实际使用中用到的数据。
- 验证数据：又称验证集，是在评估与选择模型时使用的数据。

模型评估与选择主要是进一步确定算法使用的参数，在机器学习中有两类，分别是

- 算法参数：又称超参数，该参数是模型的外部设置，如 K 近邻算法中使用的 K 值。该参数由人工确定，常说的"调参"是指对算法参数进行调整。
- 模型参数：模型使用的参数，如神经网络中的权重值，该参数是通过学习过程习得的。

验证数据不是必需的，通常情况下，机器学习过程可能只有训练过程和测试过程。下文以只有训练过程和测试过程的机器学习过程为例介绍如何更有效地利用数据。

将整体数据划分为不同部分的方法称为留存法。在这种方法中，训练过程使用大部分数据，测试过程使用小部分数据。这会导致误差仅在很少一部分数据上体现出来。比较理想的情况是，训练过程、测试过程都能够使用所有数据。

可以通过交叉验证的方式达到使用所有数据的效果。该方法把所有数据划分为 k 个互斥的子集，让每个子集尽量保持数据分布的一致性。每次使用 $k-1$ 个子集进行训练，余下的子集进行测试。重复上述过程，确保训练过程和测试过程都能够使用所有数据。k 常用的取值为 5、10、20 等。

例如，在图 15-14 中，原始数据集被划分为五个子集，标记为 A～E。第一轮交叉验证中，在 A～D 子集上进行训练、在 E 子集上进行测试。在第二轮交叉验证中，在 A 子集、B 子集、C 子集、E 子集上进行训练，在 D 子集上进行测试。依次类推，完成五轮交叉验证。与在单一模型上进行测试相比，交叉验证能够提供更准确的结果。

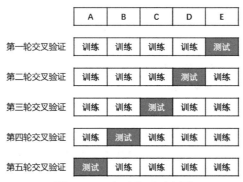

图 15-14 交叉验证示意图

15.2.4 模型的拟合

拟合是指用训练数据构造一个表达式，该表达式的曲线与训练数据及测试数据的分布基本一致。在机器学习中，拟合是指根据已知数据构造一个模型，该模型能够预测测试数据。

在具体实现时，可能会产生欠拟合和过拟合。图 15-15 显示了拟合的不同情况，图中的实心圆点是训练数据，空心圆点是测试数据（未知数据）。

- 图 15-15 左图：对应一个二次函数（$y = a(x-b)^2 + c$），是拟合良好状态，表达式对应的曲线与训练数据分布大致一致，能够用来预测未知数据。
- 图 15-15 中间图：对应一个一次函数（$y = kx + b$），是欠拟合状态，表达式对应的曲线只能与训练数据中的部分数据的分布一致。这说明，在学习时没有完整地把握训练数据的规律；此时，曲线不能拟合训练数据的大致分布，更不能用来计算未知数据。

- 图 15-15 右图：对应一个高次函数（$y = ax^9 + bx^8 + cx^7 + dx^6 + ex^5 + fx^4 + gx^3 + hx^2 + ix + j$），是过拟合状态，表达式对应的曲线精准地与所有训练数据分布一致，导致泛化性能下降。此时，曲线能高度精准地拟合训练集，但对测试集的预测能力较差。

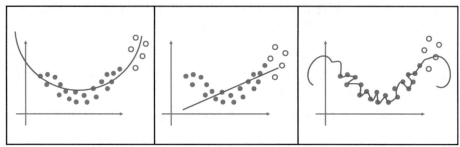

图 15-15　拟合的不同情况

例如，甲、乙、丙都通过一段演唱会的录音来学习歌手 L 的歌。再唱一首 L 的新歌时，他们的表现不太一样。

- 甲：唱风很像 L，是拟合良好状态。
- 乙：唱风只有一点像 L，是欠拟合状态。
- 丙：像 L 在开演唱会，不仅有歌声，还夹杂着听众的喝彩、尖叫，是过拟合状态。

15.2.5　性能度量

在机器学习构造模型后需要对模型的泛化能力进行度量，这就是性能度量。大部分性能度量只能针对某一个特定类型的任务，如分类、回归。在实际应用中，应该采用能够代表产生错误代价的性能指标来进行性能度量。

下面，以二分类问题为例来说明性能度量。

考虑一个分类任务：一个分类器用来观察肿瘤并判断肿瘤是恶性的还是良性的。在对该分类器进行性能度量时最容易想到的标准是准确率或者预测正确的比例，但是该标准无法度量恶性肿瘤被预测为良性肿瘤、良性肿瘤被预测为恶性肿瘤的数据。通常情况下，误差的代价是相似的，很显然，将恶性肿瘤预测为良性肿瘤比将良性肿瘤预测为恶性肿瘤的代价更大。

对于上述二分类问题，可以将其真实的标签与预测的标签划分为四种不同情况，其分类矩阵如表 15-1 所示，通过该分类矩阵可以度量每种可能的预测结果。

表 15-1　分类矩阵

实 际 情 况	预 测 结 果	
	阳　　性	阴　　性
阳性	真阳性 TP （True Positive）	假阴性 FN （False Negative）
阴性	假阳性 FP （False Positive）	真阴性 TN （True Negative）

根据上述定义，准确率 ACC 为

$$ACC = \frac{TP + TN}{TP + TN + FP + FN}$$

查准率 P（预测为恶性肿瘤实际也为恶性肿瘤的比例，又称精准率）为

$$P = \frac{TP}{TP + FP}$$

查全率 R（真正的恶性肿瘤被发现的比例，又称召回率）为

$$R = \frac{TP}{TP + FN}$$

从准确率的定义可以看到，高准确率的分类器并不一定可靠，因为它也许并不能预测到大部分恶性肿瘤。例如，在一组测试数据中，如果大部分肿瘤都是良性的，即使该分类器未预测出一个恶性肿瘤，它也拥有较高的准确率。更具体来说，某组测试数据有 10 万个样本，其中 9.999 万个样本是良性的，即使该分类器将所有的样本都预测为良性，其准确率仍是 99.99%（9.99/10）。

在实践中，也许一个低准确率、高查全率的分类器更具实用价值。

上述是针对二分类问题的性能衡量。在实践中可以将多种不同的性能度量指标分别应用于分类与回归任务的度量中。

15.2.6　偏差与方差

用来估算学习算法的泛化性能的方式有很多，但是人们更希望了解造成性能差异的因素是什么。偏差-方差分解是解释性能差异的一个重要工具。

分别对方差和偏差进行定义：

- 方差：使用相同规模的不同训练数据产生的差别。
- 偏差：期望输出与真实标签之间的差别。

偏差与方差对结果的影响如图 15-16 所示。为了取得良好的学习效果，不仅要使偏差小，即能够高度拟合数据；还要使方差小，即在面对不同的数据时产生的差异小。

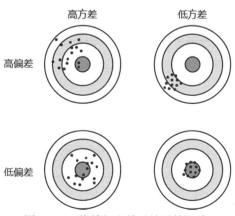

图 15-16　偏差与方差对结果的影响

上述要求看似容易达到，实际上偏差与方差存在冲突，即存在偏差-方差困境。泛化误差与方差、偏差关系如图 15-17 所示，在学习时，若使用的数据集过小，则训练不充分，学习器的拟合能力不够强，训练数据的扰动不足以使学习器学到知识，此时偏差决定了泛化程度；随着训练的加深，学习器的拟合能力加强，训练数据的扰动被学习器学到，方差在泛化能力中起决定作用；当训练程度充足后，学习器的能力已经足够强，训练数据的轻微扰动就会导致学习器学到新的知识，从而发生过拟合。

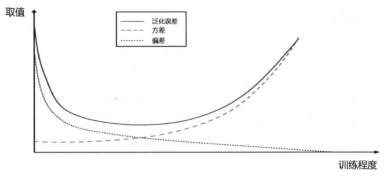

图 15-17　泛化误差与方差、偏差关系

15.3　OpenCV 中的机器学习模块

OpenCV 提供的常用的机器学习方法如图 15-18 所示。本节将对这些方法的理论基础进行简单的介绍。

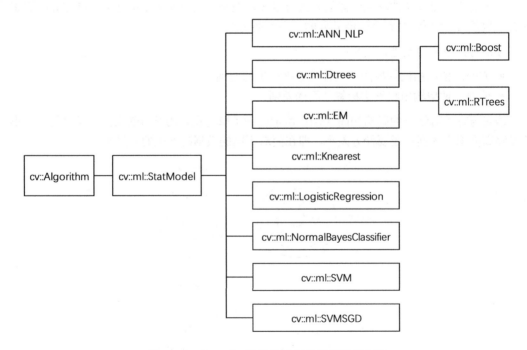

图 15-18　OpenCV 提供的常用的机器学习方法

15.3.1　人工神经网络

在一些大型的演出中，经常会有方阵表演。大多方阵表演是让参与者每个人手持一块彩色方板，在特定的安排下，摆出各种图案或文字。图 15-19 所示为方阵表演拼出的奥运五环标志。

图 15-19　方阵表演拼出的奥运五环标志

方阵表演的特点如下。

- 量变引起质变：每个人做的动作主要是移动位置、举起或放下方板，但是一个人无论如何努力，都无法构造出整体效果，必须全体参与者共同努力，才能构造出整体效果。
- 个体影响力：每一个人作为一个独立的个体都深度参与了方阵表演，都对表演结果有着影响。但是，方阵越大，人数越多，个人对整体效果的影响越小。
- 初始化及组织方式：在组织方阵前会有一个大概的轮廓，在具体彩排时会进一步对参与者的位置、举/放板时间进行适当调整，以达到更好的效果。
- 协同性：训练时，教练员要根据整体效果控制每个个体的行动，每个个体都要受到身边其他人的影响，但是个体只需要关注自身的动作、位置等，无法从周围个体获得参考信息。或者说，周围人对个体而言可能没有任何参考价值。
- 参数控制：训练结束后，每个个体记住各自的移动位置、举/放方板时间等相关参数就可以了，不需要额外关注其他人的操作。
- 极端情况：每个个体只记住了自己的参数，但可能并不了解自己在做什么，但并不影响其作为整体的一部分实现的最终效果。

人工神经网络就是采用上述思路构建的。它由许多不同的神经元构成，每一个神经元从事的工作都非常简单，但是所有神经元在特定参数的控制下能够实现特定的超复杂（任何）任务。

神经元的结构示意图如图 15-20 所示，每个神经元有若干个输入，每个输入对应不同的权重值。神经元根据输入情况，按照预先给定的函数计算出一个合适的输出。也就是说，神经元的工作很简单，类似于方阵中的一个个体，只需听从指挥就好。从这个角度理解，单个神经元没有智能。

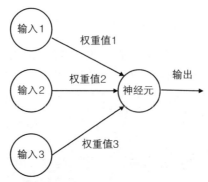

图 15-20　神经元的结构示意图

单个神经元没有智能，只是进行简单的计算。若干个神经元组合在一起，量变引起质变，就能够模拟出复杂的函数。这是人工神经网络的基本原理。

若干个神经元构成一个人工神经网络。人工神经网络结构示意图如图 15-21 所示，一个基础的神经网络包含输入层、中间层（又称隐藏层）、输出层。

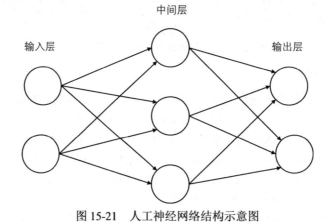

图 15-21　人工神经网络结构示意图

15.3.2　决策树

决策树是常用的一种机器学习方法，其符合分而治之的理念。很多早期的专家系统是依赖决策树实现的。例如，某知名品牌计算机的电话专家系统就是通过不断地与客户互动，让用户通过电话按键对一系列问题做出选择，并根据用户的选择指导用户操作计算机进而完美地解决问题的。具体步骤为，计算机上有一块故障检测面板，上面有四个指示灯，每次互动专家系统会要求用户通过按下电话按键来报告哪些灯闪烁，并根据用户的反馈提供操作指导。重复上述过程，直至问题得到完美解决或者转到人工系统。

在使用机器解决问题时，同样可以采用一系列"决策"的方式完成。图 15-22 所示为判断一只动物的种类的决策树，该决策树通过众多决策最终确定一只动物的种类。

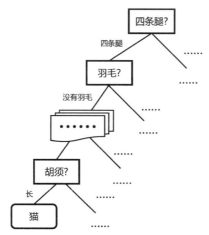

图 15-22 判断一只动物的种类的决策树

决策树的终点是我们希望得到的决策结果。决策树由大量的选择构成，每个选择都是针对某个属性的判断，其结果或者引出下一个选择，或者是最终决策。新的选择面对的样本在上一个选择所限定的范围内。例如，图 15-22 在判断为四条腿后判断羽毛，这时仅需考虑四条腿动物是否有羽毛。

通常情况下，一棵决策树是由一个根结点、若干个选择结点（内部结点、中间结点）和若干个叶子结点（终点）构成的。叶子结点是决策的结果，其他结点对应的是一个选择测试。根结点包含全部样本集，其他结点是根据上一层的选择结点得到的对应样本子集。从根结点到每个叶子节点都是由一系列的选择构成的。决策树通过学习构建了一棵对未知数据具有预测能力、准确度高（泛化能力强）的树结构。

决策树中一个关键的策略是如何确定属性的顺序。例如，先使用"羽毛"划分数据，还是先使用"胡须"划分数据？决策树采用信息熵的增益来确定属性的顺序。下面简要介绍信息增益的基础知识。

香农提出使用熵来度量信息量。熵度量的是一条信息的不确定性，即该条信息是由信源发出的所有可能信息中的一条的概率。信息越有规律，包含的信息量越大，对应概率越低，对应熵值越低；信息越混乱（均衡分布），对应概率越高，对应熵值越大。例如，在图 15-23 中，图 15-23（a）中是有序排列的点组成的"OPENCV"，它的熵小；图 15-23（b）中的点是混乱（分布相对均衡）的，它的熵大。

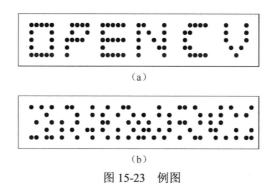

（a）

（b）

图 15-23 例图

决策树借助信息熵表示节点纯度，并据此选择划分属性。决策树使用属性把一个样本集划分为若干个子集。例如，使用颜色可以将土豆划分为白色、黄色、紫色等不同子集。我们希望分支结点包含的样本尽可能属于同一类，即结点的纯度越高越好。信息熵是衡量样本集的纯度一种指标，其值越小，对应样本集的纯度越高。

如果将样本集的信息熵标注为 D，使用属性划分后各个子集的信息熵之和标注为 AD，那么差值 D-AD 被称为信息增益。可以看出，信息增益越大，与 D 相比 AD 的值越小，也就是说子集的纯度越高。实践中，使用正样本的占比来衡量信息增益值。因此，可以根据信息增益，选择决策树的划分属性。例如，ID3 决策树学习算法将信息增益作为依据来确定划分属性。

这里有一个问题，如果信息熵从 100 减至 90，则信息增益为 100-90=10；而信息熵从 10 减少到 5，则信息增益为 5。我们看到，前者信息增益虽然大，但信息熵只有 10%的变化；后者信息增益虽然小，但信息熵有 50%的变化。因此，使用增益率作为选择决策的划分属性更适用于可取数目较少的属性。例如，C4.5 决策树算法采用增益率作为依据来确定划分属性。

另外，基尼系数也可用来衡量样本集的纯度。基尼系数反映了从数据集中随机抽取两个样本，其类别标记不一致的概率。显然，基尼系数值越低，数据集的纯度越高。例如，CART 决策树采用基尼系数作为确定划分属性。

决策树使用剪枝避免过拟合。在构建决策树的过程中，决策树会逐渐长得枝繁叶茂，这时会把测试数据的特征学习得过好，以至于会把测试数据的个别特征作为所有数据的特征，从而导致过拟合。通常情况下，采用剪枝去掉一些分支以达到降低过拟合的目的。剪枝的基本策略是预剪枝和后剪枝，二者分别对应训练前后的剪枝过程。

下面分别介绍与决策树相关的 Boosting 算法和随机森林算法。

1. Boosting 算法

集成学习又称多分类器系统、基于委员会的学习，通过构建并结合多个学习器来完成学习任务。集成学习结构示意图如图 15-24 所示。集成中的个体学习器可以是同类型的，如都是人工神经网络的，或者都是决策树的，此时集成是"同质"的，其中的个体学习器又称基学习器，也可以是不同类型的，如同时包含神经网络和决策树，此时集成是"异质"的，其中的个体学习器又称组件学习器。

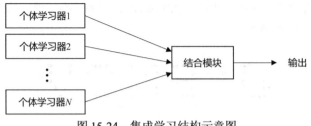

图 15-24　集成学习结构示意图

集成学习通过对相当数量的个体学习器进行组合，获得比单一学习器显著优越的泛化性能。通常情况下，个体学习器是弱学习器，是略优于随机猜测的学习器。

Boosting 是将一组弱学习器组合成强学习器的算法，该算法的基本流程如下。

- Step 1：使用初始训练数据训练一个个体学习器 1。

- Step 2：将个体学习器 1 预测错的样本比例加大，训练个体学习器 2。
- Step 3：重复上述过程，直至最后一个个体学习器 N。
- Step 4：将 N 个个体学习器加权组合构成集合。

Boosting 算法中最具代表性的是自提升适应（Adaptive Boosting，Adaboost）算法。Adaboost 算法解决了 Boosting 算法在实际执行时遇到的一些困难，可以作为一种从一系列弱分类器构造一个强分类器的通用方法。

2. 随机森林算法

训练数据的划分对算法的性能有直接影响。如果将训练数据直接划分为 N 份，让集成中的每个个体学习器学习，那么每个个体学习器所面对的训练数据不相同，因此它们的模型也不同。这相当于构建了一个一盘散沙的军队，大家各司其职，每个人的战斗力都很强，但是由于缺乏协作，未必有打胜仗的能力。

针对此情况，Bagging 算法是一种解决方案，该算法采用相互有交叉的训练子集训练模型。

相互有交叉的训练子集是通过有放回的采样方式进行采样获得的。例如，有一组训练数据里面有 n 个样本，如果想从中取出存在交叉（重复）的包含 n 个样本的采样数据，那么可以通过有放回地取 n 次实现。操作时，每次取出 1 个样本，记住该样本的数值后再将其放回，以使该样本在下次采样时仍有可能被选中，依次类推，取 n 次完成采样。通过上述方式，保证最终取到的 n 个样本是可能包含重复样本的采样数据。或者说，初始样本集中的样本有的在最终样本集中会出现多次，有的并没有出现。

采用上述方式，采样出 N 组包含 n 个测试样本的采样数据，然后基于每组采样数据训练出一个个体学习器，最后将这些个体学习器加权组合，构成集成。

上述是 Bagging 算法的基本流程。该过程与直接划分样本集相比，采用了有交叉样本集。也就是说，不同的个体学习器面对的训练数据既有个性化的值，又有共性化的值。进一步说，不同的个体学习器具备协同作战的能力。

使用时，Bagging 算法针对分类任务采用简单投票法，针对回归任务采用简单平均法。

随机森林（Random Forest）算法的思想最早是由 Ho 在 1995 年首次提出的，后来 Breiman 和他的博士生 Cutler 进一步丰富了该算法后将其命名为"随机森林算法"，并用 Random Forest 注册了商标。OpenCV 使用 Random Trees 表述"随机森林"。

随机森林算法是 Bagging 算法的一种变换形式。随机森林算法在以决策树作为个体学习器构建 Bagging 集成的基础上，在决策树的过程中引入了随机属性选择。简单来说，传统的决策树在选择划分属性时是在所有的属性集中选择一个最优的；而随机森林算法每次选择划分属性时，先从属性集中选择一个子集（所有集合的一部分），然后从该子集中选择一个最优的。

随机森林算法的实现思路简单方便且计算量小，在实践中具有超乎想象的强大性能，被誉为"代表集成学习技术水平的方法"。随机森林算法不仅在样本选择时采用了随机方式（Bagging 算法使用的方法），而且在选择属性时也使用了随机方式，这使得最终模型的泛化性能通过个体学习器的差异增加得到了进一步提升。

15.3.3 EM 模块

通常将期望最大化算法称为 EM（Expectation Maximization）算法。该算法可以在不需要任何人工干预和先验经验的基础上构造所需模型，吴军在《数学之美》一书中将其称为"上帝的算法"。

首先介绍如何实现自收敛聚类。在图 15-25 中：

- 图 15-25（a）是初始状态，盒子内有若干个大小不等的小球。
- 图 15-25（b）将图 15-25（a）中的小球随机地装到三个不同的盒子内，并计算每个盒子中所有小球直径的均值。
- 图 15-25（c）是根据图 15-25（b）所算得的小球直径均值将每一个小球放入与其直径最接近的盒子内的结果。

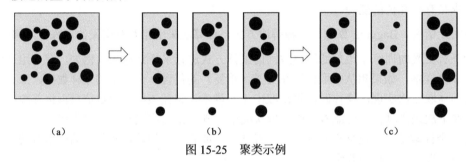

（a）　　　　　　　　　（b）　　　　　　　　　（c）

图 15-25　聚类示例

从上述过程可以看出，在聚类的过程中需要做的是计算组内均值，然后按照均值完成分类，并不断地重复该过程完成最终分类。

EM 算法的一个核心问题是如何收敛，即在什么情况下认为分类达到了满意结果，可以停止继续分类。

人类在处理问题时可以采用感性的定性原则，但是机器必须采用理性的量化方法。也就是说，机器处理问题必须是通过对数值的分析与处理实现的。对应到当前分类上就是需要将分类的指标变成一个可以量化的结果。

这里，将组内每一个小球的直径与当前组内小球直径的均值的距离标记为 d，将组间的小球直径的距离标记为 D。目标是让组间小球直径的距离 D 尽可能大，组内小球直径的距离 d 尽可能小，即让 D 和 $-d$ 尽可能地大。

在实践中，会有多个大小不等的观测点，让机器不断地迭代学习一个模型。具体来说，分为两步：

- Step 1：计算各个观测点的数据。该步骤称为期望值计算过程（Expectation），即 E 过程。
- Step 2：重新计算模型参数，以最大化期望值。针对图 15-25 而言就是最大化 D 和 $-d$，该步骤被称为最大化过程（Maximization），即 M 过程。

15.3.4　K 近邻模块

物以类聚，人以群分。K 近邻算法应用的就是这个原理。

例如，某创业公司根据工作年限和项目经验，将员工划分为 S 级和 M 级。小明入职后想知道自己会被定位到哪个等级，对此有如下三种情况：

- 他询问了和自己情况最接近的一个同事（*K*=1），该同事的等级为 S 级，因此他感觉自己
  会被确定为 S 级。
- 他询问了和自己情况最接近的 3 个同事（*K*=3），其中两个是 M 级，一个是 S 级，因此
  他感觉自己会被确定为 M 级。
- 他询问了和自己情况最接近的 5 个同事（*K*=5），其中两个是 M 级，三个是 S 级，因此
  他感觉自己会被确定为 S 级。

针对此情况有如图 15-26 所示 K 近邻算法示例示意图。

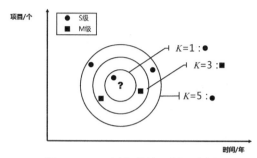

图 15-26　K 近邻算法示例示意图

上述就是 K 近邻算法的基本思想，分类结果在一定程度上取决于 *K* 值。一般来说：

- 小的 *K* 值：偏差大，方差大，容易过拟合。在极端情况下，*K*=1 时，选取的是离待分类
  对象最近的样本，这个样本如果是噪声，那么机器就学到了噪声。例如，小明只问了一
  个人就判断自己会被确定为这个人的级别。如果这个人的级别是个特例，那么小明的判
  断就是错误的。
- 大的 *K* 值：高偏差，方差小，欠拟合。在极端情况下，*K*=*N*（*N* 为训练数据的个数），
  无论输入数据是什么，机器都将简单地预测其属于在训练数据中最多的类，相当于没学
  习。例如，小明入职的公司共 100 人，其中，60 个人是 S 级，40 个人是 M 级。小明问
  了所有人的情况，判断出 S 级人多，并据此认为自己会被确定为 S 级。
- 好的 *K* 值：能较好地完成任务。

距离是 K 近邻算法中非常关键的参数，在计算距离时，通常需要考虑很多因素。下面简单
介绍两点距离计算的基础知识。

1．归一化

对于简单的情况，直接计算与特征值的距离（差距）即可。例如，在某影视剧中，已经通
过技术手段获知犯罪嫌疑人的身高为 186 cm，受害人身高为 172 cm。而甲、乙二人都宣称自己
是受害人，此时可以通过测量二人身高判断谁是真正的受害人：

- 甲身高为 185cm，与犯罪嫌疑人身高的距离为 186-185=1cm，与受害人身高的距离为
  185-172=7cm。甲的身高与犯罪嫌疑人的身高更接近，因此确认甲为犯罪嫌疑人。
- 乙身高为 173cm，与犯罪嫌疑人身高的距离为 186-173=13cm，与受害人身高的距离为
  173-172=1cm。乙的身高与受害人的身高更接近，因此确认乙为受害人。

上面的例子是非常简单的特例。在实际场景中，可能需要通过更多参数进行判断。例如，

在某影视剧中，警察通过技术手段获知嫌疑人的身高为 180 cm，缺一根手指；受害人身高为 173cm，十指健全。此时，前来投案的甲、乙二人都宣称自己是受害人。

当有多个参数时，一般将这些参数构成列表（数组、元组）进行综合判断。本例将(身高, 手指数量)作为特征，因此，犯罪嫌疑人的特征值为(180, 9)，受害人的特征值为(173, 10)。

此时可以对二人进行以下判断：

- 甲身高为 175 cm，缺一根手指，甲的特征值为(175, 9)。
- 甲与犯罪嫌疑人特征值的距离为(180-175) + (9-9) = 5。
- 甲与受害人特征值的距离为(175-173) + (10-9) = 3。

甲的特征值与受害人更接近，断定甲为受害人。

- 乙身高为 178 cm，十指健全，乙的特征值为(178, 10)。
- 乙与嫌疑人特征值的距离为(180-178) + (10-9) = 3。
- 乙与受害人特征值的距离为(178-173) + (10-10) = 5。

乙与犯罪嫌疑人的特征值更接近，断定乙为犯罪嫌疑人。

显然上述结果是错误的。因为身高、手指数量的权重值不同，所以在计算参数与特征值的距离时要充分考虑不同参数之间的权重值。通常情况下，由于各个参数的量纲不一致等，需要对参数进行处理，让所有参数的权重值相等。

一般情况下，对参数进行归一化处理即可。在进行归一化时，一般使用特征值除以所有特征值中的最大值（或最大值与最小值的差等）。对于上述案例，身高除以最高身高值 180，手指数量除以 10（10 根手指）以获取新的特征值，计算方式为

$$归一化特征 =（身高/最高身高 180，手指数量/10）$$

经过归一化后：

- 犯罪嫌疑人的特征值为(180/180, 9/10) = (1, 0.9)。
- 受害人的特征值为(173/180, 10/10) = (0.96, 1)。

此时，可以根据归一化后的特征值对甲、乙二人进行判断：

- 甲的特征值为(175/180, 9/10)=(0.97, 0.9)。
- 甲与犯罪嫌疑人特征值的距离为(1-0.97) + (0.9-0.9) = 0.03。
- 甲与受害人特征值的距离为(0.97-0.96) + (1-0.9) = 0.11。

甲与犯罪嫌疑人的特征值更接近，断定甲为犯罪嫌疑人。

- 乙的特征值为(178/180, 10/10)=(0.99, 1)。
- 乙与犯罪嫌疑人的特征值距离为(1-0.99) + (1-0.9) = 0.11。
- 乙与受害人的特征值距离为(0.99-0.96) + (1-1) = 0.03。

乙与受害人的特征值更接近，断定乙为受害人。

当然，归一化仅是多种数据预处理中常用的一种方式。除此以外，还可以根据需要采用其他不同的方式对数据进行预处理。例如，可以针对不同的特征采用加权处理，让不同的特征具有不同的权重值，从而体现不同特征的不同重要性。

2. 距离计算

在最简单的情况下,计算距离使用的方式是将特征值中对应的元素相减后求和。例如,有(身高,体重)形式的特征值 A(185, 75)和特征值 B(175, 86),判断特征值 C(170, 80)与特征值 A 和特征值 B 的距离:

- 特征值 C 与特征值 A 的距离为(185-170) + (75-80) = 15+(-5) =10。
- 特征值 C 与特征值 B 的距离为(175-170) + (86-80) = 5+6 = 11。

通过计算,特征值 C 与特征值 A 的距离更近,所以将特征值 C 归为特征值 A 所属的分类。

显然,上述判断是错误的,因为在计算特征值 C 与特征值 A 距离的过程中出现了负数。为了避免这种正负相抵的情况,通常会计算绝对值的和:

- 特征值 C 与特征值 A 的距离为 |185-170|+|75-80| = 15+5 = 20。
- 特征值 C 与特征值 B 的距离为 |175-170|+|86-80| = 5+6 = 11。

通过计算,特征值 C 与特征值 B 的距离更近,因此将特征值 C 归为特征值 B 所属的分类。这种用绝对值之和表示的距离称为曼哈顿距离。

还可以引入计算平方和的方式。此时的计算方法是

- 特征值 C 与特征值 A 的距离为 $(185-170)^2 + (75-80)^2$。
- 特征值 C 与特征值 B 的距离为 $(175-170)^2 + (86-80)^2$。

更普遍的形式是计算平方和的平方根,这种距离就是被广泛使用的欧氏距离,其计算方法是

- 特征值 C 与特征值 A 的距离为 $\sqrt{(185-170)^2 + (75-80)^2}$。
- 特征值 C 与特征值 B 的距离为 $\sqrt{(175-170)^2 + (86-80)^2}$。

有学者认为因为在前计算机时代算力不足,计算曼哈顿距离不方便(绝对值不如平方根好算),所以欧式距离被普遍应用。在实践中,计算距离的方式有多种,我们可以根据实际需要选用合适的距离算法。

15.3.5　logistic 回归

Logistic Regression 通常被翻译为逻辑回归,周志华教授在《机器学习》一书将其翻译为"对数几率回归",称之为 "对数几率回归" 是因为在这种模型中用到了 "比率(比例、除法)"和"对数" 运算。

为了更好地理解 logistic 回归,需要先对线性回归有一定了解。线性回归就是构造一个能够准确地预测未知值的函数。

线性回归示意图如图 15-27 所示:

- 图 15-27(a)是已知条件:3kg,6 元;4kg,8 元。
- 图 15-27(b)是根据图 15-27(a)确定的线性回归模型:$y=2x$(2 元/kg,$y=2x+0$)。
- 图 15-27(c)是根据重量预测价格;根据价格预测金额。

➢ 对于 A 点，已知重量为 2kg，判断其总价为 $y=2×2=4$ 元。

➢ 对于 B 点，已知总价 10 元，判断对应的重量：$10=2×x$ $(y=2x)$，推导出 $x=5$kg。

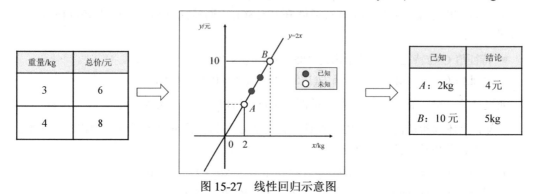

图 15-27　线性回归示意图

综上所示，线性回归输出的是一个实数。在进行二元分类时，希望输出结果为{0,1}。也就是说，希望得到的值要么是 0，要么是 1。因此把线性回归函数 $y=kx+b$ 映射为一个只有{0,1}的值。

值范围转换示意图如图 15-28 所示：

● 图 15-28（a）是原始线性回归函数 $y=kx+b$ 的曲线。显然，其输出值 y 是一个实数。我们希望把该实数 y 映射到{0,1}上（这里的 0 和 1 是集合中的两个元素，集合中仅仅有 0 和 1 两个值）。

● 图 15-28（b）是一个阶跃函数的曲线。当 $x<0$ 时，$y=0$；当 $x≥0$ 时，$y=1$。这个函数的曲线是突然跳跃的，不是线性回归函数曲线那样连续的，所以不适合用来替代线性回归函数 $y=kx+b$。

● 图 15-28（c）是 sigmoid 函数的曲线。它既能很好地模拟线性回归函数 $y=kx+b$，又具有较好的连续性。

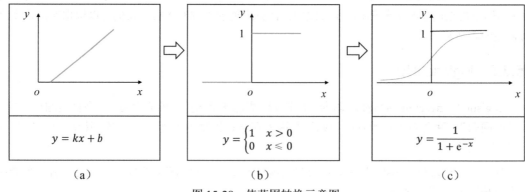

图 15-28　值范围转换示意图

值范围调整示意图如图 15-29 所示，将 $y=kx+b$ 代入 sigmoid 函数内，会得到分布在(0,1)范围内的值，从而根据其大小，将其调整为 0 或 1。

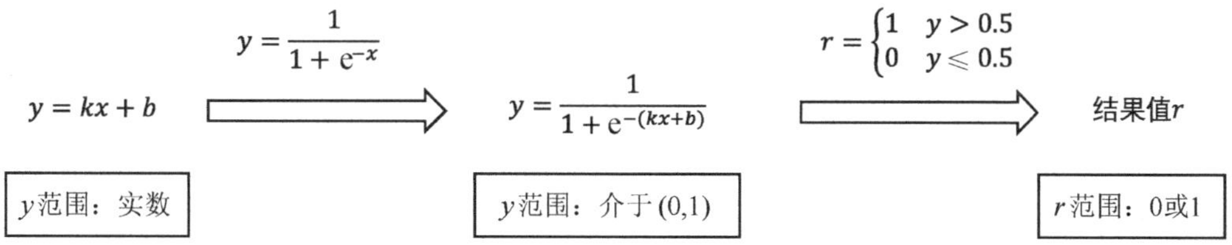

$$y = kx + b \quad\Longrightarrow\quad y = \frac{1}{1+\mathrm{e}^{-x}} \quad\Longrightarrow\quad y = \frac{1}{1+\mathrm{e}^{-(kx+b)}} \quad\Longrightarrow\quad r = \begin{cases} 1 & y > 0.5 \\ 0 & y \leqslant 0.5 \end{cases} \quad\Longrightarrow\quad \text{结果值} r$$

| y 范围：实数 | y 范围：介于 (0,1) | r 范围：0 或 1 |

图 15-29　值范围调整示意图

经过上述变换后，即可通过确定 k 和 b 的值得到一个模型，从而获得预测值 y。

下面介绍为什么 logistic 回归又称 "对数几率回归"。

等式变换示例如图 15-30 所示，双箭头右边是双箭头左边经等式变换得到的，或者说双箭头两侧的等式是等价的。

$$y = \frac{1}{1+\mathrm{e}^{-(kx+b)}} \quad\Longleftrightarrow\quad \ln\frac{y}{1-y} = kx + b$$

图 15-30　等式变换示例

在图 15-30 中：y 是分类结果，取值范围为(0,1)，含义为是 0 或 1 的可能性。换一种说法，如果将 y 看作样本 x 为正例的可能性，那么 $1-y$ 就是样本 x 为反例的可能性，而 $y/(1-y)$ 反映的是样本 x 作为正例的相对可能性，称为 odds，被翻译为 "几率"。对上述 "几率" 取对数，得到 $\ln(y/(1-y))$。上述操作连起来是 log odds，又称为 logit。

Logistic Regression 又称 Logit Regression，故被译为 "对数几率回归"，简称 "对率回归"。

15.3.6　贝叶斯分类器

需要注意的是，OpenCV 中实现的贝叶斯分类器是正态贝叶斯分类器（Normal Bayes Classifier），不是通常所说的朴素贝叶斯分类器（Naive Bayes Classifier）。正态贝叶斯分类器假设变量的特征是正态分布的，朴素贝叶斯分类器在此基础上进一步要求变量的特征之间要相互独立。因此正态贝叶斯分类器的应用范围更广泛。

人们常根据经验拟定行动计划，并根据实际情况进行调整。机器学习同样是根据经验、关联性、可能性等进行学习以获得模型，进而解决问题的。不同之处在于，机器学习要通过量化把看到的现象抽象为数字。量化有助于更好地理解并计算问题。概率是对不确定性进行量化的结果。

贝叶斯（英国数学家）在解决 "逆概率" 问题时提出了贝叶斯方法。在此之前，人们习惯计算正向概率。例如，为了观测硬币在投掷后正/反面向上的概率分别是多少，蒲丰、费勒、罗曼、皮尔逊、罗曼洛夫斯基等众多数学家专门投掷多次硬币以观察结果。又如，盒子里面有 80 个白球，20 个黑球，随机取一个球，球是白色的概率是 80%。正向概率是频率统计结果。贝叶斯想解决的问题是，在事先并不知道布袋中黑球和白球比例的情况下随机取出一个球，根据该球颜色对布袋内黑白球的比例进行预测，这是逆向概率。

贝叶斯方法与传统方法有很大不同，它认为概率是对事件发生可能性的一个估计并逐步优化的结果。在具体计算时，先根据经验设定一个基础概率，若对事件一无所知则随意设定一个基础概率。然后在出现新信息时，根据新信息对基础概率进行修正。随着新信息的增多，基础概率会被修正得越来越接近实际值。

贝叶斯方法涉及的重要概念有先验概率、似然估计、后验概率，具体如下。

- 先验概率是对事件发生做出的主观判断值。
- 似然估计是根据已知的样本结果信息，反推最有可能导致这些样本结果出现的模型参数值，简单理解就是条件概率，是在某个事件发生的情况下另一个事件发生的概率。例如，在已经阴天的情况下，下雨的概率。
- 后验概率是对先验概率和似然估计进行计算后得到的值。每次修正后得到的后验概率是下一轮计算的先验概率。

朋友递给我一个装着白球和黑球的不透明的盒子，让我使用贝叶斯方法计算盒子中白球的占比 P。此时，已知信息有限，所以先根据经验猜测 P 值为 0.5（先验概率）。接下来，从盒子中拿出一个球，根据这个球的颜色得到一个标准似然估计，对 P 值进行修订，得到一个新的 P 值（后验概率）。重复拿球出来，根据每次拿出的球修正 P 值，P 值越来越可靠。其原理与科学研究中通过不断实践得到一个相对可靠的结果类似。

上文从通俗的角度介绍了贝叶斯定理，下文介绍其核心内容。

贝叶斯公式如下所示：

$$P(A|B) = \frac{P(B|A)P(A)}{P(B)}$$

Peter Norvig 通过一个例子介绍了贝叶斯定理的应用，具体网址见参考网址 5。

在使用搜索引擎时，如果不小心输错了某个单词，搜索引擎会给出提示。例如，当我们尝试在搜索引擎内搜索"人工智农"时，搜索引擎会提示是不是想找"人工智能"。但是，有时会存在一些问题，如对于"权立"，是更正为"权利"，还是更正为"权力"，或是"全力"呢？使用贝叶斯可以解决这个问题。

对上述问题进行形式化表述：给定一个错误的输入词语 w（如"权立"），在所有可能的拼写中（如权力、权利、全力）找到其对应的词语 c（如全力、权利、权力中的一个），使得对于 w 的条件概率最大，可以表示为

$$\text{argmax}_{c \in \text{ candidates}} P(c|w)$$

根据贝叶斯定理，计算上述结果为

$$\text{argmax}_{c \in \text{ candidates}} P(c|w) = \text{argmax}_{c \in \text{ candidates}} \frac{P(w|c)P(c)}{P(w)}$$

式中，$P(w)$ 表示错输单词出现的概率，其值是固定不变的，对于算式结果并没有影响。所以将其排除后，算式为

$$\text{argmax}_{c \in \text{ candidates}} P(c|w) \cong \text{argmax}_{c \in \text{ candidates}} P(w|c)P(c)$$

上式主要包含如下四部分：

- 选择机制：argmax 即将概率最高结果的作为纠错结果。
- 候选模型：$c \in \text{candidates}$，即当前输入对应的候选集，如输入"权立"时，对应的候选值为"权利、全力、权力"等。

- 语言模型：$P(c)$，c 表示一个词语出现的可能性。若"权力"一词在中文中出现的概率是 0.5%，则有 $P(权力)=0.005$。
- 错误模型：$P(w|c)$，将 w 误输为 c 的概率。例如，$P(权立|权力)$表示将"权力"误输为"权立"的概率，该值相对较高；而 $P(胜利|权力)$表示将"权力"误输为"胜利"的概率，该值非常低。

一个显而易见的问题：为什么要把一个简单的表达式 $P(c|w)$变换成包含两个模型的算式呢？这是因为表达式 $P(c|w)$虽然简单，但是其计算是复杂的，所以采用"分而治之"的方法将一个复杂的大问题拆分为两个小问题，分别是 $P(w|c)$和 $P(c)$。此时，$P(w|c)$和 $P(c)$的计算比 $P(c|w)$的计算简单得多。

例如，误输 w=权立，其对应的候选集为 $c\in$ candidates{权利,权力,全力}。到底哪一个 $P(c|w)$具的概率更大呢？候选集中的三种情况有可能。所以，将上述问题 $P(c|w)$转换为 $P(w|c)$和 $P(c)$：

- $P(w|c)$考虑在将（$c\in$ {权力,权利,全力}）误输为 w（权立）的条件下，每个候选项 c 的可能性，需要分别计算 $P(权立|权力)$、$P(权立|权利)$、$P(权立|全力)$的概率。当然，这些值可以根据历史统计（经验等）得出。
- $P(c)$考虑每一个 $c\in$ {权力,权利,全力}出现的概率，需要计算 $P(权力)$、$P(权利)$、$P(全力)$的值。这些值相当于这些词汇在文章中出现的概率，可以根据历史统计（经验等）得出。

至此，一个复杂的问题变成了两个简单的问题。

假设：

- $P(权立|权力)=5$，$P(权立|权利)=6$，$P(权立|全力)=3$。
- $P(权力)=8$，$P(权利)=10$，$P(全力)=12$。

则可以算得

- $P(权立|权力)P(权力) =5×8=40$。
- $P(权立|权利) P(权利)=6×10=60$。
- $P(权立|全力) P(全力)=3×12=36$。

上述值中，$P(权立|权利) P(权利)$的值最大。所以将"权利"作为误输为"权立"时的修正结果。

综上所述，贝叶斯的计算流程如下：

- 首先，计算先验概率。
- 其次，计算标准似然估计（条件概率）。
- 再次，针对待预测样本，计算其对于每个类别的后验概率。
- 最后，将概率值最大的类别确定为待预测样本的预测类别。

贝叶斯原理神奇的地方在于，开始阶段并不需要客观的估计，只要根据经验随便猜一个基础值即可。这对于机器学习非常关键，因为在面对很多问题时，我们可能并不知道某事件发生的真实概率。例如，某类新闻事件发生后，次日股市暴跌的概率是多少？统计当然是一个不错的方法，但是使用贝叶斯分类器可以让机器学习帮我们预测更为可靠的答案。

Yuille 等在 *Vision as Bayesian inference: analysis by synthesis* 一文中提出了贝叶斯分类器在图像识别领域应用的案例。贝叶斯分类器在识别字符时，先筛选出该字符的候选集（建议字符），然后针对候选集中的每一个建议字符计算概率，概率最大的字符即识别结果，如图 15-31 所示。

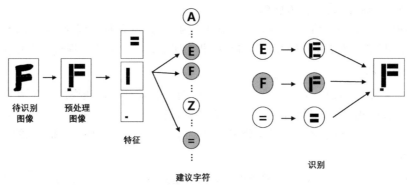

图 15-31　字符识别示意图

（资料来源：KERSTEN Y D. Vision as Bayesian inference：analysis by synthesis[J]. Trends in Cognitive Sciences，2006，10（17）：301—308。）

15.3.7　支持向量机

支持向量机（Support Vector Machine，SVM）是一种二分类模型，目标是寻找一个标准（称为超平面）对样本数据进行分割，分割原则是确保分类最优化（类别之间的间隔最大）。SVM在分类时，先把无法线性分割的数据映射到高维空间，然后在高维空间找到分类最优的线性分类器。

图 15-32 中用于划分不同类别的直线就是分类器。在构造分类器时，非常重要的一项工作就是找到最优分类器。例如，图 15-32 中的三个分类器，哪一个更好呢？从直观上，我们可以发现图 15-32（b）所示分类器和图 15-32（d）所示分类器都偏向某一类别（与某一类别的间距更小），而图 15-32（c）所示分类器实现了均分。图 15-32（c）所示分类器尽量让两类别离自己一样远，为每个类别都预留了等量的扩展空间，当有新的靠近边界的点进来时，能够更合理地将其按照位置划分到对应的类别内。

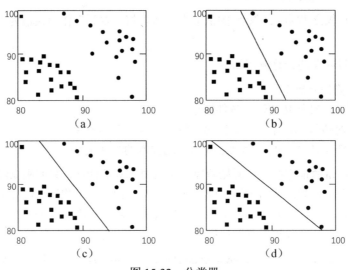

图 15-32　分类器

以上述划分为例，介绍如何找到 SVM。在已有数据中，找到离分类器最近的点，确保它们离分类器尽可能地远。例如，图 15-33 左下角图像中的分类器符合上述要求。

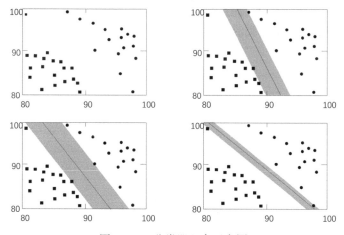

图 15-33　分类器距离示意图

支持向量示意图如图 15-34 所示，离分类器最近的点叫作支持向量（Support Vector）。离分类器最近的点到分类器的距离和（两个异类支持向量到分类器的距离和）称为间隔（Margin）。我们希望间隔尽可能地大，间隔越大，分类器对数据的处理越准确。支持向量决定了分类器所在的位置。

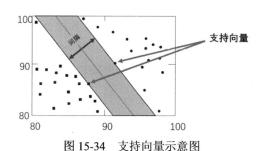

图 15-34　支持向量示意图

SVM 是由支持向量和机器构成的。

- 支持向量是指离分类器最近的点，这些点位于最大间隔上。通常情况下，分类仅依靠这些点完成，与其他点无关。
- 机器是指分类器。

也就是说，SVM 是一种基于关键点的分类算法。

上述案例中的数据非常简单，可以使用一条直线（线性分类器）轻易地划分。实践中的大多数问题是非常复杂的，不可能像上述案例那样简单地完成划分。一般情况下，SVM 可以将不那么容易分类的数据通过函数映射变为可分类的数据。

函数可以让本来不好划分的数据区分开。例如，在坐标空间中的奇数和偶数是分散分布的，是无法用直线划分开的。但是，使用函数 f(除 2 取余数)可以实现划分：

- 偶数：经过函数 f(除 2 取余数)计算，得到数值 0。
- 奇数：经过函数 f(除 2 取余数)计算，得到数值 1。

由此可知，结果中的数值 0 对应的原始数据是偶数，结果中的数值 1 对应的原始数值是奇数。对于结果数据 0 和 1 在坐标系中 x 轴的 0.5 个单位处画一条垂线，即可轻松实现划分。

如图 15-35 所示，在分类时，通过函数 f 的映射，左图中本来不能用线性分类器分类的数据变为右图中可用线性分类器分类的数据。

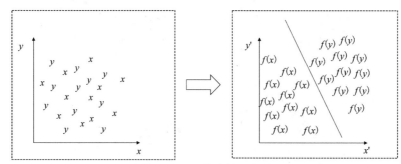

图 15-35　函数映射示意图

当然，在实际操作中，可能将数据由低维空间向高维空间转换。SVM 在处理数据时，如果在低维空间内无法完成分类，就会自动将数据映射到高维空间，使其变为（线性）可分的。也就是说，SVM 可以处理任何维度的数据。在不同维度下，SVM 都会尽可能寻找类似于二维空间中的直线（线性分类器）。例如，在二维空间中，SVM 会寻找一条能够划分当前数据的直线；在三维空间中，SVM 会寻找一个能够划分当前数据的平面（Plane）；在更高维空间中，SVM 会尝试寻找一个能够划分当前数据的超平面（Hyperplane）。

一般情况下，把可以被一条直线（在更一般的情况下为一个超平面）分割的数据称为线性可分数据，所以超平面是线性分类器。

也许大家会担心，数据由低维空间转换到高维空间后运算量会呈几何级增加。实际上，SVM 能够通过卷积核有效地降低计算复杂度。

15.3.8　随机梯度下降 SVM 分类器

随机梯度下降 SVM 分类器（Stochastic Gradient Descent SVM Classifier）提供了一个快速且易于使用的实现 SVM 的方法。上文已经介绍了 SVM，本节将主要介绍随机梯度下降（Stochastic Gradient Descent，SGD）。

斋藤康毅在《深度学习入门》一书中通过探险家的故事形象地说明了 SGD 算法。

有一个性格古怪的探险家，他最大的乐趣就是在一个陌生的坡上蒙上眼睛寻找附近最低的洼地。地点是陌生的、探险家的眼睛是被蒙上的，此时探险家的眼睛虽然看不到，但是可以通过脚来感知地面的倾斜度，从而判断当前所在位置的坡度。如果每次都朝着当前所在位置坡度最大的方向前进，那么最终就能够找到附近最低的洼地。

探险家使用的就是 SGD 原理。

如图 15-36 所示，$f(x,y) = x^2 + y^2$ 的梯度呈现为有向向量（长度不等的箭头）。图 15-36 中的所有箭头指向函数 $f(x,y)$ 的最小值 $(0,0)$，即函数的最小值。距离最小值最低处越远，箭头越长，对应的函数值越大。

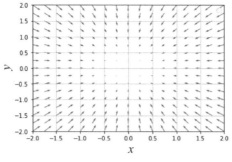

图 15-36　梯度示意图

需要说明的是，最大值是全局范围内的最大值，是所有数值中最大的值；极大值是局部的最大值，是某个范围的最大值，因此极大值有可能小于其他范围内的极小值。与此类似，最小值是全局范围内的最小值，是所有数值中最小的值；极小值是局部的最小值，是某个范围内的最小值，因此极小值有可能大于其他范围内的极大值。

虽然图 15-36 中的所有箭头都会指向最小值处，但是这仅仅是一个特例。实际上，梯度指向的是函数值降低的方向，进一步说，梯度指向的是函数值降低最快的方向。也就是说，梯度指向的是局部的低洼处。梯度的这个特点是由其严格的数学定义推导得到的。

梯度指向的是局部的低洼处，这决定了梯度是各点处函数值降低最快的方向，但是无法保证梯度的方向就是函数的最小值方向（全局的低洼处），或者说是应该前进的方向。进一步说，在复杂的函数中，梯度方向往往并不是函数最小值的真正方向，仅仅指向其邻域内的一个极小值。虽然梯度的方向并不一定指向最小值，但是沿着梯度的方向能够最大限度降低函数的值。因此，往往将梯度作为求解函数极值点的线索。

机器学习的重要任务就是找到最优参数。一般情况下，可能需要取得一个参数的最值点（最大值、最小值，如神经网络中的损失函数最小值等）。但是我们所面临的函数是非常复杂的，其参数空间很庞杂，无法通过简单计算获取最值点，这时可以通过计算梯度的方式求解最值。通过梯度求解最值的方式被称为梯度法。

梯度法是一个迭代过程，基本流程如下：

- 首先在当前位置沿着梯度方向前进一段距离。
- 然后在新位置重新计算梯度值，继续沿着梯度方向前进。
- 重复上述过程，不断沿着梯度前进，直到收敛（梯度值不再变化）。

一般情况下，用梯度下降法（Gradient Descent Method）计算最小值，用梯度上升法（Gradient Ascent Method）计算最大值。

传统上，每次在更新参数时需要计算所有样本的参数。通过对整个数据集的所有样本的计算来求解梯度的方向。这种计算方法称为批量梯度下降法（Batch Gradient Descent，BGD）。这种方式相对可靠性高，但是在数据量很大时运算量很大。

针对运算量大的缺点，人们提出了 SGD 法，该方法每次迭代时仅使用一个（或者一小部分）样本来对参数进行更新。SGD 法虽然不是每次迭代得到的损失函数都向着全局最优方向，但是它的总体趋势是朝向最优解的，并最终得到最优解。因为采用的样本量更少，每次的运算量要小很多，所以相比于使用所有样本计算梯度，SGD 法的计算速度更快。如图 15-37 所示，图 15-37（a）

是使用传统方法求最优解的方向；图 15-37（b）是使用 SGD 法求最优解的方向。

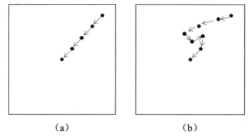

（a）　　　　　　　　（b）

图 15-37　传统方法与 SGD 法求最优解方向示意图

15.4　OpenCV 机器学习模块的使用

OpenCV 中机器学习模块的使用主要包含如下三个步骤：

- Step 1：模型初始化。
- Step 2：训练模型。
- Step 3：使用模型处理问题。

15.4.1　使用 KNN 模块分类

如图 15-38 所示，按照在 OpenCV 中使用机器学习模块的三个步骤使用 KNN 模块即可。

图 15-38　使用 KNN 模块的流程示意图

下面介绍下每步使用的函数。

（1）Step 1：模型初始化。

该步骤使用的语句为

```
knn=cv2.ml.KNearest_create()        # 生成空模型
```

（2）Step 2：训练模型。

该步骤使用训练数据（原始特征值）、训练数据的响应值（训练数据的标签、分类信息）、数据的形状（行、列）完成训练，生成可以使用的模型。

使用的语句为

```
knn.train(trainData,cv2.ml.ROW_SAMPLE, trainLabels)
```

其中：

- **trainData** 是训练数据的特征值。

- cv2.ml.ROW_SAMPLE 是数据类型，当前值表示数据是行形式的，也可以是列形式的（cv2.ml.COL_SAMPLE）。
- trainLabels 是训练数据特征值对应的标签。

（3）Step 3：使用模型。

该步骤使用训练好的模型完成任务。将要处理对象的特征值和 K 值作为参数，传递给训练好的模型，使用函数 findNearest 得出计算结果。

使用的语句为

```
ret,result,neighbours,dist = knn.findNearest(test,k)
```

其中：

- ret 是浮点型的返回结果值。
- result 是 numpy.ndarray 型的 K 近邻算法的运算结果（若将某图像识别为数值 3，则通过 result 返回标签为 3 的 numpy.ndarray 形式的值 "[[3.]]"）。
- neighbours 是 K 个邻居的标签。
- dists 是到 K 个邻居的距离。
- test 是需要处理对象的特征值（如待识别图像的特征值）。
- k 是 K 近邻算法中的 K 值大小。如果想使用最近邻算法，使 k=1 即可。

综上所述，使用 KNN 模块完成分类的基本步骤如下：

- 模型初始化：knn=cv2.ml.KNearest_create()。
- 训练模型：knn.train(trainData,cv2.ml.ROW_SAMPLE, trainLabels)。
- 使用模型：ret,result,neighbours,dist = knn.findNearest(test,k)。

【例 15.1】使用 KNN 模块完成数据分类预测。

如图 15-39 所示，假设有两组数对，一组数对在(0,10)范围内，标签为 "0"；另外一组数对在(90,100)范围内，标签为 "1"。使用 KNN 模块预测数对（31,28）在 K=3 时的标签。

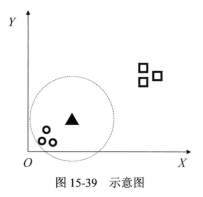

图 15-39　示意图

由图 15-39 很容易判断出未知标签为 "0"。下面根据题目要求，编写程序通过 KNN 模块进行判断。

```
# ================导入库================
import cv2
import numpy as np
```

```
# ==============生成模拟数据及标签==============
trainData = np.array([[5,6] ,[9,8],[3,8],[99,94],[89,91],
[92,96]]).astype(np.float32)
tdLable = np.array([[0],[0],[0],[1],[1],[1]]).astype(np.float32)
test=np.array([[31,28]]).astype(np.float32)
# ===============使用 KNN 算法==============
knn = cv2.ml.KNearest_create()
knn.train(trainData, cv2.ml.ROW_SAMPLE, tdLable)
ret, results, neighbours, dist = knn.findNearest(test,3)
# ==============显示结果==============
print("当前数可以判定为类型: ", results[0][0].astype(int))
print("距离当前点最近的 3 个邻居是: ", neighbours)
print("3 个最近邻居的距离: ", dist)
```

运行上述程序，输出结果为

```
当前数可以判定为类型:  0
距离当前点最近的 3 个邻居是:  [[0. 0. 0.]]
3 个最近邻居的距离:  [[ 884. 1160. 1184.]]
```

从上述程序结果可以看出，KNN 模块预测的结果与通过图 15-39 判断的结果一致。

本例使用的是纯数值。实践中，要做的就是把抽象的问题处理为数值。例如，将不同直径、质量的钻石划分为甲级、乙级，需要把钻石的直径、质量作为训练数据，把等级作为训练数据的标签，从而使用 KNN 模块或 SVM 模块对未知数据进行类别划分。

15.4.2　使用 SVM 模块分类

如图 15-40 所示，按照在 OpenCV 中使用机器学习模块的三步使用 SVM 模块即可。

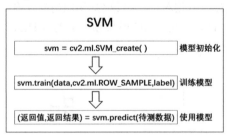

图 15-40　使用 SVM 模块的流程示意图

下面对图 15-40 中的步骤进行简单介绍。

（1）Step 1：模型初始化。

在使用 SVM 模块时，需要先使用函数 cv2.ml.SVM_create()生成用于后续训练的空分类器模型。该函数的语法格式为

```
svm = cv2.ml.SVM_create( )
```

（2）Step 2：训练分类器。

获取空分类器 svm 后，针对该模型使用 svm.train()函数对训练数据进行训练，其语法格式为

```
训练结果= svm.train(训练数据,训练数据排列形式,训练数据的标签)
```

其中，各参数含义如下：

- 训练数据：用于训练的数据，用来训练分类器。
- 训练数据排列形式：训练数据的排列形式有按行排列（cv2.ml.ROW_SAMPLE，每一条训练数据占一行）和按列排列（cv2.ml.COL_SAMPLE，每一条训练数据占一列）两种形式，根据数据的实际排列情况选择对应的参数即可。
- 训练数据的标签：训练数据对应的标签。
- 训练结果：训练结果的返回值。

例如，用于训练的数据为 data，其对应的标签为 labcl，每一条数据按行排列，对分类器模型 svm 进行训练，使用的语句为

```
返回值 = svm.train(data,cv2.ml.ROW_SAMPLE,label)
```

（3）Step 3：使用模型。

完成对分类器的训练后，使用 svm.predict()函数即可使用训练好的分类器模型对待分类的数据进行分类，其语法格式为

```
(返回值,返回结果) = svm.predict(待分类数据)
```

以上是 SVM 模块的基本使用方法。在实际使用中，可能会根据需要对其中的参数进行调整。OpenCV 支持对多个参数的自定义，例如，可以通过 setType()函数设置类别，通过 setKernel()函数设置卷积核类型，通过 setC()函数设置 SVM 的参数 C（惩罚系数，即对误差的宽容度，默认值为 0），通过 setGamma()函数设置卷积核的系数。

【例 15.2】使用 SVM 模块完成钻石分类预测。

根据钻石的质量和直径将其划分为甲、乙两个等级，如图 15-41 左侧表格所示。现有一枚钻石的指标为（12,18），希望利用 SVM 模块确定其等级，如图 15-41 右侧图形所示。

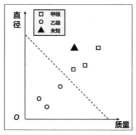

(质量,直径)	等级
(6,3)	乙
(4,5)	乙
(9,8)	乙
(12,12)	甲
(15,13)	甲
(18,17)	甲

图 15-41　钻石数据

观察图 15-41 很容易判断出未知标签为"甲"。下面根据题目要求，编写程序使用 SVM 模块进行判断。

```
# ===============导入库===============
import cv2
import numpy as np
# =============生成模拟数据及标签=============
data =
np.array([[6,3] ,[4,5],[9,8],[12,12],[15,13],[18,17]]).astype(np.float32)
label = np.array([[0],[0],[0],[1],[1],[1]]).astype(np.int32)
```

```
test=np.array([[12,18]]).astype(np.float32)
# ===============SVM 分类器===============
svm = cv2.ml.SVM_create()
svm.train(data,cv2.ml.ROW_SAMPLE,label)
(p1,p2) = svm.predict(test)
# ============显示分类结果============
rv = p2[0][0].astype(np.int32)
if rv==0  :
    print("当前钻石等级：乙级")
else:
    print("当前钻石等级：甲级")
```

运行上述程序，输出如下：

当前钻石等级：甲级

上述程序输出结果与由图 15-41 判断结果一致，较好地实现了预测。

本章使用 OpenCV 的机器学习模块进行了简单的分类操作，主要目的是帮助读者了解如何使用 OpenCV 中的机器学习模块。后续章节将使用 OpenCV 中的机器学习模块完成数字识别等数字图像处理任务。

第16章
KNN 实现字符识别

本章将使用 OpenCV 内的 KNN 模块实现字符识别的案例。

本章将先实现一个针对手写数字的识别的案例。该识别案例选用 OpenCV 内自带的一个包含 5000 个手写数字的图像作为原始数据。将原始数据划分为训练数据、测试数据后，使用 KNN 模块对该组数据进行训练、测试。结果显示，使用 KNN 模块可以在该组数据上获得 91.76%的准确率。通过更改参数，可以获得更高的准确率。

然后实现一个针对各种不同字体的英文字符进行识别的案例。该案例采用一组现成的字符特征数据，该组数据存储的是从 20000 个字符中提取的标签（字符）及对应的属性值。对该组数据使用 KNN 模块进行训练、测试，并获得 93.06%的准确率。

希望读者能够使用自己的数据集进行训练、测试，以进一步掌握 KNN 模块的使用方法，提高实践能力。

16.1　手写数字识别

目标是编写一个使用 KNN 模块实现手写数字识别的应用程序。为此，需要准备一些训练数据和测试数据。OpenCV 自带一幅包含 5000 个手写数字的图像 digits。该图像中每个手写数字有 5 行、100 列，共计 500 个（5×100）。其中，每个手写数字的图像大小是 20 像素×20 像素。图 16-1 所示为从图像 digits 左上角截取的一部分。

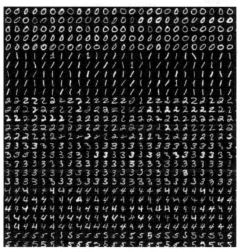

图 16-1　从图像 digits 左上角截取的一部分

将图像 digits 划分为训练数据和测试数据两部分，使用训练数据训练 KNN 模型，使用测试数据测试 KNN 模型的准确率。需要注意的是，KNN 模型对于数据集的格式有要求，所以需要将训练数据和测试数据处理为符合要求的形式。

划分数据集是使用 KNN 模型前的预处理过程，具体步骤如图 16-2 所示。

- Step 1：初始化。该步骤从磁盘读取图像文件，并将图像文件由彩色图像处理为灰度图像。
- Step 2：拆分数字。该操作针对的是图像 digits，将图像中的每个数字拆分为一个个独立的图像，得到大小为 20 像素×20 像素的单个数字图像。
- Step 3：拆分数据集。将所有数据划分为两部分，一部分为训练数据，另一部分为测试数据。具体为将每个数字在图像左侧的 250 个样本作为训练数据，在图像右侧的 250 个样本作为测试数据。
- Step 4：塑形。将大小为 20 像素×20 像素的图像重塑为 1 像素×400 像素大小；也就是说，将每个 20 像素×20 像素大小的单个数字的图像展平为一行。值得注意的是，这里直接使用每个数字图像的像素值作为其特征值。
- Step 5：贴标签。为每个手写数字贴上对应的标签。该标签是其实际对应的数字值。
- Step 6：KNN。使用 KNN 模型完成识别。
- Step 7：验证。计算识别结果的准确率。

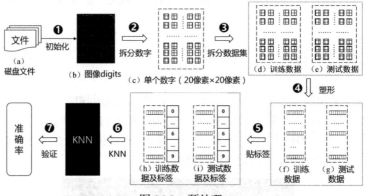

图 16-2 预处理

【例 16.1】使用 KNN 模块实现手写数字识别。

```python
import numpy as np
import cv2
# 【Step 1：预处理】读入文件，色彩空间转换
img = cv2.imread('digits.png')
# 灰度转换：BGR 色彩空间→灰度色彩空间
gray = cv2.cvtColor(img,cv2.COLOR_BGR2GRAY)
# 【Step 2：拆分数字】
# 将原始图像拆分成独立的数字，每个数字大小为 20 像素×20 像素，共计 5000 个
cells = [np.hsplit(row,100) for row in np.vsplit(gray,50)]
# 装进 array，形状(50,100,20,20)，50 行，100 列，每个图像为 20 像素×20 像素大小
x = np.array(cells)
# 【Step 3：拆分数据集】
```

```
# 将数据集划分为训练数据和测试数据，各占一半
train = x[:,:50]
test = x[:,50:100]
# 【Step 4：塑形】
# 数据调整，将每个数字的尺寸由 20 像素×20 像素调整为 1 像素×400 像素（一行 400 个像素点）
train =train.reshape(-1,400).astype(np.float32) # Size = (2500,400)
test = test.reshape(-1,400).astype(np.float32) # Size = (2500,400)
print(train.shape)
# 【Step 5：贴标签】
# 分别为训练数据、测试数据分配标签（图像对应的实际值）
k = np.arange(10)
train_labels = np.repeat(k,250)[:,np.newaxis]
test_labels = np.repeat(k,250)[:,np.newaxis]
# 【Step 6：KNN】
# 核心程序：模型初始化、训练模型、使用模型
knn = cv2.ml.KNearest_create()
knn.train(train, cv2.ml.ROW_SAMPLE, train_labels)
ret,result,neighbours,dist = knn.findNearest(test,k=5)
# 【Step 7：验证】
# 通过测试数据校验准确率
matches = result==test_labels
correct = np.count_nonzero(matches)
accuracy = correct*100.0/result.size
print( "当前使用 KNN 识别手写数字的准确率为:",accuracy )
```

运行上述程序，程序输出为：

当前使用 KNN 识别手写数字的准确率为：91.76

本例中的模型的准确率为 **91.76%**，这个识别率效果还不错。可以尝试使用自己的数据集分别构建训练数据和测试数据，验证 KNN 模块识别效果。

16.2 英文字母识别

本节将介绍使用 KNN 模块预测英文字母图像对应的字母。

KNN 模块工作流程示意图如图 16-3 所示，其通常包含如下两步：

- Step 1：训练过程，完成训练模型的工作。
- Step 2：测试过程，完成使用模型的工作。

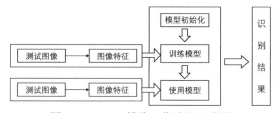

图 16-3 KNN 模块工作流程示意图

在使用 OpenCV 的 KNN 模块时，不能直接把图像传递给 KNN 模块，必须将图像处理为满足格式要求的数据形式。传递给 KNN 模块的测试数据或者训练数据，可以是行形式的（cv2.ml.ROW_SAMPLE），也可以是列形式的（cv2.ml.COL_SAMPLE）。

传递给 KNN 模块的参数必须体现如下两点：

- 充分体现原始图像的特征，并具备标签。
- 符合 KNN 模块对数据的要求。

例如，图 16-4 显示了在处理图像时，使用 KNN 模块工作的一般方式。图 16-4 各部分含义为

- F1 是特征提取运算，负责从图像内提取图像的特征及标签。
- F2 表示输入训练数据，用于将训练数据传递给 KNN 模块。
- F3 表示输入测试数据，用于将测试数据传递给 KNN 模块。
- KNN 是 K 近邻模块。

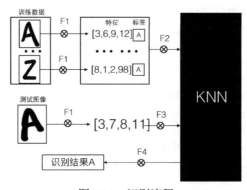

图 16-4　识别流程

一般情况下，在将图像传递给 KNN 模块前，必须通过特征提取的方式，将其转换为数值。本节的关注点在于如何使用 KNN 模块实现字符识别，因此采用一个已经提取好特征的数据集。图 16-5 所示为本案例使用的 Letter Recognition 数据集的部分数据。

```
T,2,8,3,5,1,8,13,0,6,6,10,8,0,8,0,8
I,5,12,3,7,2,10,5,5,4,13,3,9,2,8,4,10
D,4,11,6,8,6,10,6,2,6,10,3,7,3,7,3,9
N,7,11,6,6,3,5,9,4,6,4,4,10,6,10,2,8
G,2,1,3,1,1,8,6,6,6,6,5,9,1,7,5,10
S,4,11,5,8,3,8,8,6,9,5,6,6,0,8,9,7
B,4,2,5,4,4,8,7,6,6,7,6,6,2,8,7,10
A,1,1,3,2,1,8,2,2,2,8,2,8,1,6,2,7
J,2,2,4,4,2,10,6,2,6,12,4,8,1,6,1,7
M,11,15,13,9,7,13,2,6,2,12,1,9,8,1,1,8
X,3,9,5,7,4,8,7,3,8,5,6,8,2,8,6,7
O,6,13,4,7,4,6,7,6,3,10,7,9,5,9,5,8
G,4,9,6,7,6,7,8,6,2,6,5,11,4,8,7,8
M,6,9,8,6,9,7,8,6,5,7,5,8,8,9,8,6
R,5,9,5,7,6,6,11,7,3,7,3,9,2,7,5,11
F,6,9,5,4,3,10,6,3,5,10,5,7,3,9,6,9
……　……
```

图 16-5　Letter Recognition 数据集的部分数据

Letter Recognition 数据集中每一行包含 17 个字符，第一个字符是对应字符图像的标签，其

余 16 个字符是对应字符图像的特征值。各个字符的含义如表 16-1 所示。

表 16-1　各个字符含义

位　　数	含　　义	位　　数	含　　义
1	标签，26 个大写字母（A~Z）	10	包围字符的框中像素值在 y 轴方向的方差
2	包围字符的框的水平位置	11	x/y 相关性（针对第 7 位、第 8 位）
3	包围字符的框的垂直位置	12	x 轴方向的方差与 y 轴方向的方差的相关性
4	包围字符的框的宽度	13	y 轴方向的方差与 x 轴方向的方差的相关性
5	包围字符的框的高度	14	从左到右的平均边缘计数
6	字符包含像素总数	15	y 轴方向边缘和
7	包围字符的框中像素值在 x 轴方向的均值	16	从下到上的平均边缘计数
8	包围字符的框中像素值在 y 轴方向的均值	17	x 轴方向边缘和
9	包围字符的框中像素值在 x 轴方向的方差	—	—

表 16-1 中的特征值是字符的重要属性，如第 14 位上的特征值衡量 "从左到右的平均边缘计数"，能够衡量 "W" "M" 与 "T" "I" 的区别。

说明：本节使用的字符数据集来源于参考网址 6，该数据集的说明见参考网址 7 及 FREY，*Letter Recognition Using Holland-Style Adaptive Classifiers*。

【例 16.2】使用 KNN 模块识别不同样式的字符。

根据题目要求，编写程序如下：

```
import cv2
import numpy as np
# 导入数据集并将第 1 位上的字符转换为数字
data= np.loadtxt('letter-recognition.data', dtype= 'float32',
delimiter = ',', converters= {0: lambda ch: ord(ch)-ord('A')})
# 将数据集平均划分为训练数据和测试数据两部分
train, test = np.vsplit(data,2)
# 将训练数据、测试数据内的标签和特征划分开
responses, trainData = np.hsplit(train,[1])
labels, testData = np.hsplit(test,[1])
# 使用 KNN 模块
knn = cv2.ml.KNearest_create()
knn.train(trainData, cv2.ml.ROW_SAMPLE, responses)
ret, result, neighbours, dist = knn.findNearest(testData, k=5)
# 输出结果
correct = np.count_nonzero(result == labels)
accuracy = correct*100.0/10000
print( "识别的准确率为:",accuracy )
```

运行上述程序，程序输出为：

识别的准确率为：93.06

读者可以使用本例中训练好的模型测试其他来源的字符，看看效果怎么样。

第 17 章

求解数独图像

数独又称九宫格是非常流行的一种益智游戏，广受人们的喜爱。如图 17-1 所示，数独的目标是根据 9×9 盘面上的已知数字，推理出其余空格的数字，使每一行、每一列和每一个粗线宫格（3×3）包含 1～9 所有整数。

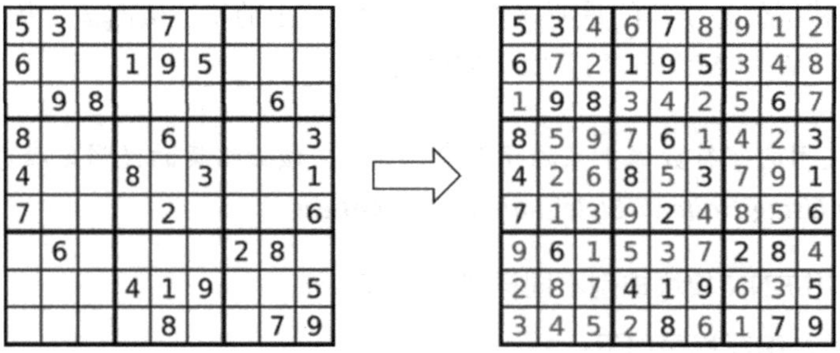

图 17-1 数独示意图

本章的关注点在于对一张待求解的数独图像求解，并将求解结果打印在该图像上，主要过程如下：

Step 1：定位数独图像内的数字。

Step 2：识别数独图像内的数字。

Step 3：求解图像对应的数独初始状态。

Step 4：将数独求解结果显示在原始图像内。

本章将详细介绍上述处理过程的实现方法，并进行具体实现。

17.1 基本过程

数独图像的求解过程如图 17-2 所示：

- 图 17-2（a）是原始数独图像。
- 图 17-2（b）中的每一个单元格都被轮廓包围了，该轮廓用于后续寻找数字轮廓。
- 图 17-2（c）中的每一个数字都被矩形包围框包围，等待被识别。
- 图 17-2（d）是对图 17-2（c）中的数字进行识别的结果。
- 图 17-2（e）是在求解图 17-2（d）对应的结果后，将结果绘制在原始图像内的最终结果。

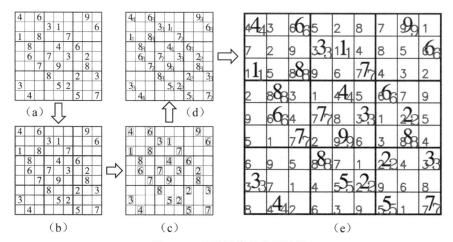

图 17-2　数独图像的求解过程

从操作角度来看，数独图像的求解过程主要包含如下流程：

- 获取轮廓及定位数字：该步对应图 17-2（a）到图 17-2（b）和图 17-2（b）到图 17-2（c）的过程。
- 构造 KNN 模型：该模型用于后续字体图像的识别。
- 字符识别：该步使用 KNN 模型完成数字识别，对应图 17-2（c）到图 17-2（d）过程。
- 数独求解：该步完成数独的求解功能，对应图 17-2（d）到图 17-2（e）的部分功能（求解功能）。
- 结果显示：该步将数独求解结果绘制在原始图像，对应图 17-2（d）到图 17-2（e）的部分功能（显示功能）。

下文先介绍各步骤的具体实现，最后将上述各步骤的实现在 17.7 节完整呈现。

17.2　定位数独图像内的单元格

定位主要会运用轮廓中与结构相关的知识点。OpenCV 提供了函数 findContours，该函数可用来查找轮廓，其语法格式为

```
contours, hierarchy = cv2.findContours( image, mode, method)
```

其中，返回值为

- contours：返回的轮廓。
- hierarchy：图像的拓扑信息（轮廓层次），反映了轮廓的结构关系，如一个轮廓在另一个轮廓的内部，外部轮廓被称为父轮廓，内部轮廓被称为子轮廓。每个轮廓的层次关系通过 4 个元素来说明，其形式为

```
[Next, Previous, First_Child, Parent]
```

各元素的含义为

> - Next：后一个轮廓的索引。
> - Previous：前一个轮廓的索引。
> - First_Child：第 1 个子轮廓的索引。

> Parent：父轮廓的索引。

在上述各个参数对应的关系为空时，即没有对应的关系时，将该参数对应的值设为"-1"。其中，参数为

- image：原始图像。
- method：轮廓的近似方法。
- mode：轮廓检索模式。决定了轮廓的提取方式。在 mode=cv2.RETR_TREE 时，表示要建立一个等级树结构的轮廓。轮廓示例如图 17-3 所示：

> 图 17-3（a）是原始图像。
> 图 17-3（b）是图 17-3（a）标注了序号的轮廓示意图，共检测到 7 个轮廓，字体较小的数字是轮廓序号，为 0～6。轮廓 0 是外边框的轮廓，轮廓 1、轮廓 3、轮廓 5、轮廓 6 是每个小方块的轮廓，轮廓 2、轮廓 3 是手写数字 1 和数字 2 的轮廓。
> 图 17-3（c）是轮廓彼此间的树状关系。
> 图 17-3（d）显示的是所有轮廓的 hierarchy 值。

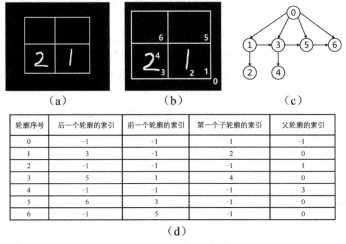

（a）　　　　　　（b）　　　　　　（c）

轮廓序号	后一个轮廓的索引	前一个轮廓的索引	第一个子轮廓的索引	父轮廓的索引
0	-1	-1	1	-1
1	3	-1	2	0
2	-1	-1	-1	1
3	5	1	4	0
4	-1	-1	-1	3
5	6	3	-1	0
6	-1	5	-1	0

（d）

图 17-3　轮廓示例

由图 17-3 可知，在 mode=cv2.RETR_TREE 时，根据轮廓彼此之间的关系，构建了一个等级树结构的轮廓。例如，轮廓 0 是轮廓 1、轮廓 3、轮廓 5、轮廓 6 的父轮廓，轮廓 2 是轮廓 1 的子轮廓，轮廓 4 是轮廓 3 的子轮廓。轮廓 3 的前一个轮廓是轮廓 1，后一个轮廓是轮廓 5。每个小方块的轮廓都是整体大方块轮廓的子轮廓，每个数字的轮廓都是其所在单元格轮廓的子轮廓。

图 17-3（b）中各个轮廓的具体关系如图 17-3（c）所示，每个轮廓的 hierarchy 值描述如图 17-3（d）所示。例如，图 17-3（b）中的轮廓 3，对应的 hierarchy 值为"[5,1,4,0]"，这表示：轮廓 3 的后一个轮廓是轮廓 5；轮廓 3 的前一个轮廓是轮廓 1；轮廓 3 的第一个子轮廓（此处也仅有一个）是轮廓 4；轮廓 3 的父轮廓是轮廓 0。

若在 hierarchy 值中出现-1，则表示对应的轮廓不存在。例如，图 17-3（b）中的轮廓 0 的下一个轮廓对应的值为-1，表示没有父轮廓。

需要注意的是，在 cv2.RETR_TREE 形式的轮廓中，所有轮廓的结构存储在 hierarchy 中。由于其自身结构所有值都存储在 hierarchy[0]中，因此图 17-3（b）中的轮廓 3 的结构存储在 hierarchy[0][3]中。

下面介绍数独图像内轮廓的关系。图 17-4 最外面的整体外边框就是轮廓 0。该轮廓包含 81 个小单元格，这些小单元都是轮廓 0 的子轮廓。每一个数字的轮廓都是其所在小单元格的子轮廓。或者说，数字轮廓的父轮廓是其所在小单元格，每一个小单元格的父轮廓都是轮廓 0，即轮廓 0 是数字轮廓的父轮廓的父轮廓。

图 17-4　数独图像

下面，通过结构关系定位 81 个小单元格及所有数字的轮廓。

1. 定位小单元格

81 个小单元格的共同特征是，父轮廓是最外层轮廓（轮廓 0）。因此，hierarchy 的[Next，Previous，First_Child，Parent]中，其索引为 3 的 Parent（父轮廓的索引）的属性值均为 0（对应最外层的最大轮廓），具体满足关系为

$$hierarchy[0][i][3] == 0$$

其中：

- hierarchy[0]存储所有轮廓。
- 变量 i 对应轮廓的序号（索引）。
- 数值 3 表示[Next，Previous，First_Child，Parent]中的第 3 个（从 0 开始索引）Parent（父节点）。
- hierarchy[0][i][3]表示第 3 个轮廓的父轮廓索引。
- hierarchy[0][i][3] == 0，表示该当前轮廓的父轮廓是轮廓 0。数独图像内的 81 个小单元格对应轮廓的父轮廓是轮廓 0。

明确了上述关系，就可以利用该关系找到数独图像的 81 个小单元格。

2. 定位数字轮廓

一个显而易见的事实是，所有数字都在一个小单元格内。

改变上述描述的逻辑顺序，以便进行程序设计。上述表述可以重新表述为所有数字所在单元格内均包含数字，即所有数字轮廓的父轮廓（所在单元格）均包含子轮廓。上述逻辑用双重否定形式表述为包含数字的小单元格不是没有子轮廓。在程序中，使用该双重否定判定小单元格是否包含子轮廓，从而筛选出包含数字的小单元格，进而定位小单元格中的数字。

简单来说就是，如果一个小单元格包括子轮廓（小单元格内有数字），那么其对应的[Next，Previous，First_Child，Parent]中，索引为 2 的 First_Child（第 1 个子轮廓的索引）的值不应该

等于-1。

具体来说，在存储所有小单元格的 hierarchy 值的变量 boxHierarchy 中，如果某个轮廓对应的[Next，Previous，First_Child，Parent]中，索引为 2 的 First_Child（第 1 个子轮廓的索引）的值不等于-1（-1 表示不存在子轮廓），那么对应的单元格中包含数字。若第 j 个小单元的轮廓内包含数字，则满足如下关系：

$$boxHierarchy[j][2] \text{ != } -1$$

其中，索引为 2 对应[Next，Previous，First_Child，Parent]中 First_Child（第 1 个子轮廓的索引）项的索引，-1 表示没有第 1 个子轮廓。逻辑"boxHierarchy[j][2] != -1"在轮廓 j 具有子轮廓时成立。也就是其对应的小单元格内有数字时成立。

进一步来说，boxHierarchy 中存储着数独图像中 81 个小单元格的轮廓，boxHierarchy[j]表示第 j 个小单元格的轮廓，boxHierarchy[j][2]表示 81 个小单元格中的第 j 个小单元格的轮廓中，索引为 2 的 First_Child 项的值。该值不等于-1，说明其不是没有子轮廓，而是有子轮廓。小单元格的轮廓有子轮廓，说明其中包含数字。

根据上述逻辑，定位包含数字的小单元格，进而定位数字。

【例 17.1】查找数独图像内所有轮廓、小单元格、数字。

```python
def location(img):
    gray = cv2.cvtColor(img,cv2.COLOR_BGR2GRAY)              # 灰度化
    ret,thresh = cv2.threshold(gray,200,255,1)              # 阈值处理
    kernel = cv2.getStructuringElement(cv2.MORPH_CROSS,(5, 5))   # 核结构
    dilated = cv2.dilate(thresh,kernel)                     # 膨胀
    # 获取轮廓
    mode = cv2.RETR_TREE                     # 轮廓检测模式
    method = cv2.CHAIN_APPROX_SIMPLE         # 轮廓近似方法
    contours, hierarchy = cv2.findContours(dilated,mode,method)   # 提取轮廓
    #  ------------  提取小单元格（9×9=81 个） ------------
    boxHierarchy = []                        # 小单元格的 hierarchy 信息
    imgBox=img.copy()                        # 用于显示每一个单元格的轮廓
    for i in range(len(hierarchy[0])):       # 针对外轮廓
        if hierarchy[0][i][3] == 0:          # 判断：父轮廓是外轮廓的对象（小单元格）
            boxHierarchy.append(hierarchy[0][i])   # 将 hierarchy 放入 boxHierarchy
            imgBox=cv2.drawContours(imgBox.copy(),contours,i,(0,0,255))# 绘制轮廓
    cv2.imshow("boxes", imgBox)              # 显示每一个小单元格的轮廓，测试用
    #  ------------  提取数字边框（定位数字） ------------
    numberBoxes=[]                           # 所有数字的轮廓
    imgNum=img.copy()                        # 用于显示数字轮廓
    for j in range(len(boxHierarchy)):
        if boxHierarchy[j][2] != -1:         # 符合条件的是包含数字的小单元格
            numberBox=contours[boxHierarchy[j][2]]# 小单元格内的数字轮廓
            numberBoxes.append(numberBox)
            x,y,w,h = cv2.boundingRect(numberBox) # 矩形包围框
            # 绘制矩形边框
            imgNum = cv2.rectangle(imgNum.copy(),
```

```
(x-1,y-1),(x+w+1,y+h+1),(0,0,255),2)
    cv2.imshow("imgNum", imgNum)                # 数字轮廓
    return contours , numberBoxes              # 返回所有轮廓、数字轮廓
# ==================主程序==================
original = cv2.imread('x.jpg')
cv2.imshow("original",original)
contours , numberBoxes = location(original)
cv2.waitKey()
cv2.destroyAllWindows()
```

运行上述程序，输出如图 17-5 所示。

- 图 17-5（a）是原始图像。
- 图 17-5（b）显示了所有小单元的轮廓。
- 图 17-5（c）显示了所有数字的轮廓。

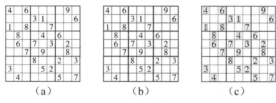

图 17-5 【例 17.1】程序运行结果

location 函数的返回值 contours 和 numberBoxes 分别是所有轮廓和数字轮廓，用于后续识别字符。必要时还可以根据需要将程序运行结果打印出来，以便进一步观察。

17.3 构造 KNN 模型

本节将构造一个用于识别数独图像内数字的 KNN 模型。将构造模型放在一个函数内，其基本步骤如图 17-6 所示，具体如下。

- Step 1：预处理。该过程处理的是磁盘上用于训练的原始图像。这些图像是大小各异的，首先对图像进行色彩空间转换、调整大小、阈值分割等预处理，以便提取特征，并使其符合 KNN 模型的数据要求。规范化后图像大小为 15 像素×20 像素；然后通过循环将磁盘上经过预处理的所有图像组合在一起。具体为，采用 glob 库获取每一个图像样本文件的路径，采用嵌套循环的方式将预处理后的图像放入列表内；每个数字（1～9）单独构成一行，共 9 行，每个数字 10 个样本，共 10 列。此时，列表大小为 9×10×15×20（行×列×单幅图像大小）。
- Step 2：拆分数据集。选取每个数字的前 8 个样本作为训练数据，后两个样本作为测试数据。
- Step 3：塑形。将图像调整为一行，作为其特征值。此时，一个数字图像的大小由 15 像素×20 像素调整为 1 像素×300 像素。也就是将一个 15 像素×20 像素的数字图像展平为一行。
- Step 4：贴标签。给每一个数字的特征贴上标签。标签是其代表的实际值。
- Step 5：KNN。构造模型的三个主要步骤为模型初始化、训练模型、测试模型。

- Step 6：验证。计算 KNN 模型的准确率。
- Step 7：返回。返回训练好的 KNN 模型。

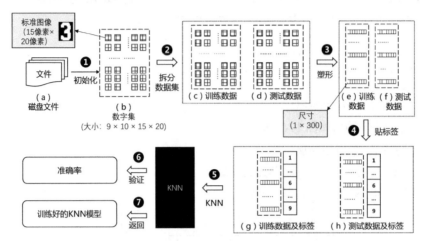

图 17-6　构造 KNN 模型的基本步骤

在读取样本时，采用的双重循环的方式保存所有样本，如图 17-7 所示，具体为

- 内循环：逐个获取某个特定的数字的样本图像 image，将其放入该数字对应的列表 num 内；每个内循环构造一个特定数字的列表 num。
- 外循环：循环 9 次，依次将数字 1～9 中的每个数字 num 作为一个元素（一行）放入 data 中。

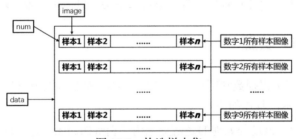

图 17-7　构造样本集

【例 17.2】构造一个 KNN 模型。

```python
import cv2
import glob
import numpy as np
# ================函数：训练模型================
def getModel():
    # Step 1:预处理
    # 主要工作：读取图像、预处理（色彩空间转换、调整大小、阈值处理）、处理为array
    cols=15          # 控制图像调整后的列数
    rows=20          # 控制图像调整后的行数
    s=cols*rows      # 控制图像调整后的尺寸
    data=[]          # 存储所有数字的所有图像
    for i in range(1,10):
        iTen=glob.glob('template/'+str(i)+'/*.*')    # 某特定数字的所有图像的文件名
```

```
            num=[]                          # 临时列表，每次循环用来存储某一个数字的所有图像
            for number in iTen:             # 逐个提取文件名
                image=cv2.imread(number)    # 逐个读取文件，放入 image
                # 预处理：色彩空间转换
                image=cv2.cvtColor(image,cv2.COLOR_BGR2GRAY)
                # 预处理：调整大小
                image=cv2.resize(image,(cols,rows))
                # ------------预处理：阈值处理----------------
                ata=cv2.ADAPTIVE_THRESH_GAUSSIAN_C    # 自适应方法 adaptiveMethod
                tb=cv2.THRESH_BINARY                  # threshType 阈值处理方式
                image = cv2.adaptiveThreshold(image,255,ata,tb,11,2)
                num.append(image)                      # 把当前图像放入 num
            data.append(num)                           # 把单个数字的所有图像放入 data
    data=np.array(data)
    # Step 2：拆分数据集——拆分为训练数据和测试数据
    train = data[:,:8]
    test = data[:,8:]
    # Step 3:塑形
    # 数据调整，将每个数字的尺寸由 15 像素×20 像素调整为 1 像素×300 像素（一行 300 个像素点）
    train = train.reshape(-1,s).astype(np.float32)
    test = test.reshape(-1,s).astype(np.float32)
    # Step 4：贴标签
    # 分别为训练数据、测试数据分配标签（图像对应的实际值）
    k = np.arange(1,10)
    train_labels = np.repeat(k,8)[:,np.newaxis]
    test_labels = np.repeat(k,2)[:,np.newaxis]
    # Step 5：KNN
    # 核心程序：初始化、训练、预测
    knn = cv2.ml.KNearest_create()
    knn.train(train, cv2.ml.ROW_SAMPLE, train_labels)
    ret,result,neighbours,dist = knn.findNearest(test,k=5)
    # Step 6：验证——通过测试数据校验模型准确率
    matches = (result.astype(np.int32)==test_labels)
    correct = np.count_nonzero(matches)
    accuracy = correct*100.0/result.size
    print( "当前使用 KNN 识别手写数字的准确率为:",accuracy )
    # Step 7:返回
    return knn
# =================主程序====================
knn=getModel()
```

运行程序，显示结果如下：

当前使用 KNN 识别手写数字的准确率为：100

注意不要被这个 100%的准确率迷惑了。虽然这个模型的准确率为满分，但是不足以说明该
KNN 模型具有比较高的识别能力。主要原因如下：

（1）本例中的训练数据和数据集相似度太高。这些训练数据是笔者使用 Python 对常用印刷

字体处理后得到的。常用印刷字体与手写字体的不同之处在于，常用印刷字体之间虽然有差别，但是差别并不大，彼此之间很相似；而手写数字之间的差别是很大的。所以，本例构造的 KNN 模型有相对较高的准确率，这只能说明该模型在识别常用印刷体方面有了一点点能力而已。如果使用该模型去识别手写数字，那么准确率将会降低。

（2）本例的训练数据和测试数据太少。数据量较小时，构造的模型是欠佳的。例如，机器学会了识别张三的字。如果李四写的字与张三写的字差别较大，那么机器就不具备识别李四写的字的能力。想识别更多人的字，只有学习足够多人的字体，才能具有较好的识别能力。

虽然该模型有上述缺点，但是由于数独图像内的数字是相对比较常用的字体，所以用该模型来识别数独图像内的数字是没有问题的。

17.4 识别数独图像内的数字

识别数字的过程就是使用 KNN 模块的过程。使用 KNN 模块时，把待识别的数据直接传递给训练好的 KNN 模型即可。使用 KNN 模块识别数独图像内数字的流程如图 17-8 所示。

- 预处理 F1：主要完成灰度变化、阈值处理。阈值处理的主要目的是实现反色，将数字图像由白底黑字变换为与训练样本一致的黑底白字。
- 提取 F2：从数独图像内提取出单个数字的图像。
- 规范化 F3：完成图像的大小调整，将其处理为 15 像素×20 像素。
- 重塑 F4：将图像展开为一维形式，即由 15 像素×20 像素大小调整为 1 像素×300 像素大小，以符合 KNN 的格式要求，与训练样本保持一致。
- 识别 F5：将待识别数字的数据传递给 KNN 模块。
- 识别输出 F6：使用 KNN 模块将识别结果输出，并打印在数独图像上。

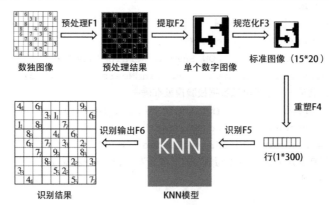

图 17-8 使用 KNN 模块识别数独图像内数字的流程

上文描述的是单个数字图像的识别处理，遍历数独图像内的所有数字，即可完成数独图像内的数字的识别。

【例 17.3】识别数独图像内的数字，并将其显示在数独图像上。

需要说明的是，本例程序需要用到【例 17.1】中构造的函数 location、【例 17.2】中构造的函数 getModel。为节省篇幅，下文仅仅列出了函数名称，不再罗列函数具体实现。另外，本书配套的源代码【例 17.3】中包含全部源代码。

```python
import cv2
import glob
import numpy as np
# =======函数：获取所有轮廓、数字的轮廓信息=======
def location(img):
    # 实现过程此处省略，请参加【例 17.1】中具体实现
# ===============函数：训练模型===============
def getModel():
    # 实现过程此处省略，请参加【例 17.2】中具体实现
# ===================函数：识别数独图像内的印刷体数字===================
def recognize(img,knn,contours,numberBoxes):
    gray = cv2.cvtColor(img,cv2.COLOR_BGR2GRAY)   # 灰度化
    # ------------阈值处理------------
    am=cv2.ADAPTIVE_THRESH_GAUSSIAN_C              # 自适应方法 adaptiveMethod
    tt=cv2.THRESH_BINARY_INV                       # threshType 阈值处理方式
    thresh = cv2.adaptiveThreshold(gray,255,am,tt,11,2)
    cols=15          # 控制图像调整后的列数
    rows=20          # 控制图像调整后的行数
    s=cols*rows      # 控制图像调整的尺寸
    # ------计算每个数字所占小单元格大小------
    height,width = img.shape[:2]
    box_h = height/9
    box_w = width/9
    # 初始化数独数组
    soduko = np.zeros((9, 9),np.int32)
    # =======识别原始数独图像内的数字，并据此构造对应的数组=======
    for nb in numberBoxes:
        x,y,w,h = cv2.boundingRect(nb)    # 获取数字的矩形包围框
        # 对提取的数字进行处理
        numberBox = thresh[y:y+h, x:x+w]
        # 尺寸调整，统一调整为 15 像素×20 像素
        resized=cv2.resize(numberBox,(cols,rows))
        # 展开成一行，1 像素×300 像素，以符合 KNN 格式要求
        sample = resized.reshape((1,s)).astype(np.float32)
        # KNN 模块识别
        retval, results, neigh_resp, dists = knn.findNearest(sample, k=5)
        # 获取识别结果
        number = int(results[0][0])
        # 在原始数独图像上显示识别数字
        cv2.putText(img,str(number),(x+w-6,y+h-15), 3, 1,
                                        (255, 0, 0), 2, cv2.LINE_AA)
        # 将数字存储在数组 soduko 中
        soduko[int(y/box_h)][int(x/box_w)] = number
    print("图像所对应的数独：")
    print(soduko)                    # 打印识别完已有数字的数独图像
    cv2.imshow("recognize", img)     # 显示识别结果
```

```
    return soduko
# ==================主程序==================
original = cv2.imread('xt.jpg')
cv2.imshow("original",original)
contours,numberBoxes=location(original)
knn=getModel()
soduko=recognize(original,knn,contours,numberBoxes)
cv2.waitKey()
cv2.destroyAllWindows()
```

运行上述程序，输出如图 17-9 所示。

- 图 17-9（a）是原始图像。
- 图 17-9（b）显示了所有小单元的轮廓。
- 图 17-9（c）显示了所有数字的轮廓；
- 图 17-9（d）是识别数字结果。

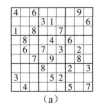  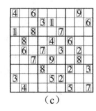 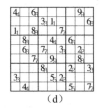

（a）　　　　（b）　　　　（c）　　　　（d）

图 17-9　【例 17.3】程序运行结果

17.5　求解数独

本节将采用第三方库 py-sudoku 求解数独。

首先需要在命令行提示符窗口安装 py-sudoku，具体为

```
pip install py-sudoku
```

如果不方便通过在线方式安装，可以在本书配置的资源内获取该安装文件（路径：code\17 求解数独图像\数独第三方库\文件名）后再进行离线安装。

py-sudoku 提供了初始化、求解、显示数独等多种方法，具体如下。

1. 初始化

函数 Sudoku 可以将待求解数独初始化为指定行、列个 3×3 的子单元，其语法格式为

```
Sudoku(m, n, board)
```

其中，m 表示包含 3×3 子单元的行数，n 表示包含 3×3 子单元的列数，board 表示用于初始化的待求解数独列表。

2. 求解

函数 solve 用来求解未知数独，直接调用该函数即可返回数独求解结果，其语法格式为

```
数独求解结果 = 待求解数独.solve()
```

3. 显示

调用函数 show 可以显示数独，其语法格式为

```
数独.show()
```

4. 获取求解结果的列表形式

需要注意的是，在 py-sudoku 中数独是以便于显示的特殊形式存在的。如果想要获取其数据列表形式，可以调用 board 获得，其语法格式为

```
result = solution.board
```

其中，solution 是 py-sudoku 内部的数独形式，返回值 rcsult 是列表形式的数独。

【例 17.4】求解数独。

```
def solveSudoku(puzzle):
    from sudoku import Sudoku
    puzzle = Sudoku(3, 3, board=puzzle)     # 初始化
    puzzle.show()                           # 显示
    solution = puzzle.solve()               # 求解
    print("求解结果：")
    solution.show()                         # 显示
    result = solution.board                 # 获取列表形式
    return result                           # 返回
# =================主程序=================
puzzle=[[4, 0, 6, 0, 0, 0, 0, 9, 0],
 [0, 0, 0, 3, 1, 0, 0, 0, 6],
 [1, 0, 8, 0, 0, 7, 0, 0, 0],
 [0, 8, 0, 0, 4, 0, 6, 0, 0],
 [0, 6, 0, 7, 0, 3, 0, 2, 0],
 [0, 0, 7, 0, 9, 0, 0, 8, 0],
 [0, 0, 0, 8, 0, 0, 2, 0, 3],
 [3, 0, 0, 0, 5, 2, 0, 0, 0],
 [0, 4, 0, 0, 0, 0, 5, 0, 7]]
result=solveSudoku(puzzle)
print(result)
```

运行上述程序，将显示如图 17-10 所示的图像，其中左图是待求解数独，右图是求解结果。

图 17-10 【例 17.4】程序运行输出图像

运行上述程序还会输出如下列表形式数独，该形式是为了方便将其显示在数独图像上。

[[4, 3, 6, 5, 2, 8, 7, 9, 1], [7, 2, 9, 3, 1, 4, 8, 5, 6], [1, 5, 8, 9, 6, 7, 4, 3, 2], [2, 8, 3, 1, 4, 5, 6, 7, 9], [9, 6, 4, 7, 8, 3, 1, 2, 5], [5, 1, 7, 2, 9, 6, 3, 8, 4], [6, 9, 5, 8, 7, 1, 2, 4, 3], [3, 7, 1, 4, 5, 2, 9, 6, 8], [8, 4, 2, 6, 3, 9, 5, 1, 7]]

17.6　绘制数独求解结果

在绘制数独时直接判断每个单元格所在位置，然后在单元格附近绘制数独中对应的数值即可。

需要注意的是，此时不再需要通过获取每个单元格的轮廓来确定其位置，直接通过简单的数学计算即可得到每个单元格的大致位置。

（1）计算每个单元格的大致宽度、高度。单元格高度=图像高度/9，单元格宽度=图像宽度/9。

（2）根据当前序号，确定单元格大致位置。单元格位置(x,y)大致为 x=横向序号×单元格宽度；y=纵向序号×单元格高度。

在上述大致位置根据图像具体情况进行微调，以确定最终输出数字的位置。

【例 17.5】在待求解数独图像内输出数独求解值。

```python
import cv2
# =================函数：在图像内显示=================
def show(img,soduko):
    height,width = img.shape[:2]             # 图像高度、宽度
    box_h = height/9                         # 每个数字盒体的高度
    box_w = width/9                          # 每个数字盒体的宽度
    color=(0,0,255)                          # 颜色
    fontFace=cv2.FONT_HERSHEY_SIMPLEX        # 字体
    thickness=3                              # 字体粗细
    # ---------把识别结果绘制在原始数独图像上---------
    for i in range(9):
        for j in range(9):
            x = int(i*box_w)
            y = int(j*box_h)+40
            s = str(soduko[j][i])
            cv2.putText(img,s,(x,y),fontFace, 1, color,thickness)
    # ---------显示绘制结果---------
    cv2.imshow("soduko", img)
    cv2.waitKey(0)
    cv2.destroyAllWindows()
# =================主程序=================
original = cv2.imread('xt.jpg')
cv2.imshow("original",original)
sudoku=[[4, 3, 6, 5, 2, 8, 7, 9, 1], [7, 2, 9, 3, 1, 4, 8, 5, 6],
        [1, 5, 8, 9, 6, 7, 4, 3, 2], [2, 8, 3, 1, 4, 5, 6, 7, 9],
        [9, 6, 4, 7, 8, 3, 1, 2, 5], [5, 1, 7, 2, 9, 6, 3, 8, 4],
        [6, 9, 5, 8, 7, 1, 2, 4, 3], [3, 7, 1, 4, 5, 2, 9, 6, 8],
```

```
        [8, 4, 2, 6, 3, 9, 5, 1, 7]]
show(original,sudoku)
```

运行上述程序，结果如图 17-11 所示，左图是待求解数独图像，右图是在其上绘制数独求解值的结果。

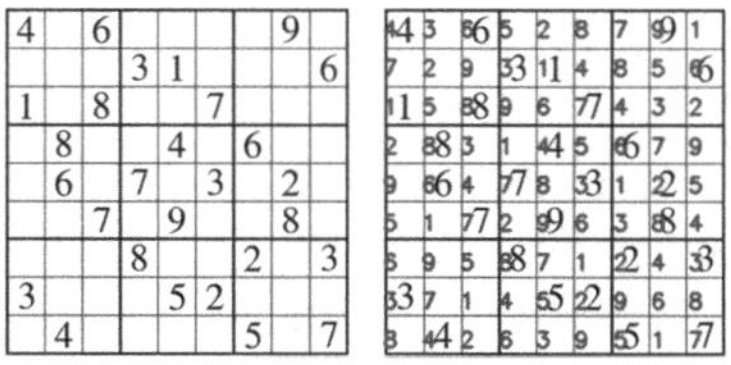

图 17-11　【例 17.5】程序运行结果

17.7　实现程序

将上述过程集成到一起，就能得到完整的数独图像求解程序。

【例 17.6】求解数独图像。

```
import cv2
import glob
import numpy as np
# =======函数：获取所有轮廓、数字的轮廓信息=======
def location(img):
    gray = cv2.cvtColor(img,cv2.COLOR_BGR2GRAY)                      # 灰度化
    ret,thresh = cv2.threshold(gray,200,255,1)                      # 阈值处理
    kernel = cv2.getStructuringElement(cv2.MORPH_CROSS,(5, 5))      # 核结构
    dilated = cv2.dilate(thresh,kernel)                            # 膨胀
    # 获取轮廓
    mode = cv2.RETR_TREE                     # 轮廓检测模式
    method = cv2.CHAIN_APPROX_SIMPLE         # 轮廓近似方法
    contours, hierarchy = cv2.findContours(dilated,mode,method)     # 提取轮廓
    #  ----------- 提取小单元格（9×9=81 个） ------------
    boxHierarchy = []                         # 小单元格的 hierarchy 信息
    imgBox=img.copy()                         # 用于显示每一个单元格的轮廓
    for i in range(len(hierarchy[0])):        # 针对外轮廓
        if hierarchy[0][i][3] == 0:           # 判断：父轮廓是外轮廓的对象（小单元格）
            boxHierarchy.append(hierarchy[0][i]) # 将 hierarchy 放入 boxHierarchy
            imgBox=cv2.drawContours(imgBox.copy(),contours,i,(0,0,255))# 绘制轮廓
    cv2.imshow("boxes", imgBox)                      # 显示每一个小单元格的轮廓，测试用
    #  ------------- 提取数字边框（定位数字）-------------
    numberBoxes=[]                            # 所有数字的轮廓
    imgNum=img.copy()                         # 用于显示数字轮廓
    for j in range(len(boxHierarchy)):
        if boxHierarchy[j][2] != -1:          # 符合条件的是包含数字的小单元格
            numberBox=contours[boxHierarchy[j][2]]# 小单元格内的数字轮廓
            numberBoxes.append(numberBox)         # 每个数字轮廓加入numberBoxes中
            x,y,w,h = cv2.boundingRect(numberBox) # 矩形包围框
```

335

```
        # 绘制矩形边框
        imgNum = cv2.rectangle(imgNum.copy(),
                                       (x-1,y-1),(x+w+1,y+h+1),(0,0,255),2)
    cv2.imshow("imgNum", imgNum)                    # 数字轮廓
    return contours,numberBoxes                     # 返回所有轮廓、数字轮廓
# ===============函数：训练模型================
def getModel():
    cols=15            # 控制调整图像后的列数
    rows=20            # 控制调整图像后的行数
    s=cols*rows        # 控制调整图像后的尺寸
    data=[]            # 存储所有数字的所有图像
    for i in range(1,10):
        iTen=glob.glob('template/'+str(i)+'/*.*')    # 某特定数字的所有图像的文件名
        num=[]          # 临时列表，每次循环用来存储某一个数字的所有图像
        for number in iTen:                # 逐个提取文件名
            image=cv2.imread(number)       # 逐个读取文件，放入 image
            image=cv2.cvtColor(image,cv2.COLOR_BGR2GRAY)
            image=cv2.resize(image,(cols,rows))
            # ------------阈值处理------------
            am=cv2.ADAPTIVE_THRESH_GAUSSIAN_C       # 自适应方法 adaptiveMethod
            tt=cv2.THRESH_BINARY                     # threshType 阈值处理方式
            image = cv2.adaptiveThreshold(image,255,am,tt,11,2)
            num.append(image)        # 把当前图像放入 num
        data.append(num)             # 把单个数字的所有图像放入 data
    data=np.array(data)
    # 数据调整，将每个数字的尺寸由 15 像素×20 像素调整为 1 像素×300 像素（一行 300 个像素点）
    train = data[:,:8].reshape(-1,s).astype(np.float32)
    test = data[:,8:].reshape(-1,s).astype(np.float32)
    # 分别为训练数据、测试数据分配标签（图像对应的实际值）
    k = np.arange(1,10)
    train_labels = np.repeat(k,8)[:,np.newaxis]
    test_labels = np.repeat(k,2)[:,np.newaxis]
    # 核心程序：初始化、训练、预测
    knn = cv2.ml.KNearest_create()
    knn.train(train, cv2.ml.ROW_SAMPLE, train_labels)
    ret,result,neighbours,dist = knn.findNearest(test,k=5)
    # 通过测试数据校验模型准确率
    matches = (result.astype(np.int32)==test_labels)
    correct = np.count_nonzero(matches)
    accuracy = correct*100.0/result.size
    print( "当前使用 KNN 识别手写数字的准确率为:",accuracy )
    return knn
# ===================函数：识别数独图像内的印刷体数字====================
def recognize(img,knn,contours,numberBoxes):
    gray = cv2.cvtColor(img,cv2.COLOR_BGR2GRAY)    # 灰度化
    # ------------阈值处理------------
```

```
        am=cv2.ADAPTIVE_THRESH_GAUSSIAN_C              # 自适应方法 adaptiveMethod
        tt=cv2.THRESH_BINARY_INV                       # threshType 阈值处理方式
        thresh = cv2.adaptiveThreshold(gray,255,am,tt,11,2)
        cols=15            # 控制图像调整后的列数
        rows=20            # 控制图像调整后的行数
        s=cols*rows        # 控制图像调整后的尺寸
        # ----计算每个数字所占小单元大小----
        height,width = img.shape[:2]
        box_h = height/9
        box_w = width/9
        # 初始化数独数组
        puzzle = np.zeros((9, 9),np.int32)
        # =======识别原始数独图像内的数字，并据此构造对应的数组=======
        for nb in numberBoxes:
            x,y,w,h = cv2.boundingRect(nb)   # 获取数字的矩形包围框
            # 对提取的数字进行处理
            numberBox = thresh[y:y+h, x:x+w]
            # 尺寸调整，统一调整为 15 像素×20 像素
            resized=cv2.resize(numberBox,(cols,rows))
            # 展开成一行，1 像素×300 像素，以符合 KNN 格式要求
            sample = resized.reshape((1,s)).astype(np.float32)
            # KNN 模块识别
            retval, results, neigh_resp, dists = knn.findNearest(sample, k=5)
            # 获取识别结果
            number = int(results[0][0])
            # 在原始数独图像上显示识别数字
            cv2.putText(img,str(number),(x+w-6,y+h-15), 3, 1,
(255, 0, 0), 2, cv2.LINE_AA)
            # 将数字存储在数组 soduko 中
            puzzle[int(y/box_h)][int(x/box_w)] = number
        print("图像所对应的数独：")
        print(puzzle)                        # 打印识别完已有数字的数独图像
        cv2.imshow("recognize", img)     # 显示识别结果
        return puzzle.tolist()
# ========================函数：求解数独========================
def solveSudoku(puzzle):
    from sudoku import Sudoku
    puzzle = Sudoku(3, 3, board=puzzle)
    solution = puzzle.solve()
    print("求解结果：")
    solution.show()
    result = solution.board
    return result
# ================函数：在图像内显示================
def show(img,soduko):
    height,width = img.shape[:2]                # 图像高度、宽度
```

```
    box_h = height/9                       # 每个数字盒体的高度
    box_w = width/9                        # 每个数字盒体的宽度
    color=(0,0,255)                        # 颜色
    fontFace=cv2.FONT_HERSHEY_SIMPLEX      # 字体
    thickness=3                            # 字体粗细
    # ---------把识别结果绘制在原始数独图像上----------
    for i in range(9):
        for j in range(9):
            x = int(i*box_w)
            y = int(j*box_h)+40
            s = str(soduko[j][i])
            cv2.putText(img,s,(x,y),fontFace, 1, color,thickness)
    # ---------显示绘制结果----------
    cv2.imshow("soduko", img)
    cv2.waitKey(0)
    cv2.destroyAllWindows()
# ==================主程序==================
original = cv2.imread('xt.jpg')
cv2.imshow("original",original)
contours,numberBoxes=location(original)
knn = getModel()
puzzle = recognize(original,knn,contours,numberBoxes)
sudoku = solveSudoku(puzzle)
show(original,sudoku)
```

运行上述程序，会显示如图 17-2 所示的图像，这些图像具体展示了数独图像求解过程中所使用的原始图像、中间处理过程图像、最终处理结果。还会输出构造的 KNN 模型在使用测试数据进行测试时的准确率。

17.8 扩展学习

本章介绍了求解数独图像的基本流程，读者可以从以下两方面进行改进。

（1）使用更多的训练数据，提高模型数字识别率。本章使用的训练数据较少，每个数字仅有 8 个样本，大家可以进一步丰富样本集，提高模型识别率。

（2）本章案例使用的图像比较规范。实践中，通过扫描或拍摄获取的图像可能存在倾斜、模糊等情况。当选取此类型的图像时，尝试对其进行倾斜校正、去噪等预处理后再进行识别。

第 18 章
SVM 数字识别

人工智能的一个目标就是让计算机理解图像，无论是自动驾驶，还是其他智能应用，其中一个关键问题就是让计算机能够从图像中得到有效信息。让计算机理解图像是计算机视觉的主要研究内容之一。目前，人类正在不懈地朝着这个目标迈进。

图像内数字的识别，是指识别图像内印刷或手写数字，是计算机视觉的一个基础问题。数字识别被很多机器学习、人工智能教程作为入门案例，相当于在学习程序时所写的第一个程序"Hello World"。

数字识别可以采用多种不同的方法实现。本章将构造一个 SVM 分类器来实现手写数字识别。

人与计算机的一个重要区别在于对于抽象知识的理解能力。人善于处理抽象的图像，从而得到更高层次的信息，而计算机善于更快速、更准确地处理量化信息。因此，当前阶段人工智能的一个主要目标还是将抽象信息转换为量化信息，以便让计算机实现智能。本章的一个重要内容是提取图像的方向梯度直方图特征。

18.1 基本流程

SVM 数字识别基本流程如图 18-1 所示。

- Step 1：预处理。该过程在读入图像后，通过对图像进行色彩空间转换（从色彩空间转换至灰度空间）、大小调整（所有图像大小统一为 20 像素×20 像素），将所有样本图像（训练图像和测试图像）处理为等大小的灰度图像。
- Step 2：倾斜校正。将倾斜的数字校正。
- Step 3：HOG 特征提取。提取图像的方向梯度直方图（Histogram of Oriented Gradient，HOG）特征。此时，每个数字得到 64 个特征值。

Step 1～Step 3 通过循环的方式读取文件夹内的每一个图像文件，得到图 18-1 中所有样本图像 HOG 值。

- Step 4：数据集拆分。将全部样本划分为训练数据、测试数据。
- Step 5：塑形。将 Step 3 中提取的特征值处理为 1 像素×64 像素大小。
- Step 6：贴标签。为所有数据样本贴上对应标签。
- Step 7：SVM。构造 SVM 分类器，识别数字。

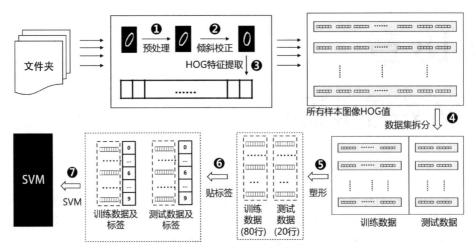

图 18-1　SVM 数字识别基本流程

下文详细介绍上述过程中的核心步骤。

18.2　倾斜校正

需要识别的数字可能涉及印刷、显示、扫描、拍摄等多个环节，这就导致提取出来的数字会存在倾斜等情况。因此，在提取特征前需要对图像进行倾斜校正，如图 18-2 所示。

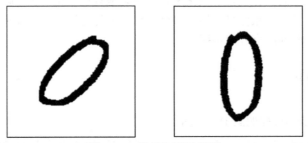

图 18-2　倾斜校正示意图

倾斜校正需要使用与矩和仿射相关的知识点。

1. moments 函数

OpenCV 提供了函数 moments，该函数可获取图像的 moments 特征。通常将使用函数 moments 获取的轮廓特征称为轮廓矩。轮廓矩通常描述了图像的形状特征，并提供了大量与图像几何特征相关的信息，如大小、位置、方向及形状等。轮廓矩的这种描述特征的能力被广泛地应用在与图像处理的相关场景中。

函数 moments 的语法格式为

```
retval = cv2.moments( array[, binaryImage] )
```

其中，两个参数的含义分别如下。

- **array**：可以是点集，也可以是灰度图像或者二值图像。当 array 是点集时，函数会把这些点集当作轮廓的顶点，把整个点集作为一条轮廓，而不是将它们看作独立的点。

- binaryImage：该参数为 True 时，array 内所有的非 0 值都被处理为 1。该参数仅在参数 array 为图像时有效。

函数 moments 的返回值 retval 是矩特征，主要包括如下形式。

（1）空间矩。

- 零阶矩：m00。
- 一阶矩：m10, m01。
- 二阶矩：m20, m11, m02。
- 三阶矩：m30, m21, m12, m03。

（2）中心矩。

- 二阶中心矩：mu20, mu11, mu02。
- 三阶中心矩：mu30, mu21, mu12, mu03。

（3）归一化中心矩。

- 二阶 Hu 矩：nu20, nu11, nu02。
- 三阶 Hu 矩：nu30, nu21, nu12, nu03。

使用图像矩可以轻松地实现灰度图像的倾斜校正。OpenCV 提取的矩便于计算质心、面积、黑色背景的简单图像的倾斜度等类似的信息。例如，两个中心矩的比率 mu11/mu02 给出了偏度的度量。由此算得的偏度可用于抗图像倾斜的仿射变换。

2. warpAffine 函数

OpenCV 中的仿射函数为 warpAffine，其通过一个变换矩阵（映射矩阵）M 实现仿射变换，具体为

$$\mathrm{dst}(x, y) = \mathrm{src}(M_{11}x + M_{12}y + M_{13}, M_{21}x + M_{22}y + M_{23})$$

如图 18-3 所示，可以通过一个变换矩阵将原始图像 O 变换为仿射图像 R。

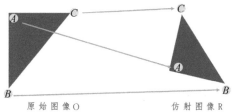

图 18-3　仿射变换示意图

因此，可以采用函数 warpAffine 实现对图像的旋转，该函数的语法格式如下：

```
dst = cv2.warpAffine( src, M, dsize[, flags] )
```

其中：

- dst 表示仿射后的输出图像，该图像的类型和原始图像的类型相同。
- src 表示待进行仿射的原始图像。

- M 表示一个 2×3 的变换矩阵。使用不同的变换矩阵可以实现不同的仿射变换。
- dsize 表示输出图像的尺寸。
- flags 表示插值方法，默认为 INTER_LINEAR。当该值为 WARP_INVERSE_MAP 时，表示 M 是逆变换类型，即实现从目标图像 dst 到原始图像 src 的逆变换。

通过变换矩阵将原始图像 src 变换为目标图像 dst。因此，进行何种形式的仿射变换完全取决于变换矩阵。

在进行倾斜校正时，一般采用的变换矩阵形式为

```
M= [[1, skew, -0.5*s*skew], [0, 1, 0]]
```

其中，skew= mu11/mu02。

【例 18.1】实现对图像的倾斜校正。

```python
# =============导入库=================
import cv2
import numpy as np
# =============倾斜校正函数=================
def deskew(img):
    m = cv2.moments(img)
    if abs(m['mu02']) < 1e-2:
        return img.copy()
    skew = m['mu11']/m['mu02']
    s=img.shape[0]
    M = np.float32([[1, skew, -0.5*s*skew], [0, 1, 0]])
    affine_flags = cv2.WARP_INVERSE_MAP|cv2.INTER_LINEAR
    size=img.shape[::-1]
    img = cv2.warpAffine(img,M,size,flags=affine_flags)
    return img
# =============主程序=================
img=cv2.imread("rotatex.png",0)
cv2.imshow("original",img)
img=deskew(img)
cv2.imshow("result",img)
cv2.imwrite("re.bmp",img)
cv2.waitKey()
cv2.destroyAllWindows()
```

运行上述程序，输出结果如图 18-4 所示，左图是原始图像，右图是倾斜校正效果。

图 18-4 　【例 18.1】程序运行结果

18.3 HOG 特征提取

对于人类来说，图像本身是直观、好理解的，与之相对，从图像中提取出来的抽象特征及对应的数字是枯燥、难于理解的，但是对于计算机来说，图像是抽象的，而数字是更直观、更好理解的。所以，在使用计算机解决问题时，往往需要将图像的特征等有效信息转换为数值。在使用 SVM 系统时，同样需要提取图像特征，并将这些特征处理为数值，以将其作为 SVM 系统中函数的参数使用。

将抽象的特征转换为数值的过程称为特征量化。其中一个关键的问题是，选择哪些特征（属性、要素）进行量化。例如，区分一对父子，其中儿子是小学生，此时使用身高作为特征，直接量化身高得到身高属性值，可以明确地区分出谁是父亲（身高值较大）谁是儿子（身高值较小）。如果待区分的一对父子中的儿子已经成年，那么使用身高作为特征量化就无法完成任务了。此时，可以量化年龄，通过年龄值能够准确地区分谁是父亲（年龄值较大者）谁是儿子（年龄值较小者）。由此可知，在区分父子时，年龄特征比身高特征更具有通用性。

要想准确地识别数字，需要准确地从图像中提取出最能代表数字的特征（属性），并对其进行合理、有效的量化。这里选用 HOG 对图像进行量化，将量化结果作为 SVM 分类的数据指标。

如图 18-5 所示，HOG 特征提取使得图像信息变为 64 个特征值。

图 18-5 HOG 特征提取示意图

HOG 特征值提取的具体流程如下。

（1）Step 1：计算在 X 轴和 Y 轴方向上的 Sobel 导数。

借助函数 Sobel 来完成这项工作，具体为：

```
gx = cv2.Sobel(img, cv2.CV_32F, 1, 0)
gy = cv2.Sobel(img, cv2.CV_32F, 0, 1)
```

（2）Step 2：计算梯度的幅度和方向。

使用函数 cartToPolar 完成梯度幅度和梯度方向的计算，具体为

```
mag, ang = cv2.cartToPolar(gx, gy)
```

（3）Step 3：将梯度的方向量化为 16 个等级，即将其原有值映射到[0,15]区间内。

通过数学运算的方式，可以实现将区间[0,b]内的一个数值 x 转换为区间[0,d]内的整数 y，具体为

$$y = 取整 \ (\ d \times (\ x\ /\ b\ )\ )$$

原始数据方向的范围是[0,2π]，转换后的数据 bins 的范围是[0,15]，所以对应的公式为

$$bins = 向下取整 \ (\ 16 \times (\ ang\ /\ 2\pi\ )\ )$$

具体实现程序为

```
binN = 16
bins = np.int32(binN*ang/(2*np.pi))
```

（4）Step 4：将图像划分为 4 个大小相等的子块。

每个手写数字的大小是 20 像素×20 像素，以 10 像素×10 像素大小为单位划分图像，图像被分为 4 个子块，如图 18-6 所示。

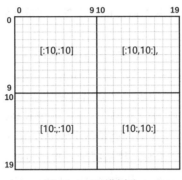

图 18-6　子块划分

需要注意的是，在 Python 中引用[0,9]范围时使用的是[:10]而不是[:9]。划分子块语句如下：

```
bin_cells = bins[:10,:10], bins[10:,:10], bins[:10,10:], bins[10:,10:]
mag_cells = mag[:10,:10], mag[10:,:10], mag[:10,10:], mag[10:,10:]
```

（5）Step 5：计算每个子块内以幅度为权重值的方向直方图。

本步骤涉及直方图、权重直方图、直方图的像素级数等知识点。

在图 18-7 中，有一数组为 a=[0,1,1,1,2,2,3,5]，其对应的直方图数组为 x1=[1,3,2,1,0,1]。

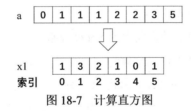

图 18-7　计算直方图

数组 x1 中的每个数值表示该数值对应索引在数组 a 中出现的次数。例如，在数组 x1 中：

- 索引 0 对应的数值 1，表示在数组 a 中 0 出现 1 次。
- 索引 1 对应的数值 3，表示在数组 a 中 1 出现 3 次。
- 索引 2 对应的数值 2，表示在数组 a 中 2 出现 2 次。
- 索引 3 对应的数值 1，表示在数组 a 中 3 出现 1 次。
- 索引 4 对应的数值 0，表示在数组 a 中 4 出现 0 次。
- 索引 5 对应的数值 1，表示在数组 a 中 5 出现 1 次。

在 Python 中，可以通过函数 bincount 实现上述运算，具体为

```
import numpy as np
a=[0,1,1,1,2,2,3,5]
x1=np.bincount(a)
print(x1)
```

在灰度直方图中，有的灰度级权重值较大，有的灰度级权重值较小。例如，有的灰度级出现 1 次可以计算为 3 次；有的灰度级虽然出现了但计算为 0 次。

例如，在图 18-8 中，以数组 b 为权重值，计算数据 a 中每个元素出现的次数，此时得到的结果为以数组 b 为权重值的数组 a 的直方图。具体来说，数组 x2 中各个值的来源如下：

- 索引 0 对应的数值 3：在数组 a 中，0 出现 1 次，其在数组 b 中的权重值为 3，结果为 3。
- 索引 1 对应的数值 0：在数组 a 中，1 出现 3 次，但是每个 1 在数组 b 中的权重值都是 0，结果为 0+0+0=0。
- 索引 2 对应的数值 7：在数组 a 中，2 出现 2 次，要单独考虑每次出现时，其在数组 b 中对应的权重值。第 1 次出现的 2 的权重值为 4；第 2 次出现的 2 的权重值为 3；结果为 4+3=7。
- 索引 3 对应的数值 2：在数组 a 中，3 出现 1 次，其在数组 b 中的权重值为 2，结果为 2。
- 索引 4 对应的数值 0：在数组 a 中，4 出现 0 次，没有对应的权重值，结果为 0。
- 索引 5 对应的数值 5：在数组 a 中，5 出现 1 次，其在数组 b 中的权重值为 5，结果为 5。

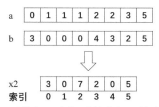

图 18-8　以数组 b 为权重的数组 a 的直方图 x2

上述操作可以通过函数 bincount 实现。将函数 bincout 中第 1 个参数设置为要计算直方图的数组 a，第 2 个参数设置为权重值数组 b，就可以得到以数组 b 为权重值的数组 a 的直方图，具体如下：

```
import numpy as np
a=[0,1,1,1,2,2,3,5]
b=[0,0,1,1,1,0,1,5]
x2=np.bincount(a,b)
print(x2)
```

上述操作已经基本满足一般要求了。但是，上述操作存在一个问题，它仅仅会以数组 a 中出现的"最大值+1"作为直方图（数组 x2）的规模。例如，上述例题中，数组 a 中出现的最大值是 5，所以其直方图数组 x2 中最大的索引是 5。也就是说，数组 x2 的规模是"5+1=6"（加 1 是给 0 留了位置），其中有 6 个元素，分别为 0、1、2、3、4、5。

实践中，直方图的规模往往是固定的。例如本例题需要的规模是 16（Step 3 中将梯度的方向量化为 16 个整数值，分别为 0～15），但是很有可能需要计算的直方图数据中的最大值并不是 16。例如，上述例题中，使用数组 b 为权重值来计算数组 a 的直方图，数组 a 的最大值是 5，所以得到直方图数组 x2 的规模是 6（5+1）。此时，如果想将数组 x2 的规模设定为 16，需要单独指定 x2 的大小。一般情况下，直接扩充直方图数组 x2 的大小规模即可，扩充后的数组（可以标记为 x3）如图 18-9 最下方的数组 x3 所示。在扩充后的数组 x3 中，新扩充的索引 6 至索引 15 都没有在数组 a 中出现过，所以这些索引所对应的新扩充的值都是 0。

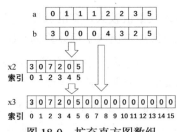

图 18-9　扩充直方图数组

有时，程序中的运算（如函数运算等）对参与运算的数据规模（大小）有特定要求。要求参与运算的数据必须具有指定大小，否则可能无法完成运算，或者能参与运算但呈现错误结果。对直方图进行扩充的目的是保证直方图数组具有指定大小，以便后续使用该直方图数组参与运算。避免因为直方图大小不满足运算要求，无法参与后续运算或者出错等异常情况。扩充直方图改变的是直方图的尺寸，并不会改变其原有值。

函数 bincount 的第 3 个参数用于指定直方图数组的规模。例如，如下程序将直方图数组 x3 的规模设定为 16，得到的数组如图 18-9 最下方的数组所示。

```
import numpy as np
a=[0,1,1,1,2,2,3,5]
b=[3,0,0,0,4,3,2,5]
x3=np.bincount(a,b,16)
print(x3)
```

综上所述，实现计算每个子块内以幅度为权重值的方向直方图的程序为

```
hists = [np.bincount(b.ravel(), m.ravel(), binN) for b,
                      m in zip(bin_cells, mag_cells)]
```

其中，函数 zip 用可迭代的对象作为参数，将对象中对应的元素打包成一个个元组，然后返回由这些元组组成的列表。例如，如下程序使用函数 zip 将(x,y)内对应的元素打包成一个个元组，并打印了由这些元组组成的列表：

```
x = [1,2,3]
y = [4,5,6]
for a,b in zip(x,y):
    print(a,b)
```

运行上述程序输出结果为

```
1 4
2 5
3 6
```

（6）Step 6：将 4 个子块得到的方向直方图连接，获取 4×16=64 个值的特征向量。

具体程序为

```
hist = np.hstack(hists)     # 具有 64 个向量值
```

（7）Step 7：将该 64 个向量值作为图像的特征向量。

使用 return 语句将获取的值返回：

```
return hist
```

综上所述，提取 HOG 特征的函数 hog 的完整程序如下：

```
def hog(img):
    gx = cv2.Sobel(img, cv2.CV_32F, 1, 0)
    gy = cv2.Sobel(img, cv2.CV_32F, 0, 1)
    mag, ang = cv2.cartToPolar(gx, gy)
    bins = np.int32(16*ang/(2*np.pi))
    bin_cells = bins[:10,:10], bins[10:,:10], bins[:10,10:], bins[10:,10:]
    mag_cells = mag[:10,:10], mag[10:,:10], mag[:10,10:], mag[10:,10:]
    hists = [np.bincount(b.ravel(), m.ravel(),16) for b,
                                        m in zip(bin_cells, mag_cells)]
    hist = np.hstack(hists)
    return hist
```

上述过程就是将一幅对于计算机来说非常抽象的图像转换成数值形式的过程。

【例 18.2】 提取图像的 HOG 特征值。

```
# =============导入库=============
import cv2
import numpy as np
# =============hog 函数=============
def hog(img):
    gx = cv2.Sobel(img, cv2.CV_32F, 1, 0)
    gy = cv2.Sobel(img, cv2.CV_32F, 0, 1)
    mag, ang = cv2.cartToPolar(gx, gy)
    bins = np.int32(16*ang/(2*np.pi))
    bin_cells = bins[:10,:10], bins[10:,:10], bins[:10,10:], bins[10:,10:]
    mag_cells = mag[:10,:10], mag[10:,:10], mag[:10,10:], mag[10:,10:]
    hists = [np.bincount(b.ravel(), m.ravel(),16) for b,
                                        m in zip(bin_cells, mag_cells)]
    hist = np.hstack(hists)
    return hist
# =============主程序=============
img=cv2.imread("number2.bmp",0)
cv2.imshow("original",img)
img=hog(img)
print(img)
cv2.waitKey()
cv2.destroyAllWindows()
```

运行上述程序，输出如图 18-10 所示原始图像及上述图像对应的 64 个特征值。

图 18-10　【18.2】程序运行结果

```
[  5692.76159668  17427.0168457       0.              0.
   806.38079834      0.           360.62445068      0.
  1020.            3966.86907959  2280.78930664  1612.76159668
  3652.76159668  1140.39465332  4746.63928223  1612.76159668
  8539.14239502  10273.04876709      0.              0.
  6712.76159668      0.           360.62445068    806.38079834
   510.            9736.8605957       0.              0.
     0.              0.          1501.019104     806.38079834
     0.              0.              0.              0.
     0.           1140.39465332  5945.55517578  2419.14239502
  5479.14239502  7027.42858887      0.              0.
     0.              0.              0.              0.
     0.              0.              0.              0.
   806.38079834  1140.39465332  3304.14141846    806.38079834
  2846.38079834  3304.14141846      0.              0.
     0.              0.              0.              0.         ]
```

18.4 数据处理

数据处理过程实现将该数字样本图像从磁盘读出，将其拆分为训练数据和测试数据两部分，并贴上各自对应的标签，具体流程如图 18-11 所示。

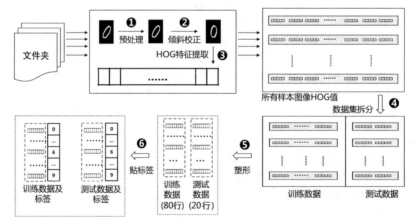

图 18-11 数据处理流程图

本节将构造一个函数 getData，将上述步骤整合在一起。下文将对该函数涉及的关键点进行说明。

1. 数据存储形式

数据存储是指将磁盘中的"文件夹"内的所有图像读取到计算机中进行存储。当然，每次读取图像后，先针对图像进行图 18-11 中的❶～❸的处理，得到所有样本图像 HOG 值，再对其进行存储。

为了说明采用循环读取文件的基本逻辑，以从磁盘直接读取图像为例说明在读取文件时使用的嵌套循环结构。

图 18-12 展示的是数据之间的逻辑关系。数据最终存储在一个 np.array 中。其中，每个数字的所有样本占据一行，数字 0～9 共计 10 行。通过一个嵌套循环将所有图像装载到数据集 data 中构成一个二维形式的 array，其中每个元素是一幅图像。实现方式如下：

- 将每个独立的图像放入 image。
- 内循环：每次循环将同一个数字的一幅 image 放入 num。一轮内循环构造一个 num。
- 外循环：每次循环将通过内循环获取的某个数字的 num 放入 data。通过多次循环，将每轮的 num 放入 data。

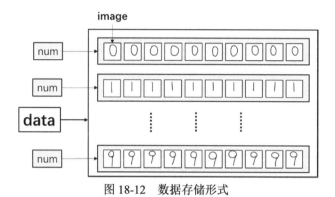

图 18-12　数据存储形式

上文为了方便说明，使用的是各个手写数字的图像。实际上，读到 data 中的数据都是 HOG 值。

下面对数据处理流程中的各个步骤进行简单说明。

2. 数据处理流程

数据处理流程图如图 18-11 所示，具体如下。

- Step 1：预处理。将图像从磁盘读出后，对图像进行色彩空间处理并调整图像大小。通常情况下，要将图像由色彩空间转换至灰度空间。如果图像还有其他格式不一致，那么要将其调整一致。例如，数据集中部分图像是白底黑字的，部分图像是黑底白字的，也需要进行统一。调整样本图像大小不仅是为了后续提取属性的一致性，还为了避免程序出错。如果图像大小不一致，在通过列表读入后转换为 array 时，就可能发生意外错误。例如，列表 a=[1,2]，b=[3,4,5]，此时可以将列表 a 和列表 b 组合为列表 c=[[1,2],[3,4,5]]，没有任何问题。但是，在将列表 c 转换为 np.array 时，因为列表 c 中元素的维度并不一致（一个是 2，另一个是 3），所以可能发生意外（也可能只发出警告）。因此，读取图像后要先将图像大小调整一致，以便后续操作。
- Step 2：倾斜校正。使用函数 deskew 对待测试图像进行倾斜校正处理。
- Step 3：HOG 特征提取。使用函数 hog 提取待测试图像的特征值。
- Step 4：数据集拆分。将数据集拆分为训练数据和测试数据。
- Step 5：塑形。将数据调整为 64 列，以便后续进行 SVM 处理。
- Step 6：贴标签。为所有数据样本贴标签。标签是其代表的实际数字值。

【例 18.3】获取所有数字的样本图像，将其拆分为训练数据及测试数据，并贴上对应的标签。

```python
# ============导入库============
import cv2
import numpy as np
import glob
# ============倾斜校正函数============
def deskew(img):
    m = cv2.moments(img)
    if abs(m['mu02']) < 1e-2:
        return img.copy()
    skew = m['mu11']/m['mu02']
    s=20
    M = np.float32([[1, skew, -0.5*s*skew], [0, 1, 0]])
    affine_flags = cv2.WARP_INVERSE_MAP|cv2.INTER_LINEAR
    size=(20,20)    # 每幅数字图像的尺寸
    img = cv2.warpAffine(img,M,size,flags=affine_flags)
    return img
# ============hog 函数============
def hog(img):
    gx = cv2.Sobel(img, cv2.CV_32F, 1, 0)
    gy = cv2.Sobel(img, cv2.CV_32F, 0, 1)
    mag, ang = cv2.cartToPolar(gx, gy)
    bins = np.int32(16*ang/(2*np.pi))
    bin_cells = bins[:10,:10], bins[10:,:10], bins[:10,10:], bins[10:,10:]
    mag_cells = mag[:10,:10], mag[10:,:10], mag[:10,10:], mag[10:,10:]
    hists = [np.bincount(b.ravel(), m.ravel(),16) for b,
                                    m in zip(bin_cells, mag_cells)]
    hist = np.hstack(hists)
    return hist
# ============getData 函数，获取训练数据、测试数据及对应标签============
def getData():
    data=[]                    # 存储所有数字的所有图像
    for i in range(0,10):
        iTen=glob.glob('data/'+str(i)+'/*.*')        # 所有图像的文件名
        num=[]                  # 临时列表，每次循环用来存储某一个数字的所有图像
        for number in iTen: # 逐个提取文件名
            # Step 1:预处理（读取图像，色彩空间转换、调整大小）
            image=cv2.imread(number)                    # 逐个读取文件，放入 image
            image=cv2.cvtColor(image,cv2.COLOR_BGR2GRAY)    # 彩色→灰色
            # x=255-x                                   # 必要时需要做反色处理：前景背景切换
            image=cv2.resize(image,(20,20))    # 调整大小
            # Step 2：倾斜校正
            image=deskew(image)        # 倾斜校正
            # Step 3：获取 HOG 特征值
            hogValue=hog(image)        # 获取 HOG 特征值
            num.append(hogValue)       # 把当前图像的 HOG 特征值放入 num
        # 把单个数字的所有 hogvalue 放入 data，每个数字所有 HOG 特征值占一行
```

```
         data.append(num)
    x=np.array(data)
    # Step 4：数据集拆分
    trainData=np.float32(x[:,:8])
    testData=np.float32(x[:,8:])
    # Step 5：塑形，调整为 64 列
    trainData=trainData.reshape(-1,64)        # 训练图像调整为 64 列
    testData=testData.reshape(-1,64)          # 测试图像调整为 64 列
    # Step 6：贴标签
    trainLabels = np.repeat(np.arange(10),8)[:,np.newaxis]        # 训练图像贴标签
    TestLabels = np.repeat(np.arange(10),2)[:,np.newaxis]         # 测试图像贴标签
    return  trainData,trainLabels,testData,TestLabels
# =============主程序=============
trainData,trainLabels,testData,TestLabels=getData()
print("trainData 形状: ",trainData.shape)
print("trainLabels 形状: ",trainLabels.shape)
print("testData 形状: ",testData.shape)
print("TestLabels 形状: ",TestLabels.shape)
```

运行上述程序，输出的各个样本集的维度信息如下：

```
trainData 形状: (80, 64)
trainLabels 形状: (80, 1)
testData 形状: (20, 64)
TestLabels 形状: (20, 1)
```

18.5   构造及使用 SVM 分类器

相比前面的数据处理，使用 SVM 显得很简单。直接将上述处理好的数据作为参数传递给 SVM 系统，调用 SVM 相关函数进行训练、测试即可。SVM 过程包含模型初始化、训练模型、使用模型三个步骤，SVM 分类器的构造与使用示意图如图 18-13 所示。

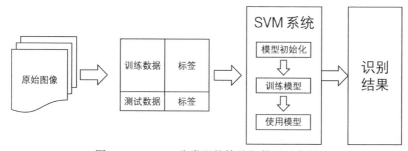

图 18-13   SVM 分类器的构造与使用示意图

在使用 SVM 分类器时，可以对相应参数进行更有针对性的设置。例如，通过 setKernel、setType、setC、setGamma 修改其对应的参数值。这里主要设置 SVM 卷积核的类型。卷积核对训练数据进行映射，以提高其与线性可分离数据集的相似性。这里选择线性类型表示不进行映射，具体为

```
svm.setKernel(cv2.ml.SVM_LINEAR)
```

【例 18.4】构造并使用 SVM 分类器。

```python
# ============导入库============
import cv2
import numpy as np
import glob
# ============倾斜校正函数============
def deskew(img):
    # 为节省篇幅，此处略，详见【例 18.1】内函数定义
# ============hog 函数============
def hog(img):
    # 为节省篇幅，此处略，详见【例 18.2】内函数定义
# ============getData 函数，获取训练数据、测试数据及对应标签============
def getData():
    # 为节省篇幅，此处略，详见【例 18.3】内函数定义
# ============SVM 函数，构造 SVM 模型，使用 SVM 模型============
def SVM(trainData,trainLabels,testData,TestLabels):
    # ----------构造 svm 模型----------
    svm = cv2.ml.SVM_create()                              # 初始化
    svm.setKernel(cv2.ml.SVM_LINEAR)                       # 设置卷积核类型
    svm.train(trainData, cv2.ml.ROW_SAMPLE, trainLabels)  # 训练 SVM 模型
    # ----------使用 SVM 模型----------
    result = svm.predict(testData)[1]        # 获取识别标签
    mask = result==TestLabels                # 比较识别结果是否等于实际标签
    correct = np.count_nonzero(mask)         # 计算非 0 值（相等）的个数
    accuracy = correct*100.0/result.size     # 计算准确率（相等个数/全部）
    return accuracy
# ============主程序============
trainData,trainLabels,testData,TestLabels=getData()
accuracy=SVM(trainData,trainLabels,testData,TestLabels)
print("识别准确率为：",accuracy)
```

运行上述程序，输出识别准确率如下：

识别准确率为： 100.0

18.6 实现程序

集成上述内容，即可得到完整程序。

【例 18.5】使用 SVM 分类器实现数字识别。

```python
# ============导入库============
import cv2
import numpy as np
import glob
# ============倾斜校正函数============
def deskew(img):
    m = cv2.moments(img)
```

```
        if abs(m['mu02']) < 1e-2:
            return img.copy()
        skew = m['mu11']/m['mu02']
        s=20
        M = np.float32([[1, skew, -0.5*s*skew], [0, 1, 0]])
        affine_flags = cv2.WARP_INVERSE_MAP|cv2.INTER_LINEAR
        size=(20,20)    # 每幅数字图像的尺寸
        img = cv2.warpAffine(img,M,size,flags=affine_flags)
        return img
# ============hog 函数============
dcf hog(img):
        gx = cv2.Sobel(img, cv2.CV_32F, 1, 0)
        gy = cv2.Sobel(img, cv2.CV_32F, 0, 1)
        mag, ang = cv2.cartToPolar(gx, gy)
        bins = np.int32(16*ang/(2*np.pi))
        bin_cells = bins[:10,:10], bins[10:,:10], bins[:10,10:], bins[10:,10:]
        mag_cells = mag[:10,:10], mag[10:,:10], mag[:10,10:], mag[10:,10:]
        hists = [np.bincount(b.ravel(), m.ravel(),16) for b,
                                                m in zip(bin_cells, mag_cells)]
        hist = np.hstack(hists)
        return hist
# ============getData 函数，获取训练数据、测试数据及对应标签============
def getData():
        data=[]                                         # 存储所有数字的所有图像
        for i in range(0,10):
            iTen=glob.glob('data/'+str(i)+'/*.*')       # 所有图像的文件名
            num=[]                                       # 临时列表，每次循环存储某一个数字的所有图像
            for number in iTen:                # 逐个提取文件名
                # Step 1:预处理（读取图像，色彩空间转换、调整大小）
                image=cv2.imread(number)       # 逐个读取文件，放入 image
                image=cv2.cvtColor(image,cv2.COLOR_BGR2GRAY)   # 色彩空间→灰色空间
                # x=255-x                                # 必要时需要做反色处理：前景背景切换
                image=cv2.resize(image,(20,20))      # 调整大小
                # Step 2：倾斜校正
                image=deskew(image)            # 倾斜校正
                # Step 3：获取 HOG 特征值
                hogValue=hog(image)            # 获取 HOG 特征值
                num.append(hogValue)           # 把当前图像的 HOG 特征值放入 num
            # 把单个数字的所有 hogvalue 放入 data，每个数字所有 HOG 特征值占一行
            data.append(num)
        x=np.array(data)
        # Step 4：数据集拆分（训练数据、测试数据）
        trainData=np.float32(x[:,:8])
        testData=np.float32(x[:,8:])
        # Step 5：塑形，调整为 64 列
        trainData=trainData.reshape(-1,64)       # 训练图像调整为 64 列
```

```
        testData=testData.reshape(-1,64)                              # 测试图像调整为 64 列
        # Step 6：贴标签
        trainLabels = np.repeat(np.arange(10),8)[:,np.newaxis]    # 训练图像贴标签
        TestLabels = np.repeat(np.arange(10),2)[:,np.newaxis]     # 测试图像贴标签
        return  trainData,trainLabels,testData,TestLabels
# =============SVM 函数，构造 SVM 模型、使用 SVM 模型=============
def SVM(trainData,trainLabels,testData,TestLabels):
    # ----------构造 SVM 模型----------
    svm = cv2.ml.SVM_create()                                     # 初始化
    svm.setKernel(cv2.ml.SVM_LINEAR)                              # 设置卷积核类型
    svm.train(trainData, cv2.ml.ROW_SAMPLE, trainLabels)         # 训练 SVM 模型
    # ----------使用 SVM 模型----------
    result = svm.predict(testData)[1]            # 获取识别标签
    mask = result==TestLabels                    # 比较识别结果是否等于实际标签
    correct = np.count_nonzero(mask)             # 计算非 0 值（相等）的个数
    accuracy = correct*100.0/result.size         # 计算准确率（相等个数/全部）
    return accuracy
# =============主程序=============
trainData,trainLabels,testData,TestLabels=getData()
accuracy=SVM(trainData,trainLabels,testData,TestLabels)
print("识别准确率为：",accuracy)
```

运行上述程序，输出识别准确率如下：

识别准确率为： 100.0

上述程序得到了 100%的准确率，结果很乐观。由于本例选取的样本集较小、数字彼此之间较类似，因此该识别系统还不具备实用性。读者可以采用更多的训练数据，通过调整参数，让程序具有更好的实用性。

18.7 参考学习

官网上提供了另外一种解决方案，该方案将 OpenCV 自带的一幅包含 5000 个手写数字的图像拆解为一个个独立的数字后作为训练数据和测试数据，验证使用 SVM 识别数字的准确率。测试结果显示，其准确率约为 94%。官网中该案例的具体网址见参考网址 8。

第 19 章同样使用了 HOG 特征，与本章不同的是，第 19 章没有去一步步获取 HOG 特征值，而是直接采用 OpenCV 自带的 HOGDescriptor 函数，借助 SVM 完成分类。

第 19 章

行人检测

行人检测是目标检测的一个分支。目标检测的任务是从图像中识别出预定义类型目标，并确定每个目标的位置。用来检测行人的目标检测系统被称为行人检测系统。

行人检测主要用来判断输入图片（或视频）内是否包含行人。若检测到行人，则给出其具体的位置信息。该位置信息是智能视频监控、人体行为分析、智能驾驶、智能机器人等应用的关键基础。由于行人可能处于移动状态，也可能处于静止状态，且外观容易受到体型、姿态、衣着、拍摄角度、遮挡等多种因素的影响，因此行人检测在计算机视觉领域内成为研究热点与难点。

一种比较常用的行人检测方式是统计学习方法，即根据大量样本构建行人检测分类器。提取的特征主要有目标的灰度、边缘、纹理、颜色、梯度等信息。分类器主要包括人工神经网络、SVM、Adaboost 及卷积神经网络等。

2005 年，法国国家信息与自动化研究所（INRIA）的 Dalal 在 CVPR（Computer Vision & Pattern Recognition）发表了题为《基于 HOG 的行人检测算法》（*Histograms of Oriented Gradients for Human Detection*）的论文。该论文提出使用图像的方向特征进行行人检测，先将图像分块，提取每一个子块内的方向特征，然后将所有子块的特征连接起来得到图像的整体特征，最后根据图像的整体特征实现行人检测。该论文对行人检测研究产生了重要影响，累计被引用 13338 次（截至 2021 年 8 月 21 日）。

OpenCV 采用的行人检测算法是基于 Dalal 的论文实现的，我们可以直接调用行人检测器实现行人检测。本章将介绍如何在 OpenCV 内引用行人检测器完成行人检测，并对其中的关键参数进行说明。

19.1   方向梯度直方图特征

方向梯度直方图（Histogram of Oriented Gradient，HOG）特征是图像非常重要的特征。第 18 章中的程序提取了 HOG 特征值，本节将以理论介绍为主，具体对 HOG 特征值提取的基本流程进行介绍。

（1）Step 1：计算梯度图像。

使用如图 19-1 所示的 Sobel 算子可以计算 x 轴方向的梯度 g_x 和 y 轴方向的梯度 g_y。

图 19-1　Sobel 算子

根据梯度 g_x 和 g_y 可以计算当前点的梯度的大小（幅度）和方向，其公式为

$$g = \sqrt{g_x^2 + g_y^2}$$

$$\theta = \arctan \frac{g_y}{g_x}$$

经过上述步骤，可以得到图像的水平梯度、垂直梯度、梯度大小、梯度方向，示例如图 19-2 所示：

- 图 19-2（a）是原始图像。
- 图 19-2（b）是 x 轴方向的梯度 g_x。
- 图 19-2（c）是 y 轴方向的梯度 g_y。
- 图 19-2（d）是梯度的大小。
- 图 19-2（e）是梯度的方向（不同颜色表示不同方向）。

图 19-2　图像的方向梯度示例

从图 19-2 中可以进一步观察到，x 轴方向的梯度 g_x 反映了图像在水平方向上的变化，y 轴方向的梯度 g_y 反映了图像在垂直方向上的变化。梯度大小表示图像发生变化的幅度，梯度方向表示梯度的实际方向。梯度的大小和方向包含了识别图像的关键信息。

（2）Step 2：计算子块梯度。

将图像划分为 $n \times n$ 大小的互不相交的子块，分别计算每一子块的梯度大小和方向。为了方便观察，将 n 设置为 4，结果如图 19-3 所示。

通过梯度计算，得到梯度的大小和方向，如图 19-3（b）所示。当然，可以把梯度的大小和方向理解为图 19-3（c）和图 19-3（d）单独存储的形式。其中，图 19-3（c）是梯度的方向，图 19-3（d）是梯度的大小。

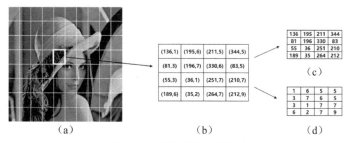

图 19-3　划分子块计算梯度

（3）Step 3：计算梯度直方图。

根据梯度大小和方向（用角度表示）构造直方图的过程示意图如图 19-4 所示，其中每一步都是根据梯度大小（图像 B）和梯度方向（图像 A）构建梯度直方图（图像 C）的。

- 图 19-4（a）：对于图像 B 左上角的数值 1，在图像 A 中找到其对应的角度 136，该值在图像 C 中的[135,180)范围内，故将数值 1 放入[135,180)对应的单元格内。
- 图 19-4（a）：对于图像 B 中首行第 2 个数值 6，在图像 A 中找到其对应的角度 195，该值在图像 C 中的[180,225)范围内，故将数值 6 放入[180,225)对应的单元格内。
- 图 19-4（b）：在图 19-4（a）的基础上操作，对于图像 B 中首行第 3 个数值 5，在图像 A 中找到其对应的角度 211，该值在图像 C 中的[180,225)范围内，故将数值 5 放入[180,225)对应的单元格内。因为，[180,225)对应的单元格内已经有数值 6，因此要加上原有数值 6，得到当前单元格新值 11。

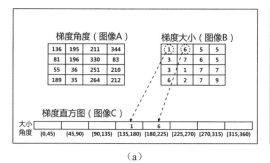
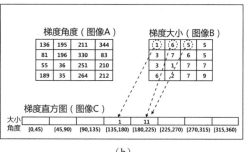

图 19-4　根据梯度大小和方向构造直方图的过程示意图

（4）Step 4：归一化。

我们希望图像的特征能够尽可能地保持独立，不受第三方条件的影响。

光照对图像的像素点有很大影响。明亮图像的像素值更高，暗淡图像的像素值更低。在采样时，物体很容易受到光照的影响。因此，希望尽可能地摆脱光照对图像的影响。

例如，有一幅图像内部只有三个像素点，对应像素值分别为[10,50,90]。像素值乘以 2 让图像变亮，则会得到[20,100,180]。很明显，像素值改变前后各像素点之间的比例关系是不变的。这种现象对应于人眼视觉效果呈现的是图像形状没有改变，只是亮度发生了变化。但是，在计算梯度值时，梯度值发生了变换。例如：

- 针对图像[10,50,90]中的中间像素点"50"，使用图 19-1 左图的(-1,0,1)算子计算其 x 轴方向的简易梯度值为右侧像素点像素值减去左侧像素点像素值，即 90-10=80。

- 针对图像[20,100,180]中的中间像素点"100"，使用图 19-1 左图的(-1,0,1)算子计算其 x 轴方向的简易梯度值为右侧像素点像素值减去左侧像素点像素值，即 180-20=160。

由此可知，图像在变亮后形状虽然没有改变，但是梯度值发生了明显改变。

归一化可以保证图像不受光照的影响，理论依据为一个数据集中的所有元素在等比例变化前后，任意一个数值与当前数据集的平方和的平方根之比保持不变。例如，像素值 a、像素值 b、像素值 c 在变换为原来的 k 倍前后，与这三个像素值的平方和的平方根之比不会发生改变，具体如下：

$$\frac{a}{\sqrt{a^2+b^2+c^2}}=\frac{ka}{\sqrt{(ka)^2+(kb)^2+(kc)^2}}$$

$$\frac{b}{\sqrt{a^2+b^2+c^2}}=\frac{kb}{\sqrt{(ka)^2+(kb)^2+(kc)^2}}$$

$$\frac{c}{\sqrt{a^2+b^2+c^2}}=\frac{kc}{\sqrt{(ka)^2+(kb)^2+(kc)^2}}$$

例如，在[10,50,90]中每一个元素与数据集的 $\sqrt{10^2+50^2+90^2}$ 之比为

$$\left[\frac{10}{\sqrt{10^2+50^2+90^2}},\frac{50}{\sqrt{10^2+50^2+90^2}},\frac{90}{\sqrt{10^2+50^2+90^2}}\right]$$

将[10,50,90]所有元素乘以 2 得到[20,100,180]（可以转换为[10×2,50×2,90×2]），每一个元素与数据集平方和的平方根（$\sqrt{(20)^2+(100)^2+(180)^2}=\sqrt{(2×10)^2+(2×50)^2+(2×90)^2}=2\sqrt{10^2+50^2+90^2}$）之比为

$$\left[\frac{10×2}{2\sqrt{10^2+50^2+90^2}},\frac{50×2}{2\sqrt{10^2+50^2+90^2}},\frac{90×2}{2\sqrt{10^2+50^2+90^2}}\right]=$$

$$\left[\frac{10}{\sqrt{10^2+50^2+90^2}},\frac{50}{\sqrt{10^2+50^2+90^2}},\frac{90}{\sqrt{10^2+50^2+90^2}}\right]$$

由此可知，在图像的像素值变换前后，图像内每个像素值与数据集平方和的平方根之比是不变的。也就是说，数据集中数值与数据集平方和的平方根之比具有稳定性，可作为数据集的不变特征。

进一步来说，由于图像中的像素值与所有像素值平方和的平方根之比是图像的稳定特征（不受光照影响），所以将该值作为图像的归一化结果，参与后续的处理。

需要说明的是，OpenCV 在实现 HOG 特征提取时，对图像的分块、方向的划分等都设置了默认值。为了便于理解，本节并没有采用 OpenCV 的默认值，而是采用了更直观的数值。

19.2 基础实现

本节将介绍使用 OpenCV 自带的行人检测器实现行人检测。

19.2.1 基本流程

在 OpenCV 中直接调用行人检测器即可完成行人检测，具体过程如下：

- 调用 hog=cv2.HOGDescriptor()，初始化 HOG 描述符。
- 调用 setVMDetector，将 SVM 设置为预训练的行人检测器。该检测器通过 cv2.HOGDescriptor_getDefaultPeopleDetector()函数加载。
- 使用 detectMultiScale 函数检测图像中的行人，返回值为行人对应的矩形框和矩形框的权重值。在该函数中待检测图像是必选参数，除此之外，还有若干个很重要的可选参数，19.3 节将对这些可选参数进行介绍。

19.2.2 实现程序

本节使用 OpenCV 自带的行人检测器实现行人检测。

【例 19.1】行人检测。

```
import cv2
image = cv2.imread("back.jpg")
hog = cv2.HOGDescriptor()  # 初始化 HOG 描述符
# 设置 SVM 为一个预先训练好的行人检测器
hog.setSVMDetector(cv2.HOGDescriptor_getDefaultPeopleDetector())
# 调用函数 detectMultiScale 检测行人对应的矩形框
(rects, weights) = hog.detectMultiScale(image)
# 遍历每一个矩形框，将其绘制在图像上
for (x, y, w, h) in rects:
    cv2.rectangle(image, (x, y), (x + w, y + h), (0, 0, 255), 2)
cv2.imshow("image", image)     # 显示检测结果
cv2.waitKey(0)
cv2.destroyAllWindows()
```

运行上述程序，输出如图 19-5 所示的图像。

图 19-5 【例 19.1】程序运行结果

从本例的运行结果可以看出，当前识别效果还不错。但是，在面对复杂情况时，该程序的识别效果将差很多，还需要进一步的优化。

19.3 函数 detectMultiScale 参数及优化

OpenCV 为了提高自带的行人检测器的识别准确率提供了非常多的参数。函数 detectMultiScale 的语法格式如下：

```
(rects , weights)= detectMultiScale(image [, winStride [, padding [, scale[,
useMeanshiftGrouping]]]])
```

其中：

- rects 表示检测到的行人对应的矩形框。
- weights 表示矩形框的权重值。
- image 表示待检测行人的输入图像。
- winStride 表示 HOG 检测窗口移动步长。
- padding 表示边缘扩充的像素个数。
- scale 表示构造金字塔结构图像时使用的缩放因子，默认值为 1.05。
- useMeanshiftGrouping 表示是否消除重叠的检测结果。

19.3.1 参数 winStride

OpenCV 在实现 HOG 特征提取时，构造了多层窗口结构，以确保提取到有效特征。本节将以抽象后的窗口为例，介绍 winStride 的具体含义。

传统方法将图像划分为互不相交的小单元后，逐个单元格提取特征，如 19.2 节程序所示。但是，直接采用互不相交的单元格提取特征可能导致图像内的部分特征无法被提取到。图 19-6 中存在数字 0（中间的黑色矩形框），如果将图 19-6 所示的图像划分为互不相交的 4×4 大小的小单元（每个单元内有 4×4 个像素点），那么在任何一个小单元内都找不到数字 0。这是因为，中间的四个单元都只能找到数字 0 的一部分，其他小单元无法检测到数字 0 的任何部分。

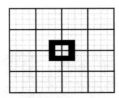

图 19-6　数字 0

解决上述问题的方式是将图 19-6 所示的图像划分为相交的单元格。对应的实现方式为使划分的小单元从左上角开始向右侧滑动，滑动到最右端后再次水平滑动到最左端，再向下滑动一个单位，然后继续向右水平滑动，如此往复，自左至右，自上至下，完成整幅图像的遍历，示意图如图 19-7 所示。

与划分为互不相交的方式相比，采用窗口移动的方式能够覆盖更多区域，也就能够识别出更多对象。例如，通过滑动窗口可以检测到图 19-6 中的数字 0。

每次向右移动的像素点个数和向下移动的像素点个数称为 winStride，可以将其译为步幅或步长。图 19-7 中的 WinStride 的值为(2,2)，也就说在行方向移动时每次向右移动 2 个像素点，在列方向移动时每次向下移动 2 个像素点。

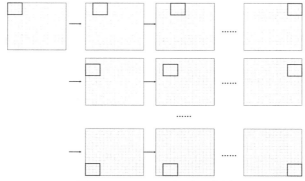

图 19-7 winStride 滑动示意图

通过上述分析可知：

- WinStride 值越小，覆盖的对象越多，能够找到的对象越多，但是运算效率会降低。
- WinStride 值越大，覆盖的对象越少，能够找到的对象越少，但是运算效率会提高，具有更好的实时性。

通常，需要在实时性和提取精度之间取得平衡。一般，将 WinStride 设置为(4,4)会有比较好的效果。

【例 19.2】观察不同的 winStride 值的使用情况。

```python
import cv2
import time
def detect(image,winStride):
    imagex=image.copy()              # 函数内部复制一个副本，让每个函数运行在不同的图像上
    hog = cv2.HOGDescriptor()        # 初始化 HOG 描述符
    # 设置 SVM 为一个预先训练好的行人检测器
    hog.setSVMDetector(cv2.HOGDescriptor_getDefaultPeopleDetector())
    # 调用函数 detectMultiScale，检测行人对应的矩形框
    time_start = time.time()    # 记录开始时间
    # 获取行人对应的矩形框及对应的权重值
    (rects, weights) = hog.detectMultiScale(imagex,winStride=winStride)
    time_end = time.time()       # 记录结束时间
    # 绘制每一个矩形框
    for (x, y, w, h) in rects:
        cv2.rectangle(imagex, (x, y), (x + w, y + h), (0, 0, 255), 2)
    print("size:",winStride,",time:",time_end-time_start)
    name=str(winStride[0]) + "," + str(winStride[0])
    cv2.imshow(name, imagex)                         # 显示原始效果
    # cv2.imwrite( str(time.time())+".bmp" ,imagex)        # 保存
image = cv2.imread("back.jpg")
detect(image,(4,4))
detect(image,(12,12))
detect(image,(24,24))
cv2.waitKey(0)
cv2.destroyAllWindows()
```

运行上述程序，输出如图 19-8 所示的图像。

- 图 19-8（a）使用的 winStride 值为(4,4)，步长较小，能够找到更多行人，但是也找到了噪声，发生了误判。
- 图 19-8（b）使用的 winStride 值为(12,12)，步长较为合理，恰好找到两个行人。
- 图 19-8（c）使用的 winStride 值为(24,24)，步长较大，漏掉了行人。

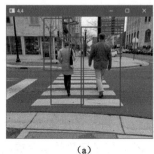 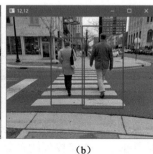 

（a） （b） （c）

图 19-8 【例 19.2】程序输出图像

同时，程序输出如下结果：

```
size: (4, 4) ,time: 0.08495187759399414
size: (12, 12) ,time: 0.0589666366557714844
size: (24, 24) ,time: 0.03597903251647949
```

从程序输出结果可以看出，当步长较小时，遍历的区域更多，花费的时间更长。

19.3.2 参数 padding

参数 padding 表示边缘扩充的像素个数，用来控制扩边的大小，效果示意图如图 19-9 所示：

- 左图是原始图像。
- 右图是扩边结果，在原始图像的每一侧都添加了一定数量的像素点。

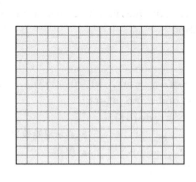 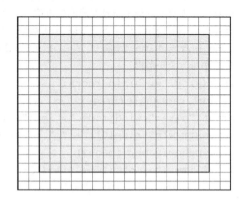

图 19-9 扩边效果示意图

通过扩边能够将检测窗口放置在图像外部，从而检测到图像内接近边缘的行人。例如，在图 19-10 中：

- 图像 19-10（a）是扩边前的情形，只有一个窗口能够检测到的左上角的黑点。

- 图像 19-10（b）是扩边后的情形，左上角的黑点能够被 4 个窗口检测到。通过缩小步长，可以被更多的窗口检测到。

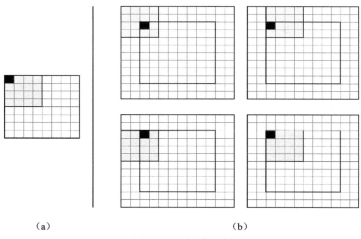

（a）　　　　　　　　　　　　　　（b）

图 19-10　扩边示例

如果将被两个窗口检测到作为是否被检测到的阈值，那么图 19-10（a）中的黑点无法被检测到，图 19-10（b）中的黑点可以被检测到。

实践中经常利用扩边来达到不同的目的。函数 detectMultiScale 使用参数 padding 是为了检测到图像边缘位置的行人。参数 padding 的值通常被设定为 $(8, 8)$，$(16, 16)$，$(24, 24)$，$(32, 32)$ 等。

【例 19.3】观察参数 padding 不同值的检测效果。

```python
import cv2
import time
def detect(image,padding):
    imagex=image.copy()    # 函数内部复制一个副本，让每个函数运行在不同的图像上
    hog = cv2.HOGDescriptor()        # 初始化 HOG 描述符
    # 设置 SVM 为一个预先训练好的行人检测器
    hog.setSVMDetector(cv2.HOGDescriptor_getDefaultPeopleDetector())
    # 调用函数 detectMultiScale，检测行人对应的矩形框
    time_start = time.time()        # 记录开始时间
    # 获取行人对应的矩形框及对应的权重值
    (rects, weights) = hog.detectMultiScale(imagex,
                    winStride=(16,16),padding=padding)
    time_end = time.time()          # 记录结束时间
    # 绘制每一个矩形框
    for (x, y, w, h) in rects:
        cv2.rectangle(imagex, (x, y), (x + w, y + h), (0, 0, 255), 2)
    print("Padding size:",padding,",time:",time_end-time_start)
    name=str(padding[0]) + "," + str(padding[0])
    cv2.imshow(name, imagex)         # 显示原始效果
image = cv2.imread("backPadding2.jpg")
detect(image,(0,0))
detect(image,(8,8))
```

```
cv2.waitKey(0)
cv2.destroyAllWindows()
```

运行上述程序，输出如图 19-11 所示的图像。

- 左图使用的是 padding=(0,0)，未检测到行人。
- 右图使用的是 padding=(8,8)，检测到了一个行人。

图 19-11　【例 19.3】程序输出图像

同时，程序输出如下结果：

```
Padding size: (0, 0) ,time: 0.05596780776977539
Padding size: (8, 8) ,time: 0.11493301391601562
```

由程序输出结果可以看出，在扩边后可检测到靠近图像边缘的行人，但是运算量加大，耗时更长。

19.3.3　参数 scale

参数 scale 是检测过程构造金字塔结构图像使用的比例值。

金字塔结构图像可以帮助我们更好地提取到图像不同尺度（包括大小和清晰度）下的特征。例如，我们不仅仅能够在近处识别行人；在很远处，即使只看到一个对象的大致轮廓，也能够判断出这个对象是不是一个人，这是因为识别的是一个对象在缩小、模糊后仍具有的有效特征。金字塔结构图像就是这个原理，它使用高斯滤波缩小图像，确保得到的小尺度图像仍包含图像的本质特征。图像自身及不断缩小的小尺度图像构成了一个金字塔结构图像，如图 19-12 所示，第 0 层是原始图像，其余各层是通过不断缩小尺寸得到的一系列图像。

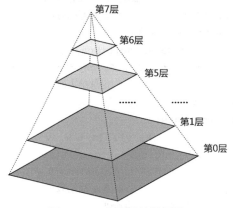

图 19-12　金字塔结构图像

当原始数值是 16 时，根据不同的公比构造序列：

- 公比为 4：得到序列[16,4,1]，包含 3 个值。
- 公比为 2：得到序列[16,8,4,2,1]，包含 5 个值。

由此可知，公比大小直接影响等比数列（到 1 为止）内的元素的个数。

scale 参数的值控制的是在构造金字塔结构图像时使用的公比，如图 19-13 所示：

- scale 值越大，对应的图像越少（对应的金字塔结构层数越少），找到识别对象的概率越低。
- scale 值越小，对应的图像越多（对应的金字塔结构层数越多），在不同层中找到识别对象的概率越高。

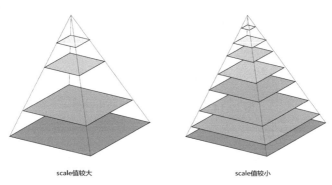

scale值较大　　　　　scale值较小

图 19-13　scale 值影响

scale 的默认值为 1.05。

【例 19.4】观察不同 scale 参数值的检测效果。

```
import cv2
import time
def detect(image,scale):
    imagex=image.copy()              # 函数内部复制一个副本，让每个函数运行在不同的图像上
    hog = cv2.HOGDescriptor()    # 初始化 HOG 描述符
    # 设置 SVM 为一个预先训练好的行人检测器
    hog.setSVMDetector(cv2.HOGDescriptor_getDefaultPeopleDetector())
    # 调用函数 detectMultiScale 检测行人对应的矩形框
    time_start = time.time()         # 记录开始时间
    # 获取行人对应的矩形框及对应的权重值
    (rects, weights) = hog.detectMultiScale(imagex,scale=scale)
    time_end = time.time()           # 记录结束时间
    # 绘制每一个矩形框
    for (x, y, w, h) in rects:
        cv2.rectangle(imagex, (x, y), (x + w, y + h), (0, 0, 255), 2)
    print("sacle size:",scale,",time:",time_end-time_start)
    name=str(scale)
    cv2.imshow(name, imagex)         # 显示原始效果
image = cv2.imread("back.jpg")
detect(image,1.05)
detect(image,1.5)
```

```
cv2.waitKey(0)
cv2.destroyAllWindows()
```

运行上述程序，输出如图 19-14 所示的图像：

- 图 19-14（a）使用的 scale 值为 1.01，找到了行人，也找到了噪声。
- 图 19-14（b）使用的 scale 值为 1.05，恰好找到了行人。
- 图 19-14（c）使用的 scale 值为 1.3，找到了部分行人，发生了漏检。

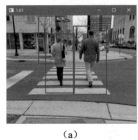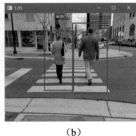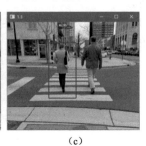

（a）　　　　　　　　　　（b）　　　　　　　　　　（c）

图 19-14　【例 19.4】程序输出图像

同时，程序输出如下结果：

```
sacle size: 1.01 ,time: 0.07795453071594238
sacle size: 1.05 ,time: 0.03597903251647949
sacle size: 1.3 ,time: 0.010995149612426758
```

从程序输出结果可以看出，使用小的 scale 值能够更好地检测到图像内的行人目标，但是耗时较长；使用较大的 scale 值，速度较快，实时性好，但是可能会发生漏检。因此，需要在二者之间取得平衡。通常情况下，scale 值的设置范围为[1.01, 1.5]。

19.3.4　参数 useMeanshiftGrouping

参数 useMeanshiftGrouping 用来控制是否消除重叠的检测结果。

消除重叠的检测结果示例如图 19-15 所示：

- 左图是原始图像。
- 中间图是行人检测结果，可以看到针对每个对象检测出了很多目标。这显然不是理想的结果，我们希望一个对象仅被检测到一次。
- 右图是消除重叠的检测结果后的结果，每个行人仅被检测到一次。

图 19-15　消除重叠的检测结果示例

参数 useMeanshiftGrouping 是布尔类型的，其值为 False 或 True，用来决定是否消除重叠的检测结果。该值的默认值为 False，表示不消除重叠的检测结果。

函数 detectMultiScale 采用 meanShift（均值漂移）算法实现消除重叠的检测结果。通常情况下，meanShift 算法旨在找到数据空间中密度最大的点。

如图 19-16 所示，meanShift 算法基本流程如下：

- Step 1：随机在一组数据中选择一个位置作为中心点（原始中心 O1）。
- Step 2：根据该中心（O1）划定一个区域（原始范围 R1）。
- Step 3：计算 Step 2 中划定的区域（原始范围 R1）的质心（可根据需要选取重心、向量中心等值），得到修正后中心 O2。
- Step 4：以 O2 为中心划定修正范围 R2。
- Step 5：重复上述步骤，不断地计算新中心—新范围—新中心，直到找到的新中心点与当前中心一致。将最后的中心作为最终查找结果。

meanShift 算法的理论依据在于，中心不再移动表示当前中心点就是整体的中心点，即找到了最终的中心点。

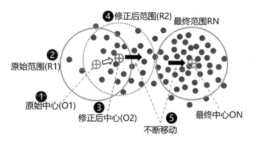

图 19-16　meanShift 算法示意图

当很多矩形框重叠时，可以通过 useMeanshiftGrouping 函数去除重叠的矩形框。

OpenCV 还提供了 meanShift、CamShift 两个与 meanShift 算法相关的函数。OpenCV 官网上提供了使用上述函数实现追踪运动目标的案例的程序，网址为参考网址 9。

【例 19.5】观察重叠边界处理结果。

```
import cv2
import time
def detect(image,useMeanshiftGrouping):
    imagex=image.copy()            # 函数内部复制一个副本，让每个函数运行在不同的图像上
    hog = cv2.HOGDescriptor()    # 初始化 HOG 描述符
    # 设置 SVM 为一个预先训练好的行人检测器
    hog.setSVMDetector(cv2.HOGDescriptor_getDefaultPeopleDetector())
    # 调用函数 detectMultiScale 检测行人对应的矩形框
    time_start = time.time()    # 记录开始时间
    # 获取行人对应的矩形框及对应的权重值
    (rects, weights) = hog.detectMultiScale(imagex,
                        scale=1.01,
                        useMeanshiftGrouping=useMeanshiftGrouping)
    time_end = time.time()        # 记录结束时间
    # 绘制每一个矩形框
    for (x, y, w, h) in rects:
        cv2.rectangle(imagex, (x, y), (x + w, y + h), (0, 0, 255), 2)
```

```
        print("useMeanshiftGrouping:",useMeanshiftGrouping,",time:",
                                        time_end-time_start)
        name=str(useMeanshiftGrouping)
        cv2.imshow(name, imagex)        # 显示原始效果
    image = cv2.imread("back.jpg")
    detect(image,False)
    detect(image,True)
    cv2.waitKey(0)
    cv2.destroyAllWindows()
```

运行上述程序，输出如图 19-17 所示的图像，左图是没有采用消除重叠的效果，右图是采用了消除重叠的效果。

图 19-17 【例 19.5】程序输出图像

除此之外，还可以通过非极大值抑制的方式去除重叠边界。非极大值抑制的基本思路是在一组高度相关的相交矩形中只保留一个最关键的矩形。

假设集合 *A* 中有一组矩形，想对其以非极大值抑制的方式进行去重叠处理，流程图如图 19-18 所示，具体步骤如下：

- Step 1：根据某个规则（如权重值，还可以是面积、位置等），从集合 *A* 中找到最关键的矩形 f，将其放入最终集合 *B* 中。此时，集合 *B* 中包含 f。
- Step 2：计算集合 *A* 中与矩形 f 的重叠面积超过阈值（百分比，如 50%）的所有矩形，如矩形 k、矩形 b、矩形 e 等；从集合 *A* 中删除矩形 f、矩形 k、矩形 b、矩形 e。此时，集合 *A* 中包含矩形 a、矩形 c、矩形 d、矩形 g、矩形 h、矩形 i、矩形 j、矩形 l。
- Step 3：从当前集合 *A* 中选择最关键的矩形 j，将矩形 j 放入集合 *B* 中。此时，集合 *B* 中包含矩形 f、矩形 j。
- Step 4：计算集合 *A* 中与矩形 j 的重叠面积超过阈值（百分比，如 50%）的所有矩形，如矩形 a、矩形 d、矩形 l 等；从集合 *A* 中删除矩形 j、矩形 a、矩形 d、矩形 l。此时，集合 *A* 中包含矩形 c、矩形 g、矩形 h、矩形 i。
- Step 5：从当前集合 *A* 中选择最关键的矩形 c，将矩形 c 放入集合 *B* 中。此时，集合 *B* 中包含矩形 f、矩形 g、矩形 c。

- Step 6：计算集合 *A* 中与矩形 c 的重叠面积超过阈值（百分比，如 50%）的所有矩形，如矩形 g、矩形 h、矩形 i 等；从集合 *A* 中删除矩形 c、矩形 g、矩形 h、矩形 i。此时，集合 *A* 为空。算法停止。

实际上，上述算法是不断地重复上述 Step 1～Step 2，直到集合 *A* 为空为止，最终得到的集合 *B* 即最终结果。

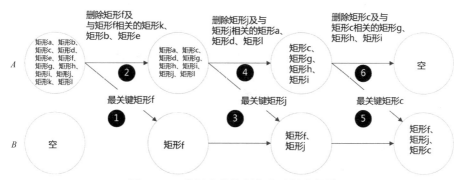

图 19-18　非极大值抑制方式示例流程图

本书配套的源代码中包含了笔者编写的采用非极大值抑制方式的去除重叠效果程序（包含详尽的注释），文件在本章源代码下，名称为 detect.py。

19.4　完整程序

将上述内容集成即可得到行人检测的完整程序。

【例 19.6】 行人检测。

```
import cv2
def detect(image,winStride,padding,scale,useMeanshiftGrouping):
    hog = cv2.HOGDescriptor()    # 初始化 HOG 描述符
    # 设置 SVM 为一个预先训练好的行人检测器
    hog.setSVMDetector(cv2.HOGDescriptor_getDefaultPeopleDetector())
    # 获取行人对应的矩形框及对应的权重值
    (rects, weights) = hog.detectMultiScale(image,
                        winStride = winStride,
                        padding = padding,
                        scale = scale,
                        useMeanshiftGrouping=useMeanshiftGrouping)
    # 绘制每一个矩形框
    for (x, y, w, h) in rects:
        cv2.rectangle(image, (x, y), (x + w, y + h), (0, 0, 255), 2)
    cv2.imshow("result", image)    # 显示原始效果
image = cv2.imread("back.jpg")
winStride = (8,8)
padding = (2,2)
scale = 1.03
useMeanshiftGrouping=True
```

```
detect(image,winStride,padding,scale,useMeanshiftGrouping)
cv2.waitKey(0)
cv2.destroyAllWindows()
```

运行上述程序，输出如图 19-19 所示的图像。

图 19-19 　【例 19.6】程序运行结果

19.5　参考学习

本章简要介绍了 HOG 特征的提取方法，但是并没有从头去编写程序提取 HOG 特征，而是通过 HOGDescriptor 函数完成了分类。第 18 章编写了提取 HOG 特征的程序，大家可以通过相关内容进一步加深对 HOG 的理解。

另外，大家可以通过本书配套的源代码 detect.py（在本章目录下）进一步学习采用非极大值抑制方式去除重叠效果。

第 20 章
K 均值聚类实现艺术画

张伯伯在镇上卖菜，他的菜都是精心种植的，新鲜又便宜，镇上的人都喜欢去他的摊位买菜。张伯伯在镇上卖了几十年的菜，张伯伯年纪越来越大，镇子的规模越来越大，大家去他那里买菜的距离越来越远。于是，他决定让自己的四个儿子每个人在镇上选一个地点卖菜。

第一天，四兄弟随机在镇子东、南、西、北四个方向各选了一个位置。镇上的居民知道后，都选择距离自己最近的摊位去买菜。四兄弟一边卖菜一边问大家都住在哪里，判断大家来买菜的路程。

第二天，四兄弟把摊位调整到了距离前一天来自己摊位买菜的人家的相对中间的位置，希望更多的人能够在更近的距离买菜。镇上居民根据四兄弟的广播知道四兄弟调整了位置，于是都选择距离自己最近的一个摊位去买菜（部分人选择的摊位与第一天选择的摊位有差异）。四兄弟还是像第一天一样一边卖菜一边大家住在哪里，从而判断大家来买菜的路程。

第三天，四兄弟又把摊位调整到距离前一天来自己摊位买菜的人家的中间位置。大家知道后，还是选择就近的摊位去买菜。四兄弟与前两天一样记住大家的路程，方便明天继续调整菜摊位置。

有一天，四兄弟发现计算出来的新位置和前一天的位置是一致的，已经在距离来自己摊位买菜的人家的最中间位置上了。从此以后四兄弟就一直在这个固定的位置卖菜了。

上述就是 K 均值聚类（Kmeans）的基本思想，其中，K 表示分组的个数，本例中 $K=4$，如果张伯伯有两个儿子，则 $K=2$。

K 均值聚类无须过多的外部数据和干预就能自动将数据划分为 K 个分组，并能够获取各个分组的中心位置。

OpenCV 提供了直接实现 K 均值聚类的函数 kmeans，本章将通过该函数让一幅图像呈现出艺术画效果。

20.1 理论基础

K 均值聚类的特点在于不需要过多外界干预，直接根据数据自身的特点完成分类。本节将先介绍 K 均值聚类的案例，再介绍 K 均值聚类的基本步骤。

20.1.1 案例

本节将通过两个案例来介绍如何实现 K 均值聚类。

首先介绍一维数据的 K 均值聚类是如何实现的。

假设，有 6 粒豆子混在一起，要求在不知道这些豆子类别的情况下，将它们按照直径 [以 mm（毫米）为单位] 大小划分为两组（两类）。经过测量，这些豆子的直径分别为 1mm、2mm、3mm、10mm、20mm、30mm，以各自直径为 6 粒豆子的编号。下面以豆子的直径为标记进行分类操作。

K 均值聚类通过多轮循环完成分类，具体如图 20-1 所示。

- 初始：在所有豆子里面随机挑选两粒豆子（如豆子 1 和豆子 2），并将其直径作为分组依据。将其他豆子按照与这两粒豆子的直径距离划分为两组。豆子直径与哪一个分组依据接近，就将其划分到对应的组内。对于本例，除了豆子 1 和豆子 2，其余所有豆子的直径都更接近豆子 2 的直径，所以将所有其他豆子都划分到豆子 2 所在分组。划分结果：第 1 组{1}，第 2 组{2,3,10,20,30}。

- 第 1 轮：先计算上一轮划分好的两组豆子的直径均值 D，并将该值作为新分组依据。接下来，计算其余所有豆子距离分组依据直径均值 D 的距离，将每粒豆子划分到与其距离较小的分组依据值所在组。例如，初始分组后，第 1 组{1}均值为 1，第 2 组{2,3,10,20,30}均值为 13。豆子 1、豆子 2、豆子 3 距离第 1 组均值 1 更近，划分到均值 1 所在组；豆子 10、豆子 20、豆子 30，距离第 2 组均值 13 更近，划分到均值 13 所在组。划分结果：第 1 组{1,2,3}，第 2 组{10,20,30}。

- 第 2 轮：重复上一轮操作，根据均值划分新组。第 1 轮分组后，第 1 组{1,2,3}均值为 2，第 2 组{10,20,30}均值为 20。豆子 1、豆子 2、豆子 3、豆子 10 距离第 1 组均值 2 更近，划分到均值 2 所在组；豆子 20、豆子 30 距离第 2 组均值 20 更近，划分到均值 20 所在组。划分结果：第 1 组{1,2,3,10}，第 2 组{20,30}。

- 第 3 轮：重复上一轮操作，根据均值划分新组。此时，第 1 组{1,2,3,10}均值为 4，第 2 组{20,30}均值为 25。豆子 1、豆子 2、豆子 3、豆子 10 距离第 1 组均值 4 更近，划分到均值 4 所在组；豆子 20、豆子 30 距离第 2 组均值 25 更近，划分到均值 25 所在组。划分结果：第 1 组{1,2,3,10}，第 2 组{20,30}。本轮分组与上一轮分组一样，认为得到了稳定的分组，分组结束。

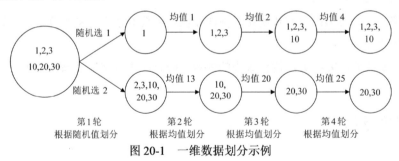

图 20-1　一维数据划分示例

从上述步骤可以看到，K 均值聚类不需要过多外界干预。初始随机选取两个值作为分组依据；然后重复执行根据均值划分新组；直至在分组稳定得到最终分组。

接下来介绍二维数据的分组方法 K 均值聚类是如何实现的。

图 20-2 中有一组二维数据（X 轴、Y 轴都有值），分组过程如下。

- 初始（第1次）划分：随机选取两个点（本例选取的两个点并不在原始数据中，也可以随机选择原始数据中的两个点）作为初始中心点。计算每个已知点与这两个中心点的距离，与哪个中心点近就划分到哪个中心点对应的组内。图 20-2（a）中显示的是各个点按照新的中心点划分后的结果。图 20-2（b）～图 20-2（f）与此相同，显示的均是根据图中的新中心点划分的各个点。

- 第 2 次划分：计算上一次划分好的分组的中心点（均值点），将新中心点作为分组依据。计算其余所有点与新中心点的距离，根据距离远近，将相应点划分到不同的中心点对应的组。

- 第 3 次划分：重复上一次划分过程，计算上一次划分好的分组的中心点（均值点），据此划分新分组。若分组稳定，不再变化，则停止划分；否则，继续划分。此时，分组有变化，继续划分。

- 第 4 次划分：重复上一次划分过程，计算上一次划分好的分组的中心点（均值点），据此划分新分组。若分组稳定，不再变化，则停止划分；否则，继续划分。此时，分组有变化，继续划分。

- 第 5 次划分：重复上一次划分过程，计算上一次划分好的分组的中心点（均值点），据此划分新分组。若分组稳定，不再变化，则停止划分；否则，继续划分。此时，分组无变化，划分结束，当前划分结果即最终分组结果。

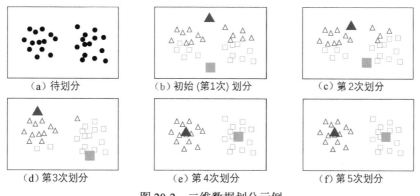

图 20-2　二维数据划分示例

从上述过程可以看出，二维数据的 K 均值聚类与一维数据的 K 均值聚类类似，都是在初始情况下随机指定两个值作为分组依据，然后不断地完成"新中心点→新分组→新中心点"的循环操作，直到分组稳定。最后，将稳定的分组结果作为最终分组结果。

为了方便说明，本书进行的是二分组，也就是把所有数据划分为两组。实际上，K 均值聚类可以实现任意个分组。K 均值聚类中的 K 表示分组个数。

20.1.2　K 均值聚类的基本步骤

K 均值聚类是一种将输入数据划分为 K 个簇的简单聚类算法，该算法不断提取当前分类的中心点（又称质心或重心），并最终在分类稳定时完成聚类。从本质上说，K 均值聚类是一种迭代算法。

K 均值聚类算法的基本步骤如下：

Step 1：随机选取 K 个点作为分类的中心点。

Step 2：将每个数据点放到距离它最近的中心点所在的类中。

Step 3：重新计算各个分类的数据点的平均值，将该平均值作为新的分类中心点。

Step 4：重复 Step 2 和 Step 3，直到分类稳定。

在进行 Step 1 操作时，可以随机选取 K 个点作为分类的中心点，也可以随机生成 K 个并不存在于原始数据中的数据点作为分类中心点。

Step 3 中提到了"距离最近"，这说明要进行某种形式的距离计算。在具体实现时，可以根据需要采用不同的计算方法。当然，不同的计算方法会对算法性能产生一定影响。

20.2 K 均值聚类模块

OpenCV 提供了函数 kmeans 来实现 K 均值聚类，该函数的语法格式为

```
retval, bestLabels, centers=cv2.kmeans(data, K, bestLabels,
                                        criteria, attempts, flags)
```

其中，返回值的含义为

- retval：距离值（又称密度值或紧密度），返回每个点到相应中心点距离的平方和。
- bestLabels：各个数据点的最终分类标签（索引）。
- centers：每个分类的中心点数据。

其中，各个参数的含义为

- data：输入的待处理数据集合，应该是 np.float32 类型，每个特征放在单独的一列中。
- K：要分出的簇的个数，即分类的数目，最常见的是 K=2，表示二分类。
- bestLabels：计算之后各个数据点的最终分类标签（索引）。实际调用时，将参数 bestLabels 的值设置为 None 即可。
- criteria：算法迭代的终止条件。当达到最大循环次数或者指定的精度阈值时，停止迭代。该参数由三个子参数构成，分别为 type、max_iter 和 eps。
  - type：终止的类型，可以是三种情况，分别如下。
    - cv2.TERM_CRITERIA_EPS：精度满足 eps 时，停止迭代。
    - cv2.TERM_CRITERIA_MAX_ITER：迭代次数超过阈值 max_iter 时，停止迭代。
    - cv2.TERM_CRITERIA_EPS + cv2.TERM_CRITERIA_MAX_ITER：满足上述两个条件中的任意一个时，停止迭代。
  - max_iter 表示最大迭代次数。
  - eps 表示精确度的阈值。
- attempts：在具体实现时，为了获得最佳分类效果，可能需要使用不同的初始分类值进行多次尝试。指定 attempts 的值可以让算法使用不同的初始值进行多次（attempts 次）尝试。
- flags：表示选择初始中心点的方法，主要有以下 3 种。
  - cv2.KMEANS_RANDOM_CENTERS：随机选取中心点。

➢ cv2.KMEANS_PP_CENTERS：基于中心化算法选取中心点。

➢ cv2.KMEANS_USE_INITIAL_LABELS：使用用户输入的数据作为第一次分类中心点；如果算法需要尝试多次（当 attempts 值大于 1 时），那么后续尝试都使用随机值或者半随机值作为第一次分类中心点。

【例 20.1】 使用 K 均值聚类模块对一组随机数进行分类。

根据题目要求，使用随机数构造一组二维数据，并使用函数 kmeans 对它们进行分类，主要步骤如下。

（1）数据准备。

首先，准备用于分类的模拟数据，具体实现语句如下：

```
X = np.random.randint(0,100,(50,2))
X = np.float32(X)
```

（2）使用 K 均值聚类模块。

设置好参数后直接调用函数 kmeans 即可使用 K 均值聚类模块，具体实现语句如下：

```
criteria = (cv2.TERM_CRITERIA_EPS + cv2.TERM_CRITERIA_MAX_ITER, 10, 1.0)
ret,label,center=cv2.kmeans(X,2,None,criteria,10,cv2.KMEANS_RANDOM_CENTERS)
```

（3）打印的实现。

将函数 kmeans 得到的距离、标签、分类中心点打印，具体实现语句如下：

```
print("距离: ",ret)
print("标签: ",np.reshape(label,-1))
print("分类中心点: \n",center)
```

（4）可视化的实现。

根据 K 均值聚类的分类结果将分类数据可视化。

Step 1：提取分类数据。

根据函数 kmeans 返回的标签（"0" 和 "1"），从原始数据集 MI 中分别提取出两组数据：

● 将标签 0 对应的数值提取出来命名为 A。
● 将标签 1 对应的数值提取出来命名为 B。

具体实现语句如下：

```
A = MI[label.ravel()==0]
B = MI[label.ravel()==1]
```

Step 2：绘制分类结果数据。

使用函数 scatter 可以绘制散点图，该函数的基本格式为

```
plt. scatter(x,y,c,marker)
```

其中：

● x 和 y 表示数据源，是需要显示的数据。
● c 表示绘制图形的颜色。例如，"b" 表示蓝色，"g" 表示绿色，"r" 表示红色。
● marker 表示绘制图形的样式。例如，"o" 表示圆点，"s" 表示小正方形。

绘制分类数据使用的语句为

```
plt.scatter(XM[:,0],XM[:,1],c = 'g', marker = 's')
plt.scatter(YM[:,0],YM[:,1],c = 'r', marker = 'o')
```

Step 3：绘制每类数据的中心点。

绘制每类数据的中心点的语句为

```
plt.scatter(center[0,0],center[0,1],s = 200,c = 'b', marker = 's')
plt.scatter(center[1,0],center[1,1],s = 200,c = 'b', marker = 'o')
```

（5）完整实现。

根据题目要求及分析，编写程序如下：

```
import numpy as np
import cv2
import matplotlib.pyplot as plt
# ===============数据准备===============
X = np.random.randint(0,100,(50,2))
X = np.float32(X)
# =============使用 K 均值聚类模块=============
criteria = (cv2.TERM_CRITERIA_EPS + cv2.TERM_CRITERIA_MAX_ITER, 10, 1.0)
ret,label,center=cv2.kmeans(X,2,None,criteria,10,cv2.KMEANS_RANDOM_CENTERS)
# =============打印的实现=============
print("距离: ",ret)
print("标签: ",np.reshape(label,-1))
print("分类中心点: \n",center)
# =============可视化的实现=============
# 根据函数 kmeans 返回的标签，将数据分为 A 和 B 两类
A = X[label.ravel()==0]
B = X[label.ravel()==1]
# 绘制分类数据
plt.scatter(A[:,0],A[:,1],c = 'g', marker = 's')
plt.scatter(B[:,0],B[:,1],c = 'r', marker = 'o')
# 绘制分类数据的中心点
plt.scatter(center[0,0],center[0,1],s = 200,c = 'b', marker = 's')
plt.scatter(center[1,0],center[1,1],s = 200,c = 'b', marker = 'o')
plt.show()
```

（6）输出结果。

运行上述程序，输出结果为

```
距离: 45091.0166759491
标签: [1 1 1 0 0 1 1 0 1 0 1 0 0 0 0 1 1 1 1 0 0 1 0 0 0 1 0 1 0 0 0 0 1 1 1 0 0
0 0 0 0 0 0 1 1 1 0 0 0 1 0 0]
分类中心点:
 [[69.86667  39.800003]
 [17.1      56.05    ]]
```

由于输入的数据源是随机数，所以程序每次运行输出的结果不完全一致。

（7）可视化展示。

运行【例 20.1】完整实现部分程序输出结果如图 20-3 所示。

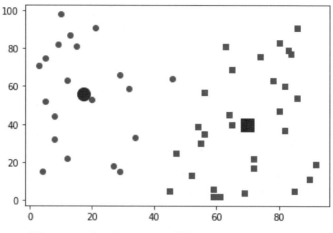

图 20-3　运行【例 20.1】完整实现部分程序输出结果

在图 20-3 中，左侧小圆点是标签为"1"的数据 B 的散点图；右侧小方块是标签为"0"的数据 A 的散点图；左侧稍大的圆点是标签为"1"的数据组的中心点；右侧稍大的方块是标签为"0"的数据组的中心点。

需要说明的是，由于使用的是随机数据，所以每次运行程序输出的分组可能会有所不同。

（8）说明。

需要说明的是，在现实中，有些数据之间可能具有一定的相关性，如质量和半径。实践中，在使用特征前，往往需要对特征进行相关性校验。对于具有较高相关性的一组特征，从中选择具有代表性的特征参与分类即可。例如，当质量、半径相关性较高时，选择其中的一个特征用于分类即可。当然，必要时也可以通过计算具有较高相关性的特征得到新的特征（如密度等），并将新特征作为分类使用的特征。

20.3　艺术画

通过上文的介绍可知，K 均值聚类可以将一组数据划分为不同的组。根据 K 均值聚类的这个特点，可以先把一幅图像内像素点的像素值划分为不同的组，然后使用不同组的中心点像素值替代各自组内的每一个像素值。处理后，图像内所有像素点的像素值将被处理为各组像素点的中心点像素值。若将 K 设置为 2，则图像所有像素点的像素值将由两个组的像素点的中心点像素值构成。例如，在图 20-4 中，左侧图像中像素点像素值的等级非常丰富；右侧图像是经过 K 均值聚类处理（K=2）后得到，所有像素点的像素值由两种值构成。图 20-4 右侧图像背景像素点的像素值是图 20-4 左侧图像背景像素点的像素值的均值，前景像素点的像素值是图 20-4 左侧图像前景像素点的像素值（猫的像素点的像素值）的均值。因此可知，看到 K 均值聚类处理可以应用于绿幕处理等场景。

图 20-4　K 均值聚类处理像素点

若将 K 设置为 3，则会把图像像素点的像素值划分为 3 组，每一组会有一个中心值（均值）。在将图像中所有像素点的像素值设置为本组中心值后，整幅图像的像素点将由 3 种像素值构成。也就是说，K 值决定了图像是由 K 种像素值的像素点构成的。

在应用上述 K 均值聚类方法处理图像时，K 值越小，图像内像素点像素值的种类越少。因此，使用 K 均值聚类能够实现图像压缩。

除此以外，若将图像处理为仅由较少的几种不同的像素值的像素点构成的，则得到的图像会呈现一定艺术效果。

【例 20.2】应用 K 均值聚类实现艺术画。

应用 K 均值聚类处理图像像素值可将图像像素值映射到分组的中心值。在 K=2 时，图像内的 256 个灰度级将被划分为两类。然后用这两类像素点的中心点像素值，替代其对应类中的像素点的所有像素值。

图 20-5 左图是原始图像的像素值，其范围是[0,255]。先将图 20-5 左图中的像素值划分为两类，其中心值分别是 88 和 155。然后将图 20-5 左图中的像素值分别替换为各自所在类的中心点值。转换完成后的结果如图 20-5 右图所示。当前考虑的是灰度图像，在处理 RGB 彩色图像时，分别按照上述方式处理三个通道即可得到艺术画效果。

18	215	34	44	56	222
61	40	143	198	27	168
171	194	229	63	113	195
126	23	137	46	52	236
201	117	153	216	48	62
5	135	183	116	66	193

88	155	88	88	88	155
88	88	155	155	88	155
155	155	155	88	88	155
88	88	155	88	88	155
155	88	155	155	88	88
88	155	155	88	88	155

图 20-5　像素值二值化

根据分析，使用 K 均值聚类实现艺术画的主要步骤如下。

（1）图像预处理。

读取图像，并将图像转换为函数 kmeans 可以处理的形式。

读取图像，如果图像是三个通道的 RGB 图像，则需要将图像的 RGB 值处理为一个具有三列的特征值。具体实现时，用函数 reshape 完成对图像特征值结构的调整。为了满足函数 kmeans 的要求，还需要将图像的数据类型转换为 np.float32。

上述过程的实现语句为

```
img = cv2.imread('lenacolor.png')
data = img.reshape((-1,3))
data = np.float32(data)
```

（2）使用 K 均值聚类模块。

将参数 criteria 的值设置为 (cv2.TERM_CRITERIA_EPS + cv2.TERM_CRITERIA_ MAX_ITER, 10, 1.0)，让函数 kmeans 在达到一定精度或者达到一定迭代次数时，停止迭代。

设置参数 K 的值为 2，将所有像素点的像素值划分为两类。

上述过程的实现语句为

```
criteria = (cv2.TERM_CRITERIA_EPS + cv2.TERM_CRITERIA_MAX_ITER, 10, 1.0)
K =2
ret,label,center=cv2.kmeans(data,K,None,criteria,10,
                                    cv2.KMEANS_RANDOM_CENTERS)
```

（3）打印的实现。

将函数 kmeans 得到的距离、标签、分类中心点打印，具体实现语句如下：

```
print("距离: ",ret)
print("标签: \n",label)
print("分类中心点: \n",center)
```

（4）替换像素值并展示结果。

将像素点的像素值替换为当前分类的中心点的像素值，以单通道图像为例。

可以通过引用数组 B 的索引，将数组 A 内的值统一替换为分类数组 B 中的值，实现数组 A 的二值化。

例如，想将数组 A=[3,6,1,6,9,0]中的数值，划分为分类数组 B=[2,8]内的两个值。即将数组 A 内的数值分为两类：将其中小于 5 的值替换为数值 2（0 类，对应 B[0]）；大于或等于 5 的值替换为数值 8（1 类，对应 B[1]），实现步骤如图 20-6 所示。

- Step 1：分类。将数组 A 中的数值分类，并替换为分类标签。若数组 A 中的原始值小于 5，则将该值替换为标签 0；若数组 A 中的原始值大于或等于 5，则将该值替换为标签 1。通过上述过程，得到数组 A1。通常情况下，分类工作已经在 K 均值聚类模块完成，该步骤只需要贴上已知标签即可。
- Step 2：映射。将数组 A1 中的标签值映射为分类数组 B 的索引形式，即将数组 A1 中的标签 0 映射为 B[0]；将数组 A1 中的标签 1 映射为 B[1]。通过上述映射得到数组 A2。
- Step 3：取值。将数组 A2 中分类数组 B 的索引形式替换为其对应的数组 B 中的值，得到二值化数组 A3。

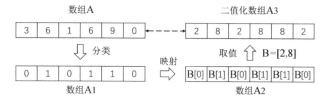

图 20-6　数值二值化示例

按照上述思路，即可实现二维数组的二值化操作，如图 20-7 所示。

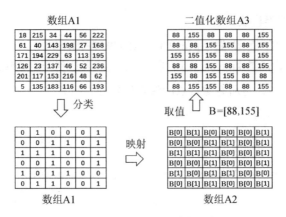

图 20-7　二维数组二值化示例

根据上述思路，利用 K 均值聚类得到的中心点将原始图像映射为二值形式并显示，具体为

```
center = np.uint8(center)            # 将 center 处理为正数
res1 = center[label.flatten()]       # 完成数组的映射
res2 = res1.reshape((img.shape))     # 将结果重构为原始图像尺寸
cv2.imshow("original",img)
cv2.imshow("result",res2)
cv2.waitKey()
cv2.destroyAllWindows()
```

（5）完整实现。

根据上述分析，编写程序如下：

```
# ====================导入库====================
import numpy as np
import cv2
# ====================图像预处理====================
img = cv2.imread('lenacolor.png')
data = img.reshape((-1,3))
data = np.float32(data)
# ================使用 K 均值聚类模块================
criteria = (cv2.TERM_CRITERIA_EPS + cv2.TERM_CRITERIA_MAX_ITER, 10, 1.0)
K =2
ret,label,center=cv2.kmeans(data,K,None,criteria,10,
                                        cv2.KMEANS_RANDOM_CENTERS)
# ====================打印的实现====================
print("距离：",ret)
print("标签：\n",label)
print("分类中心点：\n",center)
# ================像素值替换及结果展示================
center = np.uint8(center)             # 将 center 处理为正数
res1 = center[label.flatten()]        # 完成数组的映射工作
res2 = res1.reshape((img.shape))      # 将结果重构为原始图像尺寸
cv2.imshow("original",img)
cv2.imshow("result",res2)
```

```
cv2.waitKey()
cv2.destroyAllWindows()
```

（6）输出结果。

运行上述程序，输出结果为

```
距离： 1787302547.4860768
标签：
 [[1]
 [1]
 [1]
 ...
 [0]
 [0]
 [1]]
分类中心点：
[[161.35118  180.87248  170.61745 ]
 [ 54.730656  78.18008   53.063248]]
```

（7）可视化展示。

运行【例 20.2】中完整实现部分程序，输出如图 20-8 所示的图像，左图是原始图像，右图处理后的图像。

图 20-8　【例 20.2】中完整实现部分程序运行输出图像

调整程序中的 K 值即可改变图像的灰度等级。若 $K=8$，则可以让图像显示 8 个灰度级。

第 4 部分

深度学习篇

本部分在介绍深度学习、卷积神经网络等知识点的基础上，介绍了 DNN 模块的使用方法，并结合图像分类、目标检测、语义分割、实例分割、风格迁移、姿势识别等案例对 DNN 模块的使用进行了具体介绍。

第 21 章
深度学习导读

深度学习是目前最前沿、最热门的技术之一。下面从"分""合"两个角度去理解深度学习。

"分"是指让计算机通过构建非常简单的单元来学习复杂的概念，从而具备完成复杂任务的能力。深度学习通过层次化的方式来理解复杂问题，且每层的实现都非常简单。层次化的方式让计算机通过构建简单的单元（神经元、卷积层、池化层等）来学习复杂的概念从而获取经验，并根据这些经验解决未知问题。通常情况下，层次化的结构包含很多不同的层，不同的层用来解决不同的问题。这些层，让整个模型看起来很有"深度"。因此，我们把这种方式成为"深度学习"。

需要注意的是，分指的是划分求解问题的步骤，但整个问题是不划分为子问题的，这就是"合"的角度。

合是指在看待问题时，把问题看作一个整体。传统方式求解问题采用的是"分而治之"的方式，会将复杂问题划分成多个小问题来求解。尽管每个小问题都可以得到最优解，但是拼接所有小问题的最优解得到的并不一定是整个问题的最优解。为此，深度学习提出了一种"不分解问题"的方式。简单来说，深度学习采用的是"端到端"的解决问题方式。直接把整个问题交给深度学习系统，不再对问题进行划分，深度学习直接输出结果。

21.1 从感知机到人工神经网络

感知机是神经网络的基础，人工神经网络是深度学习的基础。本节将介绍人工神经网络是如何从感知机实现的。

21.1.1 感知机

简单来说，感知机模拟的是人类的神经元，可以将它称为"人工神经元"。感知机接收多个信号作为输入，通过运算，得到一个输出结果。图 21-1 所示为一个简单的感知机结构图，其中 x_1 和 x_2 是输入信号，y 是输出结果，w_1 和 w_2 是权重值。图 21-1 中的每一个圆都是一个神经元，输入信号 x_1 和 x_2 在被送往右侧神经元前会与各自的权重值相乘。右侧神经元会综合考虑所有送过来的信号，根据这些信号决定自身是处于"静默"状态，还是处于"激活"状态。

- 处于"静默"状态：没有任何输出操作，理解为输出 0。
- 处于"激活"状态：输出 1。

将输送来的信号加权和与某一个固定值相比较，据此判定神经元是处于"静默"状态，还是处于"激活"状态，这个固定值通常被称为阈值，可以用符号 θ 表示。当所有输送来的信号加权和大于阈值时，神经元被激活。

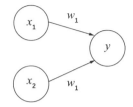

图 21-1　一个简单的感知机结构图

将上述内容使用如下公式表述：

$$y = \begin{cases} 0 & x_1 w_1 + x_2 w_2 \leqslant \theta \\ 1 & x_1 w_1 + x_2 w2 > \theta \end{cases} \tag{21-1}$$

通过控制输入信号在感知机中的权重值控制其重要性，权重值越大该输入信号越重要。

例如，某单位招聘分为笔试、面试两部分。其中，笔试成绩满分为 95 分，占比为 40%；面试成绩满分为 95 分；占比为 60%；附加分 5 分（附加分是修正值，所有人都会得到满分 5 分）。应聘人员如果总成绩不低于 95 分，则予以录取。由于附加分是每个人都会加上的，所以认为其输入信号是 1，权重值是 b（恒值 5）。图 21-2 所示为应聘考核神经元。

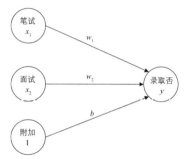

图 21-2　应聘考核神经元

使用 0 表示"未录取"，使用 1 表示"录取"，则上述关系对应公式为

$$y = \begin{cases} 0 & x_1 w_1 + x_2 w_2 + b \leqslant 95 \\ 1 & x_1 w_1 + x_2 w_2 + b > 95 \end{cases} \tag{21-2}$$

21.1.2　激活函数

简化应聘使用的式（21-2）：

$$y = f(x_1 w_1 + x_2 w_2 + b) \tag{21-3}$$

$$f(x) = \begin{cases} 0 & x \leqslant 95 \\ 1 & x > 95 \end{cases} \tag{21-4}$$

对式（21-3）进行进一步转换，可以得到：

$$a = x_1 w_1 + x_2 w_2 + b \tag{21-5}$$

$$y = f(a) \tag{21-6}$$

这里把所有输入信号记为 a，然后用函数 f 将其转换为输出信号 y，即通过引入函数 f 连接输入信号 a 和输出信号 y。图 21-2 对应的函数关系如图 21-3 所示，函数 f 的作用是将输入信号 a 转换为输出信号 y。

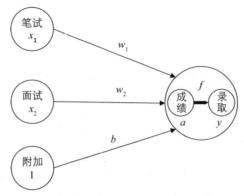

图 21-3　图 21-2 对应的函数关系

上文使用的函数 f 就是激活函数。激活函数将所有输入信号加权和转换为输出信号，作用是决定如何激活输入信号的加权和，可能存在如下两种情况：

● 激活：输出 1。

● 不激活：输出 0。

根据上述情况，激活函数可抽象为如图 21-4 所示形式，图中 a 是输入信号的加权和，f 是激活函数，y 是输出信号。

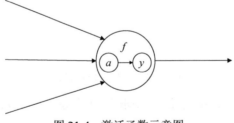

图 21-4　激活函数示意图

根据式（21-4）可知，激活函数是一个阶跃函数，将其一般化后，激活函数曲线如图 21-5 所示。

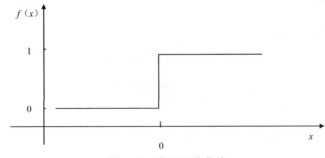

图 21-5　激活函数曲线

阶跃函数是最简单、最基础的激活函数,它存在很多不足之处。例如,任何大于 0 的值,得到的返回值都是 1。针对上文的应聘例题而言,最终成绩无论是 98 分还是 100 分,返回的结果都是 1(录取)。实际上,最终应聘成绩不同对应不同的优秀程度。针对其他情况,最终结果值可能对应不同的概率等。在很多情况下,并不希望简单地用 0 和 1 表示结果,而是希望用一个 0~1 的连续值表示不同的情况,如用 0.18、0.48、0.99 分别表示录取概率。对此,阶跃函数就无能为力了,需要使用其他类型的函数来完成这个功能。21.4 节将介绍不同的阶跃函数。

21.1.3　人工神经网络

我们给出一些例子:

- 在大型方阵表演中每个队员做的动作都很简单。
- 早期的计算机是由电子管构成的,每一个零件都很简单。
- 用多个积木可以构造出各种复杂结构的对象,如房子、汽车等。
- 所有的程序都是由 26 个英文字母及基本的符号排列组合而成的。
- 所有的系统,无论生活中的组织,还是计算机中的硬件系统、软件系统,都是由非常普通的个体构成的。

从上述例子可以看出,量变可以引起质变。基于此使用多个激活函数能够构造出复杂的网络,这个网络被称为人工神经网络。换一个角度,将许多简单的激活函数进行叠加,能够逼近(模拟)任何复杂函数。

人工神经网络是由大量的神经元构成的,能够处理特定任务。人工神经网络结构示意图如图 21-6 所示,其由 3 层构成,各层含义如下:

- 输入层,即第一层。
- 中间层,学习算法必须依赖中间层来产生最终的求解结果,但是训练数据并没有告诉中间层应该做什么,因此中间层又称隐藏层。
- 输出层,即最后一层。

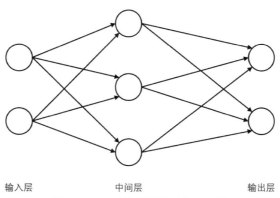

图 21-6　人工神经网络结构示意图

值得注意的是,在感知机中,权重值是根据经验设定的。而在人工神经网络中是通过对已知数据的观察(学习)来获取符合要求的输入与输出的权重值,即人工神经网络通过学习获取权重值。

21.1.4 完成分类

根据待解决问题的不同，把问题划分为分类问题和回归问题。

- 分类问题：确定输入所属分类是定性问题，结果是分类值，如判断一个人是男性还是女性。
- 回归问题：确定输入对应的输出值是定量问题，结果是连续值，如判断一个人的年龄。

人工神经网络既可以解决分类问题又可以解决回归问题。但是解决不同的问题，输出层采用的激活函数是不一样的。通常情况下，解决回归问题采用恒等函数，解决分类问题采用 softmax 函数。

恒等函数不改变原有数据的值，直接将其输出，如图 21-7 所示。

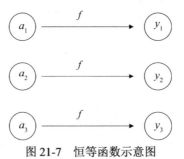

图 21-7 恒等函数示意图

使用 softmax 函数解决分类问题的思路是通过回归方式实现分类。具体来说，softmax 函数采用叠加方式实现，其输出值个数等于标签的类别数。例如，图 21-8 中具有四种输入特征，三种输出的类别，包含 12 个权重值，对应的具体关系为

$$y_1 = x_1 w_{11} + x_2 w_{21} + x_3 w_{31} + x_4 w_{41} + b_1$$

$$y_2 = x_1 w_{12} + x_2 w_{22} + x_3 w_{32} + x_4 w_{42} + b_2$$

$$y_3 = x_1 w_{13} + x_2 w_{23} + x_3 w_{33} + x_4 w_{43} + b_3$$

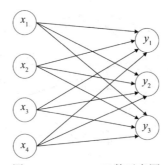

图 21-8 softmax 函数示意图

使用 softmax 函数得到的是离散的预测输出，一种简单的处理方式是将所有输出值中的最大值作为预测值输出。例如，y_1、y_2、y_3 分别为 0.5、2、666，由于 y_3 的值最大，因此预测类别为 y_3，假设 y_1、y_2、y_3 分别代表车、人、狗，则预测结果为狗。

但是，直接使用上述输出值存在如下两个问题：

- 输出值不够直观。例如，某次输出值为"0.5、2、666"，最大值 666 对应的 y_3 为识别结果；另外一次的输出值为"0.02、0.11、0.5"，最大值 0.5 对应的 y_3 为识别结果。同样的值在不同的输出中可能是最大值也可能是最小值，意义不明确。
- 输入的标签是离散值（如车的标签是 1、人的标签是 2、狗的标签是 3），输出值与离散值之间的不对应关系使得误差不好衡量。

为了解决上述问题，通常采用归一化方式将所有输出值映射到[0,1]范围内，采用的公式为

$$y_k = \frac{\exp(x_k)}{\sum_{i=1}^{n} \exp(x_i)}$$

如果有如下三个输出：

$$y_1 = \frac{e^{x_1}}{\sum_{i=1}^{3} e^{x_i}} \qquad y_2 = \frac{e^{x_2}}{\sum_{i=1}^{3} e^{x_i}} \qquad y_3 = \frac{e^{x_3}}{\sum_{i=1}^{3} e^{x_i}}$$

则

$$y_1 + y_2 + y_3 = \frac{e^{x_1}}{\sum_{i=1}^{3} e^{x_i}} + \frac{e^{x_2}}{\sum_{i=1}^{3} e^{x_i}} + \frac{e^{x_3}}{\sum_{i=1}^{3} e^{x_i}} = \frac{e^{x_3} + e^{x_2} + e^{x_3}}{e^{x_1} + e^{x_2} + e^{x_3}} = 1$$

也就是说，softmax 函数的输出总和为 1，可以将 softmax 函数的输出解释为概率。例如，在经过上述处理后，如果 y_1、y_2、y_3 的输出分别为 0.025、0.175、0.8，那么说明相应概率分别为 2.5%、17.5%、80%。此时，可以说 y_3 的概率最高，因此分类结果为 y_3；也可以表述为"有 80%的概率是 y_3，有 17.5%的概率是 y_2，有 2.5%的概率是 y_1"。

21.2　人工神经网络如何学习

上文招聘的例子通过感知机来预测是否能被录取。在使用感知机时，明确了权重值和偏差值。例如，笔试成绩占比为 40%、面试成绩占比为 60%、偏差值为 5（附加分 5 分）。与感知机相比，人工神经网络的优势在于，能够根据既往员工的已知笔试成绩、面试成绩及现实表现，构造一个应聘者是否能被录取的模型，该模型能够自动确定笔试成绩权重值、面试成绩权重值、附加分权重值。

人工神经网络从数据中学习，构造最终的网络模型。通常情况下，通过迭代方式修改权重值和偏差值来训练网络，直到网络的输出和期望值之间的误差小于特定的阈值。

反向传播是典型的学习算法，它将梯度下降算法作为核心学习机制。反向传播算法先随机给定一个权重值，然后通过计算每次的输出和期望值之间的误差不断修正权重值。也就是说，反向传播算法从输出向输入传播误差，并且逐渐地、精细地调整网络的权重值，以让误差最小。

学习过程的一个周期被称为一个 epoch[1]，一个 epoch 中的所有训练数据均被使用过一次。例如，有 20000 笔训练数据，使用每次学习 200 笔数据（mini-batch 方法）的方式进行学习，学习 100 次将所有数据都使用了一次，也就是完成了一个 epoch。在实践中，需要关注的一个指标是"参数的更新次数"，因此需要从参数更新次数的角度理解 epoch。此时，epoch 被表述为"学习过程中所有训练数据均被使用过一次的更新次数"。上例中，一个 epoch 中，学习了 100 次，也就是完成了 100 次参数更新的过程，因此在上例中 100 次是一个 epoch。

反向传播算法的基本流程如图 21-9 所示。

- Step 1：初始化。随机给定权重值和偏差值。
- Step 2：前向传播。该过程也被称为正向传播、前向反馈、前馈运算等。输入信息通过神经元激活函数和权重值，传递到中间层、输出层。
- Step 3：误差评估。评估误差是否小于限定的最小值（阈值），或者迭代的次数是否已经达到指定的最大次数（阈值）。若满足上述二者之一，则结束训练；否则，继续迭代。
- Step 4：反向传播。误差在网络中反向传递。
- Step 5：更新权重值和偏差值。以降低误差为目标，使用梯度算法对权重值和偏差值做出调整。

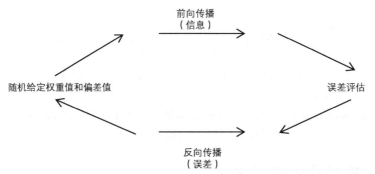

图 21-9　反向传播算法的基本流程

21.3　深度学习是什么

本节将介绍深度学习的基本含义。

21.3.1　深度的含义

人工神经网络的长度称为模型的深度，因此基于人工神经网络的学习被称为"深度学习"。深度学习与相关概念的文氏图如图 21-10 所示。

---

[1] 理论上一个 epoch 中的所有数据均被使用一次。实际上每次学习过程中的训练数据都是随机选择的，所以在一个 epoch 中可能的情况是有的数据被使用多次，有的数据并没有被使用过。

图 21-10　深度学习与相关概念的文氏图

深度学习是叠加了层的 DNN。在普通人工神经网络的基础上，通过叠加层可以构建 DNN。那么相比普通的人工神经网络，叠加多少层才算是 DNN 呢？一般情况下，最简单的 DNN 最少包含两个中间层，其结构示意图如图 21-11 所示。

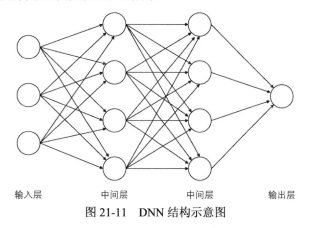

图 21-11　DNN 结构示意图

关于"深度学习"的通俗的理解是，在学习过程中学习得更深刻能够获取更高层次的特征。例如，在获取图像内狗的特征时，传统方法只能获取一些浅层的特征，如尺度、角度（SIFT、HOG）等；而深度学习可以获取更高层次的特征信息（相对更抽象或相对更直观的两极特征），如狗的外貌细节特征、外貌整体特征等。

DNN 具备模拟任意函数的能力，具备模拟极其复杂的决策的能力。

21.3.2　表示学习

在用深度学习解决问题之前，总是先提取对象的特征集，然后对特征集进行处理，从而得到问题的解。特征是解决问题的基础，没有特征就没有办法得到问题的解决方案。因此，产生了一个重要的研究分支——特征工程。特征工程一方面要解决如何选取有效的特征，另一方面要对得到的复杂特征进行预处理，以使这些特征能够更方便地被使用。

在深度学习之前，人们针对图像的特征提取进行了大量研究，取得了丰富的成果，如比较典型的 SIFT 特征、HOG 特征等。很遗憾，这些特征都有很大的局限性，有的擅长提取边缘信息、有的擅长提取方向信息。实践中需要花费大量的精力确定如何从这些特征中挑选出有效的特征。

即便如此，对于某些情况还是无能为力。例如，想要找出照片中的狗，虽然人类一眼就能识别出狗，但是准确地用像素值及关系来描述狗还是比较困难的。而且，这些特征还会随着光线、遮挡关系等发生变化。因此提取的特征未必有效，这极大地影响了识别的效果。手动为一个复杂的任务设计并提取特征需要耗费大量的时间和精力，有的甚至需要研究团队不懈地奋斗几十年。

因此，人们尝试自动地从图像内提取出特征，而不是绞尽脑汁地去手动提取。让特征自动地被提取出来便是"表示学习"。表示学习所学到的表示往往比手动提取的特征具有更好的表现，而且能够很快地移植到新任务上使用。表示学习往往只需要很短时间，就能够自动地完成特征提取。对于简单的任务，可能几分钟就搞定了；对于复杂的任务，也不过花费几个星期到几个月的时间。

深度学习是表示学习的一种典型方式。深度学习将数据的原始输入作为算法输入，通过对原始输入进行特征处理（特征学习、特征抽象等）完成模型构建，从而得到问题的解决方案。深度学习除了模型构建，还包含特征相关的表示学习部分，所有这些部分都是通过多个层次的模块完成的，这也是称其为深度学习的原因。

深度学习的典型代表是人工神经网络算法，最有名的人工神经网络算法是卷积神经网络（Convolution Neural Network，CNN）。

本节相关概念的文氏图如图 21-12 所示。

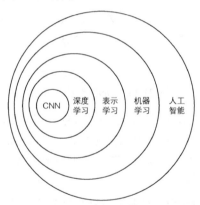

图 21-12　本节相关概念的文氏图

21.3.3　端到端

端到端（End-to-End）是深度学习最重要的特征之一。

在机器学习阶段之前，人们完全通过手动方式设计程序，工作效率较低，没有完整可靠、高可移植的算法。一般情况下，要解决一个新问题，需要从头开始，成熟的经验很少能被高效率地复用。

机器学习阶段，通过数据学习经验模型，完成特征映射，从而解决问题。因此，在机器学习阶段直接把手动提取的特征提供给机器，机器就能根据这些特征构造模型。在面对新问题时，使用相应模型就可以自动解决问题。

深度学习也是机器学习，但是它与其他机器学习的重要差别之一是不需要手动取特征。其他机器学习的首要任务是特征提取，需要先手动提取输入对象的特征，然后通过特征映射解决问题。手动提取特征的效率特别低，且提取到有效特征的难度特别大，获得的特征未必具有通用性。深度学习使用的是自动提取特征。

简单来说，在深度学习中，交给深度学习系统的是"原始输入"，得到的是"答案"。学习过程中不再需要人为干预特征，即可自动地获取有效的高层次特征。

过去采用的是"分而治之"的方式解决问题。把一个大问题划分为若干个小问题，逐个突破，最终解决整个问题。而深度学习采用的是一体化方式，把整个问题作为输入直接传递给深度学习系统即可获得最终结果，此过程不需要人为干预。

图 21-13 所示为各种不同解决问题方式的流程图，图中黑色块表示不需要人为干预、由系统自动完成的模块。

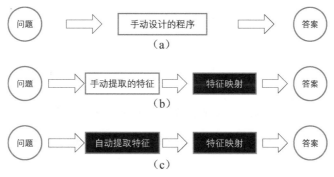

图 21-13　各种解决问题的方式

21.3.4　深度学习可视化

深度学习通过简单的激活函数构造多层网络来解决复杂问题。随着人工神经网络层数的不断堆叠，最终得到的特征逐渐地从泛化特征（如边、角、轮廓等）过渡为高层语义特征（如车等）。

在图 21-14 中，第 1 中间层得到了边信息，第 2 中间层得到了更复杂的角、轮廓信息，第 3 中间层得到了高层次的特征，如人、狗、车等高级语义特征。

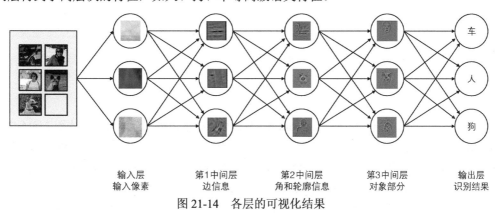

| 输入层 | 第1中间层 | 第2中间层 | 第3中间层 | 输出层 |
| 输入像素 | 边信息 | 角和轮廓信息 | 对象部分 | 识别结果 |

图 21-14　各层的可视化结果

参考网址 10 提供了一个在线的 CNN 解释器。通过该解释器，可以清晰地观察到每一层的可视化效果，还能观察到每一层中每一个对象是通过怎样的计算得到的。

21.4　激活函数的分类

21.1.2 节介绍了将阶跃函数作为激活函数。本节首先要明确的是，人工神经网络中所使用的函数基本都是非线性函数。图 21-15 左图是线性函数曲线，右图是非线性函数曲线。

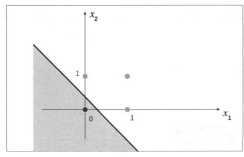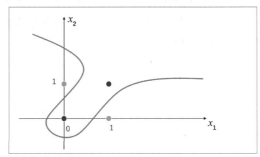

图 21-15　线性函数曲线与非线性函数曲线

线性函数无论经过多少轮的堆叠，得到的结果仍旧是线性的。只有非线性函数，经过堆叠才可以模拟出各种复杂的函数。

例如，线性函数 $f(x)=ax$：

- 根据 $f(x)=ax$，可以得到 $y=f(f(ax))$。
- 进一步代入 $f(x)=ax$，得到 $y=f(a(ax))$。
- 进一步代入 $f(x)=ax$，得到 $y=a(a(ax))$，该函数仍是线性的 。

所以激活函数采用的都是非线性函数，最基础的非线性函数就是阶跃函数。但是，阶跃函数的优点及缺点都在于"阶跃"，得到的值不是 0 就是 1，没有办法展示更详细的数据，而我们往往希望得到更多的细节信息。例如，虽然都是及格（对应 1），但是更希望通过一个具体的数值对同样是及格的结果进行度量，如 0.98、0.68。基于此，引入了 sigmoid 函数。

21.4.1　sigmoid 函数

sigmoid 函数又称 logistic 函数，其形式为

$$f(x) = \frac{1}{1+e^x}$$

如图 21-16 所示，图中实线是 sigmoid 函数曲线、虚线是阶跃函数曲线。从图 21-16 中可以看到，阶跃函数的输出在输入为 0 时，发生剧烈变化；而 sigmoid 函数是一条相对比较平滑的曲线，输出随着输入发生连续变化。sigmoid 函数的平滑性对于深度学习具有重大意义。

阶跃函数只能输出 0 和 1，而 sigmoid 函数能够返回介于(0,1)的实数值，因此 sigmoid 函数的返回值相比 0 和 1 具有更丰富的含义。例如，0 和 1 仅能表示"不录取""录取"两种情况；而 0 到 1 之间的连续值能够表示不同的录取可能性，如 0.5、0.9 等。

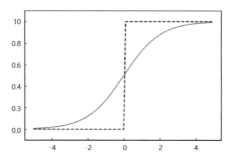

图 21-16 阶跃函数曲线与 sigmoid 函数曲线

sigmoid 函数所有输出都是大于 0 的，不是关于(0,0)点对称的，不太适合作为激活函数使用，因此引入了 tanh 函数。

21.4.2 tanh 函数

tanh 函数又称双曲正切函数，输出值范围是(-1,1)，形式为

$$f(x) = \frac{2}{1+e^{-2x}} - 1$$

tanh 函数曲线如图 21-17 所示。

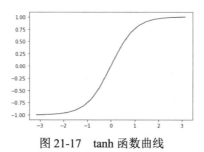

图 21-17 tanh 函数曲线

与 sigmoid 函数相比，tanh 函数以(0,0)为中心，解决了 sigmoid 函数存在的问题，但是 tanh 函数存在如下问题：

- 对于大于 3 等较大的值，对应的输出值几乎都是 1。
- 对于小于-3 等较小的值，对应的输出值几乎都是-1。

上述问题，会带来"饱和效应"，导致在反向传播过程中误差无法传递，进而导致网络无法完成正常的训练操作。基于此，引入了 ReLU 函数。

21.4.3 ReLU 函数

为了避免饱和效应，Nair 等人在人工神经网络中引入了 ReLU（Rectified Linear Unit，修正线性单元）函数。该函数在输入大于 0 时，直接将输入作为输出；在输入小于或等于 0 时，输出 0，其形式为

$$f(x) = \begin{cases} x & x > 0 \\ 0 & x \leqslant 0 \end{cases}$$

上式也可以表示为 $f(x) = \max(0,x)$，ReLU 曲线如图 21-18 所示。

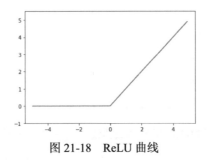

图 21-18　ReLU 曲线

ReLU 函数在 $x>0$ 部分完全消除了 tanh 函数存在的饱和效应。而且，ReLU 函数的计算量更小，计算更方便。

但是，ReLU 函数在 $x<0$ 时，输出值始终为 0，对应梯度值一直为 0。因此，无法对负数做出有效反馈，无法完成对网络的训练，这种现象被称为"死区现象"。为了解决这个问题，引入了 Leaky ReLU 函数。

21.4.4　Leaky ReLU 函数

为了缓解死区现象，将 $x<0$ 部分乘以一个非常小的数值，得到 Leaky ReLU，具体形式为

$$f(x) = \begin{cases} x & x \geq 0 \\ \alpha x & x < 0 \end{cases}$$

如图 21-19 所示，左侧是 ReLU 函数对应图形，右侧是 Leaky ReLU 函数对应图形。

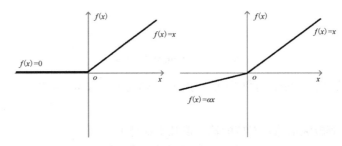

图 21-19　ReLU 函数对应图形与 Leaky ReLU 函数对应图形

Leaky ReLU 函数虽然缓解了死区现象，但是其中 α 值较难设定，α 值的微小变动就会对网络造成较大影响。对此，提出了两种解决方案：一种解决方案是通过网络学习设定 α 值；另一种解决方案是将 α 值设定为一个随机值。

21.4.5　ELU 函数

ELU（Exponential Linear Unit，指数化线性单元）函数是除 Leaky ReLU 函数外的另一种 ReLU 函数优化方案，其公式为

$$f(x) = \begin{cases} x & x \geq 0 \\ \alpha\left(e^x - 1\right) & x < 0 \end{cases}$$

实践中，上式中的 α 值通常为 1，ELU 函数对应图形如图 21-20 所示。

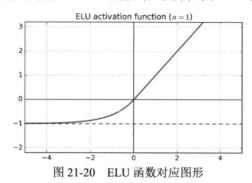

图 21-20　ELU 函数对应图形

ELU 函数不仅具备 ReLU 的优点，还解决了 ReLU 函数的死区现象。但是，该函数的指数运算的效率较低。

21.5　损失函数

本节将介绍损失函数的相关知识点。

21.5.1　为什么要用损失值

损失函数是为了更好地量化问题而使用的一种衡量数据的方式。

例如，某部电影很好看，部分观众的观后感如下：

- 好、非常好。
- 很棒、太棒了。
- 百年内无可超越。
- 一部经典的电影、光芒四射。

通过这些影评可以知道这部电影很好。同时另一部电影的影评也很好。此时怎么判断哪部电影更好呢？一个很好的解决方案就是把问题由"定性"转换为"定量"，即为电影评分，把对电影的评价由抽象的好/坏转变为具体的分数。通过评分很容易判断一部电影的受欢迎程度。

但是，如何设计评分非常关键，设计不佳的评分无法体现电影间的差异，意义不大。例如，在图 21-21 中：

- 第 1 次识别结果中，5 个数字中有 4 个识别正确，准确率为 80%。
- 对第 1 次的识别进行改进后进行第 2 次识别。此时，识别结果与第 1 次识别的准确率一致，仍是 80%。
- 继续改进并进行第 3 次识别。此时，准确率仍是 80%。

在每次识别后都进行了改进，但改进后的准确率一直是 80%，每次改进的结果并没有得以体现。因此，并不知道每次改进是否对最终的结果有影响。造成这种情况的原因是将准确率作为衡量标准存在问题，因为准确率不能衡量出每次改进后的变化差异值。

图 21-21　识别举例

图 21-22 所示为标签、实际值及多次识别结果。将每次识别时数字 4 对应的概率值与实际值之间的差值作为衡量计算结果的优劣标准，则有

- 第 1 次识别时，标签 4 对应的识别概率为 0.7 与实际值 1 之间相差 1-0.7=0.3。
- 针对上述识别进行改进，在第 2 次识别时标签 4 对应的识别概率为 0.8 与实际值 1 之间相差 1-0.8=0.2，改进有效。
- 针对上述识别继续改进，在第 3 次识别时标签 4 对应的识别概率为 0.9 与实际值 1 之间相差 1-0.9=0.1，改进有效。

通过上述流程可以看出，虽然第 1 次、第 2 次、第 3 次的识别结果是一致（都是准确的，准确率为 100%），但是识别的精度是不断地提升的。

通过使用有效的评估值，能够更好地获取模型的改进程度的相关信息。

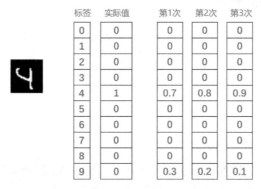

图 21-22　标签、实际值及多次识别结果

21.5.2　损失值如何起作用

上一节介绍了借助损失值能够更清晰地了解系统的改进情况。下文通过一个简单的示例说明损失值如何起作用。

某单位组织应聘考核，为了更好地衡量笔试成绩、面试成绩与最终表现之间的关系，该单位人力资源部门拿出了历年入职员工应聘时的笔试成绩、面试成绩及年终考核成绩。希望能够在"笔试成绩、面试成绩、附加分"与"年终考核成绩"之间构造一个合理的模型，具体的模型如下：

$$y = x_1 w_1 + x_2 w_2 + b$$

上述模型中需要确定的是笔试成绩权重值、面试成绩权重值及附加值 b 的具体值。上述模型示意图如图 21-23 所示。

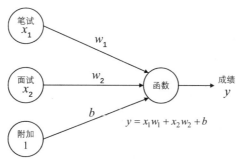

图 21-23　模型示意图

首先，可以根据经验（或随机）设定初始权重值。例如，笔试成绩、面试成绩对年终考核成绩影响差不多，可以均设定为 0.5。年终考核成绩与笔试成绩、面试成绩相比均有 10 分左右的提升，因此可将附加值设置为 10。初始模型可能如下：

$$y = x_1 \times 0.5 + x_2 \times 0.5 + 10$$

确定了上述模型的权重值、附加值的初始值后，将部分员工的应聘时的成绩及年终考核成绩代入上述模型计算损失值，并据此调整权重值、附加值。

- 将应聘成绩代入初始模型，计算预估的年终考核成绩 ey。
- 将预估年终考核成绩 ey 与实际年终考核成绩 y 相减，获得损失值。
- 根据损失值调整权重值。

重复上述步骤，直至损失值小于某个特定的数（满足阈值），确定最终模型。在招聘新职员后可以使用该最终模型评估其可能的表现。

21.5.3　均方误差

上一节使用应聘考核的例子简单说明了损失值的作用。下文介绍使用均方误差（Mean Square Error，MSE）计算损失值。

均方误差是应用最广泛的损失函数，其形式如下：

$$E = \frac{1}{2} \sum_k \left(y_k - t_k \right)^2$$

其中，各个参数含义如下：

- y_k 是人工神经网络的输出。
- t_k 是监督数据，只有正确标签对应位置上的值为 1，其余值均为 0（One-Hot 编码）（见 21.6.3 节）。
- k 是数据的维数。

均方误差（损失函数值）越小，结果和监督数据之间的误差越小，结果越准确。

例如，有数字识别程序（识别结果为数字 0～9，共有 10 个可能值），其中监督数据和输出数据分别为

$$t = \{0,0,1,0,0,0,0,0,0,0\}$$

$$y = \{0,0,1,0,0,0,0,0,0,0\}$$

其中，t 和 y 中的数值对应数字 0～9 的概率值；t（监督数据）表示实际值为 2，y（人工神经网络输出）表示识别结果是 2 的概率为 1（100%）。

计算均方误差，即将 t 和 y 对应位置上的值相减，计算其平方和。两组数值中各个位上的值完全一致，因此该值为 0。t 表示实际值（监督数据）是 2，y 表示识别结果也是 2，即预测结果与实际值完全一致时，其均方误差值为 0。

例如，有两次不同的识别结果，分别为 y_a 和 y_b，具体如下：

$$t = \{0,0,1,0,0,0,0,0,0,0\}$$

$$y_a = \{0,0,0.8,0,0,0,0,0,0,0.2\}$$

$$y_b = \{0,0,0.9,0,0,0,0,0,0.05,0.05\}$$

则针对 y_a 和 y_b 的均方误差为

- 针对 y_a，$E = \dfrac{1}{2}\left((1-0.8)^2 + (0-0.2)^2\right) = 0.04$。

- 针对 y_b，$E = \dfrac{1}{2}\left((1-0.9)^2 + (0-0.05)^2 + (0-0.05)^2\right) = 0.0075$。

通过上述计算可以看出，y_b 与监督数据（实际值）之间的均方误差值更小，即损失函数值更小，这说明 y_b 与监督数据更加吻合。

21.5.4　交叉熵误差

交叉熵误差（Cross Entropy Error，CEE）是一种比较常用的损失函数是，其形式如下：

$$\text{CEE} = -\sum_k t_k \log y_k$$

其中，各个参数含义如下：

- y_k 是人工神经网络的输出。
- t_k 是监督数据，只有正确标签对应位置上的值为 1，其余值均为 0（One-Hot 编码）。
- k 是数据的维数。

值得注意的是，在监督数据 t_k 中，仅仅正确标签的值为 1，其余值都是 0。因此，在计算交叉熵误差时，计算的只是监督数据 t_k 为 1 的正确标签对应的输出数据的负对数值。

需要说明的是，y_k 是人工神经网络的输出，最小值是 0，最大值是 1。

也就是说，交叉熵误差对应的函数是 $y = -\log x$（x 的值在 [0,1] 范围内），其图形如图 21-24 所示。从图 21-24 可以看出，x 的值越大，其返回值越小。这意味着监督数据 t_k 中的正确标签对应的输出 y_k 中的值越大，其交叉熵误差越小。

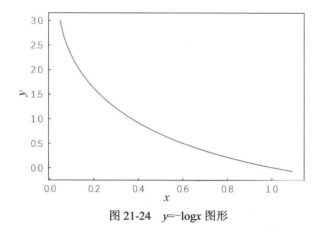

图 21-24　$y=-\log x$ 图形

例如，有两次不同的识别结果，分别为 y_a 和 y_b，具体如下：

$$t = \{0,0,1,0,0,0,0,0,0,0\}$$

$$y_a = \{0,0,0.8,0,0,0,0,0,0,0.2\}$$

$$y_b = \{0,0,0.9,0,0,0,0,0,0.05,0.05\}$$

则针对 y_a 和 y_b 的交叉熵是差为

- 针对 y_a，$ECC = -\log 0.8 = 0.2231$，即 y_a 中正确标签对应的概率为 0.8，其交叉熵误差为 0.2231。
- 针对 y_b，$ECC = -\log 0.9 = 0.1054$，即 y_b 中正确标签对应的概率为 0.9，其交叉熵误差为 0.1054。

通过上述计算，可以进一步明确：

- 在任何结果中，交叉熵误差与错误标签对应的概率是无关的。
- 正确标签对应的概率值越大，其对应的交叉熵误差越小。
- 交叉熵误差越小，预测与监督数据越吻合。

21.6　学习的技能与方法

本节将主要介绍一些与深度学习相关的高频词，这些词大多与学习的方法和技巧相关。

21.6.1　全连接

如图 21-25 所示，如果输出层中的神经元和输入层中各个输入完全连接，那么输出层又叫作全连接层（Fully-Connected Layer）或稠密层（Dense Layer）。

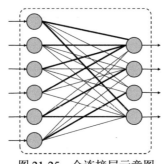

图 21-25　全连接层示意图

全连接层主要用于分类，它把提取的分布式特征映射到各个对应的结果对象上。全连接层中每个神经元节点都与上一层的所有神经元结点相连接，它的作用是对上一层提取的特征进行分类。深度学习（如 CNN）在经过多个提取特征层（卷积层、池化层）后，会连接若干个全连接层。全连接层能够对前面层提取的局部特征进行整合，进而得到总体特征。例如，在识别猫时，前面层提取的是猫的脸、爪子等局部特征，全连接层能够将之组合为猫。

最后一层全连接层的输出值被传递给一个输出，可以采用 softmax 函数进行分类，该层也可称为 softmax 层。

一个容易与全连接混淆的概念是全卷积网络（Fully Convolutional Networks，FCN），24.3.1 节有关于 FCN 的介绍。

21.6.2　随机失活

随机失活是指 dropout 方法，又被称为辍学法，由 Hinton（2018 年图灵奖获得者）提出，其思想来源于银行的防欺诈机制。Hinton 在去银行办理业务时发现柜员会时不时地换人。后来了解到，银行工作人员要想成功欺诈银行必须相互合作，不停地换岗位是为了阻止他们共谋侵害银行利益。

随机失活的目标在于降低过拟合，提高系统的泛化能力。它通过引入噪声来打破不显著的偶然模式，进而防止模型记住偶然模式。

在具体实现时，每个中间层的神经元以概率 p 从网络中被随机地忽略。由于神经元是随机选择的，所以每个训练实例选择的都是不同的神经元组合。如图 21-26 所示，左图是标准的人工神经网络模型；右图是随机失活示例，其中带叉号的圆圈是在本轮训练中被临时淘汰的神经元。

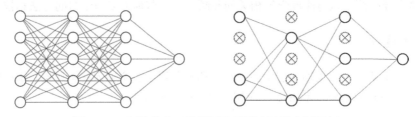

图 21-26　标准的人工神经网络模型和随机失活示例

随机失活的思想非常简单，每一轮都会得到相对较弱的学习模型。将若干个弱模型组合体现的是集成学习思想。实践表明，由弱模型构成的集成学习表现大大优于单个弱模型，且成绩优异。

21.6.3　One-hot 编码

One-Hot 编码又称独热编码，它仅仅将一组数值中的某个特定位置上的值设定为 1，其余位置上的值均设定为 0。One-Hot 编码示例如图 21-27 所示，在表示数字时，One-Hot 编码仅将与该数字对应的索引位置上的值标注为 1，其余位置均标注为 0。

索引	0	1	2	3	4	5	6	7	8	9
数字0	1	0	0	0	0	0	0	0	0	0
数字1	0	1	0	0	0	0	0	0	0	0
数字2	0	0	1	0	0	0	0	0	0	0
数字3	0	0	0	1	0	0	0	0	0	0
数字4	0	0	0	0	1	0	0	0	0	0
数字5	0	0	0	0	0	1	0	0	0	0
数字6	0	0	0	0	0	0	1	0	0	0
数字7	0	0	0	0	0	0	0	1	0	0
数字8	0	0	0	0	0	0	0	0	1	0
数字9	0	0	0	0	0	0	0	0	0	1

图 21-27　One-Hot 编码示例

One-Hot 编码能够让数值的计算更科学、更方便。例如，虽然数值 9 与集合 {数值 1,数值 3} 中的每个数字都不同，但是我们往往只需要知道它们不同，无须考虑更多的差异值。

- 在计算差值时，数值 9 与集合 {数值 1,数值 3} 中的差值不一样，存在不同的距离。数值 9 与数值 1 的距离为 8（9-1），数值 9 与数值 3 的距离为 6（9-3）。而使用 One-Hot 编码，所有数字间的距离是一致的，都仅有一个数字的差异。
- 在计算 One-Hot 编码数据时，直接使用位运算方式即可完成数值间的运算，计算起来更方便。

21.6.4　学习率

第 15 章将梯度下降类比为在一个斜坡上不断地朝着坡度最大的方向迈进。针对此场景，学习率是指每次迈进的步子大小，如每步可以是 80cm，也可以是 60cm。

在深度学习中，学习率是指在学习的过程中通过梯度下降算法不断地更新权重值，每次更新时权重值变化的大小。例如，原来的值是 0.36，可以将其变换为 0.35，也可以将其变换为 0.26。

学习率的大小直接影响学习的速度和精度。学习率示意图如图 21-28 所示。

- 图 21-28（a）学习率较小，学习速度较慢，要经过多次学习才能找到最优解。
- 图 21-28（b）学习率较大，很快就找到了最优解。
- 图 21-28（c）和图 21-28（d）学习率过大，导致多次越过最优解，甚至找不到最优解。

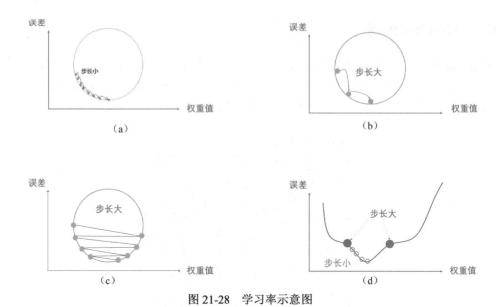

图 21-28　学习率示意图

21.6.5　正则化

深度学习面临的一个重要问题是过拟合。过拟合是构造的模型过于复杂导致的对原始数据的过度拟合。过拟合模型对未知数据的泛化能力较弱。一个关于过拟合的示例：某个机器人能够很好地与人交流，但是每次说话时都要穿插着发出"咝咝咝"的声音。后来才知道，机器人是跟着收音机学习说话的，而那个收音机的接收效果不太好，总是会发出"咝咝咝"的噪声。

过拟合模型对于训练数据表现良好，而对于训练数据之外的数据表现相对较差。

通常，使用正则化来防止模型过拟合。正则化是将复杂问题空间映射到简单问题空间的一种方式。例如，用学校所有机器人开展实验，学校一共有 4 个机器人，它们分别属于不同的部门，分布在不同大楼中。为了提高效率，把分布在不同地点的机器人放在同一间办公室内。本例中，把机器人放在同一间办公室之前的搜寻空间是整所学校，把机器人放在同一间办公室（正则化）之后的搜寻空间变为某间办公室。把机器人放在同一间办公室之后的搜寻空间变得更有限了。把机器人放在同一办公室内就是正则化过程。

很多过拟合是参数权重值过大导致的，为了降低深度学习网络模型的复杂性，并提高其泛化能力，通常通过权重值衰减来抑制过拟合，实现正则化。

通过增大损失函数的值可以抑制权重值变大，具体是通过让损失函数加上一个与权重值有关的值来实现的，这种方式通常被称为参数范数惩罚。根据所加值不同，可以将参数范数惩罚分为 L2 正则化和 L1 正则化。

1. L2 正则化

L2 范数是指一组数的平方和。在 L2 正则化中所加值是 L2 范数（权重值的平方和），具体为

$$E(w) = E(w) + \frac{1}{2}\lambda\sum_i w_i^2$$

其中：

- $E(w)$是误差函数，如均方误差、交叉熵误差等。
- λ是控制较大权重值的衰减程度的惩罚系数，是权重向量。
- w_i是权重值。

L2 正则化被称为权值衰减，又称为岭回归（Ridge Regression）或 Tikhonov 正则化（Tikhonov Regularization）。

2. L1 正则化

L1 范数是一组数的绝对值之和。在 L1 正则化中所加值是 L1 范数（权重值的绝对值之和），具体为

$$E(w) = E(w) + \lambda \sum_i |w_i|$$

其中：

- $E(w)$是误差函数，如均方误差或交叉熵误差等。
- λ是控制较大权重值的衰减程度的惩罚系数，是权重向量。
- w是权重值。

L1 正则化使用的是权重值的绝对值之和，L2 正则化使用的是权重值的平方和。也可以将 L1 正则化和 L2 正则化结合起来使用，这种方式被称为 Elastic 网络正则化。除此以外，上文介绍的 dropout 方法也是正则化的重要方式。

21.6.6　mini-batch 方法

mini-batch 方法又称小批量方法，是用部分数据代表全部数据进行训练的一种方法。

传统上，在训练人工神经网络时，需要针对每个单独样本逐个计算梯度，从而对权重值进行优化。但是，实践中的数据量可能非常多，会导致训练耗时过长。因此，人们提出了 mini-batch 方法。

简单来说，mini-batch 方法就是随机从总样本中挑选一部分样本作为总样本的代表。样本选取过程既可以采用重复取样，也可以采用不重复取样。前者表示每次取样后，不考虑上一次的取样情况，下一次仍旧从所有样本内随机取样；后者表示每次取样后下一次取样仅从没有被抽中的样本中随机选取。

假如从一个盒子中随机取小球，重复取样相当于每次取完后把球放回去，因此重复取样又称有放回去样；不重复取样相当于每次取球后不再把球放回去，下一次取样仅从盒子内剩余的球中随机选取，因此不重复取样又称无放回取样。这两种取样方式都可以作为 mini-batch 的取样方式，但是后者更常用。

当随机选取的样本数量和所有样本数量一致时，称为一个 epoch。假如，有 10000 个样本，每个 mini-batch 选取 100 个，则完成 100 轮后完成一个 epoch。

值得注意的是，mini-batch 方法在当前批次上集中计算梯度，不像传统方式那样针对每个样本单独计算梯度。集中计算梯度的方式即用均值代替当前批次整体的值。

21.6.7 超参数

大多数机器学习（深度学习）算法都具有超参数，它们用来控制算法的行为。非常关键的一点是，超参数不是通过学习得到的，而是人为设定的。

例如，在 KNN 算法中，K 值就是一个超参数。本节将介绍的参数基本上都是超参数，它们基本（不是绝对）都无法通过学习得到。

大多数情况下，一个参数被设置为超参数是因为它难以通过系统的自学习进行优化，只能通过不断进行人为调参获取。大多数超参数如果通过学习训练数据获得，那么将导致模型过拟合。

一般情况下会将数据集划分为训练数据和测试数据。为了解决超参数的设定问题会把数据集划分为训练数据、测试数据、验证数据三部分，其中，验证数据专门用于估计训练中的或训练后的泛化误差，以更新超参数。

21.7 深度学习游乐场

参考网址 11 中提供了一个非常有趣的在线神经网络演示系统，如图 21-29 所示。该系统可以让我们在不编写任何程序的情况下，只点击鼠标就可以随心所欲地构造不同结构的深度学习系统。

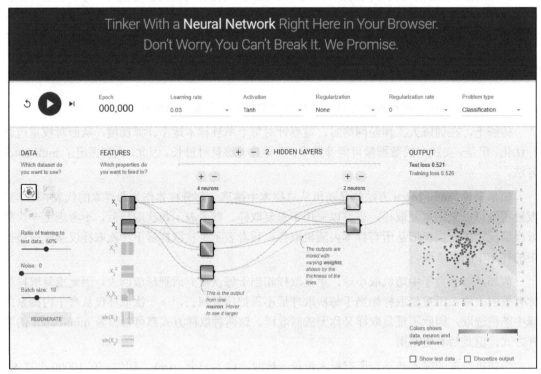

图 21-29 在线神经网络演示系统

第 22 章
卷积神经网络基础

卷积神经网络（Convolutional Neural Network，CNN）是一种专门处理具有类似网格结构数据的人工神经网络。目前广泛使用的图像处理应用中基于深度学习的方法基本都是以 CNN 为基础的。

CNN 与传统人工神经网络一样，都是通过类似搭建积木的方式构建的。与传统人工神经网络不同的是，CNN 中使用了卷积层（Convolution）和池化层（Pooling）。

如图 22-1 所示，左侧是传统人工神经网络，右侧是 CNN。CNN 在传统人工神经网络的基础上添加了卷积层和池化层。

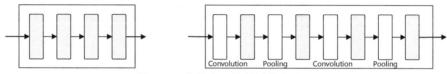

图 22-1　传统人工神经网络和 CNN

本章将先具体介绍卷积层、池化层的构造和基本原理，再介绍构造 CNN 的基础知识，最后介绍具有代表性的 CNN。

22.1　卷积基础

在常见的运算中，卷积是对两个实变函数的一种数学运算。深度学习中的卷积通常是离散卷积，是矩阵的乘法。如图 22-2 所示，将左侧 4×4 的原始矩阵（原始图像）与中间 3×3 的矩阵（卷积核）相乘，得到右侧 2×2 的输出矩阵（输出结果、运算结果）。从图 22-2 中可以看出，左侧矩阵与中间矩阵共进行了四次乘法运算，最终得到右侧 2×2 矩阵中的四个值，图 22-2（a）～图 22-2（d）分别对应这个四个值的计算过程。

- 图 22-2（a）展示的是第一次卷积运算。首先将卷积核置于原始图像的左上角，如图 22-2（a）中阴影位置（左上角 3×3 大小的区域）所示。然后将图 22-2（a）左侧图像中的阴影部分与图 22-2(a)中间的 3×3 大小的矩阵对应位置的值相乘后求和，即 1×1＋2×0＋3×2+2×2＋1×1＋0×0+3×2＋0×0＋1×1=19。最后将数值 19 放到输出矩阵的第 1 行第 1 列。

- 图 22-2（b）展示的是第二次卷积运算。首先在左侧图像中将卷积核向右移一个像素点，如图 22-2（b）中的阴影部分（右上角 3×3 大小的区域）所示。然后将图 22-2（b）左侧图像中的阴影部分与中间的 3×3 大小的矩阵对应位置的值相乘后求和，得到数值 10。最后将数值 10 放到输出矩阵的第 1 行第 2 列。

- 图 22-2（c）展示的是第三次卷积运算。在前述步骤中卷积核从原始图像左上角开始，自左向右完成了针对原始图像第 1 行的遍历。接下来将卷积核移动到原始图像的最左端，并向下移动一个像素点。卷积核在原始图像中的位置如图 22-2（c）中阴影部分（左下角 3×3 大小的区域）所示。此时，将图 22-2（c）左侧图像内阴影部分与图 22-2（c）中间的 3×3 大小的矩阵对应位置的值相乘后求和，得到数值 11。最后将数值 11 放到输出矩阵的第 2 行第 1 列。

- 图 22-2（d）展示的是第四次卷积运算。首先将卷积核在原始图像中向右移动一个像素点，如图 22-2（d）中阴影部分（右下角的 3×3 大小的区域）所示。接下来将图 22-2（d）左侧图像内阴影部分与图 22-2（d）中间的 3×3 大小的矩阵对应位置的值相乘后求和，得到数值 8。最后将数值 8 放到输出矩阵的第 2 行第 2 列。

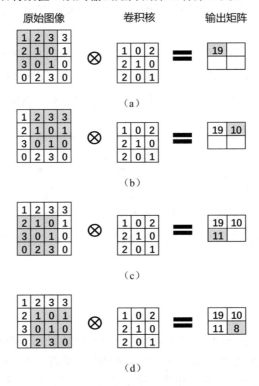

图 22-2　卷积运算示例

通常情况下，上述操作可以表示为如图 22-3 所示形式。图 22-3 表示使用中间的矩阵对左侧的原始矩阵进行卷积操作，得到最右侧的输出矩阵。

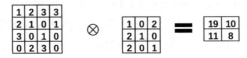

图 22-3　图 22-2 卷积运算示例另一种表示形式

将图 22-3 一般化，使用字母表示矩阵中的各个数值，可以得到如图 22-4 所示的表示形式。

原始图像					卷积核			结果图像		

原始图像

a	b	c	d
e	f	g	h
i	j	k	l
m	n	o	p

卷积核

w	x
y	z

结果图像

aw+ bx+ ey+ fz	bw+ cx+ fy+ gz	cw+ dx+ gy+ hz
ew+ fx+ iy+ jz	fw+ gx+ jy+ kz	gw+ hx+ ky+ lz
iw+ jx+ my+ nz	jw+ kx+ ny+ oz	kw+ lx+ oy+ pz

图 22-4　卷积运算一般式

在卷积运算中，卷积的第一个参数（原始图像）被称为输入，第二个参数被称为卷积核［又称为核函数（Kernel Function）或称为滤波器等］，计算结果作为输出（结果图像）有时被称为特征图（Feature Map），有时被称为特征映射。

需要额外注意的是，通常情况下，输入经过处理后得到的特征图与输入大小并不一致。若希望特征图的大小与输入大小保持一致，则需要进行填充等处理。在 22.3 节会介绍填充的方式。

22.2　卷积原理

本节将通过示例介绍卷积是如何工作的。

22.2.1　数值卷积

简单来说，CNN 就是主动寻找特征并针对这些特征得到特征图，从而解决问题。因此，卷积的一个重要任务就是寻找特征。

分别构造数值比较有特色的输入、卷积核，观察最终效果，如图 22-5 所示。

- 图 22-5（a）中的输入图像在水平方向存在数值 1→0→1 的变化。
  - 使用 A_1 图像中水平方向卷积核(1,-1)对输入图像进行处理，得到的特征图通过数值 1 和数值-1 体现了输入图像中的值发生的变化。特征图中的数值 1 表示输入图像中存在 1→0 的变化；数值-1 表示在输入图像中存在 0→1 的变化。
  - 使用 A_2 图像中的垂直方向卷积核(1,-1)对输入图像进行处理，得到的特征图中的值都是 0。这说明输入图像在垂直方向不存在数值变化。
- 图 22-5（b）中的输入图像在垂直方向存在 0→1→0 的变化。
  - 使用 B_1 图像中垂直方向卷积核(1,-1)对输入图像进行处理，得到的特征图中通过数值 1 和数值-1，体现了输入图像中值的变化。特征图中的数值-1 表示输入图像中存在 0→1 的变化；数值 1 表示输入图像中存在 1→0 的变化。
  - 使用 B_2 图像中的水平方向卷积核(1,-1)对输入图像进行处理，得到的特征图中的值都是 0。这说明在输入图像在水平方向不存在数值变化。

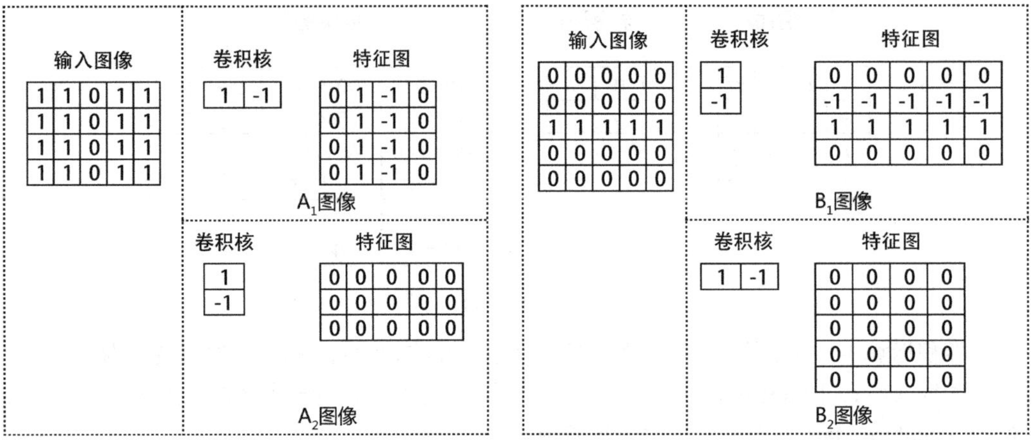

图 22-5　数值卷积示例

通过上述示例可知，利用有效的卷积核能够获得反映输入图像值变化的特征图，针对输入图像使用恰当的卷积核能够得到输入图像的特定特征信息。

22.2.2　图像卷积

在对图像进行卷积运算时，使用不同卷积核能够实现不同的效果。图 22-6 使用不同卷积核分别实现了平滑、复制、锐化、提取边缘的效果，具体如下。

- 运算 a 使用的卷积核是实现卷积滤波时最常用的一种卷积核。该卷积核实现了：计算当前像素点 3×3 邻域中共 9 个像素点的像素值均值。该卷积核使用邻域像素值均值替换当前像素点的像素值，从而实现均值滤波，获得图像平滑效果。
- 运算 b 使用的卷积核只有中心像素点的像素值为 1，其余像素点的像素值均为 0。在运算时，相当于将当前像素点的权重值设置为 1，其邻域像素点的权重值均设置为 0，最终运算结果仍然是当前像素点的像素值。所以运算 b 不会改变原始图像，输出仍是原始图像，相当于实现了图像的复制。
- 运算 c 使用的卷积核的中心像素点的像素值为 5，其正上方、正下方、正左方、正右方的像素点的像素值均为-1，其左上角、右上角、左下角、右下角的像素点的像素值均为 0。该卷积核相当于使用当前像素点的像素值的 5 倍减去其正上方、正下方、正左方、正右方的像素点的像素值。此时，能够实现图像的锐化。
- 运算 d 使用的卷积核的中心像素点的像素值为 8，其 3×3 邻域内其他像素点的像素值均为-1。该卷积核相当于使用当前像素点的像素值的 8 倍减去其 3×3 邻域内其他像素点的像素值。此时，能够提取图像的边缘信息。

图 22-6 中的卷积核比较常见，实际上卷积核的形式、大小都可以是多样的。在具体的图像处理中，经常通过选用不同大小、形式的卷积核来获取图像不同维度的特征。

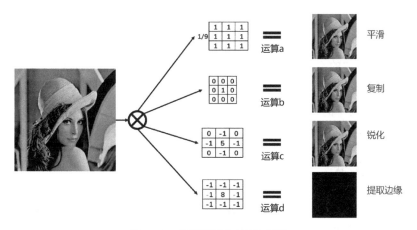

图 22-6　不同卷积运算示意图

参考网址 12 提供了一个在线演示卷积效果的应用，其卷积效果如图 22-7 所示，可以选择不同图像的不同卷积效果。

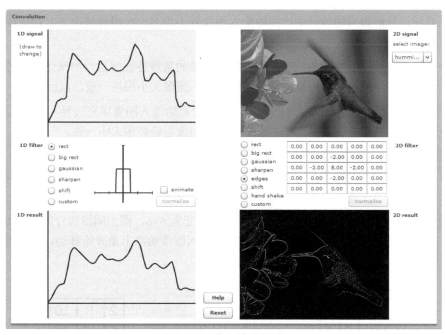

图 22-7　卷积效果展示

22.2.3　如何获取卷积核

在实践中，科研人员会使用不同形状、大小、权重值的卷积核提取不同的特征。通常情况下，直接使用已知卷积核就能很方便地提取所需特征。例如，22.2.1 节中使用水平方向或者垂直方向的卷积核能够提取原始图像在水平方向或垂直方向的数值变化特征，而这些数值变化实际上对应着图像的边缘；22.2.2 节中使用不同的卷积核能够实现图像的平滑、复制、锐化、边缘提取等。

在深度学习中手动设计卷积核是不现实的，其原因如下：

- 这是由 DNN 本身特点决定的。DNN 的结构非常复杂，不可能手动逐个设计卷积核。另外，人工神经网络的端到端思想就是不希望进行手动设计。
- 深度学习中提取的不再是简单的点、线、角等初始图像特征，而是更为高级的语义特征。目前是无法手动设计出提取对象的语义特征（如人的脸）的卷积核的。

实际上，深度学习中的卷积核不是手动设计出来的，而是由深度学习系统通过学习获取的。在初始阶段，随机赋予深度学习系统一个值，然后通过不断的学习，最终获取最佳的卷积核。

22.3 填充和步长

由前文可知，在通常情况下，利用卷积运算得到的特征图大小与输入图像大小是不一致的。如图 22-4 所示，在使用 2×2 大小的卷积核时，输入图像大小为 4×4，得到的特征图大小为 3×3。卷积运算得到的特征图比输入图像小。

普通运算中，特征图大小与输入图像大小不一致造成的影响并不大。但是，深度学习中往往存在多个卷积层，要进行多次卷积运算，这意味着每次卷积运算都会让输入图像变小。因此，经过多次卷积运算后得到的特征图比原始输入图像要小很多。在极端情况下，特征图可能仅剩一个像素点。

在深度学习过程中，通过卷积运算可以得到图像的某些特征信息，如图像边缘等。大多数情况下，希望卷积运算得到的特征图大小与原始输入图像大小保持一致，以便处理。

为了保持特征图与输入图像大小一致，一般会对原始输入图像填充边界（扩充边界），让输入图像变得更大，从而保证卷积运算前后原始输入图像与特征图大小一致。

如图 22-8 所示，最左侧的图像中白色背景部分是原始输入图像，其大小为 4×4；中间是卷积核，其大小为 3×3。若希望卷积处理得到的特征图与原始输入图像大小一致，则可以通过对原始输入图像进行填充边界实现。

如图 22-8 中左图所示，通过填充边界将其尺寸变为 6×6，图中阴影部分的数值 0，是填充的边界。此时，使用图 22-8 中间的卷积核从原始输入图像的左上角开始移动，完成卷积，最终将得到大小为 4×4 的特征图，如图 22-8 中右图所示。

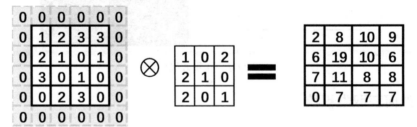

图 22-8 填充边界示意图

上述填充边界是最简单的扩边，实践中填充边界的大小、填充值可以根据需要进行调整。例如：

- 填充边界的大小：上述案例仅仅填充了 1 像素，实践中可以根据需要填充更多像素。

- 填充值：上述案例使用数值 0 来填充边界。实践中，可以使用其他值或边界值来填充边界。使用边界值填充较大的边界时，既可以将最边缘的像素点的像素值重复作为填充值，也可以把靠近边缘的若干个像素点的像素值作为填充值。简单来说，可以通过排列组合的方式对靠近边缘的若干个像素点的像素值进行处理，然后将其作为填充值。

卷积核在输入图像中每次移动跨过的像素点的个数被称为步长（Stride）。通常情况下，卷积核在行上和列上移动时，步长是一致的。因此，步长是一个值，这个值既表示行上的步长，又表示列上的步长。

上文运算中使用的步长都是 1。如果增大步长，可以让卷积核每次在原始图像上滑过更多的像素点。针对同一幅输入图像，使用较大步长得到的特征图比使用较小步长得到的特征图更小。

例如，图 22-9 中的卷积运算使用的步长为 2。当卷积核在输入图像左上角完成第一次卷积运算后，向右侧移动 2 个像素点，再进行一下次卷积运算，以此类推，每次移动，都是移动 2 个像素点。当某一行遍历完成后，卷积核移动到最左端再向下移动两个像素点，继续遍历新的一行。

在图 22-9 中，输入图像中的阴影部分是第一次卷积计算后卷积核所在位置，特征图中的阴影部分是本次卷积计算得到的特征值。从图 22-9 中可以看出，卷积核在每行会移动三次，在列方向上共计移动三次，最后得到的特征图大小为 3×3。

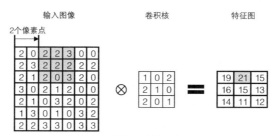

图 22-9 卷积运算滑动示意图

本节仅介绍了最常用的卷积形式，科研人员针对卷积进行了各种各样的尝试，并取得了丰硕的成果。实践中，可以根据需要选用合适的卷积形式，也可以应用新的卷积形式。

22.4 池化操作

池化是由"Pooling"翻译而来的，也有学者将其翻译为"汇合"。进行池化操作的层，通常被称为池化层（也被称为汇合层）。

卷积能够提取图像内的特征，但图像内的特征可能会由于噪声影响不稳定。池化可以在一定程度上消除噪声的影响，从而让图像具有更稳定的特征。也就是说，当图像存在微小的噪声时，通过池化能得到图像的去噪结果。

与卷积层类似，池化层计算的是一个特定窗口内的输出。不同于卷积层中要进行输入和卷积核的相关运算，池化层计算的是指定池化窗口内的元素的最大值或均值。计算最大值时被称为最大值池化，计算均值时被称为均值池化。图 22-10 所示为最大值池化和均值池化的示意图。

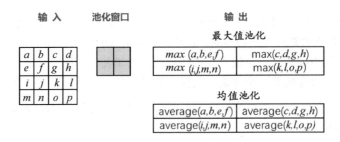

图 22-10　最大值池化和均值池化的示意图

图 22-11 所示为最大值池化运算，其中，池化窗口大小为 2×2，池化窗口从输入图像的左上角开始按照从左至右、从上至下的顺序，依次在输入图像上计算输出结果图像（特征图）。当池化窗口在某一个位置上时，该位置上所有数值的最大值为输出结果图像中对应位置上的值。

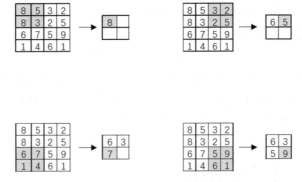

图 22-11　最大值池化运算示意图

需要说明的是，在图 22-11 中，池化窗口的步长为 2。与卷积运算一样，池化窗口的步长可以根据需要调整为不同值。一般情况下，会把池化窗口的步长设置得和池化窗口等大小。例如，大小为 2×2 的池化窗口，设置其步长为 2；大小为 3×3 的池化窗口，设置其步长为 3；大小为 $N×N$ 的池化窗口，设置其步长为 N。

22.5　感受野

眼睛可以看到的整个区域被称为视野。人类视觉系统（Human Visual System，HVS）由数百万个神经元组成，每个神经元可以捕获不同的信息。将神经元感受野定义为总视野的一小块，即单个神经元能够感受到的范围（访问到的信息）。

上述是生物细胞的感受野，它基本遵循"近大远小"的逻辑。一般来说，在近处，它仅能够看到有限范围，而在远处，它可以看到更广泛的区域。

在 CNN 中，感受野（Receptive Field）是指影响元素 x 的前向计算的所有可能输入区域（可能大于输入的实际尺寸）。也就是说，感受野表述的是每一层的特征图上的每个像素点在原始图像上对应（映射）的区域大小。

图 22-12 展示的特征图的每一个像素点都对应着输入图像中的 3×3 个像素点。因此，特征图中的每一个像素点的感受野都是其对应的输入图像中的 9（3×3）个像素点。

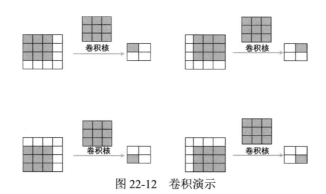

图 22-12 卷积演示

换一种说法，图 22-12 中的特征图中的每一个像素点都包含输入图像内对应位置上 9 个像素点的信息，这是因为特征图上的每个像素点都是其感受野内所有像素值的加权和。

感受野是不断传递到下一层的。例如，图 22-13 中有两次卷积运算：

- 第 1 次：输入图像 A 与卷积核 a 进行卷积运算，得到特征图 B。此时，输入图像大小为 4×4，卷积核大小为 3×3，特征图大小为 2×2。特征图 B 中每个像素点在输入图像 A 中的感受野大小为 3×3。

- 第 2 次：输入图像 B 是第 1 次卷积运算得到的特征图 B，特征图 B 变为输入图像 B。将输入图像 B 与卷积核 b 进行卷积运算，得到特征图 C。此时，输入图像大小为 2×2，卷积核大小为 2×2，特征图大小为 1×1。特征图 C 中每个像素点（只有一个像素点）在输入图像 B 中的感受野大小为 2×2，特征图 C 中每个像素点在输入图像 A 中的感受野大小为 4×4。这是因为，特征图 C 中的像素点来源于输入图像 B 中的 4 个像素点的加权和；而输入图像 B 中的 4 个像素点来源于输入图像 A 中的所有像素点。

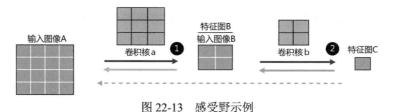

图 22-13 感受野示例

一般情况下，前一层的感受野受到卷积核的影响较大，但是向前追溯多层后，感受野与卷积次数及使用的卷积核大小都有关。例如，在图 22-14 中，上下两个结构中大小为 1×1 的特征图的感受野都可以对应到最左侧 7×7 大小的输入图像。

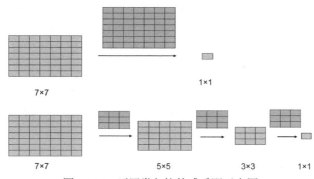

图 22-14 不同卷积核的感受野示意图

图 22-14 还涉及卷积核的选用及效率问题。

- 首先，由图 22-14 可以发现，能使用更多尺寸较小的卷积核来替换尺寸较大的卷积核，如可以使用 3 个 3×3 大小的卷积核替代一个 7×7 大小的卷积核。
- 其次，由图 22-14 可以发现，在使用更多小尺寸卷积核时，运算量更小。图 22-14 中上半部分使用的卷积核大小为 7×7，其中包含 49 个参数；下半部分使用了 3 个大小为 3×3 的卷积核，其中共包含 3×3×3=27 个参数。很明显，下半部分的运算方式使用了更少的参数，计算效率更高。

22.6　预处理与初始化

本节将介绍 CNN 的预处理与初始化问题。

22.6.1　扩充数据集

CNN 的强大功能基于其对海量数据的训练。实际上拥有的训练数据是十分有限的，有限的数据会导致模型训练不充分、性能不佳，陷入过拟合。实践中，往往通过数据增强（Data Augmentation），又称图像增广（Image Augmentation），扩充数据集，以得到更多训练数据。数据增强主要是通过对原始数据进行一系列的变换，从而得到与原始数据相似但又不完全相同的一组数据。数据增强通过随机改变训练样本来降低模型对某些属性的过度依赖，从而提高模型的泛化能力。例如，通过对图像进行不同方式的裁剪、旋转，让关键对象出现在图像的不同位置，从而减轻模型对物体位置的依赖。又如，通过调整图像亮度、色彩、对比度等颜色因素，降低模型对颜色的依赖。

即使已经拥有了大量数据，进行数据增强也是有必要的。因为进行数据增强后可以避免人工神经网络学习到无关的模式，从而提升整体性能。值得注意的是，在数据增强过程中要避免增加无关（无意义）数据。

常见的数据增强方式包括图像的镜像、转置、翻转、裁剪、平移、缩放、旋转、仿射、差值、噪声、对比度、颜色变换等。

可以通过 Fancy PCA 方法进行数据增强。该方法通过对图像的主成分进行随机扰动，来增加新的数据。

上述方式直接对图像进行操作，图像的边缘区域、不重要区域将生成一幅新图像。例如，对一幅猫的图像进行裁剪时，得到的新图像可能是不包含猫的部分，类似操作会导致新样本集中包含无关（无意义）数据。为了避免上述问题，可以在更高层次的语义上对图像进行变换。例如，手动为图像中的关键核心区域，即 ROI 加标签，然后根据 ROI 生成更多相似图像。这样，得到的图像都是与输入图像的 ROI 相关的图像。

参考网址 13 提供了用于扩充图像的库。该库可以将一组输入图像转换为一组新的、规模大得多的类似图像集。图 22-15 所示为该库提供的将一幅图像转换为一组相似图像的范例。

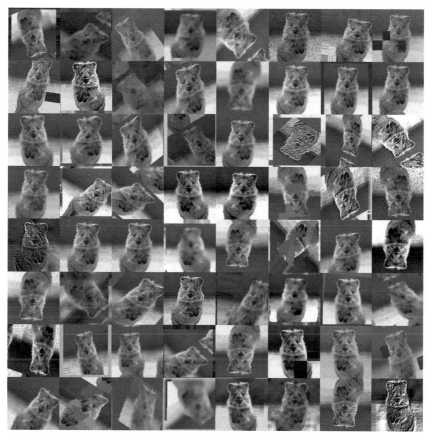

图 22-15　扩充数据集演示

22.6.2　标准化与归一化

图 22-16 左侧图像包含四组不同范围的原始数据，它们分布在不同的空间内（位置范围是各种各样的）。在处理数据时，通常希望原始数据在一个特定的范围内。将图 22-16 左侧图像中的数据转换成图 22-16 右侧图像的形式是数据标准化与归一化的目的，即无论数据的原始范围是什么，都将其限定在一个方便后续运算的特定范围内。

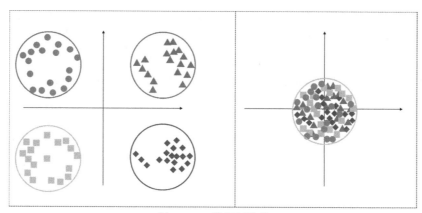

图 22-16　数据标准化

在传统的数据分析中，通常对原始数据进行标准化，使其分布近似于正态分布。在人工神经网络中，如果数据不是近似于正态分布的，那么算法将不会取得好的效果。标准正态分布会让数据的均值为 0，方差为 1。

标准化方法通常是原始数据先减去均值，再除以标准方差。例如，对于 x_i 有

$$z_i = \frac{x_i - \overline{x}}{\sigma_x}$$

其中，z_i 是标准化结果；$\overline{x}$ 是 x_i 的均值；σ_x 是 x_i 的标准方差。

归一化方法通常是把值缩放到 0~1，其实现方式为

$$z_i = \frac{x_i - x_{min}}{x_{max} - x_{min}}$$

通常情况下，图像内的像素值范围是[0,255]。针对图像的一种最常用的预处理方式就是使图像内每一个像素点的像素值直接除以 255；另一种比较常用的方式是使图像内每一个像素点的像素值直接减去所有像素点的像素值均值。

22.6.3 网络参数初始化

最简单的网络参数初始化形式是将所有的参数都设置为 0，但是这样可能会导致网络模型无法完成训练。因此，一种比较常用的网络参数初始化方式是将其设置为一组接近于 0 的随机数，通常将符合正态分布的数据乘以一个非常小的数值作为初始值。

可以将训练好的模型使用在当前新任务上。因为，已经训练好的模型已经通过了实践检验，并取得了较好的效果。将这些模型用在新任务上，并进行改进是一个不错的选择。

22.7 CNN

目前，已经出现了多种不同的网络结构。本节将对比较典型的结构进行简单介绍。

22.7.1 LeNet

1998 年，LeCun 等人提出的 LeNet 系统将 CNN 应用于手写字符识别，并取得了低于 1%的错误率。美国邮政系统依赖该模型进行手写数字识别，成功地实现了自动化分拣包裹和邮件。

LeNet 系统是当代神经网络的基础，其结构如图 22-17 所示，其中每个矩阵都是一个特征图。从结构上看，LeNet 由连续的卷积层（Convolutions）、子采样层（Subsampling）、全连接层（Full connection）构成。

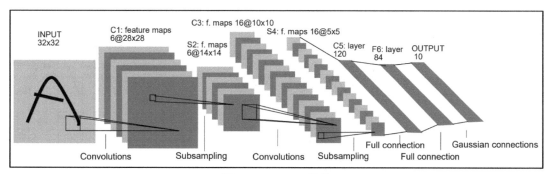

图 22-17 LeNet 结构

（资料来源：LECUN Y，BOTTOU L，BENGIO Y，et al. Gradient-based learning applied to document recognition[J]. Proceedings of the IEEE，1998，86（11）：2278-2324。）

LeNet 中的子采样就是池化。通常情况下，LeNet 中采用的是均值池化，CNN 中采用的是最大值池化。

值得注意的是，LeNet 中采用的激活函数是 sigmoid 函数，而当前大多数 CNN 采用的是 ReLU 等具有更好效果的激活函数。

22.7.2 AlexNet

LeNet 自成功应用后的 20 多年内一度被其他机器学习方法（如 SVM）超越，CNN 在很长一段时期陷入沉寂。

在当时的情况下，SVM 等机器学习方法是"白盒"，能够通过严格的数学推导证得可靠性；而 CNN 是"黑盒"，我们不知道里面到底发生了什么，其工作机理如何。当时人们的研究兴趣和热点在于如何有效地提取特征，以将特征传递给机器学习系统。人们设计出了各种各样具有较高价值的特征描述子符。其中，Krystian 等人发表的 *A performance evaluation of local descriptors* 对多种特征的评价受到广泛的关注。

机器学习虽然好用，但是特征的提取和选用却非常困难，人们一直想着让机器通过学习自主提取特征。随着硬件价格的降低，可获取数据量的增加，人们再次认识到 CNN 的魅力。2012年，Alex 开发的 AlexNet 以超越第二名 10.9 个百分点的成绩夺得 ImageNet 竞赛图像识别挑战赛的冠军。AlexNet 通过实践证明了机器自主提取的特征比手动提取的特征更有效，CNN 因此重新站上了历史舞台，深度学习成为研究热点。

AlexNet 结构如图 22-18 所示，与 LeNet 相比，它有如下不同：

- 与 LeNet 相比，AlexNet 的规模更大、结构更复杂。它包含 8 层变换，其中有 5 层卷积层和 3 层全连接层。
- LeNet 使用的激活函数是 sigmoid，AlexNet 使用的激活函数是 ReLU。
- AlexNet 使用了随机激活（见 21.6.2 节）。
- AlexNet 采用了数据增强，通过图像翻转、裁剪和颜色变化等方式对数据集进行扩充来降低对某些特征的过度依赖，提高系统泛化能力（见 22.6.1 节）。

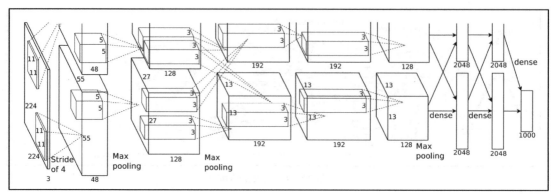

图 22-18　AlexNet 结构

（资料来源：KRIZHEVSKY A，SUTSKEVER I，HINTON G E．ImageNet classification with deep convolutional neural networks[C]．International Conference on Neural Information Processing Systems．Curran Associates Inc．2012：1097-1105。）

22.7.3　VGG 网络

牛津大学 Visual Geometry Group（VGG）提出的 VGG 网络通过重复使用简单的基础块来构建深度模型，其结构如图 22-19 所示，其特色在于：

- 卷积层：在对输入进行 1 个像素边界填充的基础上，使用 3×3 的卷积核进行卷积，以确保经卷积操作后得到的特征图与原始输入图像大小一致。其非常重要的一个特点是使用多个小卷积核替代大卷积核（见 22.5 节）。
- 池化层：使用大小为 2×2 的池化窗口，将输入图像尺寸调整为原始尺寸的四分之一。该操作将从四个像素值中提取一个最大值。实际上，该操作让新特征值的宽和高都变为原来的一半。
- 通道数逐层增加，从开始的 3 层（RGB 三层）通过运算逐步增加到 64 层、128 层、256 层、512 层，最后通过全连接层输出。
- 它的结构是 16 层或者 19 层，因此称为 VGG-16 或 VGG-19。

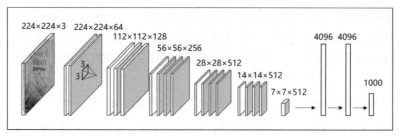

图 22-19　VGG 网络结构

22.7.4　NiN

NiN 是指网络中的网络（Network in Network），很形象地指出在它构造的网络中还存在更小结构的网络。

CNN 能够实现非线性运算，但是网络中的每一个基础操作基本都是线性的（普通的卷积）。简单来说，CNN 通过大量线性运算的叠加构成非线性运算器。因此，只有结构庞大且复杂的网络，才能将线性计算器构成功能完备的非线性计算器。所以，人们通常倾向于构造更复杂的网络来帮助人们更好地解决问题。按照这个思路构造网络只会让网络越来越复杂，直到不能工作为止。

为了避免网络过于复杂，新加坡国立大学的 LinMin 提出了一种新型网络——NiN，该网络在 CNN 中用多层感知机网络（Multilayer perceptron，MLP）替代简单的卷积操作。如图 22-20 所示，左图采用了普通的卷积操作，右图采用了多层感知机将上一层的特征传递给下一层。多层感知机能够提取比卷积操作更高级的特征，并传递给下一层。因此，NiN 可以用比传统 CNN 更简单的结构来完成同样复杂的功能。

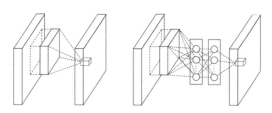

图 22-20　普通卷积与多层感知机

（资料来源：LIN M，CHEN Q，YAN S. Network In Network[J]. Computer Science，2013。）

NiN 除了应用网络中的网络，还有一个创新在于去掉了最后的全连接层，直接使用特征图进行分类，其结构如图 22-21 所示。

在传统 CNN 中，一般是在最终的输出中使用 softmax 函数（见 21.1.4 节）来完成分类工作，这需要通过全连接层实现。全连接层设计的参数过多，很容易造成过拟合。NiN 用全局均值池化的方法替代传统 CNN 中的全连接层。

NiN 使用了输出通道数等于分类标签数的 NiN 块，然后将每个通道的整体均值（全局均值池化）作为分类结果。因此，极大地减少了网络参数，有效地避免了过拟合。这样的设计，让每张特征图都相当于一个特征，每个特征对应一个分类。如果要构造具有 N 个分类任务的模型，那么最后一层的特征图个数就要选择 N 个。

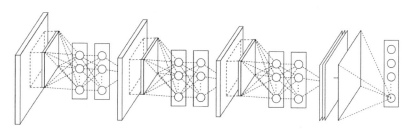

图 22-21　NiN 结构

（资料来源：LIN M，CHEN Q，YAN S. Network In Network[J]. Computer Science，2013。）

22.7.5　GooLeNet

GoogLeNet 取得了 2014 年 ImageNet 的第 1 名（第 2 名为 VGG）。Google 为向 LeNet 致敬特意将其中的字母“L”大写。GoogLeNet 吸收了 NiN 的思想，对其进行了大幅改进。GoogLeNet 结构如图 22-22 所示，看起来好像非常复杂。

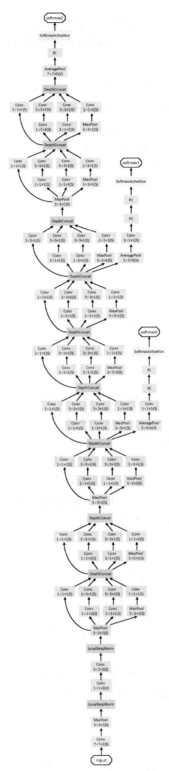

图 22-22　GoogLeNet 结构

（资料来源：SZEGEDY CHRISTIAN，LIU WEI，JIA Y，et al，Going deeper with convolutions[C]．2015 IEEE Conference on Computer Vision and Pattern Recognition（CVPR），2015。）

传统 CNN 的结构是一条线的，GoogLeNet 结构与传统 CNN 结构的不同主要在于，GoogLeNet 在具有深度的同时具有宽度，这种宽度被称为"Inception"。如图 22-23 所示，左图是传统 CNN 结构，右图是 Inception 结构。从图 22-23 中可以看到，Inception 结构内部使用了多个不同的卷积层和池化层。

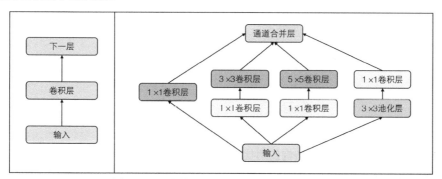

图 22-23　传统 CNN 结构与 Inception 结构

GoogLeNet 的 Inception 结构是一个具有 4 条线路的子网络，GoogLeNet 将多个 Inception 块和其他各层串联起来，构成整个网络。

GoogLeNet 是 ImageNet 上较为高效的模型，在相似精度下，GoogLeNet 具有更低的复杂度。

22.7.6　残差网络

为了解决更复杂的问题，我们倾向于构造具有更多层的网络。一般来说，越复杂的、层数越多的网络解决的问题越复杂。

在实践中会发现，当一个浅层次网络能够解决一个问题时，如果尝试给它加上更多的层，即使这些层是恒等层，那么网络的性能会降低。也就是说，在一个稳定的网络中，即使加入了一些什么都不做的层，网络的性能也会降低。

CNN 中存在大量卷积和池化操作，这些操作都是对原始信息的损耗，意在将最核心的信息从原始信息中提取出来。但是，网络层数的堆叠会过于损耗信息，从而产生新的本不属于它的特征。其原理类似为 1.01^{365} 和 0.99^{365}，指数越大，最终结果偏离原值越多。

微软的 He 提出了应用残差网络（ResNet）来解决上述问题。ResNet 中引入了"快捷结构"（又称为捷径、小路、高速公路等）。快捷结构跳过了卷积层，直接将输入传递给输出。例如，在图 22-24 右图中，输入 x 直接传递到最终的激活函数。基于这种结构，信号能够更好地传递，更方便对网络做出优化。

在图 22-24 中，假设最终的激活函数的理想映射是 $f(x)$，则：

- 左图虚线框内需要拟合的映射为 $f(x)$。
- 右图虚线框内需要拟合的映射为 $f(x)-x$。映射 $f(x)-x$ 被称为残差映射。

图 22-24　中的右图是 ResNet 的基础模块，即残差块（Residual Block）。在残差块中，输入可以跨过多层数据线路更快地传递。由多个残差块堆叠而成的网络结构就是 ResNet。

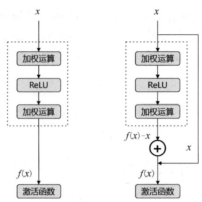

图 22-24　残差块说明图

图 22-25 中是三种不同网络结构的对比：

- 底层是 VGG-19。
- 中间层是 34 层的普通网络，即传统的 34 层的 CNN。
- 顶层是 34 层的 ResNet。

如图 22-25 中顶层的 ResNet 所示，它以 2 个卷积层为步长构建快捷结构，以连接不断加深的层。实践中，有学者将 ResNet 的网络深度加深到 150 层以上，识别精度仍会不断提升。ResNet 网络在 ILSVRC 2015 和 COCO 2015 大赛的检测、定位和分割任务中均拔得头筹。

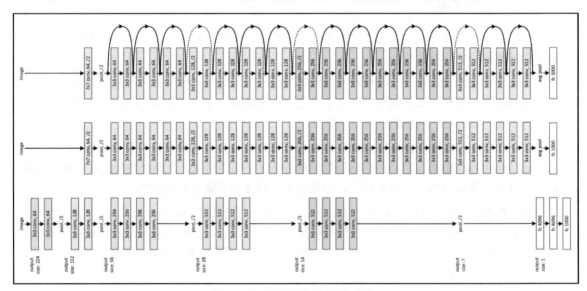

图 22-25　不同网络结构的对比

（资料来源：HE K，ZHANG X，REN S，et al. Deep Residual Learning for Image Recognition[C]. 2016 IEEE Conference on Computer Vision and Pattern Recognition（CVPR），2016。）

每一种经典的网络都会引起人们不断地对它进行优化的兴趣。例如，稠密连接网络（DenseNet）就是在 ResNet 基础上构建的。如图 22-26 所示，左图是 ResNet，右图是 DenseNet，它们的主要区别在于：

- ResNet 使用的是加法。

- DenseNet 使用的是连接。

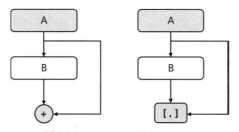

图 22-26　ResNet 及 DenseNet

从图 22-26 右图中可以看出，输入 A 和模块 B 后面的层连接在一起，这是该网络被称为稠密连接网络的原因。

第 23 章

DNN 模块

DNN 模块是 OpenCV 中专门用来实现 DNN 模块的相关功能，其作用是载入别的深度学习框架（如 TensorFlow、Caffe、Torch 等）中已经训练好的模型，然后用该模型完成预测等工作。OpenCV 在载入模型时会使用自身的 DNN 模块对模型进行重写，因此模型具有更高的效率。

如果想在 OpenCV 中使用深度学习模型，那么可以先用熟悉的深度学习框架训练该模型，然后使用 OpenCV 的 DNN 模块载入该模型。

由 Intel 开源软件中心音视频团队赵娟等［他们优化了 OpenCV 模块在图形处理器（Graphics Processing Unit，GPU）上的性能］撰写的《OpenCV 深度学习应用与性能优化实践》一书中，将 DNN 模块的特点归纳为如下几个方面：

- 轻量：OpenCV 的深度学习模块只实现了模型推理功能，不涉及模型训练，这使得相关程序非常精简，加速了安装和编译过程。
- 外部依赖性低：重新实现一遍深度学习框架使得 DNN 模块对外部依赖性极低，极大地方便了深度学习应用的部署。
- 方便集成：在原有 OpenCV 开发程序的基础上，通过 DNN 模块可以非常方便地加入对神经网络推理的支持。
- 方便集成：若网络模型来自多个框架，如一个来自 TensorFlow，另外一个来自 Caffe，则 DNN 模块可以方便地对网络进行整合。
- 通用性：DNN 模块提供了统一的接口来操作网络模型，内部做的优化和加速适用于所有网络模型格式，支持多种设备和操作系统。

与其他推理框架一样，OpenCV 中的 DNN 模块不支持网络训练，只提供网络推理功能。这意味着，DNN 模块的主要任务就是加载和运行网络模型。目前，OpenCV 支持主流的网络模型，如 TensorFlow、Caffe、Torch、DarkNet、ONNX 和 OpenVINO 等。

DNN 模块支持所有基本网络层类型和子结构，如 AveragePooling（均值池化）、BatchNormalization（批量标准化）、Convolution（卷积）、dropout（随机失活）、FullyConnected（全连接）、MaxPooling（最大值池化）、Padding（填充）、ReLU、sigmoid、Slice、softmax 和 tanh 等。

除了实现基本的层类型，DNN 模块支持的网络架构如表 23-1 所示。DNN 模块支持的模型非常多，我们可以根据需要选用合适的网络架构。在使用过程中，无须考虑原格式的差异，各种格式的模型都将被转换成统一的内部网络结构。

表 23-1　DNN 模块支持的网络架构

图像分类网络	Caffe	AlexNet、GoogLeNet、VGG、ResNet、SqueezeNet、DenseNet、ShuffleNet
	TensorFlow	Inception、MobileNet
	DarkNet	darknet-imagenet
	ONNX	AlexNet、GoogLeNet、CaffeNet、RCNN_ILSVRC13、ZFNet512、VGG-16、VGG16_bn、ResNet-18v1、ResNet-50v1、CNN Mnist、MobileNetv2、LResNet100E-IR、Emotion FERPlus、SqueezeNet、DenseNet121、Inception-v1/v2、ShuffleNet
对象检测网络	Caffe	SSD、VGG、MobileNet-SSD、Faster-RCNN、R-FCN、OpenCV face detector
	TensorFlow	SSD、Faster-RCNN、Mask-RCNN、EAST
	DarkNet	YOLOv2、Tiny YOLO、YOLOv3
	ONNX	Tiny YOLOv2
语义分割网络		FCN（Caffe）、ENet（Torch）、ResNet101_DUC_HDC（ONNX）
姿势估计网络		openpose（Caffe）
图像处理网络		Colorization（Caffe）、Fast-Neural-Style（Torch）
人脸识别网络		openface（Torch）

23.1　工作流程

如图 23-1 所示，DNN 模块直接使用训练好的模型对输入的问题进行处理，进而得到问题的答案。

图 23-1　DNN 模块工作流程示意图

可以将在 OpenCV 中使用 DNN 模块简单理解为一个简单的函数调用过程。DNN 模块使用的主要函数及流程如图 23-2 所示。

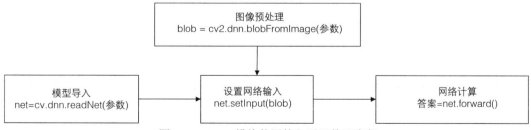

图 23-2　DNN 模块使用的主要函数及流程

下文将对 DNN 模块工作流程中使用的主要函数进行一个简单介绍。

23.2 模型导入

DNN 模块中使用 readNet 函数导入模型，其语法格式为

```
net=cv2.dnn.readNet( model[, config[, framework]] )
```

其中，各参数的含义如下：

- net：返回值，返回网络模型对象。
- model：模型权重文件（模型参数文件）路径。模型权重文件内存储的是训练好的模型的权重值，是二进制文件，文件较大。
- config：模型配置文件（网络结构文件）路径。模型配置文件内存储的模型描述文件，描述的是网络结构，是文本文件，文件较小。
- framework：DNN 框架，可省略，DNN 模块会自动推断框架种类。

函数 readNet 将不同深度学习框架训练的模型导入 DNN 模块的 net 对象中，并返回一个 net。目前，函数 readNet 支持的模型格式有 DartNet、TensorFlow、Caffe、Torch、ONNX 和 Intel OpenVINO。此函数自动根据 model 参数或 config 参数对应的文件推断出框架类型，并调用适当的函数，如 readNetFromCaffe、readNetFromTensorflow、readNetFromTorch 或 readNetFromDarknet，如表 23-2 所示。

表 23-2　模型加载函数

model 参数	config 参数	framework 参数	函数名称	参考网址
*.caffemodel	*.prototxt	caffe	readNetFremoCaffe	参考网址 14
*.pb	*.pbtxt	tensorflow	readNetFromTensorFlow	参考网址 15
*.t7	*.net	torch	readNetFromTorch	参考网址 16
*.weight	*.cfg	darknet	readNetFromDarknet	参考网址 17
*.bin	*.xml	dldt	readNetFromModelOptimizer	参考网址 18
*.onnx	—	onnx	readNetFromONNX	参考网址 19

需要注意的是，readNet 函数的参数的位置顺序并不重要。调用 readNet 函数时无须关心 model 参数和 config 参数的放置顺序。另外，参数 framework 一般不需要特别指定。readNet 函数内部会自动推断参数列表中哪个是 model 参数，哪个是 config 参数，然后根据 model 参数和 config 参数推断 framework 类型，并在内部自动调用其对应的函数。

因此，在使用函数 readNet 时，如下两种形式是一样的：

```
net=cv2.dnn.readNet(model,config)
net=cv2.dnn.readNet(config ,model)
```

既可以使用函数 readNet 让它自动判断对应的函数载入模型，也可以使用表 23-2 函数名称列中的具体函数来载入模型。

若已知某 Caffe 模型的 model="xx.cdaffemodel"、config="xx.prototxt"，则如下语句都是可以使用的：

```
net=cv2.dnn.readNet(model,config)
net=cv2.dnn.readNet(config ,model)
net=cv2.dnn.readNetFromCaffe(config, model)
```

需要注意的是，readNetFromCaffe 这种指定了框架（如 Caffe 等）的函数中的参数格式是固定的，不能改变。其他指定框架函数内参数的顺序可以参考官网，这里不再赘述。

表 23-2 framework 参数列中的 dldt（Deep Learning Deployment Toolkit）是 Intel 公司的 OpenVINO 软件包，该网络模型是经过 OpenVINO 软件包中的模型优化器（ModelOptimizer）组件处理后的输出，所以对应的处理函数名称中含有 FromModelOptimizer 字样。这个函数最终将调用 Net 类中的成员函数 readFromModelOptimizer。

从磁盘上的模型文件到内存表示，再到 OpenCV 的内部模型表示，所有模型加载函数的过程都是一样的，只是因具体格式的不同处理语句略有不同。

23.3　图像预处理

图像预处理是指将需要处理的图像转换成可以传入人工神经网络的数据形式。DNN 模块中的函数 blobFromImage 完成图像预处理，从原始图像构建一个符合人工神经网络输入格式的四维块。它通过调整图像尺寸和裁剪图像、减均值、按比例因子缩放、交换 B 通道和 R 通道等可选操作完成对图像的预处理，得到符合人工神经网络输入的目标值。其语法格式如下：

```
blob=cv2.dnn.blobFromImage(  image[, scalefactor[, size[, mean[, swapRB[,
crop[, ddepth]]]]]]])
```

其中：

- blob：表示在经过缩放、裁剪、减均值后得到的符合人工神经网络输入的数据。该数据是一个四维数据，布局通常使用 N（表示 batch size，每次输入的图像数量）、C（图像通道数，如 RGB 图像具有三个通道）、H（图像高度）、W（图像宽度）表示。
- image：表示输入图像。
- scalefactor：表示对图像内的数据进行缩放的比例因子。具体运算是每个像素值乘以 scalefactor，该值默认为 1。
- size：用于控制 blob 的宽度、高度。
- mean：表示从每个通道减去的均值。若输入图像本身是 B、G、R 通道顺序的，并且下一个参数 swapRB 值为 True，则 mean 值对应的通道顺序为 R、G、B。
- swapRB：表示在必要时交换通道的 R 通道和 B 通道。一般情况下使用的是 RGB 通道，而 OpenCV 通常采用的是 BGR 通道。因此，可以根据需要交换第 1 个和第 3 个通道。该值默认为 False。
- crop：当 image 大小和 size 值不一致时，对 image 进行调整的方式。
  - ➤ 当 crop 为 True 时，分为两种情况：
    - ✧ 情况 1：输入图像 image 和目标图像的 size 值宽高比一致，直接缩放。
    - ✧ 情况 2：输入图像 image 和目标图像的 size 值宽高比不一致。此时，根据 size 调整输入图像 image 的大小，将其中的一侧（宽或高）调整为等于相应 size 规定的大小，另一侧（宽或高）调整为大于或等于 size 规定的大小。然后，在大于 size 的一侧执行从中心的裁剪操作。
  - ➤ 当 crop 为 False 时，直接调整大小（缩放），不进行裁剪并保留纵横比。
- ddepth：控制输出对象 blob 的数据格式，为 CV_32F 或 CV_8U。

blobFromImage 函数中，只有 image 是必选参数，其余均是可选参数。该函数非常关键，它直接决定了传递给人工神经网络的数据及其具体形式。下面对该函数的参数进行具体介绍。

【例 23.1】演示 scalefactor 参数的含义及使用。

```
import numpy as np
import cv2
image=np.ones((3,3),np.uint8)*100
print("原始数据: \n",image)
blob = cv2.dnn.blobFromImage(image,scalefactor=1)
print("scalefactor=1: \n",blob[0])
blob = cv2.dnn.blobFromImage(image,scalefactor=0.1)
print("scalefactor=0.1: \n",blob[0])
```

运行上述程序，程序处理结果为

```
原始数据:
 [[100 100 100]
 [100 100 100]
 [100 100 100]]
scalefactor=1:
 [[[100. 100. 100.]
  [100. 100. 100.]
  [100. 100. 100.]]]
scalefactor=0.1:
 [[[10. 10. 10.]
  [10. 10. 10.]
  [10. 10. 10.]]]
```

由上述程序输出结果可知，scalefactor 参数的影响如下：

- 将其设置为 1 时，像素值未发生变化。
- 将其设置为 0.1 时，像素值变为原来像素值的 10%。

【例 23.2】演示 size 参数的含义及使用。

需要注意如下两点：

- 即使 size 的值与输入图像 image 的尺度一致，其布局也是不一致的。
- 使用 shape 函数返回 blob 的结构时，返回的是 NCHW，而设置时使用的参数(cols,rows)分别设置的是列数和行数。

```
import cv2
image=cv2.imread("lena.bmp")
image=cv2.resize(image,(3,3))
print("原始数据: \n",image)
blob1 = cv2.dnn.blobFromImage(image,1,size=(3,3))
print("原有尺度: \n",blob1[0])
blob2 = cv2.dnn.blobFromImage(image,1,size=(4,3))
print("变换尺度: \n",blob2[0])
print("blob 尺度: ",blob2.shape)
```

运行上述程序，程序处理结果为

原始数据:

```
[[[ 74  61 175]
 [155 158 205]
 [111 117 226]]

 [[ 78  65 177]
 [ 75  67 182]
 [119 138 213]]

 [[ 71  31  94]
 [100  95 216]
 [102 102 171]]]
```

原有尺度:

```
[[[ 74. 155. 111.]
 [ 78.  75. 119.]
 [ 71. 100. 102.]]

 [[ 61. 158. 117.]
 [ 65.  67. 138.]
 [ 31.  95. 102.]]

 [[175. 205. 226.]
 [177. 182. 213.]
 [ 94. 216. 171.]]]
```

变换尺度:

```
[[[ 74. 125. 139. 111.]
 [ 78.  76.  92. 119.]
 [ 71.  89. 101. 102.]]

 [[ 61. 122. 143. 117.]
 [ 65.  66.  94. 138.]
 [ 31.  71.  98. 102.]]

 [[175. 194. 213. 226.]
 [177. 180. 194. 213.]
 [ 94. 170. 199. 171.]]]
```

blob 尺度: (1, 3, 3, 4)

　　由上述程序输出结果可知,即使尺度没有发生变化,数据的布局也发生了改变。在设置变换尺度时要注意 size 参数中行和列的顺序。

　　在仅考虑图像的尺度(宽和高)及通道数时,图像在使用函数 blobFromImage 处理前后的布局如图 23-3 所示,左图是 RGB 图像在 OpenCV 内的布局,右图是 blobFromImage 函数处理后输出对象 blob 的布局。

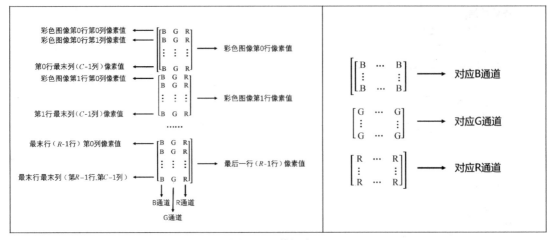

图 23-3　数据布局

【例 23.3】演示 mean 参数的含义及使用。

22.6.2 节中介绍了标准化与归一化。参数 mean 和 scalefactor 是对图像进行标准化与归一化的重要形式。这两个参数一方面能够让数据更规范，从而便于进行后续计算；另一方面能够去除图像内噪声等影响。

图像的像素值极易受到光照的影响。例如，某图像：

- 在光照较强时，其像素值为[100,140,120]。
- 在光照较弱时，其像素值为[10,50,30]。

由此可知，在光照条件不同时同一幅图像的像素值相差较大。使像素值都减去均值，可以得到：

- 在光照较强时，像素值[100,140,120]的均值为 120，减去均值为[-20,20,0]
- 在光照较强时，像素值[10,50,30]的均值为 30，减去均值为[-20,20,0]

由此可知，受不同光照影响的同一幅图像具有不同的像素值，但是在所有像素值都减去均值后二者具有相同的值。

编写程序如下：

```
import cv2
image=cv2.imread("lena.bmp")
image=cv2.resize(image,(3,3))
print("原始数据：\n",image)
blob = cv2.dnn.blobFromImage(image,1,size=(3,3),mean=0)
print("mean=0：\n",blob[0])
blob = cv2.dnn.blobFromImage(image,1,size=(3,3),mean=(10,20,50))
print("mean=(10,20,50)：\n",blob[0])
```

运行上述程序，输出结果如下：

```
原始数据：
[[[ 74  61 175]
 [155 158 205]
```

```
    [111 117 226]]

  [[ 78  65 177]
   [ 75  67 182]
   [119 138 213]]

  [[ 71  31  94]
   [100  95 216]
   [102 102 171]]]
mean=0:
 [[[ 74. 155. 111.]
   [ 78.  75. 119.]
   [ 71. 100. 102.]]

  [[ 61. 158. 117.]
   [ 65.  67. 138.]
   [ 31.  95. 102.]]

  [[175. 205. 226.]
   [177. 182. 213.]
   [ 94. 216. 171.]]]
mean=(10,20,50):
 [[[ 64. 145. 101.]
   [ 68.  65. 109.]
   [ 61.  90.  92.]]

  [[ 41. 138.  97.]
   [ 45.  47. 118.]
   [ 11.  75.  82.]]

  [[125. 155. 176.]
   [127. 132. 163.]
   [ 44. 166. 121.]]]
```

从上述程序输出结果可知，参数 mean 是每个像素值要减去的均值。本例中，B、G、R 通道减去的值分别为 10、20、50。注意函数运算前后图像结构的变化。

【例 23.4】演示 swapRB 参数的含义及使用。

```
import cv2
image=cv2.imread("lena.bmp")
image=cv2.resize(image,(3,3))
print("原始数据：\n",image)
blob1 = cv2.dnn.blobFromImage(image,1,(3,3),0,swapRB=False)
print("swapRB=False，不调整通道：\n",blob1[0])
blob2 = cv2.dnn.blobFromImage(image,1,(3,3),0,swapRB=True)
print("swapRB=True，调整通道：\n",blob2[0])
```

运行上述程序，输出结果如下：

原始数据：

```
[[[ 74  61 175]
 [155 158 205]
 [111 117 226]]

 [[ 78  65 177]
 [ 75  67 182]
 [119 138 213]]

 [[ 71  31  94]
 [100  95 216]
 [102 102 171]]]
```

swapRB=False，不调整通道：

```
[[[ 74. 155. 111.]
 [ 78.  75. 119.]
 [ 71. 100. 102.]]

 [[ 61. 158. 117.]
 [ 65.  67. 138.]
 [ 31.  95. 102.]]

 [[175. 205. 226.]
 [177. 182. 213.]
 [ 94. 216. 171.]]]
```

swapRB=True，调整通道：

```
[[[175. 205. 226.]
 [177. 182. 213.]
 [ 94. 216. 171.]]

 [[ 61. 158. 117.]
 [ 65.  67. 138.]
 [ 31.  95. 102.]]

 [[ 74. 155. 111.]
 [ 78.  75. 119.]
 [ 71. 100. 102.]]]
```

由上述程序输出结果可知，参数 swapRB 用于控制是否交换 R 通道和 B 通道的值。

图 23-4 所示为在仅考虑图像内尺度（宽和高）及通道数时，图像的布局情况，其中：

- 图像 A 是 RGB 图像在 OpenCV 内的布局。
- 图像 B 是 blobFromImage 函数的 swapRB 参数为 False 时处理后得到的输出对象 blob 的布局。
- 图像 C 是 blobFromImage 函数的 swapRB 参数为 True 时处理后得到的输出对象 blob 的布局。

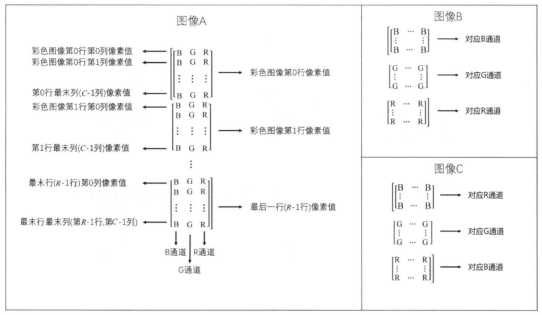

图 23-4　图像布局

【例 23.5】演示 crop 参数的含义及使用。

参数 crop 控制缩放后是否进行裁剪，具体情况如下：

- crop 为 True 时，对输入图像 image 进行等比例缩放，满足其中一侧（宽或高）缩放到 size 指定大小，另一侧（高或宽）缩放到大于或等于 size 规定的大小。缩放完成后，对大于 size 的一侧从中心进行裁剪操作。
- crop 为 False 时，直接对输入图像 image 进行缩放，保持新的纵横比，不进行（不需要）裁剪。

函数 blobFromImage 完成图像预处理时，所得到目标图像的宽高比与原始图像的宽高比相比较可能存在如下两种情况：

- 处理前后宽高比一致，此时不需要进行裁剪处理。
- 处理前后宽高比不一致，此时分如下两种情况进行讨论。裁剪示例如图 23-5 所示，需要说明的是，为了展示方便图 23-5 中的图像在保证自身宽高比不变的情况下，缩放到了近似尺寸大小。也就是说，图 23-5 中的六幅图像只展示了彼此的宽高比关系，各图像的尺寸大小与图中展示无关。
  - ➤ 情况 1：目标图像的宽高比变小。在这种情况下，某些图像在进行裁剪后，可以取得更好的效果。例如，在图 23-5 中将尺寸为 1600 像素×900 像素大小的图像 A 调整为尺寸为 500 像素×500 像素大小的目标图像。图 23-5 中的，图像 B 是裁剪的结果，图像 C 是直接缩放的结果。可以看到，图像 C 宽高比变化较大；通过裁剪得到的图像 B 既保留了原始图像的宽高比又将原始图像的关键信息保留了下来，处理效果更好。
  - ➤ 情况 2：目标图像的宽高比变大。在这种情况下，某些图像进行裁剪后，可以取得更好的效果。例如，在图 23-5 中将尺寸为 900 像素×2000 像素大小的原始图像 D 调整为尺寸为 600 像素×600 像素大小的目标图像。图 23-5 中的图像 E 是裁剪的结果，图像 F 是直接缩放的结果。可以看到，图像 F 的宽高比变化较大；通过裁剪得到的图像 E 既保留了原始图像的宽高比又将原始图像的关键信息保留了下来，处理效果更好。

图 23-5　裁剪示例（一）

通过上述分析可知，在宽高比改变时，通过裁剪既能够保留图像的中心部分又能保留原始宽高比；不裁剪直接缩放，会使图像宽高比发生变化，从而失真。

图 23-5 中的图像是比较特殊的图像，实践中如果图像内关键对象占满整幅图像，那么裁剪将导致图像信息丢失。例如，在图 23-6 中，在将尺寸为 1600 像素×900 像素的原始图像 A 调整为 600 像素×600 像素的图像时，使用裁剪方式得到的图像 B 丢失了比较关键的信息；使用直接缩放方式得到的图像 C 虽然存在宽高比失真，但图像整体得以保留。

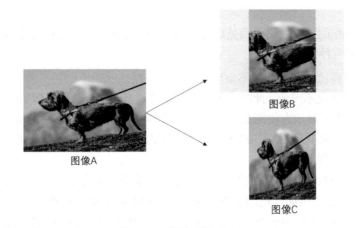

图 23-6　裁剪示例（二）

综上所述，裁剪操作有利也有弊：

- 裁剪不会导致图像宽高比改变，能够保留图像的中心部分。但是，在图像内关键对象铺满整幅图像时，裁剪可能会丢失部分关键信息。

- 不裁剪直接缩放图像，图像整体得以保留，但是缩放获得的图像的宽高比会发生变化，图像会失真。

实践中要根据图像的自身特征决定是否对图像进行裁剪。

下面的程序有利于更好地理解参数 crop：

```
import numpy as np
import cv2
image=np.random.randint(0,256,(4,4),np.uint8)
print("原始数据：\n",image)
blob = cv2.dnn.blobFromImage(image,1,(4,2),0,True,crop=True)
print("直接裁剪 1：\n",blob[0])
blob = cv2.dnn.blobFromImage(image,1,(2,4),0,True,crop=True)
print("直接裁剪 2：\n",blob[0])
blob = cv2.dnn.blobFromImage(image,1,(4,2),0,True,crop=False)
print("不裁剪 1：\n",blob[0])
blob = cv2.dnn.blobFromImage(image,1,(2,4),0,True,crop=False)
print("不裁剪 2：\n",blob[0])
```

运行上述程序，输出结果为

```
原始数据：
 [[ 87 204 232 234]
 [195  49 150 182]
 [244 143 176 203]
 [ 87  99 243 227]]
直接裁剪 1：
 [[[195.  49. 150. 182.]
  [244. 143. 176. 203.]]]
直接裁剪 2：
 [[[204. 232.]
  [ 49. 150.]
  [143. 176.]
  [ 99. 243.]]]
不裁剪 1：
 [[[141. 127. 191. 208.]
  [166. 121. 210. 215.]]]
不裁剪 2：
 [[[146. 233.]
  [122. 166.]
  [194. 190.]
  [ 93. 235.]]]
```

通过上述程序输出结果可知，crop 参数为 True 时，进行了裁剪；crop 参数为 False 时，未进行裁剪。

【例 23.6】 演示 ddepth 参数的含义及使用。

```
import numpy as np
import cv2
```

```
image=np.ones((3,3),np.uint8)*100
print("原始数据：\n",image)
print("------------ddepth=CV_32F-----------")
blob = cv2.dnn.blobFromImage(image,1,(3,3),0,False,False,ddepth=cv2.CV_32F)
print("blob 数据类型：",blob.dtype)
print("观察一下值：\n",blob[0])
print("------------ddepth=CV_8U-----------")
blob = cv2.dnn.blobFromImage(image,1,(3,3),0,False,False,ddepth=cv2.CV_8U)
print("blob 数据类型：",blob.dtype)
print("观察一下值：\n",blob[0])
```

运行上述程序，输出结果为

```
原始数据：
 [[100 100 100]
 [100 100 100]
 [100 100 100]]
------------ddepth=CV_32F------------
blob 数据类型：  float32
观察一下值：
 [[[100. 100. 100.]
  [100. 100. 100.]
  [100. 100. 100.]]]
------------ddepth=CV_8U------------
blob 数据类型：  uint8
观察一下值：
 [[[100 100 100]
  [100 100 100]
  [100 100 100]]]
```

23.4　推理相关函数

本节将主要介绍设置网络输入函数 setInput 和网络计算函数 forward。

1. 设置网络输入函数 setInput

函数 setInput 用来设置网络输入，其语法格式如下：

```
cv2.dnn_Net.setInput( blob[, name[, scalefactor[, mean]]] )
```

其中：

- blob：函数 blobFromImage 的返回值。
- name：输入层的名称。
- scalefactor：缩放因子，用于对输入数据进行缩放。
- mean：均值，用于对输入数据执行减去均值操作。

缩放因子 scalefactor 和均值 mean 的作用如下：

```
input(n,c,h,w) = scalefactor × (blob(n,c,h,w) - mean)
```

其中，input 是最终 DNN 的输入，blob 是程序输入的 Image。

函数 setInput 通过函数 readNet 的返回值 net 调用，通常直接将 blob 传递给该函数即可。该函数没有返回值，其调用格式为

```
net.setInput(blob)
```

2. 网络计算函数 forward

网络的计算通过函数 forward 完成，其语法格式如下：

```
result = net.forward()
```

运行函数 forward，会进行推理并返回计算结果。

综上所述，DNN 模块在调用现成的模型实现运算时只需要四行语句即可实现，具体如下：

```
net=cv2.dnn.readNet(model,config)
blob = cv2.dnn.blobFromImage(image)
net.setInput(blob)
detections = net.forward()
```

第 24 章，我们将具体介绍应用上述语句实现不同任务的案例。

第 24 章

深度学习应用实践

谚语"只要功夫深，铁杵磨成针"告诉我们只要有决心，肯下功夫，多难的事都能够成功。事实上，通过手工制作一枚针是很难的。亚当·斯密在《国富论》的开篇就提到，一个人即使一整天都竭力工作，也有可能连一枚针都制造不出来。如果把制作针的工序分为抽铁丝、拉直、切截、削尖铁丝的一端、打磨铁丝的另一端（以便装针头），并将各工序分别交由不同的人负责完成，那么每天可以制造出很多枚针。由此可知，社会化分工能够极大地提升效率。

在不断地细化分工的同时不断对具体分工进行"封装"，交给第三方来完成，从而直接获得结果。如今自动化程度越来越高，很多工作可以交给机器来完成。例如，一种专用的自动化炒菜机，只需把买来的菜直接放进自动炒菜机，就能得到一盘色香味俱佳的菜，极大地减少了人工操作。

社会化分工、第三方封装极大地促进了人类社会的进步。如果没有分工和封装，完全凭借自己的双手，那么从种菜到吃上一盘色香味俱佳的菜的过程是很漫长的。

计算机中处理问题的思路与现实世界是一致的，通常采用"分而治之"的方式来解决问题。这可以从两方面来理解，一方面，将大问题化解为小问题，使问题更容易被理解；另一方面，使用不同的模块完成不同的工作，各模块只需专注于自己的"核心业务"就可以了，无须关心它的上下游，这个就是封装的思路，即让专业的人做专业的事。

OpenCV 的 DNN 模块提供了强大的功能，能够实现图像分类、目标检测、语义分割、实例分割、风格迁移等。DNN 模块使用起来很简单，直接调用训练好的模型即可获得处理结果，是典型的分而治之的应用。简单来说，OpenCV 的 DNN 模块仅提供了推理功能，不能训练模型。这就像自动炒菜机，虽然功能很强大，但是它的功能是炒菜，并不能用来种菜。本章的主要内容是展示 OpenCV 的 DNN 模块都能够做什么。

第 23 章中已经介绍了 DNN 模块在调用现成的模型实现运算时仅需要如下四行语句：

```
net=cv2.dnn.readNet(model,config)
blob = cv2.dnn.blobFromImage(image)
net.setInput(blob)
detections = net.forward()
```

本章将借助上述语句调用已经训练好的模型，展示一些深度学习在计算机视觉领域的核心应用。本章内容主要包括如下两方面：

- 介绍深度学习的一些具体应用案例，如目标检测、语义分割、实例分割等具体概念及实现。
- 通过案例展示使用 OpenCV 的 DNN 模块进行推理的一般步骤与方法。

需要再次说明的是，本章不包含模型的训练过程，本章使用的模型都是已经训练好的，相关介绍中提供了相应模型的下载网址；读者也可以在本书的配套资源包内直接使用笔者下载好的模型。

在实践中大家既可以根据需要选用开源的模型，也可以自己训练模型。

24.1　图像分类

图像分类是计算机视觉最基础的任务之一。最初是对较简单的具有 10 个数字类别的手写数字数据集 MNIST 进行分类，后来是对更加复杂的具有 10 个类别的 CIFAR10 和 100 个类别的 CIFAR100 进行分类，后来 ImageNet 成为分类时使用的主要数据集。

图像分类简单来说就是将不同的图像划分到不同的类别内，并保证最小的分类误差。

24.1.1　图像分类模型

ImageNet 项目是一个用于视觉对象识别软件研究的大型可视化数据库。基于该项目的 IamgeNet 大规模视觉识别挑战赛（ImageNet Large Scale Visual Recognition Challenge，ILSVRC）在计算机视觉乃至人工智能发展史上具有重要影响。

2012 年，AlexNet 横空出世，以领先第 2 名近 10.9 个百分点的压倒性优势夺得 ILSVRC 2012 的冠军。由此，开启了 CNN 乃至深度学习在计算机视觉领域的新篇章。

在 ILSVRC 2014 中，GoogLeNet 和 VGG 分别取得了不俗的成绩。

在 ILSVRC 2015 中，ResNet 首次在图像分类准确度上战胜人类，其错误识别率仅为 3.5%。事实上人类对于图像的识别率是无法达到 100% 的，造成这种情况的原因一方面是图像中的对象会受到光照、角度、覆盖多种因素影响，无法被人类准确识别；另一方面是人类会受到诸多主观因素的影响。

在 ILSVR C2017 中，SENet 夺冠。SENet 通过学习的方式自动获取每个特征通道的权重值，然后依照各个通道的权重值提升有用的特征并抑制对当前任务用处不大的特征。SENet 包含 Squeeze 操作、Excitation 操作、Reweight 操作。SENet 是以其中两个非常关键的操作 Squeeze 操作和 Excitation 操作命名的。

- Squeeze 操作：在空间维度来进行特征压缩，将每个二维的特征通道变成一个实数。简单来说，Squeeze 操作在每个通道内，将一幅图像压缩成一个像素点，该像素点包含图像的全局信息，即这个像素点的感受野是其对应的整幅图像。
- Excitation 操作：根据 Squeeze 操作得到的像素点生成每个特征通道的权重值。该权重值被看作经过特征选择后得到的衡量每个特征通道重要性的指标。
- Reweight 操作：将 Excitation 操作得到的权重值通过乘法逐通道加权到先前的特征上，完成在通道维度上的对原始特征的更新（Reweight）。

ILSVRC 于 2017 年正式结束，此后专注于目前尚未解决的问题及今后的发展方向。ILSVRC 中的经典网络结构如表 24-1 所示。

表 24-1　ILSVRC 中的经典网络结构

年　　份	经典架构	特　　点	层　　数	计算量（亿次浮点运算）
2012	AlexNet	首次应用了 ReLU、dropout、数据增强（通过裁剪、旋转等扩大数据集）等优化技巧	8	7
2014	GoogLeNet	在具有深度的同时也具有了宽度	22	15
	VGG（亚军）	使用多个小卷积核替代大卷积核	19	196
2015	ResNet	引入了快捷结构，跳过了卷积层，直接将输入传递给输出	152	113
2017	SENet	通过学习的方式获取通道权重值，并据此提升有用的特征，抑制对当前任务用处不大的特征	154	125

24.1.2　实现程序

22.7.5 节介绍了 GoogLeNet，本节采用该网络结构实现图像分类。

【例 24.1】使用 GoogLeNet 完成图像分类。

本例用到的模型及分类文件如下：

- 模型参数文件 bvlc_googlenet.caffemodel，网址为参考网址 20。
- 网络结构文件 bvlc_googlenet.prototxt，网址为参考网址 21。
- 分类文件（本例中的 label.txt）网址为参考网址 22。

编写程序如下：

```
import numpy as np
import cv2
# =======读取原始图像=======
image=cv2.imread("tower.jpg")
# =======调用模型=======
# 依次执行四个函数
# readNetFromeCaffe/blogFromImage/setInput/forward
config='model/bvlc_googlenet.prototxt'
model='model/bvlc_googlenet.caffemodel'
net = cv2.dnn.readNetFromCaffe(config, model)
# 与 readNet 函数不同，需要注意参数的先后顺序
blob = cv2.dnn.blobFromImage(image, 1, (224, 224), (104, 117, 123))
net.setInput(blob)
prob = net.forward()
# =======读取分类信息=======
classes = open('model/label.txt', 'rt').read().strip().split("\n")
# =======确定分类所在行=======
rowIndex = np.argsort(prob[0])[::-1][0]
# =======绘制输出结果=======
result = "result: {},
                   {:.0f}%".format(classes[rowIndex],prob[0][rowIndex]*100)
cv2.putText(image, result, (25, 45),
```

```
                    cv2.FONT_HERSHEY_SIMPLEX,1, (0, 0, 255), 2)
# ====显示原始输入图像====
cv2.imshow("result",image)
cv2.waitKey()
cv2.destroyAllWindows()
```

运行上述程序，输出如图 24-1 所示的图像。

图 24-1　【例 24.1】程序运行结果

由图 24-1 可知，【例 24.1】程序的识别结果为"（beacon, lighthouse, beacon light, pharos）"，置信度为 99%。

24.2　目标检测

图像分类是将整幅图像看作一个整体，但实践中一幅图像内往往包含多个不同的对象。因此，往往希望对图像内的多个对象进行检测。更进一步来说，图像检测包含如下两个任务：

- 识别一幅图像中的多个物体，属于分类任务。
- 输出目标的具体位置信息（给出候选框），属于定位任务。

常见的目检测算法有 R-CNN 系列算法、YOLO 和 SSD，后续算法基本都是基于这些算法得到的。

R-CNN 系列算法是 two-stage 算法，包含提取候选区、细化候选区（分类与回归）两个关键步骤。下面简单介绍该系列的 R-CNN、Fast-RCNN 及 Faster-RCNN。

原始的 R-CNN 先利用经典的图像分割方法对图像进行分割；然后对分割结果进行筛选和归并，从而找出最可能的目标位置，并将候选区的数量控制在 2000 个左右；再利用 CNN 算法替代传统的手动设计特征的方法提取对应候选区的特征；最后完成分类与回归。Fast-RCNN 将原始图像作为输入，利用 CNN 算法得到图像的特征层，再对特征层进行分类。Fast-RCNN 避免了 R-CNN 中存在的不同区域重复进行 CNN 计算的过程。Faster-RCNN 利用人工神经网络生成候选区的策略进一步提升了效率，解决了候选窗口过多导致的效率低的问题。

从 R-CNN 到 Fast-RCNN 再到 Faster-RCNN，被称为 R-CNN 系列算法。R-CNN 系列算法

具有候选框提取、候选区细化两个阶段，被称为 two-stage 算法。本节将主要介绍 one-stage 算法的典型代表 YOLO 和 SSD。

24.2.1　YOLO

YOLO 来源于 You Only Look Once，意味着仅看一次就解决问题。YOLO 的经典版本是 YOLO v1、YOLO v2、YOLO v3，作者均为 Joseph Redmon。在上述基础上，又出现了 YOLO v4 和 YOLO v5 两个最新版本。YOLO v4 曾得到 YOLO 原作者的认可，被认为是当时最强的实时对象检测模型之一。YOLO v5 的运算速度更快，而且具有非常轻量级的模型。

在 YOLO 之前的目标检测方法都是先产生候选区再检测对象。这样的 two-stage 方式虽然有相对较高的准确率，但运行速度较慢。YOLO 则将候选区筛选和检测对象两个阶段合二为一，只需一步就能识别出每张图像中有哪些物体及物体的位置。

YOLO 方法中没有显式的候选框提取过程，是 one-stage 目标检测算法，采用端到端的方式完成目标检测。YOLO 的输入是一幅图像，输出是图像内对象的坐标位置（候选框）、对象类别和置信度。进一步来说，YOLO 采用整幅图来训练模型，筛选候选框。

图像分类得到的是图像的类别信息（及置信度）；目标检测得到的是图像内各个对象的类别、每个对象的候选框（及对象的置信度）。

图 24-2 为 YOLO 处理方式，展示了图像分类与目标检测的区别：

- 图像分类只需要输出当前图像的分类信息。
- 在进行目标检测时，YOLO 会将输入图像划分为若干个子单元，如果某个对象的中心点落在某个子单元内，那么该子单元就负责检测该对象，最终输出图像内多个对象的类别、所在位置等信息。

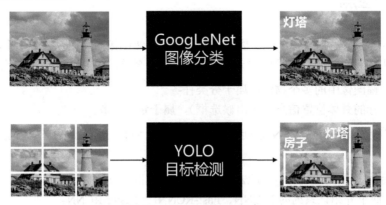

图 24-2　YOLO 处理方式

由于对象可能是大于子单元的，不同的子单元可能对应同一个对象的不同的部位，因此最终要进行合并操作。针对操作过程中可能出现的彼此重叠的框采用非极大值抑制方式去除。具体来说，如果重叠的两个框的重合度很高，那么这两个框很有可能表示的是同一个目标，因此只取其中一个具有代表性的框作为最终的识别结果。

YOLO v2 在预测更准确、运算速度更快、识别更多对象等方面做了改进，如将输入图像划分为更多子单元，使其能够检测更多对象。YOLO v3 采用多尺度融合的方法弥补了 YOLO v1

在发现小目标方面的不足。例如，YOLO v3 对输入图像进行三次划分，分别划分为较少数量的子单元、中等数量的子单元、较多数量的子单元，然后在不同划分情况下分别寻找较大目标、中等目标和较小目标。通过融合不同尺度，YOLO v3 进一步提升了检测性能。YOLO v4 在数据处理、主干网络、网络训练、激活函数、损失函数等方面都有不同程度的优化，其性能和精度相比既往版本有较大提升。YOLO v5 的速度非常快，而且具有非常轻量级的模型。

【例 24.2】 完成图像的目标检测。

本例用到的模型及分类文件如下：

- 模型参数文件 yolov3.weights，网址为参考网址 23。
- 网络结构文件 yolov3.cfg，网址为参考网址 24。
- 分类文件（本例中的 coco.names），网址为参考网址 25。

编写程序如下：

```
import cv2
import numpy as np
# ===========初始化、推理===========
image = cv2.imread("test2.jpg")
# ===========初始化、推理===========
# classes 内包含 80 个不同的类别对象
# 其中部分类别为 person、bicycle、car、motorbike、aeroplane
classes = open('coco.names', 'rt').read().strip().split("\n")
# ===========初始化、推理===========
# Step 1：读取网络模型
net = cv2.dnn.readNetFromDarknet("yolov3.cfg","yolov3.weights")
# Step 2：图像预处理
blob = cv2.dnn.blobFromImage(image, 1.0 / 255.0, (416, 416),
(0, 0, 0), True, crop=False)
# Step 3：设置网络
net.setInput(blob)
# Step 4：运算
# 返回值
# outs 包含 3 层
# 第 0 层：存储着找到的所有可能的较大尺寸的对象
# 第 1 层：存储着找到的所有可能的中等尺寸的对象
# 第 2 层：存储着找到的所有可能的较小尺寸的对象
# 每一层包含多个可能的对象，这些对象都是由 85 个值构成的
# 第 0~3 个值是边框自身位置、大小信息（需要注意，值都是相对于原始图像 image 的百分比形式）
# 第 4 个值是边框的置信度
# 第 5~84 个值表示 80 个置信度，对应 classes 中 80 种对象每种对象的可能性
outInfo = net.getUnconnectedOutLayersNames()
outs = net.forward(outInfo)
# ===========获取置信度较高的边框===========
# 与置信度较高的边框相关的三个值：resultIDS、boxes、confidences
resultIDS = [] # 置信度较高的边框对应的分类在 classes 中的 ID 值
boxes = [] # 置信度较高的边框集合
```

```
confidences = []  # 置信度较高的边框的置信度
(H, W) = image.shape[:2]
# 原始图像 image 的宽、高（辅助确定图像内各个边框的位置、大小）
for out in outs:  # 各个输出层（共 3 层，逐层处理）
    # 每个 candidate（共 85 个数值）包含三部分
    # 第 1 部分：candidate[0:4]存储的是边框位置、大小
    # 使用的是相对于原始图像 image 的百分比形式
    # 第 2 部分：candidate[5]存储的是当前候选框的置信度
    # 第 3 部分：第 5~84 个值(candidate[5:])
    # 存储的是对应 classes 中每个对象的置信度
    # 在第 5~84 个值中找到最大值及对应的索引（位置），有两种情况
    # 情况 1：最大值大于 0.5，说明当前候选框是最终候选框的可能性较大
    # 保留当前可能性较大的候选框，进行后续处理
    # 情况 2：最大值不大于（小于或等于）0.5，抛弃当前候选框
    # 对应到程序上，不进行任何处理
    for candidate in out:                    # 每层包含几百个可能的候选框，逐个处理
        scores = candidate[5:]               # 先把第 5~84 个值筛选出来
        classID = np.argmax(scores)          # 找到最大值对应的索引（位置）
        confidence = scores[classID]         # 找到最大的置信度值
        # 下面开始对置信度大于 0.5 的候选框进行处理
        # 仅考虑置信度大于 0.5 的候选框，小于该值的候选框直接忽略（不进行任何处理）
        if confidence > 0.5:
            # 获取候选框的位置、大小
            # 由于位置、大小都是相对于原始图像 image 的百分比形式
            # 因此位置、大小通过将 candidate 乘以原始图像 image 的宽度、高度获取
            box = candidate[0:4] * np.array([W, H, W, H])
            # 需要注意的是，candidate 表示的位置是候选框的中心点位置
            (centerX, centerY, width, height) = box.astype("int")
            # OpenCV 使用左上角的坐标表示候选框位置
            # 通过中心点获取左上角的坐标
            # centerX, centerY 是候选框的中心点，通过该值计算左上角坐标(x, y)
            x = int(centerX - (width / 2))     # x 轴方向中心点-框宽度/2
            y = int(centerY - (height / 2))    # y 轴方向中心点-框高度/2
            # 将当前可能性较高（置信度较大）的候选框放入 boxes 中
            boxes.append([x, y, int(width), int(height)])
            # 将当前可能性较高(置信度较大)的候选框对应的置信度 confidence 放入 confidences
            confidences.append(float(confidence))
            # 将当前可能性较高（置信度较大）的候选框对应的类别放入 resultIDS
            resultIDS.append(classID)
# 非极大值抑制，从众多重合的边框保留一个最关键的边框（去重处理）
# indexes，所有可能边框的序号集合（需要注意，indexes 表示的是 boxes 内的序号）
indexes = cv2.dnn.NMSBoxes(boxes, confidences,0.5,0.4)
# ==========绘制边框==========
# 给每个分类随机分配一个颜色
classesCOLORS = np.random.randint(0, 255, size=(len(classes), 3),
dtype="uint8")
```

```
# 绘制边框及置信度、分类
for i in range(len(boxes)):
    if i in indexes:
        x, y, w, h = boxes[i]
        color = [int(c) for c in classesCOLORS[resultIDS[i]]]   # 边框颜色
        cv2.rectangle(image, (x, y), (x+w, y+h), color, 2)
        result = "{}: {:.0f}%".format(classes[resultIDS[i]],
                                      confidences[i]*100)
        cv2.putText(image, result, (x, y+35),
                              cv2.FONT_HERSHEY_SIMPLEX, 1, color, 2)
cv2.imshow('result', image)
cv2.waitKey(0)
cv2.destroyAllWindows()
```

【例 24.2】程序运行结果如图 24-3 所示。图 24-3 中的各个对象都被标注了。

图 24-3　　【例 24.2】程序运行结果

24.2.2　SSD

SSD 即 Single Shot MultiBox Detector，是一种端到端的算法，即接收输入图像后直接输出计算结果。相比以往算法，SSD 很好地改善了检测速度，能够更好地满足目标检测的实时性要求。同时，SSD 的计算精度得到进一步提高。

图 24-4 所示为 SSD 框架。在训练阶段，SSD 的输入是原始图像和标注好的框，如图 24-4（a）所示。在卷积运算过程中，图像会被划分为尺度不同的 feature map。例如，图 24-4（b）中的 feature map 包含 8×8 共计 64 个小单元，而图 24-4（c）中的 feature map 包含 4×4 共计 16 个小单元。在每一个小单元上，计算以当前小单元为中心的若干个 default box（图 22-4 中的每个小单元有 4 个虚线标注的方框作为 default box）的"位置值"［图 22-4（c）中的 loc：中心点(cx, cy)，宽度 w，高度 h］及针对各个分类的置信度［图 22-4（c）中的 conf：$c1,c2,\cdots,cp$］。训练时，先匹配所有 default box 和输入中标注好的边框。例如，图 24-4 中有两个 default box 匹配到了输入图像中的猫［见图 24-4（b）中左下方的粗虚线边框］，一个 default box 匹配到了输入图像中的狗［见图 24-4（c）中粗虚线边框］。因此，这几个 default box 被作为正例，其他 default box

被作为负例。

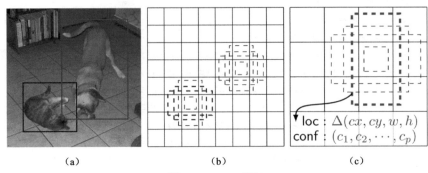

(a)　　　　　　　(b)　　　　　　　(c)

图 24-4　SSD 框架

（资料来源：LIU W，ANGVELOV D，ERHAN D，et al. SSD: Single Shot MultiBox Detector[C]. European Conference on computer Vision，2016：21-37。）

【例 24.3】 完成图像的目标检测。

本例用到的模型及分类文件如下：

- 模型参数文件 MobileNetSSD_deploy.caffemodel，网址为参考网址 26。
- 网络结构文件 MobileNetSSD_deploy.prototxt.txt，网址为参考网址 27。
- 分类文件 object_detection_classes_pascal_voc.txt，网址为参考网址 28。

编写程序如下：

```
import numpy as np
import cv2
# ==============读取待检测图像==============
image = cv2.imread("test2.jpg")
(H, W) = image.shape[:2]  # 获取高度和宽度
# ==============读取类别文件==============
# 导入、处理分类文件
# 类别文件内存储的是 background、aeroplane、bicycle、bird、boat 等分类名称
classes = open('object_detection_classes_pascal_voc.txt',
                'rt').read().strip().split("\n")
# 为每个分类随机分配一个颜色
classesCOLORS = (np.random.uniform(0, 255, size=(len(classes), 3)))
# ==============模型导入、推理==============
config="MobileNetSSD_deploy.prototxt.txt"
model="MobileNetSSD_deploy.caffemodel"
net = cv2.dnn.readNetFromCaffe(config, model)
blob = cv2.dnn.blobFromImage(cv2.resize(image, (300, 300)),0.007843,
                            (300, 300), 127.5)
net.setInput(blob)
outs = net.forward()
print(outs.shape)
# outs.shape=[1,1,候选框个数,7]
# outs[1,1,:,1]，指当前候选框对应类别在 classes 内的索引
```

```
# outs[1,1,:,2]，指当前候选框对应类别的置信度
# outs[1,1,:,3:7]，指当前候选框的位置信息（左上角和右下角的坐标值）
# ==============绘制目标检测结果==============
# 显示每个置信度大于 0.5 的对象
# outs.shape[2]，指候选框个数
for i in np.arange(0, outs.shape[2]):  # 逐个遍历各个候选框
    # 获取置信度，用于判断是否显示当前对象，并显示
    confidence = outs[0, 0, i, 2]
    # 将置信度大于 0.3 的对象显示出来，忽略置信度小于或等于 0.3 的对象
    if confidence >0.3 :
        # 获取当前候选框对应类别在 classes 内的索引
        index = int(outs[0, 0, i, 1])
        # 获取当前候选框的位置信息（左上角和右下角的坐标值）
        box = outs[0, 0, i, 3:7] * np.array([W, H, W, H])
        # 获取左上角和右下角的坐标值
        (x1,y1,x2,y2) = box.astype("int")
        # 类别标签及置信度
        result = "{}: {:.0f}%".format(classes[index],confidence * 100)
        # 绘制边框
        cv2.rectangle(image, (x1,y1), (x2,y2),classesCOLORS[index], 2)
        # 绘制类别标签
        cv2.putText(image, result, (x1, y1+25),
            cv2.FONT_HERSHEY_SIMPLEX, 0.5, classesCOLORS[index], 2)
cv2.imshow("result", image)
cv2.waitKey()
cv2.destroyAllWindows()
```

【例 24.3】程序运行结果如图 24-5 所示。

图 24-5　【例 24.3】程序运行结果

24.3 图像分割

根据分割粒度的不同，可以将图像分割划分为语义分割和实例分割两种形式。

语义分割是指在像素级别进行分类，同类别的像素被划分到同一类中。与目标检测使用方框标注相比，语义分割更精细。

实例分割比语义分割更细致，能够将相同类别但是属于不同个体的物体区分开。

在图 24-6 中：

- 图 24-6（a）是图像分类。
- 图 24-6（b）是目标检测，识别结果中将识别对象用方框标注。
- 图 24-6（c）是语义分割，将相同类别的不同个体作为一个识别对象处理，识别精确到像素。
- 图 24-6（d）是实例分割，将相同类别的不同个体区分开。

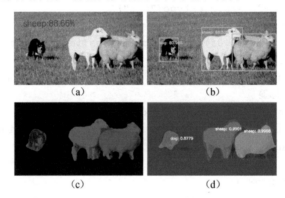

图 24-6　图像处理比较

24.3.1　语义分割

语义分割将图像内的每一个像素点划分到一个类别中，是像素级别的分类任务。与图像分类和目标检测相比，语义分割需要精确到每一个像素点，因此图像本身的分辨率和计算效率非常关键。与传统方法相比，基于人工神经网络实现的语义分割在精度方面有了较大提升，但是DNN 中的众多参数导致运算时间过长。因此，如何取得在计算精度和实时性上的平衡是一个非常关键的问题。语义分割具有非常重要的实用价值，在自动驾驶、机器人、医疗影像分析、地理信息系统（Geographic Information System，GIS）等领域发挥着非常关键的作用。

目前，语义分割的主要模型有 FCN、SegNet、DeepLab、Refine、NetPSPNet 等。本节以 FCN为例进行简单介绍。

FCN 全称为 Fully Convolutional Networks（全卷积网络）。如图 24-7 所示，上边的网络结构是传统 CNN 结构，下边的网络结构是 FCN 结构。在传统 CNN 结构中，前 5 层是卷积层；第 6层和第 7 层分别是一个长度为 4096 的一维向量；第 8 层是长度为 1000 的一维向量，分别对应1000 个类别的概率；最后的输出表示输入图像属于每一类的概率。由图 24-7 可知，输入图像属于 tabby cat 的统计概率最高。而 FCN 结构将传统 CNN 中的全连接层转换成一个个的卷积层，即将 CNN 的最后 3 层表示为卷积层，卷积核的大小（通道数，宽，高）分别为（4096,1,1）、（4096,1,1）、（1000,1,1）。FCN 结构中的所有层都是卷积层，故称为全卷积网络。FCN 的输出不再是类别而是热力图（heatmap）。

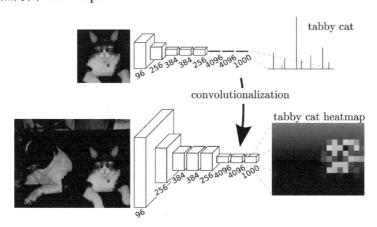

图 24-7　传统 CNN 及 FCN 结构对比

（资料来源：SHELHAMER E，LONG J，DARRELL T，Fully Convolutional Networks for Semantic Segmentation[J]. IEEE Transactions on Pattern Analysis and Machine Intelligence，2016，39（4）：640-651。）

　　传统 CNN 通过卷积和池化操作实现的是下采样，图像的尺寸不断被缩小，分辨率不断被降低。而语义分割实现的是针对像素级别的分割，所以还需要进行上采样，以将下采样的结果还原到输入图像的分辨率。FCN 使用反卷积（转置卷积）和反池化操作将输入图像在经过常规 CNN 操作后的结果的分辨率还原，FCN 结构如图 24-8 所示。

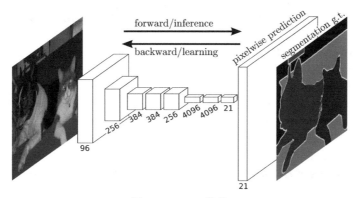

图 24-8　FCN 结构

（资料来源：SHELHAMER E，LONG J，DARRELL T，Fully Convolutional Networks for Semantic Segmentation[J]. IEEE Transactions on Pattern Analysis and Machine Intelligence，2016，39（4）：640-651。）

【例 24.4】完成图像的语义分割。

本例用到的模型及分类文件如下：

- 模型参数文件 fcn8s-heavy-pascal.caffemodel，网址为参考网址 29。
- 网络结构文件 fcn8s-heavy-pascal.prototxt，网址为参考网址 30。
- 分类文件（需要注意下载的文件 object_detection_classes_pascal_voc.txt 中不包含背景的分类，需要手动在第一行加上背景"background"）网址为参考网址 31。

编写程序如下：

```python
import cv2
import numpy as np
# =================读取原始图像=================
image = cv2.imread("a.jpg")
H,W = image.shape[:2]    # 获取图像的尺寸：宽和高
# =================导入分类文件=================
classes = open('object_detection_classes_pascal_voc.txt',
                'rt').read().strip().split("\n")
# ===============绘制色卡（颜色标识）=================
# 设置一组随机色，使用不同的颜色标识每个类别
classesCOLORS = np.random.randint(0, 255, size=(len(classes), 3),
                                   dtype="uint8")
classesCOLORS[0] =(0,0,0)          # 把背景设置为黑色
# 色卡就是把每个类别的颜色在表格的一行内展示出来（让每个颜色有一定高度，以便观察）
rowHeight = 30                     # 每种颜色的高度
# 初始化色卡
colorChart = np.zeros((rowHeight * len(classesCOLORS), 200, 3), np.uint8)
for i in range(len(classes)):  # 根据 COLORS 配置色卡的文字说明、颜色演示
    # row，色卡的一个颜色条所在行（有高度，rowHeight）
    row = colorChart[i * rowHeight:(i + 1) * rowHeight]
    # 设置当前遍历到的颜色条的颜色
    row[:,:] = classesCOLORS[i]
    # 设置当前遍历到的颜色条的文字说明
    cv2.putText(row, classes[i], (0, rowHeight//2),
                cv2.FONT_HERSHEY_SIMPLEX, 0.5, (255, 255, 255))
cv2.imshow('colorChart', colorChart)
# =================模型推理过程=================
model="fcn8s-heavy-pascal.caffemodel"
config="fcn8s-heavy-pascal.prototxt"
net = cv2.dnn.readNet(model, config)
blob = cv2.dnn.blobFromImage(image, 1.0, (W,H), (0, 0, 0), False, crop=False)
net.setInput(blob)
score = net.forward()
# ===========根据推理结果将每个像素用其所属类颜色构建一个新掩模===========
# 根据 classIDS 确定掩模
classIDS = np.argmax(score[0], axis=0)          # 获取每个像素点所属分类 ID
print(classIDS.shape)
# 每个像素点的颜色为色卡指定的颜色（色卡颜色来源于 classesCOLORS）
mask = np.stack([classesCOLORS[index] for index in classIDS.flatten()])
mask = mask.reshape(H, W, 3)                      # 调整掩模至图像尺寸
# 将图像 image 和掩模进行加权和计算
result =cv2.addWeighted(image,0.2,mask,0.8,0)
cv2.imshow("result",result)
cv2.waitKey(0)
cv2.destroyAllWindows()
```

运行上述程序，输出如图 24-9 所示。【例 24.4】程序对图 24-9 中的各个对象进行了语义分割。

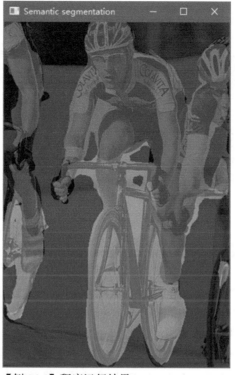

图 24-9　【例 24.4】程序运行结果

24.3.2　实例分割

语义分割可将不同类别的对象区分开，实例分割可将同种类别的不同对象区分开。例如，在图 24-10 中：

- 左侧图是原始图像。
- 中间图是语义分割结果，将狗和羊进行了区分，但是没有区分出单只羊。
- 右侧图是实例分割结果，将每一只动物独立地区分开来。

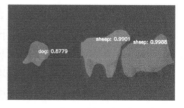

图 24-10　语义分割与实体分割

实例分割可预测物体的类别，并使用像素级掩模来定位图像中不同的实例。

目前，深度学习在实例分割方面的应用主要有 Mask RCNN、FCIS、MaskLab、PANet 等。本节将介绍 Mask RCNN 的基本原理。

Mask RCNN 结合了 Faster RCNN 和 FCN，来实现实例分割，其结构如图 24-11 所示。

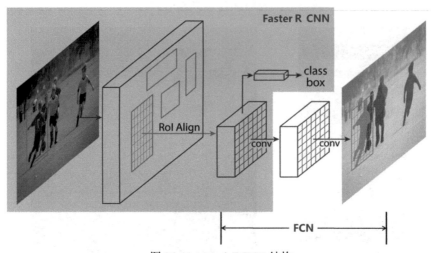

图 24-11　Mask RCNN 结构

（资料来源：HE KAIMING，GEORGIA GKIOXARI，PIOTR DOLLÁR, et al. Mask R-CNN[C]. 2017 IEEE International Conference on Computer Vision，2017：2980-2988.）

Faster RCNN 先使用 CNN 提取图像特征，然后使用区域候选网络（Region Proposal Network，RPN）获取 ROI，再使用 ROI pooling 将所有 ROI 变为固定尺寸大小，最后将 ROI 传递给全连接层进行回归和分类预测，得到 class（类别）和 box（Bounding box，边框）。Mask RCNN 在 Faster RCNN 的基础上增加了一个 FCN 分支，专门用来预测每个像素点的分割掩模。

更近一步来说，Mask RCNN 先选取具有代表性的 300 个边框作为最初的候选框，在经过回归、分类预测后进行非极大值抑制，保留其中 100 个候选框作为最终候选框。最终输出包含如下两部分。

- 候选框：维度是四维的，大小为(1,1,100,7)表示 100 个候选框的类别、置信度、位置。
- 掩模：维度是四维的，大小为(100, 90, 15, 15)表示 100 个候选框对应的 90 个对象类的掩模信息，其中每个掩模的大小为 15 像素×15 像素。

Mask RCNN 应用了特征金字塔和 ROI 对齐（ROI Align）技术。

1．特征金字塔

特征金字塔网络（Feature Pyramid Network，FPN）中存在自下而上、自上而下、侧连接三种结构；图 24-12 左上方是自下而上的金字塔（下采样），其通过卷积模块得到不同尺度的特征图；图 24-12 右上方是自上而下的金字塔（上采样），其通过 1×1 卷积（1×1 conv）和 2 倍的上采样（2×up）过程构建高分辨率特征图，并在每一层进行预测。特征金字塔通过横向连接使用自下而上金字塔中对应的特征图来增强自上而下的特征图。在自上而下的上采样过程中图像虽然看起来越来越不清晰，但是每一层都有来自左侧的自下而上的对应层的侧连接，其语义特征更强了。

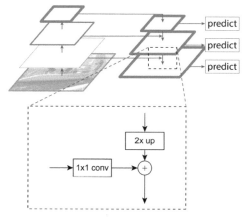

图 24-12　特征金字塔

（资料来源：LIN，TSUNG YI. Feature Pyramid Networks for Object Detection[C]. 2017 IEEE Conference on Computer Vision and Pattern Recognition，2017：936-944。）

2. ROI Align

将 ROI 划分为固定大小的子单元后，将其进一步划分，然后计算每个子单元的值。存在的问题是，确定的 ROI 未必恰好与像素点对齐，如图 24-13（a）所示。解决该问题的方法如下：

- 传统方法是先将图 24-13（a）转换到图 24-13（c）所示情况，再转换到图 24-13（d）所示情况。图 24-13（c）将 ROI 移动到最近的像素点保证 ROI 与像素点对齐，这个过程解决了 ROI 与像素点没有对齐的问题；图 24-13（d）通过将子单元划分为不同大小（其中一个包含 2 个像素点，另一个包含 4 个像素点），解决了内部像素点无法均匀划分的问题。
- ROI Align 方法采用邻近点取加权均值（双线性插值）的方式将每一个子单元的值都使用周围像素点的值合理填充，如图 24-13（b）所示。

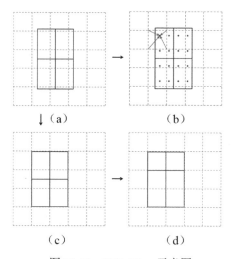

图 24-13　ROI Align 示意图

【例 24.5】完成图像的实例分割。

本例用到的模型文件网址为参考网址 32；分类文件网址为参考网址 33。

编写程序如下：

```
import cv2
import numpy as np
# ========读取图像========
image = cv2.imread("e.jpg")
# ========根据原始图像构造一个背景，用于存放实例========
(H, W) = image.shape[:2]
background = np.zeros((H, W, 3), np.uint8)
background[:] = (100, 100, 0)
# ========读取类别信息========
# 共计 90 个类别
# 分别为：person、bicycle、car、motorcycle 等
LABELS =open("object_detection_classes_coco.txt").read().strip().split("\n")
# ========加载模型、推理========
net = cv2.dnn.readNetFromTensorflow("dnn/frozen_inference_graph.pb",
                          "dnn/mask_rcnn_inception_v2_coco_2018_01_28.pbtxt")
blob = cv2.dnn.blobFromImage(image, swapRB=True)
net.setInput(blob)
boxes, masks = net.forward(["detection_out_final", "detection_masks"])
# 返回 100 个候选框
# ---------boxes，候选框---------
# boxes 结构
# boxes.shape=(1,1,100,7)
# boxes[0, 0, :, 1]--------对应类别
# boxes[0, 0, :, 2]--------置信度
# boxes[0, 0, :, 3:7]--------候选框的位置（以相对于原始图像百分比形式表示）
# -----------masks，掩模-----------
# masks.shape=(100,90,15,15)
# 第 1 维 masks[0]：共计 100 个候选框对应 100 个掩模(该维度的尺寸为 100)
# 第 2 维 masks[1]：模型中类的置信度（该维度的尺寸为 90）
# 第 3 维和第 4 维 masks[2:4]表示掩模，其尺寸为 15 像素×15 像素
# 使用掩模时，需要将其调整至原始图像尺寸
# ========实例分割处理========
# 计算候选框的数量 detectionCount
number = boxes.shape[2]    # 该值是 100（选出的候选框数量为 100 个）
# 遍历每一个候选框，对可能的实例进行标注
for i in range(number):
    # 获取类别名称
    classID = int(boxes[0, 0, i, 1])
    # 获取置信度
    confidence = boxes[0, 0, i, 2]
    # 考虑置信度较大的候选框，将置信度较小的候选框忽略
    if confidence > 0.5:
```

```
# 获取当前候选框的位置（将百分比形式转换为像素值形式）
box = boxes[0, 0, i, 3:7] * np.array([W, H, W, H])
(x1, y1, x2, y2) = box.astype("int")
# 获取当前候选框（以切片形式从 background 内截取）
box = background[y1: y2, x1: x2]
# import  random  # 供下一行 random.randint 使用
# cv2.imshow("box" + str(random.randint(3,100)),box)  # 测试各个候选框
# 获取候选框的高度和宽度（可以通过 box.shape 计算，也可以通过坐标直接计算）
# boxHeight, boxWidth= box.shape[:2]
boxHeight = y2 - y1
boxWidth = x2 - x1
# 获取当前的掩模（单个掩模的尺寸为 15 像素×15 像素）
mask = masks[i, int(classID)]
# 掩模的大小为 15 像素×15 像素，要调整至候选框尺寸
mask = cv2.resize(mask, (boxWidth, boxHeight))
# import  random  # 供下一行 random.randint 使用
# cv2.imshow("maska" + str(random.randint(3,100)),mask) # 测试各个候选框
# 阈值处理，处理为二值形式
rst, mask = cv2.threshold(mask, 0.5, 255, cv2.THRESH_BINARY)
# import  random  # 供下一行 random.randint 使用
# cv2.imshow("maskb" + str(random.randint(3,100)),mask)  # 测试各个实例
# 获取掩模内的轮廓（实例）
contours, hierarchy = cv2.findContours(np.array(mask, np.uint8),
                        cv2.RETR_EXTERNAL, cv2.CHAIN_APPROX_SIMPLE)
# 设置随机颜色
color = np.random.randint(0, 255, 3)
color = tuple ([int(x) for x in color])
# 设置为元组，整数
# color 是 int64,需要转换为整型（无法直接使用 tuple(color)实现）
# 绘制实例的轮廓（实心形式）
cv2.drawContours(box,contours,-1,color,-1)
# 输出对应的类别及置信度
msg = "{}: {:.0f}%".format(LABELS[classID], confidence*100)
cv2.putText(background, msg, (x1+50, y1 +45),
            cv2.FONT_HERSHEY_SIMPLEX, 0.8, (255,255,255), 2)
# 将识别结果和原始图像叠加在一起
result =cv2.addWeighted(image,0.2,background,0.8,0)
# ========显示处理结果========
cv2.imshow("original", image)
cv2.imshow("result", result)
cv2.waitKey(0)
cv2.destroyAllWindows()
```

　　运行上述程序，输出如图 24-14 所示。【例 24.5】程序对图 24-14 中的各个对象进行了实例分割。

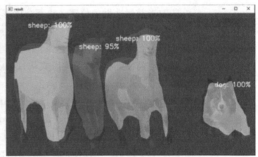

图 24-14　【例 24.5】程序运行结果

24.4　风格迁移

风格迁移（Style Transfer）是指将一张图片（风格图）中的风格、纹理迁移到另一张图片（内容图），同时保留内容图原有主体结构。简单来说，就是把一张普通的照片变换成某个绘画大师的作品风格。

通过风格迁移可实现在保留原有作品主体结构的基础上，将某个绘画大师的作品风格迁移到该作品上。例如，对图 24-15 左侧图像进行风格迁移后得到了图 24-15 右侧图像。

图 24-15　风格迁移示例

OpenCV 中的 DNN 模块使用的风格迁移模型来自斯坦福大学李飞飞团队的研究成果，该网络包括一个图像转换网络和一个损失网络，结构如图 24-16 所示。图像转换网络是一个 ResNet，其对输入图像进行风格变换，并将其映射成输出图像。

损失网络用一个预训练好的用于图像分类的网络来定义损失函数。损失网络定义的两个感知损失函数如下：

- 内容（特征）损失：衡量内容上的差距。目的在于让转换网络的输出非常接近目标图像，但是又让它们不是完全匹配。
- 风格损失：衡量图像风格上的差距。目的在于惩罚风格上的偏离，如输出图像在颜色、纹理、共同的模式等方面与目标图像的差异。

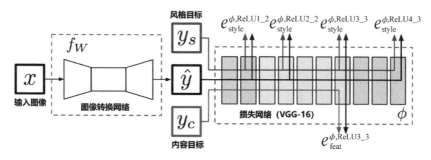

图 24-16　风格迁移模型的网络结构

（资料来源：JOHNSON JUSTIN. Perceptual Losses for Real-Time Style Transfer and Super-Resolution[C]. ECCV，2016。）

【例 24.6】 完成风格迁移。

本例采用凡・高画作《星空》的风格模型，下载网址为参考网址 34。

编写程序如下：

```
import cv2
# ========读取图像========
image = cv2.imread('tute.jpg')
# 获取图像尺寸
(H, W) = image.shape[:2]
# ========加载模型、推理========
# 加载模型
net = cv2.dnn.readNetFromTorch('model\eccv16\starry_night.t7')
# net = cv2.dnn.readNetFromTorch('model\instance_norm\mosaic.t7')
blob = cv2.dnn.blobFromImage(image, 1.0, (W, H), (0, 0, 0), swapRB=False,
crop=False)
# 推理
net.setInput(blob)
out = net.forward()
# out 是四维的：B×C×H×W
# B,batch 图像数量（通常为 1），C：channels 通道数，H：height 高度、W：width 宽度
print(out)
# ======输出处理======
# 重塑形状（忽略第一维），四维变三维
# 调整输出 out 的形状，模型推理输出 out 是四维 BCHW 形式的，将其调整为三维 CHW 形式
out = out.reshape(out.shape[1], out.shape[2], out.shape[3])
# 对输出进行归一化处理
cv2.normalize(out, out,alpha=0.0, beta=1.0, norm_type=cv2.NORM_MINMAX)
# out /= 255 # 修正后，可以进行数学运算
# （通道,高度,宽度）转化为（高度,宽度,通道）
result = out.transpose(1, 2, 0)
# ======输出图像======
cv2.imshow('original', image)
cv2.imshow('result', result)
cv2.waitKey()
```

```
cv2.destroyAllWindows()
```

运行上述程序，输出如图 24-17 所示，其中：

- 左侧图是原始图像。
- 中间图是凡·高画作《星空》。
- 右侧图是采用凡·高的《星空》风格模型处理的原始图像的输出效果。因为黑白印刷无法显示彩色图像，请读者上机运行程序后观察彩色效果。

图 24-17　　【例 24.6】程序运行结果

Justin Johnson 的 GitHub 上提供了更多的可选风格，具体网址见参考网址 35。读者可以尝试使用其他风格对实时采集的视频进行风格迁移。

24.5　姿势识别

姿势识别是指识别出图像中人体的姿势，其在人机交互、体育、健身、动作采集、自动驾驶等领域具有广阔的应用前景。

OpenPose 人体姿态识别项目是美国卡内基梅隆大学（Carnegie Mellon University，CMU）基于 CNN 和监督学习并以 Caffe 为框架开发的开源库，是首个基于深度学习的实时多人二维姿态估计应用。它可以实现人体动作、面部表情、手指运动等姿态估计，不仅适用于单人，还能针对多人进行姿势识别。

OpenPose 的流程图如图 24-18 所示。

- 图 24-18（a）Input Image 是原始输入图像。
- 图 24-18（b）Part Confidence Maps，简称 PCMs，是关键点热力图，用来表征关键的位置信息。假设需要输出人体的 18 个关键点信息，那么 PCMs 会增加一个背景信息，共计输出 19 个信息。输出背景一方面增加了一个监督信息，有利于网络的学习；另一方面输出背景可以作为下一个阶段的输入，有利于下一个阶段获得更好的语义信息。
- 图 24-18（c）Part Affinity Fields，简称 PAFs，通常翻译为关键点的亲和力场，用来描述不同关键点之间的亲和力。同一个人的不同关节间的亲和力较强；不同人之间的关节间的亲和力较弱。OpenPose 采用 bottom-up 的姿态估计网络，在检测关节时先直接检测出所有关节，并不会对关节属于哪个人进行区分；然后根据关节间的亲和力对关节进行划分。简单来说，将亲和力强的关节划分为同一个人。
- 图 24-18（d）Bipartite Matching，二分匹配。通过 PAFs 推断身体部位所在位置，通过一组没有其他信息的身体部位把它们解析成不同的人。
- 图 24-18（e）Parsing Results 是解析结果。对检测到的同一个人的关节进行拼接，得到解析结果。

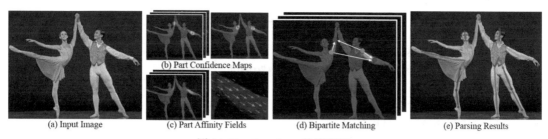

(a) Input Image (b) Part Confidence Maps (c) Part Affinity Fields (d) Bipartite Matching (e) Parsing Results

图 24-18　OpenPose 的流程图

（资料来源：CAO ZHE．Realtime Multi-person 2D Pose Estimation Using Part Affinity Fields[C]．2017 IEEE Conference on Computer Vision and Pattern Recognition，2017：1302-1310。）

OpenPose 网络结构如图 24-19 所示，第一个阶段预测 PAFs（L^t），第二个阶段预测 PCMs（S^t）。OpenPose 网络结构的终端使用的是 3 层大小为 3×3 的卷积核。

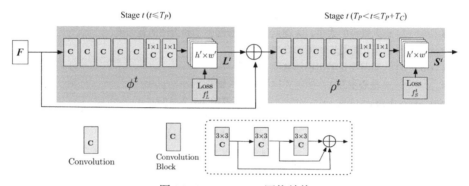

图 24-19　OpenPose 网络结构

（资料来源：CAO ZHE．Realtime Multi-person 2D Pose Estimation Using Part Affinity Fields[C]．2017 IEEE Conference on Computer Vision and Pattern Recognition，2017：1302-1310。）

【例 24.7】完成姿势识别。

本例采用 OpenPose 的模型文件 graph_opt.pb，下载网址为参考网址 36。

编写程序如下：

```python
import cv2
# ===============身体部位与姿势对===============
# 定义身体部位
BODY_PARTS = { "Nose": 0, "Neck": 1, "RShoulder": 2, "RElbow": 3,
               "RWrist": 4,"LShoulder": 5, "LElbow": 6, "LWrist": 7,
               "RHip": 8, "RKnee": 9,"RAnkle": 10, "LHip": 11, "LKnee": 12,
               "LAnkle": 13, "REye": 14,"LEye": 15, "REar": 16, "LEar": 17,
               "Background": 18 }
# 姿势对
POSE_PAIRS = [ ["Neck", "RShoulder"], ["Neck", "LShoulder"],
               ["RShoulder", "RElbow"],["RElbow", "RWrist"],
               ["LShoulder", "LElbow"], ["LElbow", "LWrist"],
               ["Neck", "RHip"], ["RHip", "RKnee"], ["RKnee", "RAnkle"],
               ["Neck", "LHip"],["LHip", "LKnee"], ["LKnee", "LAnkle"],
```

```python
                          ["Neck", "Nose"], ["Nose", "REye"],["REye", "REar"],
                          ["Nose", "LEye"], ["LEye", "LEar"] ]
# ========加载模型、推理========
net = cv2.dnn.readNetFromTensorflow("graph_opt.pb")
# 处理实时视频
cap = cv2.VideoCapture(0)
while cv2.waitKey(1) < 0:
    hasFrame, frame = cap.read()
    H, W =frame.shape[:2]
    blob = cv2.dnn.blobFromImage(frame, 1.0, (368, 368),
                             (127.5, 127.5, 127.5), swapRB=True, crop=False)
    net.setInput(blob)
    out = net.forward()
    print(out.shape)
    # out[0]: 图像索引
    # out[1]: 关键点的索引。关键点热力图和部件亲和力图的置信度
    # out[2]: 第三维是输出图的高度
    # out[3]: 第四维是输出图的宽度
    # ========核心步骤1: 确定关键部位（关键点）========
    out = out[:, :19, :, :]    # 只需要前19个（0~18）
    outH = out.shape[2]        # out 的高度 height
    outW = out.shape[3]        # out 的宽度 width
    points = []                # 关键点
    print(points)
    for i in range(len(BODY_PARTS)):
        # 身体对应部位的热力图切片
        heatMap = out[0, i, :, :]
        # 取最值
        _, confidence, _, point = cv2.minMaxLoc(heatMap)
        # 将 out 中的关键点映射到原始图像 image 上
        px , py = point[:2]
        x = ( px / outW ) * W
        y = ( py / outH ) * H
        # 仅将置信度大于 0.2 的关键点保留，其余的值为 None
        # 不是仅保留置信度大于 0.2 的关键点，还将置信度小于 0.2 的值设置为 None
        # 后续判断需要借助 None 完成
        points.append((int(x), int(y)) if confidence > 0.2 else None)
    # print(points)      # 观察 points 的情况，包含点和 None 两种值
    # ========核心步骤2: 绘制可能的姿势对========
    for posePair in POSE_PAIRS:    # 逐个判断姿势对是否存在
        print("=============")
        partStart,partEnd = posePair[:2]          # 取出姿势对中的两个关键点（关键部位）
        idStart = BODY_PARTS[partStart]           # 取出姿势对中第一个关键部位的索引
        idEnd = BODY_PARTS[partEnd]               # 取出姿势对中第二个关键部位的索引
        print(partStart,partEnd,idStart,idEnd,points[idStart] , points[idEnd])
        # 判断当前姿势对中的两个部位是否被检测到，若被检测到，则将其绘制出来
```

```
    # 判断当前姿势对中的两个关键部位是否在points中实现
    if points[idStart] and points[idEnd]:
        cv2.line(frame, points[idStart], points[idEnd], (0, 255, 0), 3)
        cv2.ellipse(frame, points[idStart], (3, 3), 0, 0, 360,
(0, 0, 255), cv2.FILLED)
        cv2.ellipse(frame, points[idEnd], (3, 3), 0, 0, 360,
(0, 0, 255), cv2.FILLED)
    # ==========显示最终结果==========
    cv2.imshow('result', frame)
cv2.destroyAllWindows()
```

运行上述程序，输出可实时显示当前摄像头采集到的视频的姿势识别结果，如图 24-20 所示。

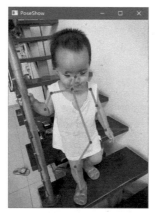

图 24-20 【例 24.7】程序运行结果截图

24.6 说明

（1）本章用到的所有模型参数文件（权重文件）、网络结构文件（模型配置文件）、分类集合（分类文件）等文件都存储在与源程序对应的目录下。读者既可以根据例题中提供的网站下载，也可以直接使用本书配套资源包提供的下载好的模型。

（2）如第 23 章所述，模型参数文件里面存储的是训练好的模型所用到的参数，网络结构文件中存储的是网络的结构信息，如 GoogLeNet 的网络结构文件 bvlc_googlenet.prototxt 中的部分文件内容为

```
name: "GoogleNet"
input: "data"
input_dim: 1
input_dim: 3
input_dim: 224
input_dim: 224
layer {
  name: "conv1/7x7_s2"
  type: "Convolution"
```

```
bottom: "data"
top: "conv1/7x7_s2"
param {
  lr_mult: 1
  decay_mult: 1
}
param {
  lr_mult: 2
  decay_mult: 0
}
convolution_param {
  num_output: 64
  pad: 3
  kernel_size: 7
  stride: 2
  weight_filler {
    type: "xavier"
    std: 0.1
  }
  bias_filler {
    type: "constant"
    value: 0.2
  }
}
}
```

（3）大多数算法都具有较好的实时性，可以针对视频进行处理。本书为了便于理解，大多数案例是针对图片进行处理的。读者可以将程序输入调整为摄像头（采集实时视频）或者视频文件，观察算法的实时效果。

第 5 部分

人脸识别篇

本部分对人脸应用的相关知识点进行介绍，主要包含人脸检测、人脸识别、dlib 库、人脸识别应用案例等。

第 25 章

人脸检测

人脸识别是程序对输入的人脸图像进行判断并识别出对应的人的过程。人脸识别程序在"看到"一张人脸后能够分辨出这个人是家人、朋友，还是明星。

要实现人脸识别首先要判断当前图像中是否出现了人脸，这就是人脸检测。只有检测到图像中出现了人脸，才能据此判断这个人到底是谁。

本章将介绍人脸检测的基本原理，以及使用 OpenCV 实现人脸检测的简单案例。

25.1 基本原理

当预测的是离散值时，进行的是分类操作。对于只涉及两个类别的二分类任务，通常将其中一个类称为正类（正样本），另一个类称为负类（反类、负样本）。例如，人脸检测的主要任务是构造能够区分包含人脸实例和不包含人脸实例的分类器。这些实例分别被称为正类（包含人脸的图像）和负类（不包含人脸的图像）。

本节将介绍分类器的基本构造方法，以及如何调用 OpenCV 中训练好的分类器实现人脸检测。

OpenCV 提供了三种不同的训练好的级联分类器，下面简单介绍其中涉及的一些基本概念。

1. 级联分类器

通常情况下，分类器需要对图像的多个特征进行识别。例如，在识别一个动物是狗（正类）还是其他动物（负类）时，直接根据多个条件进行判断，流程是非常烦琐的。如果先判断该动物有几条腿：

- 有四条腿的动物被判断为可能为狗，并对此范围内的对象继续进行分析和判断。
- 没有四条腿的动物直接被否决，即不可能是狗。

只通过比较腿的数目就能排除样本集中大量的负类（如鸡、鸭、鹅等不是狗的动物的实例）。

级联分类器就是基于这种思路将多个简单的分类器按照一定的顺序级联而成的。

级联分类器示意图如图 25-1 所示。

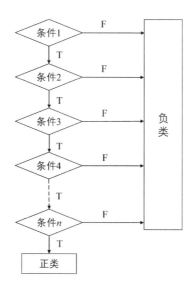

图 25-1 级联分类器示意图

级联分类器的优势是，在开始阶段只进行非常简单的判断就能够排除明显不符合要求的实例，在开始阶段被排除的负类不再参与后续分类，极大地提高了后续分类的速度。例如，在拨打服务电话时，通过不断地按不同的数字键进行选择（普通话请按 1，英语请按 0；查询话费请按……），从而得到最终的服务。

OpenCV 不仅提供了用于训练级联分类器的工具，还提供了训练好的用于人脸定位的级联分类器。

2. Haar 级联分类器

OpenCV 提供了已经训练好的 Haar 级联分类器用于定位人脸。Haar 级联分类器的实现，经历了如下历史：

- 最初，有学者提出将 Haar 特征用于人脸检测，但是此时 Haar 特征的运算量超级大，这个方案并不实用。
- 之后，有学者提出简化 Haar 特征的方法，让使用 Haar 特征检测人脸的运算变得简单易行，同时提出使用级联分类器提高分类效率。
- 后来，有学者提出用于改进 Haar 的类 Haar 方案，为人脸定义了更多特征，进一步提高了人脸检测的效率。

下面，用一个简单的例子来叙述上述方案。

假设有两幅 4×4 大小的图像，如图 25-2 所示。针对这两幅图像，可以通过简单的计算来判断它们在左右关系维度是否具有相关性。

128	108
96	76

47	27
88	68

图 25-2 图像示例

用两幅图像左侧像素值之和减去右侧像素值之和：

- 针对左图，sum(左侧像素) − sum(右侧像素) = (128+96) − (108+76) = 40。
- 针对右图，sum(左侧像素) − sum(右侧像素) = (47+88) − (27+68) = 40。

两幅图像的左侧像素值之和减去右侧像素值之和都是 40，因此，可以认为在左侧像素值之和减去右侧像素值之和角度（左侧比右侧稍亮），这两幅图像具有一定的相关性。

进一步，可以从更多的角度考虑图像的特征。学者 Papageorgiou 等人提出了如图 25-3 所示的 Haar 特征，分别为垂直特征、水平特征和对角特征。他们利用这些特征分别实现了行人检测（*Pedestrian Detection Using Wavelet Templates*）和人脸检测（*A General Framework For Object Detection*）。

图 25-3　Haar 特征

Haar 特征反映的是图像的灰度变化，它将像素点划分为不同模块后求差值。Haar 特征用黑白两种矩形框组合成特征模板，在特征模板内，用白色矩形像素点的像素值和减去黑色矩形像素点的像素值和，用该差值来表示该模板的特征。经过上述处理后，一些人脸特征就可以使用矩形框的差值简单地表示了。例如，眼睛的颜色比脸颊的颜色深，鼻梁两侧的颜色比鼻梁的颜色深，唇部的颜色比唇部周围的颜色深。

关于 Harr 特征中的矩形框，有如下 3 个变量。

- 矩形框位置：矩形框要逐像素点地划过（遍历）整个图像获取每个位置的特征值。
- 矩形框大小：矩形的大小可以根据需要进行任意调整。
- 矩形框类型：包含垂直、水平、对角等不同类型。

上述 3 个变量确保了能够细致全面地获取图像的特征信息。但是，变量的个数越多，特征的数量越多，如一个 24×24 大小的检测窗口内的特征数量接近 20 万个。由于计算量过大，该方案并不实用，除非进一步简化特征。

后来，Viola 和 Jones 两位学者在论文 *Rapid Object Detection Using A Boosted Cascade of Simple Features* 和 *Robust Real-time Face Detection* 中提出了使用积分图像快速计算 Haar 特征的方法。他们提出通过构造积分图（Integral Image），让 Haar 特征能够通过查表法和有限次简单运算快速获取，极大地减少了运算量。同时，在这两篇论文中，他们提出了通过构造级联分类器，让不符合条件的背景图像（负样本）被快速地抛弃，从而能够将算力运用在可能包含人脸的对象上。

为了进一步提高效率，Lienhart 和 Maydt 两位学者在论文 *An Extended Set of Haar-Like Features for Rapid Object Detection* 中提出对 Haar 特征库进行扩展。他们将 Haar 特征进一步划分为如图 25-4 所示的 4 类，主要包括

- 4 个边特征。
- 8 个线特征。
- 2 个中心点特征。

● 1 个对角特征。

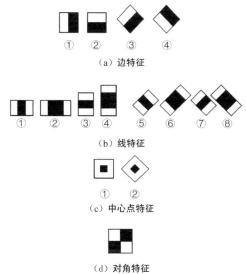

（a）边特征

（b）线特征

（c）中心点特征

（d）对角特征

图 25-4　Haar 扩展特征

Lienhart 和 Maydt 认为在实际使用中，对角特征［见图 25-4（d）］和线特征中的⑤和⑥［见图 25-4（b）］是相近的，因此通常情况下无须重复计算。同时，论文 *Rapid Object Detection Using A Boosted Cascade of Simple Features* 和 *Robust Real-time Face Detection* 中还介绍了计算 Haar 特征数的方法、快速计算方法，以及级联分类器的构造方法等内容。

OpenCV 在上述研究的基础上实现了将 Haar 级联分类器用于人脸特征的定位。读者可以直接调用 OpenCV 自带的 Haar 级联特征分类器来实现人脸定位。

除此以外，OpenCV 还提供了使用 HOG 特征和 LBP 算法的级联分类器。HOG 级联分类器主要用于行人检测，这里不再赘述。有关 LBP 算法的内容请参考第 26 章。

25.2　级联分类器的使用

为了训练针对特定类型对象的级联分类器，OpenCV 提供了 opencv_createsamples.exe 和 opencv_traincascade.exe 文件，这两个 exe 文件可以用来训练级联分类器。

训练级联分类器很耗时，如果训练的数据量较大，可能需要几天才能完成。OpenCV 提供了一些训练好的级联分类器供用户使用。这些分类器可以用来检测人脸、脸部特征（眼睛、鼻子）、人类和其他物体。这些级联分类器以 XML 文件的形式存放在 OpenCV 源文件的 data 目录下，加载不同级联分类器的 XML 文件就可以实现对不同对象的检测。

OpenCV 自带的级联分类器有 Harr 级联分类器、HOG 级联分类器、LBP 级联分类器。其中，Harr 级联分类器超过 20 种（随着版本更新将继续增加），可实现对多种对象的检测。部分级联分类器如表 25-1 所示。

表 25-1　部分级联分类器

XML 文件名	级联分类器类型
harrcascade_eye.xml	眼睛检测
haarcascade_eye_tree_eyeglasses.xml	眼镜检测
haarcascade_mcs_nose.xml	鼻子检测
haarcascade_mcs_mouth.xml	嘴巴检测
harrcascade_smile.xml	表情检测
hogcascade_pedestrians.xml	行人检测
lbpcascade_frontalface.xml	正面人脸检测
lbpcascade_profileface.xml	人脸检测
lbpcascade_silverware.xml	金属检测

加载级联分类器的语法格式为

```
<CascadeClassifier object> = cv2.CascadeClassifier( filename )
```

其中，filename 是级联分类器的路径和名称。

如下语句是一个调用实例：

```
faceCascade = cv2.CascadeClassifier('haarcascade_frontalface_default.xml')
```

可以在官网上或利用搜索引擎找到上述相关文件，下载并使用。

25.3　函数介绍

OpenCV 中人脸检测使用的是 CascadeClassifier.detectMultiScale 函数，它可以检测出图像中的所有人脸。该函数由分类器对象调用，语法格式为

```
objects = cv2.CascadeClassifier.detectMultiScale( image[, scaleFactor[,
                    minNeighbors[, flags[, minSize[, maxSize]]]]] )
```

其中，各个参数及返回值的含义如下。

- image：待检测图像，通常为灰度图像。
- scaleFactor：表示在前后两次相继扫描中搜索窗口的缩放比例。
- minNeighbors：表示构成检测目标的相邻矩形的最小个数。在默认情况下，该参数的值为 3，表示有 3 个以上的检测标记存在时才认为存在人脸。如果希望提高检测的准确率，可以将该参数的值设置得更大，但这样做可能会让一些人脸无法被检测到。
- flags：该参数通常被省略。在使用低版本 OpenCV（OpenCV 1.X 版本）时，该参数可能会被设置为 CV_HAAR_DO_CANNY_PRUNING，表示使用 Canny 边缘检测器拒绝一些区域。
- minSize：目标的最小尺寸，小于这个尺寸的目标将被忽略。
- maxSize：目标的最大尺寸，大于这个尺寸的目标将被忽略。若 maxSize 和 minSize 大小一致，则表示仅在一个尺度上查找目标。通常情况下，将该可选参数省略即可。
- objects：返回值，目标对象的矩形框向量组。该值是一组矩形信息，包含每个检测到的人脸对应的矩形框的信息（x 轴方向位置、y 轴方向位置、宽度、高度）。

25.4　人脸检测实现

本节将通过一个示例来说明如何实现人脸检测。

【**例 25.1**】使用函数 detectMultiScale 检测一幅图像内的人脸。

使用级联分类器检测人脸的过程如图 25-5 所示。

图 25-5　使用级联分类器检测人脸的过程

下面分步骤介绍人脸检测的具体流程。

1.　原始图像处理

原始图像是可能包含人脸的图像，先读取原始图像，并将其处理为灰度图像，具体实现语句如下：

```
image = cv2.imread('friends.jpg')
gray = cv2.cvtColor(image,cv2.COLOR_BGR2GRAY)
```

2.　加载分类器

获取 XML 文件，加载人脸检测器。这里需要注意文件的路径及加载正确的文件名。本例中，XML 文件直接放在了当前文件夹下，所以直接将文件名作为参数，具体语句为

```
faceCascade = cv2.CascadeClassifier('haarcascade_frontalface_default.xml')
```

3.　人脸检测

调用函数 detectMultiScale 实现人脸检测，具体程序为

```
faces = faceCascade.detectMultiScale(
    gray,
    scaleFactor = 1.04,
    minNeighbors = 18,
    minSize = (8,8))
```

上述程序没有指定 maxSize 的值，如果已知图像中人脸的大概尺寸，或者想找到某一个尺寸范围内的人脸，那么可以为 maxSize 设置一个值。当设定 maxSize 值后，只会找到小于或等于该尺寸的人脸，大于该尺寸的人脸会被忽略。

4.　打印输出的实现

使用 print 语句打印函数 detectMultiScale 的返回值 faces，即可得到检测到的人脸位置。具体程序如下：

```
print("发现{0}张人脸!".format(len(faces)))
print("其位置分别是：")
print(faces)
```

函数 detectMultiScale 的返回值 faces 是一组矩形框信息，包含了每个检测到的人脸对应的矩形框的 x 轴坐标值、y 轴坐标值、宽度、高度。

5. 标注人脸及显示

将函数 detectMultiScale 的返回值 faces 表示的每一张人脸使用矩形函数 cv2.rectangle 在图像内标注出来，并显示整张图像，具体程序为

```
for(x,y,w,h) in faces:
  cv2.rectangle(image,(x,y),(x+w,y+h),(0,255,0),2)
cv2.imshow("dect",image)
cv2.waitKey(0)
cv2.destroyAllWindows()
```

6. 完整流程

上述流程是人脸检测的完整流程，完整程序如下：

```
import cv2
# ===============1.原始图像处理===============
image = cv2.imread('manyPeople.jpg')
gray = cv2.cvtColor(image,cv2.COLOR_BGR2GRAY)
# ===============2.加载分类器===============
faceCascade = cv2.CascadeClassifier('haarcascade_frontalface_default.xml')
# ===============3.人脸检测===============
faces = faceCascade.detectMultiScale(
    gray,
    scaleFactor = 1.04,
    minNeighbors = 18,
    minSize = (8,8))
# ===============4.打印输出的实现===============
print("发现{0}张人脸!".format(len(faces)))
print("其位置分别是：")
print(faces)
# ===================5.标注人脸及显示===================
for(x,y,w,h) in faces:
  cv2.rectangle(image,(x,y),(x+w,y+h),(0,255,0),2)
cv2.imshow("result",image)
cv2.waitKey(0)
cv2.destroyAllWindows()
```

7. 输出结果

运行上述程序，会输出如下检测到的人脸的个数及具体位置信息：

```
发现 10 张人脸!
其位置分别是：
[[  98  374  163  163]
 [1143  370  167  167]
 [ 357  373  167  167]
```

```
[ 625  381  153  153]
[ 881  374  163  163]
[  98  100  167  167]
[ 622  101  162  162]
[ 889  102  167  167]
[1144  104  160  160]
[ 361   97  165  165]]
```

8. 可视化输出

运行上述程序还会输出如图 25-6 所示的图像，图像内的 10 张人脸被 10 个矩形框标注。

图 25-6　【例 25.1】程序输出图像

25.5　表情检测

级联分类器的功能十分强大，提供了诸多实用功能，如通过 harrcascade_smile.xml 可以实现微笑表情的检测。

【例 25.2】 检测笑脸。

```python
import cv2
# ===============1.加载分类器 ===============
faceCascade = cv2.CascadeClassifier('haarcascade_frontalface_default.xml')
smile=cv2.CascadeClassifier("haarcascade_smile.xml")
# ===============2.处理摄像头视频===============
# 初始化摄像头
cap=cv2.VideoCapture(0,cv2.CAP_DSHOW)
# 处理每一帧
while True:
    # 读取一帧
    ret,image=cap.read()
    # 没有读到，直接退出
    if ret is None:
        break
    # 灰度化（彩色图像转换为灰度图像）
    gray = cv2.cvtColor(image,cv2.COLOR_BGR2GRAY)
```

```
# 人脸检测
faces = faceCascade.detectMultiScale(gray,
                              scaleFactor = 1.1,
                              minNeighbors = 5,
                              minSize = (5,5))
# ==================3.处理每张人脸==================
for(x,y,w,h) in faces:
  cv2.rectangle(image,(x,y),(x+w,y+h),(0,255,0),2)
  # 提取人脸所在区域，多通道形式
  # roiColorFace=image[y:y+h,x:x+w]
  # 提取人脸所在区域，单通道形式
  roi_gray_face=gray[y:y+h,x:x+w]
  # 微笑检测，仅在人脸区域内检测
  smiles=smile.detectMultiScale(roi_gray_face,
                         scaleFactor = 1.5,
                         minNeighbors = 25,
                         minSize = (50,50))
  for (sx,sy,sw,sh) in smiles:
      # 如果显示 smiles，会有很多反馈
      # cv2.rectangle(roiColorFace,(sx,sy),(sx+sw,sy+sh),
      #               color=(0,255,255),
      #               thickness=2)
      # 显示文字“smile”表示检测到笑脸
      cv2.putText(image,"smile",(x,y),cv2.FONT_HERSHEY_COMPLEX_SMALL,1,
              (0,255,255),thickness=2)
  # 显示结果
  cv2.imshow("dect",image)
  key=cv2.waitKey(25)
  if key==27:
      break
cap.release()
cv2.destroyAllWindows()
```

运行上述程序，输出如图 25-7 所示。

图 25-7　【例 25.2】程序运行结果

第 26 章

人脸识别

人脸识别是基于人的脸部特征信息进行身份识别的一种生物识别技术；是使用视频采集设备（如摄像机或摄像头等）采集含有人脸的图像或视频实现检测或跟踪人脸，并进行脸部识别的一系列相关技术。

与其他识别方式相比，人脸识别更方便，主要体现在如下方面。

- 非强制性，几乎可以在被采集者无意识的状态下获取其人脸图像并进行识别。
- 非接触式，可以在用户与采集设备不直接接触的情况下完成采集、识别。
- 并发性，同一个采集设备能够同时采集场景内的多张人脸，并进行识别。

人脸识别在旅游、教育、政务、出行、社区楼宇、机器人、支付、公共安全、互联网应用等领域发挥着非常关键的作用。

本章将主要介绍 LBPH 人脸识别、EigenFaces 人脸识别、FisherFaces 人脸识别等人脸识别方法及具体实现。

26.1　人脸识别基础

本节将分别介绍人脸识别的基本流程及 OpenCV 实现人脸识别的基础。

26.1.1　人脸识别基本流程

人脸识别要先找到一个模型 M，该模型 M 可以用简洁又具有差异性的方式准确反映每张人脸的特征。然后采用该模型 M 提取训练数据中的每张人脸的特征，得到特征集。在识别人脸时，先对当前待识别人脸采用模型 M 提取特征，再从已有特征集中找出当前特征的邻近样本，从而得到当前人脸的标签。

人脸识别示例如图 26-1 所示：

- 图像 A 是待识别人脸。
- 图像 B 是已知人脸集合。
- 图像 C 是图像 A 的特征值。
- 图像 D 是图像 B 中各人脸对应的特征值（特征集）。经过对比可知图像 A 中待识别人脸的特征值 88 与图 D 中的特征值 90 最接近。据此，可以将待识别人脸 A 识别为特征值 90 对应的人脸己。
- 图像 E 是返回值，即图像 A 识别的结果是人脸己。

为了方便理解，可以想象在识别人脸时有一个反向映射过程：

- 图像 F 是待识别人脸，由特征值 88 反向映射得到。
- 图像 G 是人脸集合，由图像 D 中的特征值反向映射得到。

通过图像 F 和图像 G 可以更直观地观察到，图像 G 中第 2 行第 2 列是识别的对应结果。该识别结果是根据图像 C 和图像 D 的对应关系确立的。

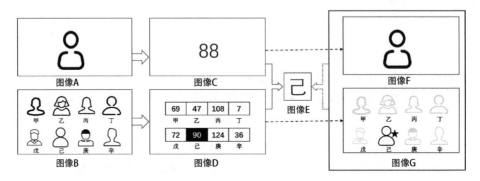

图 26-1　人脸识别示例

为了便于理解，本例假设特征值只有一个。实践中应根据实际情况，选取更具代表性、更稳定的特征作为判断依据，这意味着特征值不再是单一值，而是更复杂、长度更长的值。将上述过程一般化，人脸识别流程示意图如图 26-2 所示。

- 通过特征提取模块完成对训练图像和待识别对象的特征提取。
- 将上述特征传递给识别模块。通常，将训练图像特征传递给训练模型，用来训练一个人脸识别模型；然后用训练好的模型对待识别对象特征使进行识别。

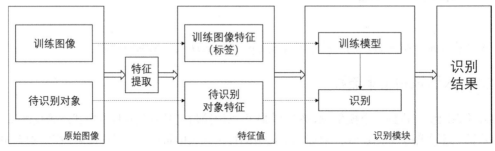

图 26-2　人脸识别流程示意图

26.1.2　OpenCV 人脸识别基础

OpenCV 可以将待识别对象、训练图像及对应标签在不提取特征的情况下，直接传递给识别模块，识别模块通过生成实例模型、训练模型、完成识别三个步骤实现人脸识别，输出识别结果。OpenCV 人脸识别流程示意图如图 26-3 所示。

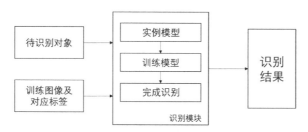

图 26-3　OpenCV 人脸识别流程示意图

在识别模块中：

- 在生成实例模型时使用特定的函数生成特征脸识别器实例模型。OpcnCV 提供了三种用于识别人脸的算法，分别是 LBPH 算法、EigenFaces 算法、FisherFaces 算法。上述三种算法都提供了对应的函数来生成实例模型，下文将对其进行详细介绍。
- 在训练模型时，采用函数 cv2.face_FaceRecognizer.train()完成模型的训练工作。
- 在完成识别时，采用函数 cv2.face_FaceRecognizer.predict()完成人脸识别。

综上所述，在具体实现人脸识别时先生成一个实例模型，然后用 cv2.face_FaceRecognizer.train() 函数完成模型的训练，最后用 cv2.face_FaceRecognizer.predict()函数完成人脸识别。下面对训练模型、完成识别所使用的函数进行简单介绍。

1. 函数 cv2.face_FaceRecognizer.train()

函数 cv2.face_FaceRecognizer.train()用给定的数据和相关标签训练生成的实例模型。该函数的语法格式为

```
None = cv2.face_FaceRecognizer.train( src, labels )
```

其中，各参数的含义如下：

- src：训练图像，用来学习的人脸图像。
- labels：标签，人脸图像对应的标签。

该函数没有返回值。

2. 函数 cv2.face_FaceRecognizer.predict()

函数 cv2.face_FaceRecognizer.predict()对一个待识别人脸图像进行判断，寻找与当前图像距离最近的人脸图像。与哪幅人脸图像距离最近，就将当前待测图像标注为该人脸图像对应的标签。若待识别人脸图像与所有人脸图像的距离都大于特定的距离值（阈值），则认为没有找到对应的结果，即无法识别当前人脸。

函数 cv2.face_FaceRecognizer.predict()的语法格式为

```
label, confidence = cv2.face_FaceRecognizer.predict( src )
```

其中，参数与返回值的含义如下：

- src：需要识别的人脸图像。
- label：返回的识别结果标签。
- confidence：返回的置信度评分，用来衡量识别结果与原有模型之间的距离。

【提示】在使用不同算法进行人脸识别时，都会返回一个置信度评分 confidence。置信度评分用来衡量识别结果与原有模型之间的距离，一般情况下，0 表示完全匹配。

LBPH 算法、EigenFaces 算法及 FisherFaces 算法的置信度评分值具有不同含义。LBPH 算法认为置信度评分小于 50 是可以接受的，但是若置信度评分高于 80，则认为识别结果与原有模型差别较大。EigenFaces 算法和 FisherFaces 算法的置信度评分通常介于 0～20000，若置信度评分低于 5000，则认为得到了相当可靠的识别结果。

OpenCV 官网上有如下两点额外提醒：

- 训练和预测必须在灰度图像上进行，可以使用函数 cv2.cvtColor 进行色彩空间之间的转换。
- 训练图像和测试图像大小必须相等。必须确保输入数据具有正确的形状，否则将引发异常。可以使用函数 cv2.resize 来调整图像大小。

26.2 LBPH 人脸识别

LBPH（Local Binary Patterns Histogram，局部二值模式直方图）算法使用的模型基于 LBP（Local Binary Pattern，局部二值模式）算法。LBP 算法最早是被作为一种有效的纹理描述算子提出的，因在表述图像局部纹理特征方面效果出众而得到广泛应用。

26.2.1 基本原理

LBP 算法的基本原理是将像素点 A 的像素值与其邻域 8 个像素点的像素值逐一比较：

- 若像素点 A 的像素值大于或等于其邻域 8 个像素点的像素值，则得到 0。
- 若像素点 A 的像素值小于其邻域 8 个像素点的像素值，则得到 1。

最后，将像素点 A 与其邻域 8 个像素点比较得到的 0、1 连起来，得到一个 8 位的二进制数，将该二进制数转换为十进制数作为像素点 A 的 LBP 值。

下面以图 26-4 左图 3×3 区域的中心位置的像素点（像素值为 76 的点）为例，说明如何计算某像素点的 LBP 值。将像素值 76 作为阈值，对其邻域 8 个像素值进行二值化处理。

- 将像素值大于或等于 76 的像素点处理为 1。邻域中像素值为 128、251、99、213 的像素点，都被处理为 1，并填入对应的像素点。
- 将像素值小于 76 的像素点处理为 0。邻域中像素值为 36、9、11、48 的像素点，都被处理为 0，并填入对应的像素点。

根据上述计算，可以得到如图 26-4 右图所示的二值结果。

128	36	251
48	76	9
11	213	99

1	0	1
0		0
0	1	1

图 26-4　LBP 值原理示意图

完成二值化后，任意指定一个开始位置，将得到的二值结果序列化，组成一个 8 位的二进制数。例如，从当前像素点的正上方开始，按顺时针方向将得到二进制数"01011001"。

最后，将二进制数"01011001"转换为十进制数，得到"89"，89 即当前中心位置像素点的像素值，如图 26-5 所示。

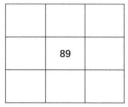

图 26-5　中心位置像素点的处理结果

对图像逐像素点的用以上方式进行处理，即可得到 LBP 特征图。

为了得到不同尺度下的纹理结构，可以使用圆形邻域，将计算扩大到任意大小的邻域内。圆形邻域可以用(P, R)表示，其中，P 表示圆形邻域内参与运算的像素点个数，R 表示圆形邻域的半径。

图 26-6 为不同大小的圆形邻域示意图。

- 左图使用的是(4,1)邻域，比较当前像素点像素值与邻域内 4 个像素点像素值的大小，使用的圆形邻域半径是 1。
- 右图使用的是(8,2)邻域，比较当前像素点像素值与邻域内 8 个像素点的像素值大小，使用的圆形邻域半径是 2。在参与比较的 8 个邻域像素点中，部分邻域可能不会直接取实际存在的某个位置上的像素点，而是通过对附近若干个像素点进行计算，构造一个"虚拟"像素值来与当前像素点进行比较。

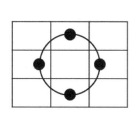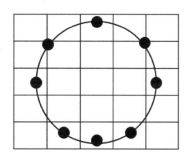

图 26-6　圆形邻域示意图

虽然人脸的整体灰度受光线影响，会经常发生变化，但是人脸各部分之间的相对灰度基本保持一致。LBP 算法的主要思想是以当前像素点与其邻域像素点的相对关系为特征。因此，在图像灰度整体发生变化（单调变化）时，从 LBP 算法中提取的特征能保持不变。简而言之，LBP 算法能够较好地体现一个像素点与周围像素点的关系。例如，在图 26-7 中，黑点表示 0，白点表示 1，不同的点对应不同特征值。例如，图 26-7（a）中周围所有像素点的像素值都是 0，说明周围所有像素点的像素值都比当前像素点的像素值小，即当前像素点是一个点。

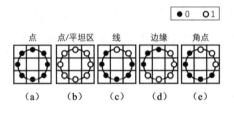

图 26-7　点关系示意图

当图像灰度整体发生变化时，使用 LBP 算法提取的特征具有稳定不变性。因此，LBP 算法在人脸识别中得到了广泛应用。

使用 LBP 特征图构造的直方图被称为 LBPH 或 LBP 直方图。需要注意的是，通常情况下，需要将图像进行分区以取得更好的效果。例如，在图 26-8 中：

- 图 26-8（a）和图 26-8（b）是两幅不一样的图像。
- 图 26-8（c）和图 26-8（d）是图 26-8（a）和图 26-8（b）各自对应的直方图。由图 26-8 可知，虽然图 26-8（a）和图 26-8（b）存在较大差异，但是二者的灰度直方图是一致的。也就说，二者都是由 18 个像素值为 0 的像素点和 18 个像素值为 1 的像素点构成的。
- 图 26-8（e）和图 26-8（f）是图 26-8（a）和图 26-8（b）分区后各区对应的直方图。由图 26-8 可知，虽然图 26-8（a）、图 26-8（b）都是由 18 个像素值为 0 的像素点和 18 个像素值为 1 的像素点构成的，但是如果将图像划分为 3×3 大小的单元后再观察二者的直方图，将发现图 26-8（a）和图 26-8（b）两幅图像的各个单元（3×3 单元格区域）的直方图是不一样的。

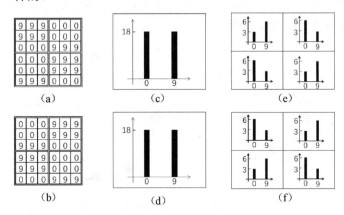

图 26-8　图像分区前后的直方图比较

在 LBPH 算法中，通常先通过 LBP 算法从图像中提取特征得到 LBP 特征图，再将 LBP 特征图划分为指定大小的子块，然后计算每个子块的直方图，最后得到 LBPH 特征值。在 OpenCV 中，通常将 LBP 特征图划分为 8 行 8 列共 64 个单元，之后分别计算每个单元的直方图，最后将这些直方图连接起来作为最终的 LBPH 值。

综上所述，LBP 特征图是灰度不变的，不是旋转不变的。当图像旋转后，会得到不同的 LBP 值。通过一定的处理，可以让 LBP 特征实现旋转不变性。例如，在图 26-9 中：

- 第 1 列的原始图像中心位置的像素点周围像素点的像素值都是 36、251、9、99、213、11、48、128。但是，不同原始图像中同像素值对应的像素点位置是不一样的，可以理解为从第 2 行开始的每幅图像都是通过旋转第 1 行图像得到的。简单来说，图像旋转时将除中心原点外的所有像素点按照顺时针方向移动一个位置。
- 第 2 列 LBP 值是分别以中心位置处的像素点的像素值 76 作为阈值得到的各个图像对应的 LBP 值。
- 第 3 列顶端排序是从第 2 列 LBP 值的正上方处的像素点开始，按照顺时针方向将所有 LBP 值连接得到的结果。可以看到，虽然每一行图像中心位置的像素点周围像素点的像素值是 36、251、9、99、213、11、48、128，但是得到的从顶端排序后的 LBP 值不一样。也就是说，图像在发生旋转后，LBP 值也发生了变化。
- 第 4 列是将第 2 列 LBP 值从不同的位置开始按照顺时针方向构建的 8 个 LBP 值中的最小值。具体是，针对每一行中的第 2 列的 LBP 值，分别将正上方、右上角、正右方、右下角、正下方、左下角、正左方、左上角 8 个位置作为起始位置，按照顺时针方向构建 8 个不同的 LBP 值，然后取这些值中的最小值。针对第 1 行的图像，将不同位置作为起始值，按照顺时针方向构建的 8 个 LBP 值分别为 01011001（从正上方开始）、10110010（从右上角开始）、01100101（从正右方开始）、11001010（从右下角开始）、10010101（从正下方开始）、00101011（从左下角开始）、01010110（从正左方开始）、10101100（从左上角开始），其中最小值是 00101011。针对第 2 行到第 8 行图像，采用同样的操作计算最小值。以此类推，计算每一行图像对应的 LBP 最小值。结果发现，最小值是相同的，都是 00101011。也就是说，无论图像如何旋转，都会得到同一个最小值。实际上，该最小值是所有可能旋转状态中的最小值。因此，将该最小值作为 LBP 特征值，即可实现 LBP 特征的旋转不变性。

原始图像			LBP值			顶端排序	最小值
128	36	251	1	0	1		
48	76	9	0		0	01011001	00101011
11	213	99	0	1	1		
48	128	36	0	1	0		
11	76	251	0		1	10101100	00101011
213	99	9	1	1	0		
11	48	128	0	0	1		
213	76	36	1		0	01010110	00101011
99	9	251	1	0	1		
213	11	48	1	0	0		
99	76	128	1		1	00101011	00101011
9	251	36	0	1	0		
99	213	11	1	1	0		
9	76	48	0		0	10010101	00101011
251	36	128	1	0	1		
9	99	213	0	1	1		
251	76	11	1		0	11001010	00101011
36	128	48	0	1	0		
251	9	99	1	0	1		
36	76	213	0		1	01100101	00101011
128	48	11	1	0	0		
36	251	9	0	1	0		
128	76	99	1		1	10110010	00101011
48	11	213	0	0	1		

图 26-9　旋转不变性

从上文的介绍可以看出，LBP 特征与 Haar 特征相似，都是图像的灰度变化特征。

26.2.2　函数介绍

在 OpenCV 中，可以用函数 cv2.face.LBPHFaceRecognizer_create()生成 LBPH 识别器实例模型，然后用 cv2.face_FaceRecognizer.train()函数完成训练，最后用 cv2.face_FaceRecognizer.predict() 函数完成人脸识别。

函数 cv2.face.LBPHFaceRecognizer_create()的语法格式为

```
retval = cv2.face.LBPHFaceRecognizer_create( [, radius[, neighbors[,
                              grid_x[, grid_y[, threshold]]]]])
```

其中，所有参数都是可选的，含义如下。

- radius：半径值，默认值为 1。
- neighbors：邻域点的个数，默认值为 8，根据需要可以将其改为更大值。
- grid_x：将 LBP 特征图划分为一个个单元时在水平方向上的单元个数。该参数默认值为 8，即将 LBP 特征图在水平方向上划分为 8 个单元。
- grid_y：将 LBP 特征图划分为一个个单元时在垂直方向上的单元个数。该参数默认值为 8，即将 LBP 特征图在垂直方向上划分为 8 个单元。
- threshold：在预测时使用的阈值。如果大于该阈值，就认为没有识别到任何目标对象。

【提示】在 OpenCV 中进行 LBPH 处理时，默认将 grid_x 与 grid_y 设置为 8。也就是说，在经过 LBP 运算得到 LBP 特征图后，将特征图划分为 8×8 个子块（8 行 8 列，共 64 个子块），分别计算每个子块的直方图，得到最终的 LBPH。

该函数的参数 grid_x 和 grid_y 的值越大，划分的子块数量越多，所得到的特征向量的维数越高。当然，在一般情况下，采用默认值 8 即可。

26.2.3　案例介绍

使用 LBPH 模块完成人脸识别的流程如图 26-10 所示。

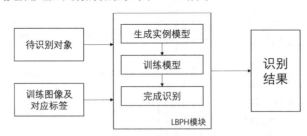

图 26-10　采用 LBPH 模块完成人脸识别的流程

本节使用 OpenCV 的 LBPH 模块实现一个简单的人脸识别。

【例 26.1】完成一个简单的人脸识别。

本例中有两个人，每个人有两幅人脸图像用于训练。编写程序识别另外一幅人脸图像（上述二人中一人的其他人脸图像），观察识别结果。

四幅用于训练的人脸图像如图 26-11 所示，从左到右图像的名称分别为 a1.png、a2.png、

b1.png、b2.png。

图 26-11　用于训练的人脸图像

在图 26-11 所示的四幅图像中，前两幅图像是同一个人，将其标签设定为 0；后两幅图像是同一个人，将其标签设定为 1。

待识别的人脸图像如图 26-12 所示，该图像的名称为 a3.png。

图 26-12　待识别的人脸图像

根据题目的要求，编写程序如下：

```
import cv2
import numpy as np
# 读取训练图像
images=[]
images.append(cv2.imread("a1.png",cv2.IMREAD_GRAYSCALE))
images.append(cv2.imread("a2.png",cv2.IMREAD_GRAYSCALE))
images.append(cv2.imread("b1.png",cv2.IMREAD_GRAYSCALE))
images.append(cv2.imread("b2.png",cv2.IMREAD_GRAYSCALE))
# 为训练图像贴标签
labels=[0,0,1,1]
# 读取待识别图像
predict_image=cv2.imread("a3.png",cv2.IMREAD_GRAYSCALE)
# 识别
recognizer = cv2.face.LBPHFaceRecognizer_create()
recognizer.train(images, np.array(labels))
label,confidence= recognizer.predict(predict_image)
# 打印识别结果
print("对应的标签 label=",label)
print("置信度 confidence=",confidence)
```

运行上述程序，输出结果为

```
对应的标签 label= 0
置信度 confidence= 67.6856704732354
```

从程序输出结果可以看出，标签值为"0"，置信度约为 68。这说明图像 a3.png 被识别为标签 0 对应的人脸图像，即认为当前待识别图像 a3.png 中的人与图像 a1.png、图像 a2.png 中的是同一个人。

本例只为了说明人脸识别的实现方法，忽略了输出效果。实践中，识别完成后，通常会把识别结果绘制在人脸上，并将其显示出来，以取得更好的交互效果。练习时，读者可以使用自己的照片等图像构成训练集（及待识别图像）。识别结束后，将标签映射为对应的人名等更直观的信息，再使用函数 putText 将识别结果绘制在待识别图像上，最后使用函数 imshow（或者 matplotlib.pyplot.imshow）将其显示出来，以取得更直观的效果。本章在【例 26.2】中实现了上述可视化展示。

【提示】当 opencv-python 和 opencv-contrib-python 存在不兼容等情况时，可能导致程序无法运行。此时需要将 opencv-python 和 opencv-contrib-python 卸载，然后重新安装最新版本，具体操作为分别执行以下语句：

```
pip uninstall opencv-python

pip uninstall opencv-contrib-python

pip install opencv-python

pip install opencv- contrib-python
```

26.3　EigenFaces 人脸识别

EigenFaces 也被称为特征脸，它使用主成分分析（Principal Component Analysis，PCA）方法将高维的人脸数据处理为低维数据后（降维）再进行数据分析和处理，从而获取识别结果。

26.3.1　基本原理

在现实世界中，很多信息的表示是有冗余的。例如，表 26-1 列出的一组圆的参数中就存在冗余信息。

表 26-1　一组圆的参数

序　　号	半　　径	直　　径	周　　长	面　　积
1	3	6	19	28
2	1	2	6	3
3	2	4	13	13
4	7	14	44	154
5	1	2	6	3
6	5	10	31	79
7	1	2	6	3
8	6	12	38	113

在表 26-1 所示的参数中各参数间存在非常强的相关性：

● 直径 ＝2×半径。

- 周长 $=2\times\pi\times$ 半径。
- 面积 $=\pi\times$ 半径×半径。

可以看到，直径、周长和面积可以通过半径计算得到。

在进行数据分析时，如果希望更直观地看到这些参数的值，就需要获取所有字段的值。但是在比较圆的面积大小时，只使用半径就足够了，在这种情况下，其他信息就是冗余的。此时，可以理解为半径就是表 26-1 所列数据中的主成分，将半径从上述数据中提取出来供后续分析使用，就实现了降维。

上面例子中的数据非常简单、易于理解，而在大多数情况下，要处理的数据是比较复杂的。很多时候可能无法直接判断哪些数据是关键的主成分，此时要通过 PCA 方法将复杂数据内的主成分分析出来。

EigenFaces 算法就是对原始数据使用 PCA 方法进行降维，获取其中的主成分信息，从而实现人脸识别的方法。

26.3.2 函数介绍

OpenCV 先通过函数 cv2.face.EigenFaceRecognizer_create()生成 EigenFaces 识别器实例模型，然后通过函数 cv2.face_FaceRecognizer.train()完成训练，最后通过函数 cv2.face_FaceRecognizer.predict()完成人脸识别。

函数 cv2.face.EigenFaceRecognizer_create()的语法格式为

```
retval = cv2.face.EigenFaceRecognizer_create( [, num_components[,
                                                        threshold]] )
```

其中，两个参数都是可选参数，含义如下：

- num_components：使用 PCA 方法时保留的分量个数。该参数值通常要根据输入数据来具体确定，并没有一定之规。一般来说，80 个分量就足够了。
- threshold：进行人脸识别时采用的阈值。

26.3.3 案例介绍

使用 EigenFaces 模块完成人脸识别的流程如图 26-13 所示。

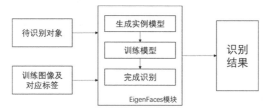

图 26-13 使用 EigenFaces 模块完成人脸识别的流程

本节使用 OpenCV 的 EigenFaces 模块实现一个简单的人脸识别。

【例 26.2】使用 EigenFaces 模块完成一个简单的人脸识别。

本例用于训练的四幅人脸图像如图 26-14 所示，从左到右图像的名称分别为 e01.png、

e02.png、e11.png、e12.png。

图 26-14　用于训练的人脸图像

在图 26-14 所示的四幅图像中，前两幅图像是同一个人，将其标签设定为 0；后两幅图像是同一个人，将其标签设定为 1。

在进行人脸识别时，构建一个 name=["first","second"]以与上述标签对应，作为待识别人脸图像上的辅助说明文字，也就是说：

- 当识别结果为标签 0 对应的人时，在待识别人脸图像上添加辅助文字"first"（name[0]）。
- 当识别结果为标签 1 对应的人时，在待识别人脸图像上添加辅助文字"second"（name[1]）。

本例中的待识别的人脸图像较小，辅助说明文字较简单，实践中可以根据需要调整待识别图像大小，以便显示更复杂的提示信息。

待识别的人脸图像如图 26-15 所示，该图像的名称为 eTest.png。

图 26-15　待识别的人脸图像

根据题目的要求，编写程序如下：

```python
import cv2
import numpy as np
# 读取训练图像
images=[]
images.append(cv2.imread("e01.png",cv2.IMREAD_GRAYSCALE))
images.append(cv2.imread("e02.png",cv2.IMREAD_GRAYSCALE))
images.append(cv2.imread("e11.png",cv2.IMREAD_GRAYSCALE))
images.append(cv2.imread("e12.png",cv2.IMREAD_GRAYSCALE))
# 为训练图像贴标签
labels=[0,0,1,1]
# 读取待识别的人脸图像
predict_image=cv2.imread("eTest.png",cv2.IMREAD_GRAYSCALE)
# 识别
recognizer = cv2.face.EigenFaceRecognizer_create()
recognizer.train(images, np.array(labels))
```

```
label,confidence= recognizer.predict(predict_image)
# 打印识别结果
print("识别标签 label=",label)
print("置信度 confidence=",confidence)
# 可视化输出
name=["first","second"]
font=cv2.FONT_HERSHEY_SIMPLEX
cv2.putText(predict_image,name[label],(0,30), font, 0.8,(255,255,255),2)
cv2.imshow("result",predict_image)
cv2.waitKey()
cv2.destroyAllWindows()
```

运行上述程序，输出结果如下：

```
识别标签 label= 0
置信度 confidence= 1600.5481032349048
```

从输出结果可以看出，图像 eTest.png 被识别为标签 0 对应的人脸图像，即认为图像 eTest.png 中的人与图像 e01.png 和图像 e02.png 中的人是同一个人。

同时运行上述程序会输出如图 26-16 所示窗口，该窗口中显示了辅助说明文字"first"，表明当前待识别人脸图像中的人是标签 0 对应的人（和图 26-14 中的前两幅图像中的人是同一人）。

图 26-16　【例 26.2】程序输出窗口

26.4　FisherFaces 人脸识别

EigenFaces 算法采用 PCA 方法实现数据降维，进而完成人脸识别。EigenFaces 是一种非常有效的算法，但是在操作过程中会损失许多特征信息。如果损失的信息正好是用于分类的关键信息，必然会导致无法完成分类。

FisherFaces 采用线性判别分析（Linear Discriminant Analysis，LDA）方法实现人脸识别。线性判别分析最早由 Fisher 在 1936 年提出，是一种经典的线性学习方法，又被称为"Fisher 判别分析法"。

26.4.1　基本原理

线性判别分析在对特征降维的同时考虑类别信息，思路是在低维表示下，相同的类应该紧密地聚集在一起；不同的类应该尽可能地分散开，并且它们之间的距离应尽可能远。简单地说，线性判别分析就是要尽力满足如下两个要求：

- 类别间的差别尽可能大。
- 类别内的差别尽可能小。

在进行线性判别分析时，首先将训练数据投影到一条直线 A 上，让投影后的点满足如下两点：

- 同类间的点尽可能靠近。
- 异类间的点尽可能远离。

投影完后，将待测样本投影到直线 A 上，根据投影点的位置判定样本的类别，即可完成识别。

图 26-17 所示为一组训练数据。现在需要找到一条直线，让所有训练样本满足：同类间的距离最近，异类间的距离最远。

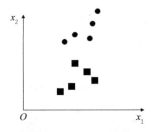

图 26-17　一组训练数据

在图 26-18 的左图和右图中分别有两条不同的投影线 L_1 和 L_2，将图 26-17 中的训练数据分别投影到这两条线上，可以看到训练数据在 L_2 上的投影效果要好于在 L_1 上的投影效果。

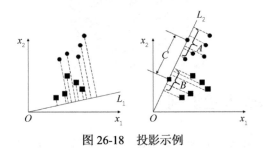

图 26-18　投影示例

线性判别分析就是要找到一条最优的投影线。以图 26-18 右图中的投影为例，投影线要满足：

- A、B 组内的点之间尽可能靠近。
- 两个端点之间的距离 C（类间距离）尽可能远。

找到一条这样的直线后，如果要判断某个待测数据的分组，那么可以直接将该数据对应的点向投影线投影，然后根据投影点的位置判断数据所属类别。

例如，在图 26-19 中待测数据 U 向投影线投影后，其投影点落在圆点的投影范围内，因此认为待测数据 U 属于圆点所在分类。

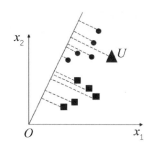

图 26-19　判断待测数据类别示意图

26.4.2　函数介绍

OpenCV 通过函数 cv2.face.FisherFaceRecognizer_create()生成 FisherFaces 识别器实例模型,然后用函数 cv2.face_FaceRecognizer.train()完成训练,用函数 cv2.face_FaceRecognizer.predict()完成人脸识别。

函数 cv2.face.FisherFaceRecognizer_create()的语法格式如下:

```
retval = cv2.face.FisherFaceRecognizer_create( [,
                                num_components[, threshold]] )
```

其中,两个参数都是可选参数,具体含义如下。

- num_components:进行线性判别分析时保留的成分数量。可以采用默认值 "0",让函数自动设置合适的成分数量。
- threshold:进行识别时所用的阈值。如果最近的距离比设定的阈值 threshold 还要大,那么函数将会返回 "-1"。

26.4.3　案例介绍

使用 FisherFaces 模块完成人脸识别的流程如图 26-20 所示。

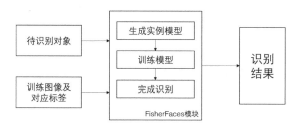

图 26-20　使用 FisherFaces 模块完成人脸识别的流程

本节使用 OpenCV 的 FisherFaces 模块实现一个简单的人脸识别。

【例 26.3】使用 FisherFaces 完成一个简单的人脸识别。

本例中用于训练的四幅人脸图像如图 26-21 所示,从左至右图像的名称分别为 f01.png、f02.png、f11.png、f12.png。

图 26-21　用于训练的人脸图像

在图 26-21 所示的四幅图像中，前两幅图像是同一个人，将其标签设定为 0；后两幅图像是同一个人，将其标签设定为 1。

待识别人脸图像如图 26-22 所示，该图像的名称为 fTest.png。

图 26-22　待识别人脸图像

根据题目的要求，编写程序如下：

```python
import cv2
import numpy as np
# 读取训练图像
images=[]
images.append(cv2.imread("f01.png",cv2.IMREAD_GRAYSCALE))
images.append(cv2.imread("f02.png",cv2.IMREAD_GRAYSCALE))
images.append(cv2.imread("f11.png",cv2.IMREAD_GRAYSCALE))
images.append(cv2.imread("f12.png",cv2.IMREAD_GRAYSCALE))
# 为训练图像贴标签
labels=[0,0,1,1]
# 读取待识别人脸图像
predict_image=cv2.imread("fTest.png",cv2.IMREAD_GRAYSCALE)
# 识别
recognizer = cv2.face.FisherFaceRecognizer_create()
recognizer.train(images, np.array(labels))
label,confidence= recognizer.predict(predict_image)
# 打印识别结果
print("识别标签 label=",label)
print("置信度 confidence=",confidence)
```

运行上述程序，识别结果如下：

```
识别标签 label= 0
置信度 confidence= 92.5647623298737
```

从输出结果可以看出，fTest.png 被识别为标签 0 对应的人脸图像，即认为待识别人脸图像 fTest.png 与图像 f01.png 和图像 f02.png 中的人的是同一个人。

26.5　人脸数据库

本节将对几个常用的人脸数据库进行简单说明。

1. CAS-PEAL

CAS-PEAL（Chinese Academy of Sciences - Pose, Expression, Accessory, and Lighting）是中科院计算技术研究所在 2003 年完成的包含 1040 位志愿者（595 位男性和 445 位女性）的共计 99594 幅人脸图像的数据库。该数据库中的所有图像都是在专门的采集环境中采集的，涵盖了姿态、表情、饰物和光照 4 种主要变化条件，部分人脸图像具有背景、距离和时间跨度的变化。在采集该数据库中的图像时，对每个人在水平半圆形架子上设置了 9 部相机同时捕获其不同姿态的图像，并采用了上下两个镜头（共 18 幅图像）。此外，CAS-PEAL 数据库还考虑了 5 种表情、6 种附件（3 副眼镜、3 顶帽子）和 15 个照明方向。目前，CAS-PEAL 数据库面向研究开放了其子集 CAS-PEAL-R1，该子集包含 1040 个人的 30900 幅图像。

2. AT&T Facedatabase

AT&T Facedatabase 即以前的 ORL 人脸数据集（The ORL Database of Faces）。ORL 是 Olivetti & Oracle Research Lab 的简称，该实验室后来被 AT&T 收购，更名为 AT&T Laboratories Cambridge。2002 年，AT&T 宣布结束对该实验室的资助。目前该数据集由剑桥大学计算机实验室（Cambridge University Computer Laboratory）的数据技术组（The Digital Technology Group）负责维护。该数据集包含了 1992 年到 1994 年在实验室内拍摄的一些人脸图像。

该数据集包含 40 个人的 400 幅图像。这些图像具有不同的拍摄时间、不同的光线、不同的面部表情（睁眼/闭眼、微笑/不微笑）和不同的面部细节（戴眼镜/不戴眼镜）。该数据集中的所有图像都是在亮度均匀的背景下拍摄的，被拍摄对象处于直立状态，拍摄正脸（部分图像具有较小幅度的侧脸）。

该数据集内的所有图像是以 PGM 格式存储的，尺寸都是 92 像素×112 像素，包含 256 个灰度级的灰度图像。图像文件被放置在 40 个不同的目录下，目录名用 3 位数字的序号表示，如"010"表示第 10 个目录（文件夹），每个目录对应一个不同的人，其中有 10 幅被拍摄对象的不同图像，用两位数字作为文件名，如 05.pgm 表示第 5 幅人脸图像。

在搜索引擎内输入"AT&T Facedatabase"即可找到由剑桥大学维护的这个资源。

3. Yale Facedatabase A

Yale Facedatabase A 数据库也被称为 Yalefaces（耶鲁人脸数据库）。该数据库由 15 个人（14 名男性和 1 名女性）的人脸图像组成，每人都有 11 幅灰度图像。该数据集内的人脸图像在光线条件（中心光、左光、右光）、面部表情（高兴、正常、悲伤、困倦、惊讶、眨眼）和眼镜（戴眼镜/不戴眼镜）等方面都有变化。

4. Extended Yale Facedatabase B

Extended Yale Facedatabase B 数据库是扩展的 Yale Facedatabase A 数据库，包含 28 个人在 9 个姿势和 64 种照明条件下的 16128 幅图像。

5. color FERET Database

Face Recognition Technology（FERET）是由美国国防部资助的计划，该计划旨在开发用于人脸自动识别的新技术和算法。为了便于研究，FERET 计划在 1993 年至 1996 年收集了人脸图像，并将其制成数据库 color FERET Database。该数据库用于开发、测试和评估人脸识别算法。

color FERET Database 包含 1564 组，共计 14126 幅图像，这些图像是由 1199 个不同的被拍摄对象及 365 组重复拍摄对象的图像构成的。其中，365 组重复拍摄对象，是指被拍摄对象在已经完成第 1 组拍摄的情况下，在不同时间又拍摄了第 2 组图像。其中，部分被拍摄对象两次参与拍摄的时间间隔可能超过两年，部分被拍摄对象多次参与拍摄。在不同时间拍摄重复的对象使得研究人员能够研究人脸在经过一段时间后外观上出现的变化。

color FERET Database 是人脸识别领域应用较广泛的人脸数据库之一。

6. 人脸数据库整理网站

OpenCV 的官方文档推荐了在线数据集合（参考网址 37），其中列举了非常多人脸数据库。

第 27 章

dlib 库

dlib 是一个现代工具包，包含机器学习算法和工具，用于在程序中构造软件，以解决复杂的现实世界问题，被工业界和学术界广泛应用于机器人、嵌入式设备、移动电话和大型高性能计算环境等领域。dlib 库的开源许可允许用户在任何应用程序中免费使用。

dlib 官网（参考网址 38）提供了非常翔实的资料，对其中的函数进行了非常具体的使用说明。除此以外，dlib 官网还提供了大量案例帮助人们快速掌握该工具。

本章将使用 dlib 库实现几个与人脸识别相关的具有代表性的案例，具体如下：

① 定位人脸；

② 绘制关键点；

③ 勾勒五官轮廓；

④ 人脸对齐；

⑤ 调用 CNN 实现人脸检测。

本章使用的模型均可在 dlib 官网下载。

27.1 定位人脸

dlib 库提供了 dlib.get_frontal_face_detecto 函数，该函数可生成人脸检测器。该人脸检测器采用了 HOG、线性分类器、金字塔图像结构和滑动窗口检测等技术。上述类型的对象检测器具有通用性，除了能够检测人脸，还能够检测多种类型的半刚性对象（Semi-Rigid Object）。

使用 dlib 库构造和使用人脸检测器的方法如下。

（1）Step 1：构造人脸检测器。

使用函数 dlib.get_frontal_face_detector 生成人脸检测器 detector，对应语句为

```
detector =dlib.get_frontal_face_detector()
```

（2）Step 2：使用人脸检测器返回检测到的人脸框。

使用 Step 1 中构造的人脸检测器 detector 检测指定图像内的人脸，对应语法格式为

```
faces=detector(image,n)
```

其中：

- 返回值 faces：返回当前检索图像内的所有人脸框。

- 参数 image：待检测的可能含有人脸的图像。
- 参数 n：表示采用上采样的次数。上采样会让图像变大，能够检测到更多人脸对象。

【例 27.1】 使用 dlib 库捕获图像内的人脸。

```python
import cv2
import dlib
# dlib 初始化
detector=dlib.get_frontal_face_detector()
# 读取原始图像
img=cv2.imread("people.jpg")
# 使用人脸检测器返回检测到的人脸框
faces=detector(img,1)
# 对捕获到的多张人脸逐个进行处理
for face in faces:
    # 获取人脸框的坐标
    x1=face.left()
    y1=face.top()
    x2=face.right()
    y2=face.bottom()
    # 绘制人脸框
    cv2.rectangle(img,(x1,y1),(x2,y2),(0,255,0),2)
# 显示捕获到的各个人脸框
cv2.imshow("result",img)
cv2.waitKey(0)
cv2.destroyAllWindows()
```

运行上述程序，结果如图 27-1 所示。由图 27-1 可知，上述程序捕获了照片中的多张人脸。

图 27-1　【例 27.1】程序运行结果

在本书配套的资源包中提供了针对摄像头的实时人脸捕获程序。

27.2　绘制关键点

dlib 库提供了 dlib.shape_predictor 函数，该函数可对特定对象的关键点进行标注，如重要人脸标志（如嘴角、眼角、鼻尖等）的关键点所在位置。该函数的输入是原始图像及对象所在位置标记，输出是一组关键点信息。

使用 dlib 库获取人脸关键点的基本步骤如图 27-2 所示。

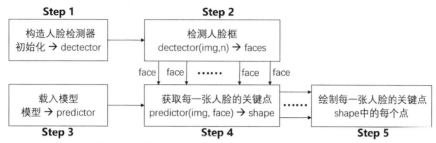

图 27-2　使用 dlib 库获取人脸关键点的基本步骤

（1）Step 1：构造人脸检测器。

本步骤对应语句如下：

```
detector = dlib.get_frontal_face_detector()
```

（2）Step 2：检测人脸框（使用人脸检测器返回检测到的人脸框）。

使用 Step 1 中构造的人脸检测器 detector 检测指定图像内的人脸，对应语法格式为

```
faces=detector(image,n)
```

此时得到的 faces 是图像内所有人脸对应的方框。

（3）Step 3：载入模型（加载预测器）。

本步骤的语法格式为

```
predictor = dlib.shape_predictor(模型文件)
```

dlib 库中存在两个关键点模型，其中一个关键点模型具有 5 个关键点，另一个关键点模型具有 68 个关键点。其中，具有 5 个关键点的模型仅检测 5 个关键点，分别是每只眼睛的两个眼角（共 4 个关键点），以及两鼻孔中间的一个点；具有 68 个关键点的模型可以检测到 68 个关键点，如图 27-3 所示。

图 27-3　具有 68 个关键点的模型

通常使用 dlib 库内具有 68 个关键点的模型文件，其默认名称为 shape_predictor_68_face_landmarks.dat。载入模型的语句通常为

```
predictor = dlib.shape_predictor("shape_predictor_68_face_landmarks.dat")
```

（4）Step 4：获取每一张人脸的关键点（实现检测）。

针对一幅图像 img，使用 Step 3 中构造的 predictor 对 Step 2 得到的人脸框集合中的每一张人脸进行关键点检测，具体语法格式如下：

```
shape = predictor(img, face)
```

其中：

- 返回值 shape：返回 68 个关键点。
- 参数 img：要检测的可能含有人脸的灰度图像。
- 参数 face：单个人脸框（源于 Step 2 得到的 faces）。

（5）Step 5：绘制每一张人脸的关键点（绘制 shape 中的每个点）。

该步骤需要将 Step 4 获得的关键点类型转换为坐标(x,y)的形式，再通过循环使用绘制圆形函数 cv2.circle()实现每一个关键点的绘制。

该步骤对应的程序如下：

```
landmarks = np.matrix([[p.x, p.y] for p in shape.parts()])
# 遍历每一个关键点
for idx, point in enumerate(landmarks):
    pos = (point[0, 0], point[0, 1])  # 当前关键点的坐标
    # 针对当前关键点绘制一个实心圆
    cv2.circle(img, pos, 2, color=(0, 255, 0),thickness=-1)
    font = cv2.FONT_HERSHEY_SIMPLEX      # 字体
    # 利用函数 putText 输出 1~68，索引加 1，显示时从 1 开始
    cv2.putText(img, str(idx + 1), pos, font, 0.4, (255, 255, 255), 1,
cv2.LINE_AA)
```

【例 27.2】使用 dlib 库捕获人脸的关键点，并在关键点上标注从 1 开始的序号。

```
import numpy as np
import cv2
import dlib
# 读取图像
img = cv2.imread("y.jpg")
# Step 1：构造人脸检测器（dlib 初始化）
detector = dlib.get_frontal_face_detector()
# Step 2：检测人脸框（使用人脸检测器返回检测到的人脸框）
faces = detector(img, 0)
# Step 3：载入模型（加载预测器）
predictor = dlib.shape_predictor("shape_predictor_68_face_landmarks.dat")
# Step 4：获取每一张人脸的关键点（实现检测）
for face in faces:
    # 获取关键点
    shape=predictor(img, face)
```

```
# Step 5：绘制每一张人脸的关键点（绘制 shape 中的每个点）
# 将关键点转换为坐标 (x,y) 的形式
landmarks = np.matrix([[p.x, p.y] for p in shape.parts()])
for idx, point in enumerate(landmarks):
    # 当前关键点的坐标
    pos = (point[0, 0], point[0, 1])
    # 针对当前关键点绘制一个实心圆
    cv2.circle(img, pos, 2, color=(0, 255, 0),thickness=-1)
    # 字体
    font = cv2.FONT_HERSHEY_SIMPLEX
    # 利用函数 putText 输出 1~68，索引加 1，显示时从 1 开始
    cv2.putText(img, str(idx + 1), pos, font, 0.4,
                (255, 255, 255), 1, cv2.LINE_AA)
# 绘制结果
cv2.imshow("img", img)
cv2.waitKey()
cv2.destroyAllWindows()
```

运行上述程序，输出如图 27-4 所示。图 27-4 显示了人脸关键点及对应序号。

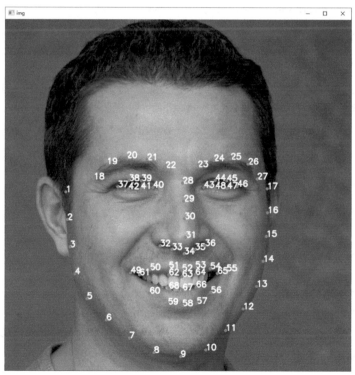

图 27-4　【例 27.2】程序运行结果

27.3　勾勒五官轮廓

通过人脸的关键点，可以勾勒出五官轮廓。本节将针对人脸分别使用绘制连接线条和绘制

凸包轮廓处理。

1. 绘制连接线条

针对脸颊、眉毛、鼻子等五官，直接采用连接关键点的方式将关键点连接起来构成其大致轮廓，具体步骤如下。

（1）Step 1：获取当前五官对应的关键点集，即获取当前五官的关键点从哪个索引开始，到哪个索引结束。例如，脸颊的关键点索引从 0 开始到 16 结束。

（2）Step 2：遍历关键点集，在索引相邻的两个关键点之间绘制直线，使相邻关键点连接。例如，在构造脸颊的轮廓时，分别将相邻的关键点用直线连接，即可得到脸颊的轮廓。

根据上述思路，构造函数 drawLine 绘制五官对应的轮廓：

```
def drawLine(start,end):
    pts = shape[start:end]    # 获取关键点集
    # 遍历关键点集，将各个关键点用直线连接起来
    for l in range(1, len(pts)):
        ptA = tuple(pts[l - 1])
        ptB = tuple(pts[l])
        cv2.line(image, ptA, ptB, (0, 255, 0), 2)
```

2. 绘制凸包轮廓

针对眼睛、嘴等封闭区域构造凸包，并绘制其对应轮廓，基本步骤如下。

（1）Step 1：获取某个特定五官对应的关键点集。例如，左眼对应的关键点集是由索引为 42 的关键点到索引为 47 的关键点构成的。

（2）Step 2：根据关键点集，获取当前五官的凸包。

（3）Step 3：根据凸包，绘制当前五官的轮廓。

根据上述思路，构造函数 drawConvexHull：

```
def drawConvexHull(start,end):
    # 获取某个特定五官的关键点集
    Facial = shape[start:end]
    # 针对该五官构造凸包
    mouthHull = cv2.convexHull(Facial)
    # 把凸包轮廓绘制出来
    cv2.drawContours(image, [mouthHull], -1, (0, 255, 0), 2)
```

眼睛、嘴也可以通过直线绘制，但是使用凸包绘制的轮廓便于进行颜色填充等操作。

【例 27.3】使用 dlib 库勾勒人脸轮廓。

```
import numpy as np
import dlib
import cv2
# 模型初始化
shape_predictor= "shape_predictor_68_face_landmarks.dat" # dace_landmark
detector = dlib.get_frontal_face_detector()
```

```
predictor = dlib.shape_predictor(shape_predictor)
# 自定义函数 drawLine，将指定的关键点连接起来
def drawLine(start,end):
    # 获取关键点集
    pts = shape[start:end]
    # 遍历关键点集，将各个关键点用直线连接起来
    for l in range(1, len(pts)):
        ptA = tuple(pts[l - 1])
        ptB = tuple(pts[l])
        cv2.line(image, ptA, ptB, (0, 255, 0), 2)
# 自定义函数 drawConvexHull，将指定的关键点构成一个凸包，绘制其轮廓
# 注意，凸包用来绘制眼睛、嘴等封闭区域
# 眼睛、嘴也可以用函数 drawLine 绘制
# 但是，使用凸包绘制的轮廓便于进行颜色填充等操作
def drawConvexHull(start,end):
    # 获取某个特定五官的关键点集
    Facial = shape[start:end]
    # 针对该五官构造凸包
    mouthHull = cv2.convexHull(Facial)
    # 把凸包轮廓绘制出来
    cv2.drawContours(image, [mouthHull], -1, (0, 255, 0), 2)
# 读取图像
image=cv2.imread("image.jpg")
# 色彩空间转换
gray = cv2.cvtColor(image, cv2.COLOR_BGR2GRAY)
# 获取人脸
faces = detector(gray, 0)
# 对检测到的 rects 逐个遍历
for face in faces:
    # 针对脸部的关键点进行处理，构成坐标(x,y)的形式
    shape = np.matrix([[p.x, p.y] for p in predictor(gray, face).parts()])
    # ===========使用函数 drawConexHull 绘制嘴、眼睛===========
    # 获取嘴部的关键点集（在整个脸部索引中，其索引为 48～60,不包含 61）
    drawConvexHull(48,61)
    # 嘴内部
    drawConvexHull(60,68)
    # 左眼
    drawConvexHull(42,48)
    # 右眼
    drawConvexHull(36,42)
    # ===========使用函数 drawLine 绘制脸颊、眉毛、鼻子===========
    # 将 shape 转换为 np.array
    shape=np.array(shape)
    # 绘制脸颊，把脸颊的各个关键点（索引为 0～16,不含 17）用线条连接起来
    drawLine(0,17)
    # 绘制左侧眉毛，把左侧眉毛的各个关键点（索引为 17～21，不含 22）用线条连接起来
```

```
    drawLine(17,22)
    # 绘制右侧眉毛（索引为 22~26，不含 27）
    drawLine(22,27)
    # 绘制鼻子（索引为 27~35，不含 36）
    drawLine(27,36)
cv2.imshow("Frame", image)
cv2.waitKey()
cv2.destroyAllWindows()
```

运行上述程序，输出如图 27-5 所示，人脸的五官轮廓被勾勒出来。

图 27-5　【例 27.3】程序运行结果

27.4　人脸对齐

人脸对齐的任务是通过识别图像中人脸的几何结构，并尝试通过平移、缩放和旋转等操作，实现人脸的规范对齐。本节将通过 dlib 库实现人脸对齐。在使用 dlib 库实现人脸对齐时，直接调用相关函数即可，具体流程如下。

（1）Step 1：初始化。

该步骤对应程序如下：

```
# 构造人脸检测器
detector = dlib.get_frontal_face_detector()
# 检测人脸框
faceBoxs = detector(img, 1)
# 载入模型
predictor = dlib.shape_predictor('shape_predictor_68_face_landmarks.dat')
```

（2）Step 2：获取人脸集合。

将 Step 1 获取的人脸框集合 faceBoxs 中的每个人脸框对应的人脸逐个放入容器 faces：

```
faces = dlib.full_object_detections()    # 构造容器
for faceBox in faceBoxs:
    faces.append(predictor(img, faceBox))   # 把每个人脸框对应的人脸放入容器 faces
```

（3）Step 3：根据原始图像、人脸关键点获取人脸对齐结果。

调用函数 get_face_chips 完成对人脸图像的对齐（倾斜校正）：

```
faces = dlib.get_face_chips(img, faces, size=120)
```

（4）Step 4：将获取的每一张人脸显示出来。

通过循环，对容器 faces 中的每一张人脸进行可视化展示：

```
n = 0          # 用变量 n 为识别的人脸按顺序编号
# 显示每一张人脸
for face in faces:
    n+=1
    face = np.array(face).astype(np.uint8)
    cv2.imshow('face%s'%(n), face)
```

【例 27.4】使用 dlib 库实现人脸对齐。

```
import cv2
import dlib
import numpy as np
# 读入图片
img = cv2.imread("rotate.jpg")
# Step 1: 初始化
# 构造人脸检测器
detector = dlib.get_frontal_face_detector()
# 检测人脸框
faceBoxs = detector(img, 1)
# 载入模型
predictor = dlib.shape_predictor('shape_predictor_68_face_landmarks.dat')
# Step 2: 获取人脸集合
# 将 Step 1 获取的人脸框集合 faceBoxs 中的每个人脸框，逐个放入容器 faces
faces = dlib.full_object_detections()     # 构造容器
for faceBox in faceBoxs:
    faces.append(predictor(img, faceBox)) # 把每个人的人脸框对应的人脸放入容器 faces
# Step 3: 根据原始图像、人脸关键点获取人脸对齐结果
# 调用函数 get_face_chips 完成对人脸图像的对齐（倾斜校正）
faces = dlib.get_face_chips(img, faces, size=120)
# Step 4: 将获取的每一张人脸显示出来
# 通过循环，对容器 faces 中的每一张人脸进行可视化展示
n = 0          # 用变量 n 为识别的人脸按顺序编号
# 显示每一张人脸
for face in faces:
    n+=1
    face = np.array(face).astype(np.uint8)
    cv2.imshow('face%s'%(n), face)
# 显示
cv2.imshow("original",img)
cv2.waitKey(0)
cv2.destroyAllWindows()
```

运行上述程序，输出如图 27-6 所示，左图是原始图像，右图是从左图中提取出来的 8 张人脸。

图 27-6　【例 27.4】程序运行结果

27.5　调用 CNN 实现人脸检测

dlib 库提供了调用 CNN 人脸检测器的方式。调用 CNN 模型比基于 HOG 的模型更加精准，但是花费的算力更多。通常情况下，在使用 dlib 库中的 HOG 定位人脸时感觉不到时延，而在调用 CNN 定位人脸时能够感觉到非常明显时延。

在 dlib 库中调用 CNN 实现人脸检测的步骤如下。

（1）Step 1：载入模型。通过模型装载函数将 CNN 模型载入。

（2）Step 2：使用检测器检测人脸。使用函数 cnn_face_detector 完成人脸检测。

（3）Step 3：遍历 Step 2 得到的每一张人脸，将其输出。

【例 27.5】使用 dlib 库调用 CNN 人脸检测器。

```python
import dlib
import cv2
# 载入模型
cnn_face_detector =
        dlib.cnn_face_detection_model_v1("mmod_human_face_detector.dat")
# 读取图像
img = cv2.imread("people.jpg", cv2.IMREAD_COLOR)
# 检测
# 返回的结果 faces 是一个 mmod_rectangles 对象，有两个成员变量
# dlib.rect 类，表示对象的位置
# dlib.confidence，表示置信度
faces = cnn_face_detector(img, 1)
for i, d in enumerate(faces):
    # 计算每张人脸的位置
    rect = d.rect
    left = rect.left()
    top = rect.top()
    right = rect.right()
    bottom = rect.bottom()
```

```
    # 绘制人脸对应的矩形框
    cv2.rectangle(img, (left, top), (right, bottom), (0, 255, 0), 3)
    cv2.imshow("result", img)
 k = cv2.waitKey()
cv2.destroyAllWindows()
```

运行上述程序，输出如图 27-7 所示。由图 27-7 可知，上述程序准确地识别出了每一张人脸。上述程序运行较慢，请耐心等待。

图 27-7　【例 27.5】程序运行结果

第 28 章

人脸识别应用案例

人脸是人类重要的生物特征，采用无接触的摄像头即可采集含有人脸的图片或视频。通过对含有人脸的图片或视频进行识别等操作，可以实现多种不同场景下的应用。

目前，与人脸相关的技术在支付、自动驾驶、安全、认证等领域发挥着非常关键的作用。本章将选取几个具有代表性的应用进行实现。

本章将主要介绍如下几个应用：

① 表情识别；

② 驾驶员疲劳检测；

③ 易容术；

④ 年龄和性别识别。

28.1 表情识别

本节将通过 dlib 库获取嘴部关键点，实现一个简单的表情识别应用，该应用可识别大笑、微笑等不同的表情。具体实现中，根据脸部关键点之间的位置关系来对表情进行判断。

1. 大笑表情识别

人们在大笑时通常会把嘴张大，因此可将嘴的高宽比作为大笑的衡量指标。如果嘴的高宽比超过了阈值，就判定为大笑。在图 28-1 中，中间图为嘴的关键点示意图，对应左图脸部关键点示意图中嘴所在位置。通过计算嘴的关键点中三个不同高度（A、B、C）的均值（$avg=(A+B+C)/3$）与宽度 D 的比值，即 avg/D，来判定嘴是否张大。若该比值超过阈值，则认为嘴张大，据此判定表情为大笑。

根据上述思路，构造嘴的高宽比函数 MAR，具体如下：

```
def MAR(mouth):
    # 欧氏距离，也可以直接计算关键点 y 轴坐标的差值
    A = dist.euclidean(mouth[3], mouth[9])
    B = dist.euclidean(mouth[2], mouth[10])
    C = dist.euclidean(mouth[4], mouth[8])
    avg = (A+B+C)/3
    D = dist.euclidean(mouth[0], mouth[6])
    mar=avg/D
    return mar
```

其中，函数 dist.euclidean 用来计算欧式距离。

2. 微笑表情识别

如图 28-1 右图所示，人们在微笑时嘴角会上扬，嘴的宽度与整个脸颊（下颌）的宽度之比变大，即微笑会导致 M/J 的值变大。

根据上述思路，构造函数 MJR 来计算嘴的宽度与下颌宽度之比，具体如下：

```
def MJR(shape):
    # 嘴宽度，欧氏距离，也可以直接计算关键点 x 轴坐标的差值
    mouthWidht = dist.euclidean(shape[48], shape[54])
    # 下颌宽度，根据实际情况选用不同的索引，如 3 和 13 等
    jawWidth = dist.euclidean(shape[3], shape[13])
    return mouthWidht/jawWidth
```

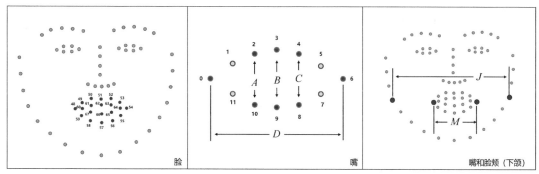

图 28-1 关系图

【例 28.1】使用 dlib 库判断微笑、大笑表情。

```
from scipy.spatial import distance as dist    # 计算欧式距离
import numpy as np
import dlib
import cv2
# 自定义函数，计算嘴的高宽比
# 也可以直接使用 landmarks，确定好关键点位置即可
def MAR(mouth):
    # 欧氏距离，也可以直接计算关键点 y 轴坐标的差值
    A = dist.euclidean(mouth[3], mouth[9])
    B = dist.euclidean(mouth[2], mouth[10])
    C = dist.euclidean(mouth[4], mouth[8])
    avg = (A+B+C)/3
    D = dist.euclidean(mouth[0], mouth[6])
    mar=avg/D
    return mar
# 自定义函数，计算嘴的宽度与下颌宽度之比
# 嘴的宽度/下颌宽度
def MJR(shape):
    # 嘴的宽度，欧氏距离，也可以直接计算关键点 x 轴坐标的差值
    mouthWidht = dist.euclidean(shape[48], shape[54])
```

```python
    # 下颌宽度，根据实际情况选用不同的索引，如 3 和 13 等
    jawWidth = dist.euclidean(shape[3], shape[13])
    return mouthWidht/jawWidth                              # 比值
# 自定义函数，绘制嘴部轮廓
def drawMouth(mouth):
    # 针对嘴型构造凸包
    mouthHull = cv2.convexHull(mouth)
    # 把嘴的凸包轮廓绘制出来
    cv2.drawContours(frame, [mouthHull], -1, (0, 255, 0), 1)
# 模型初始化
shape_predictor= "shape_predictor_68_face_landmarks.dat" # face_landmark
detector = dlib.get_frontal_face_detector()
predictor = dlib.shape_predictor(shape_predictor)
# 初始化摄像头
cap=cv2.VideoCapture(0,cv2.CAP_DSHOW)
# 逐帧处理
while True:
    # 读取视频放入 frame
    _,frame = cap.read()
    # 色彩空间转换，BGR 色彩空间转换为灰度空间
    gray = cv2.cvtColor(frame, cv2.COLOR_BGR2GRAY)
    # 获取人脸
    rects = detector(gray, 0)
    # 对检测到的 rects，逐个遍历
    for rect in rects:
        # 针对脸部的关键点进行处理，构成坐标(x,y)形式
        shape = np.matrix([[p.x, p.y] for p in predictor(gray, rect).parts()])
        # 获取嘴部的关键点集（在整个脸部索引中，其索引范围为 48～60，不包含 61）
        mouth= shape[48:61]
        # 计算嘴的高宽比和嘴的宽度/下颌宽度
        mar = MAR(mouth)        # 计算嘴的高宽比
        mjr = MJR(shape)        # 计算嘴的宽度/下颌宽度
        result="normal"         # 默认是正常表情
        # 每个人的嘴的高宽比和嘴的宽度/下颌宽度的值不一样，本章选用 0.5
        # 读者可以根据实际情况确定不同的值
        # print("mar",mar,"mjr",mjr)
        if mar > 0.5:
            result="laugh"
        elif mjr>0.45 :  # 超过阈值（都是 0.5）为微笑
            result="smile"
        cv2.putText(frame, result, (50, 100),cv2.FONT_HERSHEY_SIMPLEX,
                                            0.7, (0, 0, 255), 2)

        # 绘制嘴部轮廓
        drawMouth(mouth)
        # 实时观察 MAR 值
        # cv2.putText(frame, "MAR: {}".format(mar), (10,10),
```

```
                                  cv2.FONT_HERSHEY_SIMPLEX, 0.5, (0, 255, 0), 2)
        # 实时观察 MJR 值
        # cv2.putText(frame, "MJR: {}".format(mjr), (10,40),
                                  cv2.FONT_HERSHEY_SIMPLEX, 0.5, (0, 255, 0), 2)
    cv2.imshow("Frame", frame)
    # 按下 "Esc" 键盘退出（"Esc" 键对应的 ASCII 为 27）
    if cv2.waitKey(1) == 27:
        break
cv2.destroyAllWindows()
cap.release()
```

请读者自行运行该程序，观察输出效果。

实践中可以对程序进行优化，通过眼睛、眉毛、嘴等形态的变化判断吃惊、生气等表情。

28.2　驾驶员疲劳检测

疲劳驾驶极易引发交通事故，疲劳驾驶人员的典型表现就是犯困。人在犯困时眼睛会在超过正常眨眼的时间内一直处于闭合状态，因此可以通过眼睛的纵横比来判断眼睛是否闭合，进而判断驾驶员是否处于疲劳驾驶状态。

图 28-2 所示为睁眼、闭眼状态下的眼睛模型，其中：

- 左图是正常的睁眼状态，眼睛的纵横比约为 0.3。
- 右侧是闭眼状态，眼睛的纵横比约为 0。

图 28-2　睁眼、闭眼状态下的眼睛模型

dlib 库使用 6 个关键点来标注眼睛，因此眼睛纵横比的计算方式为

$$\frac{|P_1-P_5|+|P_2-P_4|}{2\times|P_0-P_3|}$$

根据上述关系，构造计算眼睛纵横比的函数 eye_aspect_ratio：

```
def eye_aspect_ratio(eye):
    # 欧氏距离（P₁ 与 P₅、P₂ 与 P₄ 间的距离）
    A = dist.euclidean(eye[1], eye[5])
    B = dist.euclidean(eye[2], eye[4])
    # 欧氏距离（P₀ 与 P₃ 间的距离）
    C = dist.euclidean(eye[0], eye[3])
    # 纵横比
    ear = (A + B) / (2.0 * C)
    return ear
```

之后需要判断正常状态下的眨眼和犯困时闭眼的区别。正常状态下的眨眼的闭眼时间极短，而犯困时闭眼时间相对较长。在图 28-3 中：

- 上图，眼睛纵横比只在一瞬间处于较小值（约为 0），其余时间都是正常值（约为 0.3），对应的是正常状态下的眨眼。
- 下图，眼睛纵横比在较长时间内都处于较小值（约为 0），此时对应的是长时间闭眼。如果闭眼时间超过了事先规定的阈值，就将该状态判定为疲劳状态。

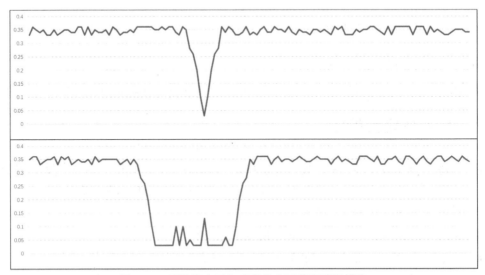

图 28-3　正常状态下与疲劳状态下的眼睛纵横比

因此在判断眼睛纵横比的基础上，还要衡量眼睛纵横比持续的时间，所以要增加一个计数器。该计数器的工作方式为

- 在眼睛纵横比小于 0.3 时，认为当前帧眼睛处于闭合状态，计数器加 1。并判断计数器的值，如果计数器的值大于阈值（如 48），就认为眼睛闭合的时间过长，提示风险；如果计数器的值小于或等于阈值，就认为眼睛闭合的时间在正常范围内，判定为眨眼，无须进行任何额外处理。
- 在眼睛纵横比大于或等于 0.3 时，认为当前帧眼睛处于睁开状态，计数器清 0，以便在下次闭眼时计数器从 0 开始重新计数。

根据上述分析，判断疲劳驾驶的具体实现流程图如图 28-4 所示。

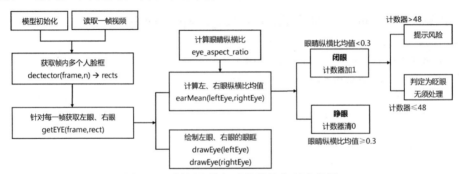

图 28-4　判断疲劳驾驶的具体实现流程图

【例 28.2】使用 dlib 库进行疲劳检测。

根据图 28-4 设计程序如下：

```python
import numpy as np
from scipy.spatial import distance as dist  # 计算欧氏距离
import dlib
import cv2
# =============获取图像（当前帧）内的左眼、右眼对应的关键点集=============
def getEYE(image,rect):
    landmarks=predictor(image, rect)
    # 将关键点处理为(x,y)形式
    shape = np.matrix([[p.x, p.y] for p in landmarks.parts()])
    # 获取左眼、右眼关键点集
    leftEye = shape[42:48]    # 左眼，关键点索引为 42～47（不包含 48）
    rightEye = shape[36:42]   # 右眼，关键点索引为 36～41（不包含 42）
    return leftEye,rightEye
# ========计算眼睛的纵横比(小于 0.3 判定为闭眼状态,大于或等于 0.3 判定为睁眼状态)========
def eye_aspect_ratio(eye):
    # 眼睛用 6 个关键点表示，上下各两个点，左右各一个点，结构如下
    # --------------------------------------------
    #     1    2
    # 0              3      <----眼睛的 6 个关键点
    #     5    4
    # --------------------------------------------
    # 欧氏距离（关键点 1 和关键点 5 及关键点 2 和关键点 4 间的距离）
    A = dist.euclidean(eye[1], eye[5])
    B = dist.euclidean(eye[2], eye[4])
    # 欧氏距离（关键点 0 和关键点 3 间的距离）
    C = dist.euclidean(eye[0], eye[3])
    # 纵横比
    ear = (A + B) / (2.0 * C)
    return ear
# ===============计算两眼的纵横比均值===============
def earMean(leftEye,rightEye):
    # 计算左眼纵横比 leftEAR、右眼纵横比 rightEAR
    leftEAR = eye_aspect_ratio(leftEye)
    rightEAR = eye_aspect_ratio(rightEye)
    # 均值处理
    ear = (leftEAR + rightEAR) / 2.0
    return ear
# =============绘制眼眶（眼眶的包围框）=============
def drawEye(eye):
    # 把眼睛圈起来 1：convexHull，获取凸包
    eyeHull = cv2.convexHull(eye)
    # 把眼睛圈起来 2：drawContours，绘制凸包对应的轮廓
    cv2.drawContours(frame, [eyeHull], -1, (0, 255, 0), 1)
# =================使用到的变量=================
```

```python
# 眼睛纵横比的阈值为 0.3，默认眼睛纵横比大于 0.3，小于该阈值，判定为处于闭眼状态
RationTresh = 0.3
# 定义闭眼时长的阈值，超过该阈值，判定为疲劳驾驶
ClosedThresh = 48
# 计数器
COUNTER = 0
# 疲劳标志（长时间闭眼标志，警报器 FLAG）
FLAG = False
# ===========模型初始化===========
detector = dlib.get_frontal_face_detector()
predictor = dlib.shape_predictor("shape_predictor_68_face_landmarks.dat")
# =========初始化摄像头=========
cap = cv2.VideoCapture(0,cv2.CAP_DSHOW)
# ==========读取摄像头视频，逐帧处理==========
while True:
    # 读取摄像头内的帧
    _,frame = cap.read()
    # 获取人脸
    boxes = detector(frame, 0)
    # 循环遍历 boxes 内的每一个对象
    for b in boxes:
        leftEye,rightEye=getEYE(frame,b)    # 获取左眼、右眼
        ear=earMean(leftEye,rightEye)          # 计算左眼、右眼的纵横比均值
        # 判断眼睛的纵横比（ear），若小于 0.3（EYE_AR_THRESH），则认为处于闭眼状态
        # 可能是正常眨眼，也可能是疲劳驾驶，计算闭眼时长
        if ear < RationTresh:
            COUNTER += 1  # 每检测到一次，计数器的值加 1
            # 计数器的值足够大，说明闭眼时间足够长，判定为疲劳驾驶
            if COUNTER >= ClosedThresh:
                # 打开 FLAG 疲劳标志
                if not FLAG:
                    FLAG = True
                # 显示警告
                cv2.putText(frame, "!!!!DANGEROUS!!!!", (50, 200),
                    cv2.FONT_HERSHEY_SIMPLEX, 2, (0, 0, 255), 2)
        # 否则（对应眼睛纵横比大于或等于 0.3），计数器清 0，解除疲劳标志
        else:
            COUNTER = 0        # 计数器清 0
            FLAG = False       # 解除疲劳标志
        # 绘制眼眶（眼睛的包围框）
        drawEye(leftEye)
        drawEye(rightEye)
        # 显示 EAR 值（eye_aspect_ratio）
        cv2.putText(frame, "EAR: {:.2f}".format(ear), (0, 30),
            cv2.FONT_HERSHEY_SIMPLEX, 0.7, (0, 255, 0), 2)
    # 显示处理结果
```

```
cv2.imshow("Frame", frame)
# 按下 "Esc" 键退出，"Esc" 键的 ASCII 码为 27
if cv2.waitKey(1) == 27:
    break
cv2.destroyAllWindows()
cap.release()
```

请读者自行运行该程序，观察输出效果。

28.3　易容术

易容是指在保持一个人发型、脸颊等基本特征不变的情况下，将其五官换成另外一个人的五官。如图 28-5 所示，最右侧的人脸是在保持最左侧人脸外轮廓（发型、脸型）不变的基础上，将五官变为中间图像的人的五官的结果。

图 28-5　易容术示例

在实现易容术的过程中需要使用仿射变换来解决两幅图像大小不一致及图像中人脸大小不一致的问题。本节将通过仿射、算法流程、实现程序对易容术进行具体介绍。

【说明】图 28-5 中的人脸是由参考网址 39 以人工智能方式生成的虚拟脸，现实中并不存在。

28.3.1　仿射

仿射变换是指图像可以通过一系列的几何变换实现平移、旋转等。该变换能够保持图像的平直性和平行性。平直性是指图像经过仿射变换后直线仍是直线；平行性是指图像在完成仿射变换后平行线仍是平行线。

OpenCV 中的仿射函数为 warpAffine，其通过一个变换矩阵 $\boldsymbol{M}$ 实现变换，具体为

$$\mathrm{dst}(x, y) = \mathrm{src}\left(\boldsymbol{M}_{11}x + \boldsymbol{M}_{12}y + \boldsymbol{M}_{13}, \boldsymbol{M}_{21}x + \boldsymbol{M}_{22}y + \boldsymbol{M}_{23}\right)$$

如图 28-6 所示，可以通过一个变换矩阵，将原始图像变换为仿射图像。

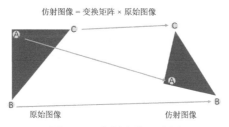

图 28-6　仿射变换示意图

仿射函数 warpAffine 的语法格式如下：

```
dst = cv2.warpAffine( src, M, dsize[, flags])
```

其中：

- dst 表示仿射后的输出图像。
- src 表示待进行仿射的原始图像。
- M 表示一个 2×3 的变换矩阵。使用不同的变换矩阵，可以实现不同的仿射变换。
- dsize 表示输出图像的尺寸。
- flags 表示插值方法，默认为 INTER_LINEAR。当该值为 WARP_INVERSE_MAP 时，表示变换矩阵是逆变换类型，实现从目标图像 dst 到原始图像 src 的逆变换。

仿射函数 warpAffine 对图像进行何种形式的仿射变换完全取决于变换矩阵。在原始图像和目标图像之间构建变换矩阵，即可实现原始图像到目标图像的转换。本例使用奇异值分解（Singular Value Decomposition，SVD）技术构造两幅图像之间对应的变换矩阵。本节构造了函数 getM 来构建两幅图像间的变换矩阵。函数 getM 将 dlib 库获取的 68 个人脸关键点作为其使用的参数。

```
def getM(points1, points2):
    # 调整数据类型
    points1 = points1.astype(np.float64)
    points2 = points2.astype(np.float64)
    # 归一化：(数值-均值)/标准差
    # 计算均值
    c1 = np.mean(points1, axis=0)
    c2 = np.mean(points2, axis=0)
    # 减去均值
    points1 -= c1
    points2 -= c2
    # 计算标准差
    s1 = np.std(points1)
    s2 = np.std(points2)
    # 除标准差
    points1 /= s1
    points2 /= s2
    # SVD
    U, S, Vt = np.linalg.svd(points1.T * points2)
    # 通过 U 和 Vt 找到 R
    R = (U * Vt).T
    # 返回得到的变换矩阵
    return np.vstack([np.hstack(((s2 / s1) * R,
                                c2.T - (s2 / s1) * R * c1.T)),
                            np.matrix([0., 0., 1.])])
```

28.3.2 算法流程

易容术算法的核心在于找到人脸在图像中的具体位置，然后通过仿射将一个人的五官换到另外一个人的脸上。实现易容术的流程图如图 28-7 所示。

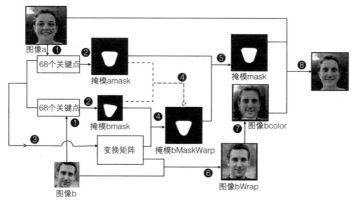

图 28-7　实现易容术的流程图

图 28-7 保留了图像 a 人脸外轮廓，将其五官替换为图像 b 中的人脸的五官，具体流程如下。

（1）Step 1：获取人脸关键点。

通过 dlib 库分别获取图像 a 和图像 b 中的人脸的 68 个关键点。

（2）Step 2：获取人脸对应区域。

根据人脸的关键点获取人脸的凸包，绘制凸包的轮廓得到人脸所在区域（掩模）。通过该步骤可得到图像 a 中人脸的掩模 amask 和图像 b 中人脸的掩模 bmask。由于图像大小、人脸脸型（瓜子脸、圆脸、方脸）、人脸位置（左上角、右下角、下侧等）、人脸在图像中的方位（正脸、斜脸）等因素不同，必须对人脸进行校正。具体来说，需要将其中一幅图像（图像 b）中的人脸大小、脸型等映射到目标图像（图像 a）中的人脸的五官上，与目标图像尽量保持一致。

（3）Step 3：获取变换矩阵。

根据图像内的人脸关键点，基于 SVD 技术构造两幅图像间对应的变换矩阵。

（4）Step 4：校正图像 b 中的人脸的掩模 bmask。

为了更好地将图像 a 中的人脸和图像 b 中的人脸融合在一起（换脸），需要让图像 a 中的人脸和图像 b 中的人脸在图像中的位置基本一致（对齐）。使用 Step 3 获取的变换矩阵进行映射运行，使图像 b 中的人脸的轮廓（掩模 bmask）与图像 a 中的人脸的轮廓（掩模 amask）尽量匹配，得到掩模 bMaskWarp。

实际上，这里的掩模 bmask 是根据掩模 amask 的形状而变化的，如图 28-7 中的虚线所示。

（5）Step 5：图像 a 中的人脸掩模和校正后的图像 b 中的人脸掩模进行融合得到最终掩模 mask。

将图像 a 中的人脸的掩模 aMask 和校正好的图像 b 中的人脸掩模 bMaskWarp 融合，获取最终掩模 mask。将图像 a 中的人脸掩模 aMask 和校正后的图像 b 中的人脸掩模 bMaskWarp 中的白色区域叠加在一起（通过取最大值或加法等操作实现）即可实现。

（6）Step 6：图像 b 中的人脸校正。

使用 Step 3 获取的变换矩阵进行映射运算，使图像 b 中的人脸与图像 a 中的人脸大小、方向一致，得到图像 bWarp。

与 Step 4 类似，本步骤是根据图像 a 中的人脸完成的针对图像 b 中的人脸的调整。

（7）Step 7：校正颜色。

对 Step 6 中得到的图像 bWarp 进行色彩校正，让其与图像 a 中的人脸的颜色基本一致，得到最终参与运算的图像 bcolor。

实践中，有比较成熟的算法实现颜色校正。本例采用了比较简单的方式，主要步骤如下：

- 第 1 步：计算图像 a 的高斯变换 aGauss、图像 b 的高斯变换 bGauss。高斯变换是为了让图像中每个像素点的颜色尽可能地取周围像素点的颜色的均值。
- 第 2 步：将 aGauss/bGauss 的值作为图像 a 和图像 b 的颜色比值 ratio。
- 第 3 步：用图像 b 乘以 ratio，获得图像 b 的颜色调整结果。处理后，图像 b 的颜色接近于图像 a 的颜色。

（8）Step 8：换脸。

在新的人脸图像中，掩模 mask 指定区域由图像 bcolor 构成，掩模 mask 以外区域由图像 a 构成。

28.3.3　实现程序

【例 28.3】使用 dlib 库实现换脸。

```python
import cv2
import dlib
import numpy as np
# ==================关键点集处理==================
# 关键点分配，五官的起止索引
JAW_POINTS = list(range(0, 17))
RIGHT_BROW_POINTS = list(range(17, 22))
LEFT_BROW_POINTS = list(range(22, 27))
NOSE_POINTS = list(range(27, 35))
RIGHT_EYE_POINTS = list(range(36, 42))
LEFT_EYE_POINTS = list(range(42, 48))
MOUTH_POINTS = list(range(48, 61))
FACE_POINTS = list(range(17, 68))
# 关键点集
POINTS = [LEFT_BROW_POINTS + RIGHT_EYE_POINTS +
          LEFT_EYE_POINTS +RIGHT_BROW_POINTS + NOSE_POINTS + MOUTH_POINTS]
# 处理为元组，以便后续使用
POINTStuple=tuple(POINTS)
# ================自定义函数：获取脸部（脸部掩模）================
def getFaceMask(im, keyPoints):
    im = np.zeros(im.shape[:2], dtype=np.float64)
    for p in POINTS:
        points = cv2.convexHull(keyPoints[p])    # 获取凸包
        cv2.fillConvexPoly(im, points, color=1)  # 填充凸包
```

```
    # 单通道 im 构成 3 通道 im（3, 行, 列），改变形状（行, 列, 3），以适应 OpenCV
    # 原有形状为（3, 高, 宽），改变后形状为（高, 宽, 3）
    im = np.array([im, im, im]).transpose((1, 2, 0))
    ksize=(15,15)
    im = cv2.GaussianBlur(im,ksize, 0)
    return im
# ========自定义函数：根据两个人的脸部关键点集，构建变换矩阵========
def getM(points1, points2):
    # 调整数据类型
    points1 = points1.astype(np.float64)
    points2 = points2.astype(np.float64)
    # 归一化：(数值-均值)/标准差
    # 计算均值
    c1 = np.mean(points1, axis=0)
    c2 = np.mean(points2, axis=0)
    # 减去均值
    points1 -= c1
    points2 -= c2
    # 计算标准差
    s1 = np.std(points1)
    s2 = np.std(points2)
    # 除标准差
    points1 /= s1
    points2 /= s2
    # SVD 技术
    U, S, Vt = np.linalg.svd(points1.T * points2)
    # 通过 U 和 Vt 找到 R
    R = (U * Vt).T
    # 返回得到的变换矩阵
    return np.vstack([np.hstack(((s2 / s1) * R,
                                 c2.T - (s2 / s1) * R * c1.T)),
                                 np.matrix([0., 0., 1.])])
# ===============自定义函数：获取图像关键点集===============
def getKeyPoints(im):
    rects = detector(im, 1)
    s= np.matrix([[p.x, p.y] for p in predictor(im, rects[0]).parts()])
    return s
# ===============自定义函数：统一颜色===============
def normalColor(a, b):
    ksize=(111,111)    # 非常大的卷积核
    # 分别针对原始图像、目标图像进行高斯滤波
    aGauss = cv2.GaussianBlur(a, ksize, 0)
    bGauss = cv2.GaussianBlur(b, ksize, 0)
    # 计算目标图像调整颜色的权重值
    weight= aGauss/ bGauss
    return b * weight
```

```python
# =========模式初始化=========
PREDICTOR = "shape_predictor_68_face_landmarks.dat"
detector = dlib.get_frontal_face_detector()
predictor = dlib.shape_predictor(PREDICTOR)
# =============初始化：读取原始图像 a 和图像 b 中的人脸=============
a=cv2.imread(r"person/image2.jpg")
b=cv2.imread(r"person/image7.jpg")
bOriginal=b.copy()  # 显示原始图像 b
# =========Step 1：获取关键点集=========
aKeyPoints = getKeyPoints(a)
bKeyPoints = getKeyPoints(b)
# =============Step 2:获取换脸的两个人的脸部掩模=============
aMask = getFaceMask(a, aKeyPoints)
bMask = getFaceMask(b, bKeyPoints)
cv2.imshow("aMask",aMask)
cv2.imshow("bMask",bMask)
# =============Step 3:根据两个人的关键点集构建变换矩阵=============
M = getM(aKeyPoints[POINTStuple],bKeyPoints[POINTStuple])
# ====Step 4：将图像 b 中的人脸（bmask）根据变换矩阵仿射变换到图像 a 中的人脸处====
dsize=a.shape[:2][::-1]
# 目标输出与图像 a 大小一致
# 需要注意，shape 是（行，列）式，warpAffine 参数 dsize 是（列，行）式
# 使用 a.shape[:2][::-1]获取图像 a 的（列，行）
bMaskWarp=cv2.warpAffine(bMask,
                M[:2],
                dsize,
                borderMode=cv2.BORDER_TRANSPARENT,
                flags=cv2.WARP_INVERSE_MAP)
cv2.imshow("bMaskWarp",bMaskWarp)
# =============Step 5：获取脸部最大值（两个脸掩模叠加）=============
mask = np.max([aMask, bMaskWarp],axis=0)
cv2.imshow("mask",mask)
# =============Step 6：使用变换矩阵将图像 b 映射到图像 a=============
bWrap =cv2.warpAffine(b,
                M[:2],
                dsize,
                borderMode=cv2.BORDER_TRANSPARENT,
                flags=cv2.WARP_INVERSE_MAP)
cv2.imshow("bWrap",bWrap)
# =========Step 7:让颜色更自然一些=========
bcolor = normalColor(a, bWrap)
cv2.imshow("bcolor",bcolor/255)
# ====Step 8：换脸（掩模 mask 区域由图像 bcolor 构成，非 mask 区域由图像 a 构成）====
out = a * (1.0 - mask) + bcolor * mask
# =========输出原始人脸和换脸结果=========
cv2.imshow("a",a)
```

```
cv2.imshow("b",bOriginal)
cv2.imshow("out",out/255)
cv2.waitKey()
cv2.destroyAllWindows()
```

运行上述程序，结果如图 28-8 所示。

图 28-8　【例 28.3】程序运行结果

28.4　年龄和性别识别

年龄和性别识别是一个有趣的应用，该应用在日常生活中很多场合都有应用。本节将使用 OpenCV 自带的人脸检测器及 Levi 等人设计的 CNN 模型识别人脸对应的年龄和性别。

Levi 等人在 *Age and Gender Classification Using Convolutional Neural Networks* 中提出了一种在训练数据有限时也具有较好性能的 CNN 模型，该网络模型如图 28-9 所示，它包含三个卷积层和两个全连接层。第一个卷积层包含 96 个 7 像素×7 像素的卷积核，第二个卷积层包含 256 个 5 像素×5 像素的卷积核，第三个卷积层包含 384 个 3 像素×3 像素的卷积核。每个连接层包含 512 个神经元。最终的输出是每个分类对应的标签。

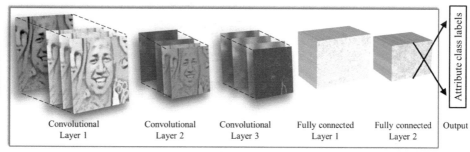

图 28-9　网络模型

（资料来源：G LEVI，T HASSNCER. Age and gender classification using convolutional neural networks[C]. 2015 IEEE Conference on Computer Vision and Pattern Recognition Workshops，2015：34-42，doi：10. 1109/CVPRW. 2015. 7301352. ）

图 28-9 所示网络模型的具体结构如图 28-10 所示，在第一个卷积层和第二个卷积层的后面都有 ReLU 层、最大值池化层、局部响应归一化层（Local Response Normalization，LRN）。在第三个卷积层的后面仅有 ReLU 层、最大值池化层。全连接层都具有 512 个神经元，第一个全连接层接收第三个卷积层的输入，第二个全连接层接收第一个全连接层的 512 个输出作为输入，两个全连接层后面都伴有 ReLU 层、随机失活（dropout）层。最后的输出是所有年龄、性别对应的分类标签。

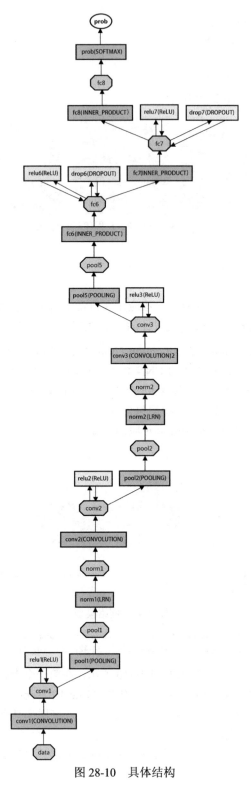

图 28-10　具体结构

（资料来源：G LEVI，T HASSNCER. Age and gender classification using convolutional neural networks[C]. 2015 IEEE Conference on Computer Vision and Pattern Recognition Workshops，2015：34-42，doi：10. 1109/CVPRW. 2015. 7301352。）

　　针对该论文，Levi 等在 GitHub 上提供了官方网页，可以下载相应的程序和训练好的模型，本节将使用的模型就来源于其官方网页，具体网址见参考网址 40。

【例 28.4】年龄和性别识别。

```
import cv2
# =====模型初始化=====
# 模型(网络模型/预训练模型):face/age/gender(人脸、年龄、性别)
faceProto = "model/opencv_face_detector.pbtxt"
faceModel = "model/opencv_face_detector_uint8.pb"
ageProto = "model/deploy_age.prototxt"
ageModel = "model/age_net.caffemodel"
genderProto = "model/deploy_gender.prototxt"
genderModel = "model/gender_net.caffemodel"
# 加载网络
ageNet = cv2.dnn.readNet(ageModel, ageProto)  # 年龄
genderNet = cv2.dnn.readNet(genderModel, genderProto)  # 性别
faceNet = cv2.dnn.readNet(faceModel, faceProto)  # 人脸
# ============变量初始化============
# 年龄段和性别
ageList = ['(0-2)', '(4-6)', '(8-12)', '(15-20)', '(25-32)',
           '(38-43)', '(48-53)', '(60-100)']
genderList = ['Male', 'Female']
mean = (78.4263377603, 87.7689143744, 114.895847746)  # 模型均值
# ========自定义函数，获取人脸包围框========
def getBoxes(net, frame):
    frameHeight, frameWidth = frame.shape[:2]  # 获取高度、宽度
    # 将图像（帧）处理为 DNN 可以接收的格式
    blob = cv2.dnn.blobFromImage(frame, 1.0, (300, 300),
                                 [104, 117, 123], True, False)
    # 调用网络模型，检测人脸
    net.setInput(blob)
    detections = net.forward()
    # faceBoxes 存储检测到的人脸
    faceBoxes = []
    for i in range(detections.shape[2]):
        confidence = detections[0, 0, i, 2]
        if confidence > 0.7:  # 筛选，将置信度大于 0.7 的保留
            x1 = int(detections[0, 0, i, 3] * frameWidth)
            y1 = int(detections[0, 0, i, 4] * frameHeight)
            x2 = int(detections[0, 0, i, 5] * frameWidth)
            y2 = int(detections[0, 0, i, 6] * frameHeight)
            faceBoxes.append([x1, y1, x2, y2])  # 人脸框的坐标
            # 绘制人脸框
```

```
            cv2.rectangle(frame, (x1, y1), (x2, y2),
                        (0, 255, 0), int(round(frameHeight / 150)),6)
    # 返回绘制了人脸框的帧 frame、人脸包围框 faceBoxes
    return frame, faceBoxes
# ==========循环读取每一帧，并处理==========
cap = cv2.VideoCapture(0, cv2.CAP_DSHOW)    # 装载摄像头
while True:
    # 读一帧
    _, frame = cap.read()
    # 进行镜像处理，左右互换
    # frame = cv2.flip(frame, 1)
    # 调用函数 getBoxes，获取人脸包围框，绘制人脸包围框（可能有多个）
    frame, faceBoxes = getBoxes(faceNet, frame)
    if not faceBoxes:    # 没有人脸时，检测下一帧，后续循环操作不再执行
        print("当前帧内不存在人脸")
        continue
    # 遍历每一个人脸包围框
    for faceBox in faceBoxes:
        # 处理 frame，将其处理为符合 DNN 输入要求的格式
        blob = cv2.dnn.blobFromImage(frame, 1.0, (227, 227),mean)
        # 调用模型，预测性别
        genderNet.setInput(blob)
        genderOuts = genderNet.forward()
        gender = genderList[genderOuts[0].argmax()]
        # 调用模型，预测年龄
        ageNet.setInput(blob)
        ageOuts = ageNet.forward()
        age = ageList[ageOuts[0].argmax()]
        # 格式化文本（年龄，性别）
        result = "{},{}".format(gender, age)
        # 输出性别和年龄
        cv2.putText(frame, result, (faceBox[0], faceBox[1] - 10),
                cv2.FONT_HERSHEY_SIMPLEX, 0.8, (0, 255, 255), 2,
                cv2.LINE_AA)
        # 显示性别、年龄
        cv2.imshow("result", frame)
    # 按下 "Esc" 键，退出程序
    if cv2.waitKey(1) == 27:
        break
cv2.destroyAllWindows()
cap.release()
```

运行上述程序，输出如图 28-11 所示。

图 28-11　【例 28.4】程序运行结果

参考文献

1. 李立宗. OpenCV 轻松入门——面向 Python[M]. 北京：电子工业出版社，2019.
2. 吴志军，等. OpenCV 深度学习应用与性能优化实践[M]. 北京：机械工业出版社，2020.
3. GOODFELLOW，等. 深度学习[M]. 赵申建，等译. 北京：人民邮电出版社，2017.
4. 周志华. 机器学习[M]. 北京：清华大学出版社，2016.
5. LEWIS. Python 深度学习[M]. 颛青山译. 北京：人民邮电出版社，2018.
6. 廖鹏. 深度学习实践（计算机视觉）[M]. 北京：清华大学出版社，2019.
7. 李立宗. OpenCV 编程案例详解[M]. 北京：电子工业出版社，2016.
8. KAEHLER，等. 学习 OpenCV3（中文版）[M]. 阿丘科技，等译. 北京：清华大学出版社，2018.
9. 斋藤康毅. 深度学习入门（基于 Python 的理论与实现）[M]. 陆宇杰译. 北京：人民邮电出版社，2019.
10. 赵春江. 机器学习经典算法剖析（基于 OpenCV）[M]. 北京：人民邮电出版社，2018.
11. CHAN. 爱上 Python（一日精通 Python 编程）[M]. 王磊译. 北京：人民邮电出版社，2016.
12. 张平. OpenCV 算法精解（基于 Python 与 C++）[M]. 北京：电子工业出版社，2017.
13. 肖莱. Python 深度学习[M]. 张亮译. 北京：人民邮电出版社，2018.
14. GARY BRADSKI，ADRIAN KAEHLER. 学习 OpenCV（中文版）[M]. 于仕琪，刘瑞祯译. 北京：清华学大出版社，2009.
15. 刘瑞祯，于仕琪. OpenCV 教程[M]. 北京：航空航天大学出版社，2007.
16. 言有三. 深度学习之图像识别（核心案例与案例实践）[M]. 北京：机械工业出版社，2019.
17. HACKELING. Scikit-Learn 机器学习（第 2 版）[M]. 张浩然译. 北京：人民邮电出版社，2019.
18. 李立宗，高铁杠，顾巧论. 基于混沌系统的图像可逆信息隐藏算法[J]. 计算机工程与设计，2011，32（12）：4137-4142.
19. 沈晶，刘海波，周长建. Visual C++数字图像处理典型案例详解[M]. 北京：机械工业出版社，2012.
20. 冯伟兴，梁洪，王晨业. Visual C++数字图像模式识别典型案例详解[M]. 北京：机械工业出版社，2012.
21. 李立宗，高铁杠，陈蓉，等. 认证中心控制下的版权保护框架研究[J]. 计算机工程与应用，2009，45（14）：87-89.
22. 李立宗，顾巧论，高铁杠. 基于公钥的可逆数字水印研究[J]. 计算机应用，2012，32（4）：971-975.
23. 李金洪. 深度学习之 TensorFlow（入门、原理与进阶实现）[M]. 北京：机械工业出版社，2019.
24. DAVID G L. Object recognition from local scale-invariant features International Conference on Computer Vision[C]. 1999：1150-1157.
25. David G L. Distinctive image features from scale-invariant keypoints International Journal of Computer Vision[J]. 2004，60（2）：91-110.
26. 魏秀参. 解析深度学习：积神经网络原理与视觉实践[M]. 北京：电子工业出版社，2018.
27. 阿斯顿·张，李沐等. 动手学深度学习[M]. 北京：人民邮电出版社，2019.
28. BILMES J A. A Gentle Tutorial of the EM Algorithm and its Application to Parameter Estimation for Gaussian Mixture and Hidden Markov Models[R]. Technical Report International Computer Science Institute and Computer Science Division，University of California at Berkeley，1998.
29. LÉON BOTTOU. Large-scale machine learning with stochastic gradient descent[C]//In Proceedings of COMPSTAT'2010. Berlin：Springer，2010：177-186.

30. FREY P W，SLATE D J．Letter recognition using Holland-style adaptive classifiers[J]．Machine Learning，19916：161-186.

31. DAVIS E KING．Dlib-ml：A Machine Learning Toolkit[J]．Journal of Machine Learning Research，2009（10）：1755-1758.

32. SOUKUPOVÁ T，CECH J．Eye blink detection using facial Landmarks[C]．In zlst Computer Vision Winter Workshop，Rimske Toplice，2016.

33. SIMONYAN K，ZISSERMAN A．Very deep convolutional networks for large-scale image recognition[J]．2014，CoRR abs//1409．1556，2014arxiv1409．15565.

34. BAGGIO，等．深入理解 OpenCV（实用计算机视觉项目解析）[M]．刘波译．北京：机械工业出版社，2015.

35. SRIVASTAVA N，HINTON G，KRIZHEVSKY A，et al．Dropout：A Simple Way to Prevent Neural Networks from Overfitting[J]．Journal of Machine Learning Research，2014，15（1）：1929-1958.

36. DALAL N，TRIGGS B．Histograms of Oriented Gradients for Human Detection[C]．IEEE Computer Society Conference on Computer Vision & Pattern Recognition，2005.

37. 吴军．数学之美（第 2 版）[M]．北京：人民邮电出版社，2014.

38. GÉRON A．Hands-on machine learning with Scikit-Learn and TensorFlow：concepts，tools，and techniques to build intelligent systems[M]．Sebastopol：O'Reilly Media2017，2017.

反侵权盗版声明

电子工业出版社依法对本作品享有专有出版权。任何未经权利人书面许可，复制、销售或通过信息网络传播本作品的行为；歪曲、篡改、剽窃本作品的行为，均违反《中华人民共和国著作权法》，其行为人应承担相应的民事责任和行政责任，构成犯罪的，将被依法追究刑事责任。

为了维护市场秩序，保护权利人的合法权益，我社将依法查处和打击侵权盗版的单位和个人。欢迎社会各界人士积极举报侵权盗版行为，本社将奖励举报有功人员，并保证举报人的信息不被泄露。

举报电话：（010）88254396；（010）88258888

传　　真：（010）88254397

E－m a i l：dbqq@phei.com.cn

通信地址：北京市万寿路 173 信箱　电子工业出版社总编办公室

邮　　编：100036